U0392072

走出中国酒店建设和管理的误区

陈　新◎著

人民出版社

序言 推"陈"出"新"的力量

　　陈新先生与我是旧识,工作之余,我们时常在一起吃饭、喝茶、聊天,也常常就酒店方面的问题进行交流,进行思想碰撞。每每论及中国酒店的建设和管理误区时,陈先生总是双眉紧蹙、目光如炬、话语铿锵,其专注事业之精神令我钦佩。细细思量,笔者媒体出身,对酒店行业多是从宏观上远观,而陈先生作为资深酒店建设管理大家,行业浸淫四十余载,执掌酒店十几家,更多的是从酒店建设和管理的微观上进行贴身把脉。所以,他看问题比我要更真切、更深刻。因此,愈清醒,亦愈"痛苦",每当此时我只能是似开玩笑地建议他把这些东西写一写,既当自己几十年酒店生涯的总结,又是贡献中国酒店业的一笔宝贵财富——当时我也只是随口说说而已,并未当真。

　　然而前些天,许久不见的陈先生突然打电话给我,说给我看些东西,接着便发来一份长长的电子文稿,我打开电脑一看,一行"走出中国酒店建设和管理的误区"的醒目大标题跳入眼帘,我如饥似渴地读了起来。仿佛又跟陈先生聊天一般,文稿内容丰富而深刻,所指问题一针见血,入木三分。这几十万跳跃的文字承载他满满的思想和心血!此书定能给所有酒店建设和管理者带来超值的干货,定能为中国酒店行业注入理论与实践新活力!

　　我顿时百感交集,困惑、感动和敬佩之情一起涌上心头。我困惑于陈先生工作如此之忙碌,竟能挤出时间写这几十万字的书稿;感动于他不顾女儿一再劝说要他到国外团聚而一定要为中国酒店业做些事情的坚持;更敬佩他以花甲的年龄还孜孜不倦地潜心思考中国酒店问题时那心

1

中沟壑万千的气概。看着这沉甸甸的稿件，我眼前如幻灯播放般闪现陈先生挑灯夜战、奋笔疾书时的模样。看完陈先生的著作，我不但触摸到了他对酒店行业思考的深度，更感受到他对酒店业眷恋的那份拳拳之心。虽然我也曾答应为他作序，但总觉得我的那些文字在陈先生的境界面前显得那么苍白和无力。

陈先生的这本书分为建设篇和管理篇两大板块。建设篇包括酒店总体设计的策划、酒店选址、酒店建筑设计、酒店弱电系统设计、酒店室内设计的误区等方面；管理篇包括总经理如何处理好与业主的关系、如何培养员工的主人翁精神、中国产权式酒店管理、星级评定应与时俱进、酒店筹备期的新思路等方面。在很多方面，他都有新颖讲解。例如，在建设篇中，陈先生认为建设前的筹备工作是日后酒店经营管理的基础。所谓万事谋为先，一旦酒店在建设初期没有考虑到日后酒店管理中可能出现的问题，便会割裂建设与管理的链条，导致在以后管理时出现巨大的问题。一个优秀的前期总体规划设计，应该既能为日后经营管理打下基础，又能利用良好的规划减少不必要的投资以节约成本。又如陈先生在酒店室内设计的章节中指出，不能盲目模仿国外酒店的风格，也不必只寻求大牌设计公司，而要从自己酒店的功能布局、通道、服务流程、客户心理、管理成本、销售亮点等因素出发来进行设计。在管理篇中，陈先生在"是谁拿走了中国酒店的多半利润"中阐述了时下中国不少高星级酒店盲目崇拜欧美酒店的品牌，不但要给予欧美酒店一大笔品牌费、基本管理费、奖励管理费、外聘管理人员的工资福利待遇费用等，吞噬了利润的一大半，而且中国酒店只能成为欧美酒店的附属，为人家宣传了品牌，做好了嫁衣。陈先生大声疾呼："中国酒店业的当务之急是必须创立发展自己的品牌，中国酒店业不应该像中国制造业一样靠贴牌过日子"。

陈先生的书从酒店建设到酒店管理讲了很多重要而且具体的问题，都是经验之谈，都是肺腑之言，都是平时很难听到的声音。陈先生浓缩了他四十多年的酒店行业经验，从实践到理论，从理论到实践。客观地讲，这不是一本学院派的教科书，而是一本酒店建设和管理的实用工具书！形象点讲，这不是一本藏纳于书柜中的书，而是一本放在董事长和总经理办公桌上的字典。对酒店投资者而言，这本书是您酒店投资驶向正确航道的指路灯；对酒店管理者而言，这本书是您通向成功经营管理酒店的金钥匙……

至此，我再也无法用言语表达内心对这本书的喜爱之情，就此搁笔，权以当序，聊表敬意吧。

黄运潮　《中外酒店》杂志社原总编辑

前言　由玛雅 2012 预言的秘密说起

　　人类总是害怕死亡，却又喜欢谈论死亡。进入 21 世纪后，有关玛雅 2012 地球毁灭说成了人类的时髦话题，美国好莱坞拍摄的许多灾难片更是攫住了人们惊惧的心。我在近十几年来研究中国酒店建设和经营管理误区的时候，偶尔看到国外关于 2012 的研究专著，且愈看愈投入，发现许多领域的科学家，诸如天文学家、太阳物理学家、地理学家、地质学家、生物学家、海洋学家、冰川学家、气候学家等等，都在做此方面的研究，这类图书资料多达近七万本，而我国关于 2012 的图书资料只有寥寥几本，且内容肤浅，对 2012 的大趋势存在惊人的空白。所幸的是，恐怖的 2012 已经过去了数年，人类在庆生之中渐渐忘却了玛雅人和玛雅预言。那么，聪明的玛雅人究竟给我们留下了什么暗示，而我们应不应该忽略这些预言呢？

　　玛雅人主要分布在南美洲，玛雅文明在物质文化、科学技术等方面取得过卓著的成就。玛雅人精通数学与天文学，制定了 17 种不同的历法，通过不同的日历来推算与预知天体的运动轨迹与重大历史事件，其中很多预测精确言中，其神奇奥秘令现代文明和科学技术汗颜。

　　玛雅历法中有一个长达 26000 年的周期，此周期是根据太阳绕银河系运转的轨迹而确定的，即太阳绕银河系一周的时间是 26000 年。玛雅人还把这个长周期划分为分别由 5200 年构成的五个时期，并称之为第一、第二、第三、第四和第五太阳纪。

　　第一太阳纪（前 18788—前 13588）：受女性力量主宰的"火时代"。

第二太阳纪（前13588—前8388）：受男性力量主宰的"土时代"。

第三太阳纪（前8388—前3188）：受女性力量主宰的"气时代"。

第四太阳纪（前3188—2012）：受阳性力量主宰的"水时代"。

第五太阳纪（2012—7212）：阴阳能量均衡的"以太时代"。这一阶段的特点是，阴性能量与阳性能量不再单独主宰，而是互相支持、互相补充，处于动态均衡而相互提升的状态。第五太阳纪将使火、土、气与水这四类特质融汇成一种微妙形态，能够激活地球母亲与人类的博大意识，能够让全人类的心灵净化与精神提升，能够让我们真正实现自我。2012年12月21日日出时，是26000年以来第一次太阳刚好位于银河系与黄道面的交叉点，这一天不是世界末日，而是第五太阳纪的开始。这是一个以和谐、和平、宽容与均衡为主流的美好时代，它将催生一个能够改变现有经济社会体系的新社会。但是，这种进化与转变不会自动发生，这要取决于我们当下将如何生活和如何行动。如果我们还是沉迷于过去旧有的思维方式、生活方式和生产方式，执迷不悟，我行我素，在这个充满预兆性灾难的时刻还无所事事、无动于衷，很多人就将会随灾难与崩溃而消亡。

世界著名物理学家史蒂芬·霍金曾经发表了一个惊人言论："人类已步入越来越危险的时期，我们已经历了多次生死攸关的事件。由于人类基因中携带的'自私、贪婪'的遗传密码，人类对于地球的掠夺日盛，资源正在一点点的耗尽，人类不能把所有的鸡蛋放在一个篮子里，所以，不能把赌注放在一个星球上。人类要想长期生存，唯一的机会就是搬离地球，并适应新星球上的生活。除非人类在最近两个世纪殖民外太空，否则人类将永远从世界上消失。"史蒂芬·霍金的话并非危言耸听，纵观30年来，全球气候剧变、冰川融化、地震频发、火山爆发、洪水泥石流、极端干旱、海啸飓风、瘟疫传染病，加上战争与各种人祸，这样的蹂躏和糟蹋，可怜的地球母亲的生命之灯还能闪烁多久？地球有诞生就必然会有毁灭，如同我们每个人必然走向死亡一样，地球终有一天会走向毁灭。但是，如果我们觉醒而立即行动起来，人人都像珍爱自己的生命一样爱护地球，那么地球就会延缓衰老，健康长寿。

读者阅读到此可能会不耐烦了，我们这些做星级酒店的要听你唠叨这些干啥？2012与我们有何相干？说一些对我们的酒店投资设计和经营管理有用的东西吧。

笔者从事旅游饭店行业四十多年，管理过十几家高星级酒店，顾问过各类酒店一百多家，经常听到一些政府的主要领导对酒店业主极力推荐国外著名品牌的酒店管理公司，特别是一些二、三线城市，当地政府为了自己的政绩，要求业主花费巨资把国外顶级的酒店管理公司引进来。而对于酒店能否承担起这笔惊人的费用，外国人用虚拟经济手段自私贪婪地掠夺了我们酒店的多少利润，改革开放四十多年后我们的酒店管理是否还有必要引进如此多的国外酒店管理公司，外来管理直接或间接地对我国资源和环境产生多少浪费和破坏，我们的许多官员根本是麻木的。

而我们想要建设高星级酒店的业主，都想把自己的酒店建成当地最豪华奢侈、档次最高、规模最大乃至今后许多年都能在当地称雄的酒店。有的业主想建所谓的超五星级酒店（其实这种说法就有问题），有的业主想建中国最大或亚洲最大的单体酒店，甚至有业主想建可与迪拜七星级酒店相媲美的世界顶级酒店。所以，他们不惜巨资，抑或倾家荡产，乐此不疲地邀请国际大牌设计巨匠操刀设计，签约国际排名靠前的酒店联号管理公司委托管理，从机电设备、装修材料到客人用品，高标准严要求自国内外采购齐备。至于自己该不该建这样的酒店，该不该建如此规模和标准的酒店，该不该请管理公司特别是国外管理公司管理，该不该花那许多钱去购买那么昂贵的进口设备材料以及客人用品，建成后的酒店客人愿不愿意来消费，业主自己会不会因此而亏本，我们的许多业主是茫然的。

至于那些掌握了建设酒店业主命运的设计大师们，诸如建筑师、机电设计师、室内设计师，还有各个分项的林林总总的设计师，为了让自己的作品流芳百世，都不惜在造型工艺、材料设备等方面大做文章。国外设计师重在新意，所以他们往往只做概念设计；国内设计师重在模仿，因为中国高等学府至今为止尚未有酒店设计专业，而许多给酒店设计的人员甚至连豪华酒店都很少光顾，而有幸去国内外参观体验酒店的设计院领导们几乎从不参与酒店的具体设计工作，所以他们在设计时多半只好套图模仿，有的项目设计我看后真是啼笑皆非，因为在移花接木时漏洞百出。国外设计师的自信傲慢，国内设计师的固执无知，加之我们对设计师的顶礼膜拜和盲目信任，令人心痛地复制造就了多少先天不足的酒店。而这些设计师们，一手交钱，一手交图，至于设计出来的作品，是否尽可能地节能环保，是否让投资者少花些冤枉钱，是否方便管理者日后的经营管理，是否能让消费者感到舒适满意，是否能让业主有所回报，酒店是否能有经久不衰的生命力，我们的许多设计师是甩手不管的。

再看酒店经营管理人员，有的来自国外或国内的酒店管理公司，有的是政府或企业自己派出管理的，有的是职业经理人。中国目前酒店的现状是交钥匙工程，即多半是负责酒店建设的不负责酒店经营管理，至多是酒店管理团队在酒店建设中后期介入顾问，他们没有机会在酒店建设的初始阶段（从选址定位开始）参与工作，造成建成后的酒店与日后经营管理之间的矛盾冲突。有的是业主自己担当管理的酒店，由于他们多半是门外汉，即使是最初阶段领导整个酒店的建设，也是白搭。这里要重点提及的是，随着业主知识层次的越来越高，业主对酒店内涵领悟得越来越深，他们也清楚酒店内行提早介入建设期的重要性。于是，许多酒店业主早早地把管理公司或管理团队请进来，但遗憾的是，我打过交道的国外国内管理公司或职业经理人，他们的主要强项偏于经营管理，而对酒店的设计、施工等建设技术多半是门外汉，许多人连图纸都看不懂。要知道建设一个酒店和管理一个酒店是两码事。所以，许多业主常常感到疑惑的是，这些酒店专家怎么了，怎么连我们都不如？于是，业主和这些本来业主眼里的酒店能人发生冲突，职业经理人有的未等到开业便被辞退，而迫于所签合同，业主只能要求国外或国内管理公司频频换人，有些实在忍受不了的业主干脆赔偿巨额违约金，易旗换帜了。真是公说公有理，婆说婆有理，都有道理又都感到冤枉，但就是酒店搞不好，搞不顺。我还要告诉读者的是，无论是国外管理团队，还是国内管理公司，抑或是职业经理人，本来应该在经营管理上是能工巧匠，有趣的是，很多业主对我们酒店人的管理也不满意，而且多半不是冲着专业而来，起因往往是一些小事，比如人际关系未处理好，甚至是性格，某种习惯，一件小事的处理，等等。如果酒店的效益未达到业主的预期，那么，业主就会把自己的不满一股脑儿地发泄在管理人身上。我们如何学会创造一个酒店，如何提高自己的综合素质，如何拓宽自己的知识面，如何强化自己的敬业精神和管理本领，如何做成一个经济效益显著又具绿色生态的酒店，总之，在如何建设和管理好酒店的整体水平和经验方面，我们许多酒店管理人是准备不足的。

最后说一下原先酒店行业管理的领导部门——旅游局。过去，各省市乃至国家旅游局对酒店管理的唯一权威在星级评定，如果一个酒店不想评星，那么旅游局行业管理的概念在酒店管理者的头脑里就会十分淡薄。试想一下，如果不是星级评定和星级复核的紧箍咒套在各大酒店的头上，那么，由各个级别的旅游局组织的各类培训班能招收到多少学员呢？由国家旅游局组织实施的酒店星级评定工作始于20世纪80年代末，《旅游饭店星级的划分与评定》标准迄今已做过四次修改。中国酒店业用了三十多年的时间走完了西方发达国家需要六七十年才走完的路，并逐步成为与国际接轨最为顺畅的行业之一。对于酒店业如此蓬勃发展，国家旅游局实施的酒店星级评定工作起到了重要的作用。但是，由于中国幅员辽阔，经济发展又不平衡，虽然星级评定标准不断修订，但还是不能与时俱进，有许多标准已不合时宜，有的甚至制约了酒店的发展。而各级旅游局组织的与星级评定配套的各种培训班，授课内容对酒店的实际运作意义不大，形式化痕迹太重。在改革开放四十多年后，星级评定标准如何帮助新形势新阶段中的酒店进一步地健康发展，各级文旅部门如何创立一个打造酒店品牌和人才的机制，让中国酒店的管理走出国门，这是我的殷切希望。

近些年来，有许多酒店业主登门造访，个别酒店尚在孕育阶段，绝大多数已经在建或刚刚建好，或已经营多年，几乎无一酒店不存在这样那样的问题，有的是亡羊补牢，为时未晚，有的已病入膏肓，须伤筋动骨，本来可以不走的弯路，因投资人的不慎和无知，造成了许多令人心痛不已的局面，看后扼腕叹息。许多可怜的业主不惜耗时耗资去请李逵，结果请来的却是挂羊头卖狗肉的李鬼，偶尔个别比较幸运的业主遇上了真正的李逵，却又因为自己的怀疑和犹豫而与真李逵擦肩而过。在中国旅游饭店市场，特别是酒店管理人才市场尚不成熟、良莠不辨的今天，如何指导这些酒店业主规划、设计、建设和管理经营好酒店，由谁担当起这个分量很重却又意义非凡的工作，我期盼的目光毅然决然地落在了酒店的行业管理部门——各级文游部门的肩上。如果我们的各级文旅部门也能像三十多年前各级旅游局挑起星级酒店评定的重担那样，在酒店建设前、建设期间和营业后组织各类专家搭脉问诊，为业主在做方案规划、寻找设计师、确定管理形式和管理者等方面开出一个个良方，我想，这将是我们酒店业健康发展的一大幸事，也是我的一个衷心的建议。

高档酒店引领建筑潮流，历来是世界上先进科技工艺、一流材料设备施展身手的地方，投资巨大，耗能很多，改造频繁，节约与浪费在经意与不经意之间。若能在酒店的建设和管理过程中，我们酒店人能时时心系地球母亲，就能节约投资，减少浪费，合理利用资源，在为人类创造财富的同时，让我们的地球母亲尽可能地少受伤害。

为此，情不自禁地写下《走出中国酒店建设和管理的误区》系列文章。

目　录

建设篇

construction article

第一章　好效益源于好设计

业主花巨资建酒店，是希望收回投资成本，尽可能地谋取利润。可在许多业主的脑海里一直存在一个误区，以为酒店工程完工后，把钥匙交给一个有本事的管理者，酒店就会像印钞机一样生出钱财。于是，业主在酒店工程即将结束时，才忙于寻找酒店管理公司或招聘贤人能士；殊不知，一个酒店在设计的各个环节把握不好，哪怕聘请的管理者有"三头六臂"，也是不会有好回报的。一直以来，我和所有企业管理者一样，崇尚"管理出效益"的名言，并且在培训和实践中推而广之，直到一个"留得残荷听雨声"的秋夜，我坐在无锡一家自己管理的别墅型酒店的凉亭里，忽然感到过去对酒店认知的失误和幼稚。可以毫不夸张地说，酒店的效益70%来自设计，而管理至多占30%，这个颠覆性的思想改变是在1999年。从此，我紧紧抓住设计这个灵魂，做一家酒店火一家：酒店投资少，效果好，经营有亮点，管理成本低，经济和社会效益取得了双丰收。

我认为，酒店设计应包括选址、外形、建筑、机电、装饰及酒店经营管理六个方面，所以，酒店设计准确地说应称酒店总体规划设计，上述的六项设计内容是互为关联、必须在设计时通盘兼顾的。既然酒店设计涉及多门类、多学科的知识，那么，业主在确定投资酒店时就应组建一个有力而完整的设计班底，由投资专家、建筑师、机电和室内设计师及酒店管理专家参加，请一家熟谙酒店设计的室内设计公司牵头，对酒店进行总体规划设计。

首先，酒店选择在何处极其重要。五星级酒店不应选建在城市中的低消费区域，而一家旅游别墅型酒店也不应建在闹市区。我去过一家四星级酒店，由美国一家著名的酒店管理集团管理，地处闹市，但餐饮客房生意一直冷清，原来汽车进出该酒店极不方便，交管部门对出租车更有时段限制，看来选址不当为该酒店的经营埋下了祸根。

其次，酒店的外形设计也很重要。一个外形设计具有鲜明个性的建筑无疑会给人们留下难忘的印象，同样也为其收益打下良好的基础。我国改革开放前的城市建筑比较单一，虽然酒店业是最早引进的行业之一，但引进的主要在室内设计和酒店管理方面，而酒店的外形设计未得到足够的重视。所以，我们过去在国内很少看到，诸如美国拉斯维加斯、土耳其伊斯坦布尔、法国巴黎等地一批极具想象力外形的酒店，这也是我们许多酒店开业后花大量资金做广告打不响、经营多少年还亏损的原因之一。现在我国的酒店外形丰富了许多，但这类酒店由于是异形，建设成本高，卖价不高的酒店不宜选用。大凡四星级以下的酒店，建议外形中规中矩，以火柴盒外形为宜。顺便提及的是，多数酒店的外墙颜色应该选用暖色调，冷色调宜用在医院、学校、写字楼等需要安静的楼体外墙上。

建筑与机电以及室内设计是息息相关的，三者的设计应在确定了酒店功能布局以及所使用的主要设备后才能进行。比如，高层的酒店建筑必须设有设备转换层，而建筑设计就须处理好转换层的层高；高层酒店一般要考虑裙楼的设计，没有裙楼的酒店很难合理地布局；厨房和设备用房究竟需要多少面积；多功能厅是否可以减少立柱避免影响使用效果；又比如功能布局未敲定前，厨房和客房卫生间设计就不能降板，以免造成返工。别墅型酒店在选择空调主机时应区别于高层酒店，否则浪费能耗，管理麻烦，因而在建筑设计时要充分考虑不同空调机房的设置和面积；还有，若墙体采用轻质材料，在建筑结构上可考虑减少钢材和水泥用量，大大节省土建造价，等等。

许多业主和管理者往往注重室内设计，而忽视了机电设计。其实，酒店之间的价格竞争核心是成本费用的竞争，而酒店很大一块费用是能耗和设备维护费。这就给酒店的建设和设计者们提出了一个课题：如何做好机电设计，如何选好机电设备？空调系统设计得不好，餐厅包房就会出现新风不足、冷热不均的现象。比如冷却塔，若选用无风扇型，其噪音小，维修量低，飘水量近乎零，大大降低了运行成本。再如水泵阀门，设计时注重品牌质量，否则日后的维修费及跑冒滴漏的费用会很高。智能化管理已越来越普遍应用于酒店之中，若设计好智能化系统，不但能迅速收回投资成本，而且能提高酒店的服务水准，节省人力资源，保障设备运行的安全和可靠。人工智能的引入，节省了人力成本，解决了用工越来越难的问题，还增加了服务卖点。

如果说机电设计能够为酒店管理带来效益的话，室内设计则能给酒店的经营带来不可估量的回报。我国过去高星级酒店的室内设计大多由境外设计师完成，因为那时我们还没有一家专业的酒店设计公司，有些由我们国内设计的酒店，其设计不是交由建筑设计院承担，就是由装饰工程公司在施工中标后一并完成。有些业主认为，让装饰公司设计酒店还可以省去一笔可观的设计费用。其实，无论是建筑设计院还是装饰工程公司，都缺乏懂得酒店总体规划设计的人才，他们既缺乏机会走出国门接受新的酒店设计理念，也很少去国内的高星级酒店感悟酒店经营管理的内涵；他们只知道按照星级评定标准刻板地将功能强填进设计中，而不懂针对各种酒店不同的结构和需要去合理地安排流程；他们只考虑用高档的装饰材料将酒店装扮得美观豪华，而不注重在"以人为本"及个性特色上下功夫。让施工中标的装饰工程公司同时负责设计，看似可免去一笔设计费，其实由于少了专业设计公司的监督，缺乏对于装饰总价的控制，也失去了对总体效果的把握，还会产生施工质量听之任之、施工费用额外增加、整体装饰效果缺乏和谐等弊端。另外，单从酒店经营管理上看，由专业酒店设计公司设计的酒店，不但管理流程通畅，节省大量的管理成本，而且经营上有卖点有亮点，能给业主带来可观的收益。可以毫不夸张地说，找准了酒店专业设计公司，花上一笔设计费，产生的可能是数十倍、数百倍的效益和回报，这种钱花得值。

最后，谈谈酒店经营管理的设计。一切设计都应以酒店效益为最高目标，所以设计者在设计时就必须先行考虑到日后酒店管理者将面临的难题，比如所有走道和卫生间的吊顶就可以采用软膜天花，造价低，施工快，提高吊顶高度，维修起来很方便。比如在设计家具时应尽量简洁，线条不要多，这样便于整理房间。在设计房间灯具时尽量摒弃诸如落地灯、台灯的应用，代之以顶灯、壁灯或者槽灯，既减少投资，也方便客人使用，减少服务员清洁时间。客房可以取消书桌，代之以一张多功能桌：可以写字，可以上网，可以吃饭喝茶，可以打牌下棋。再如，设计者要根据酒店的定位来设计，若以接待商务散客为主的酒店就应多设计些单人大床间，只要房间面积允许，所有单人间的床应设计成2m宽，双人间的床应设计成1.35m宽。普通的单双间没必要设浴缸，客房卫生间也无须设电话。为方便迅速查房，大大减少客人遗留物品的概率，降低造价和维修成本，又不会影响客人使用要求，建议房间取消柜门和抽屉，没有实际意义的柜橱也酌减或取消。

一个好的总体规划设计是酒店经营管理成功的一半。因此，业主在投资酒店前必须找准专业的酒店设计公司，把设计当作大事来抓。业主可多提些建议，少些行政干预，更不要对设计方案用粗暴的方法武断地否定；业主也不要轻信一些亲朋好友的所谓好点子，因为他们毕竟不懂酒店内涵，无须承担责任；业主也不要轻信一般酒店管理者的意见，因为他们只从管理方面考虑，而建设酒店和管理酒店是截然不同的，遵守各种规范是建设酒店的前提。总之，业主投资酒店必须要有定力，找对了人就不要患得患失，朝令夕改。业主应明白一个道理：设计师们多少个日日夜夜的智慧结晶，就是日后酒店的滚滚财利。

第二章　业主如何策划酒店总体设计

　　我常常因好友之邀，去帮助一些业主审看所投资的酒店项目。有些是处在项目报批阶段，这种情况比较好，因为出现的种种问题可以在策划时解决，不会影响以后的建设和管理，但有些项目建筑已经封顶，有的机电已大面积施工，有些装修队伍已全面铺开，这是令人头痛而又十分遗憾的事。每次顾问那些正处于项目报批阶段的酒店，几乎无一例外的，董事长会组织设计师和基建班子的所有人，抱来设计好的项目总规图，听取我对图纸的意见。我总是笑而不看那些所谓专家设计好的总规图，指出其中一定有许多原则性的错误，因而没有看的必要。有的项目董事长听了我这番话后，和颜悦色地耐心地听我讲述对项目的总体规划意见和具体设计要求，听完后觉得很有道理，自然地收起了图纸，因为他们心里已经否定了那些设计。有的酒店董事长听了我的话后，便满脸不悦或略带愠色地发问，怎么连图纸都没过目就知道有错，又是原则性的错误，而且是许多错误呢，难道你是一个能掐会算的圣人不成？于是我只好认真翻开图纸，一页页地解释着其中许多不妥之处，从建筑到水电消防设计，从外形到功能布局，从酒店规模到客源结构，从酒店投资到酒店回报，也几乎无一例外的，他们听后张口结舌，都感到言之有理，起码觉得照我所说去做，不但省去一大笔不该花的冤枉钱，而且能少走很多不该走的冤枉路。有些投资人或所谓的设计管理专家会情不自禁地问我未见图纸就能知其错误的秘诀，我总会告诉他们，如果我看过一百个酒店项目的图纸，它们都或多或少地犯有许多原则性的错误，而且有许多错误具有惊人的相似之处，那么，你们的酒店作为要看的第一百零一个项目，肯定就会出现一些共性的问题，这就是我为什么不看总规图就知其不能使用的缘故，我所希望的是能节约有限的顾问时间，尽可能详细全面地讲出自己对项目的总体设计，业主和设计师可以根据我的设计原则，真正深化设计出一套能够造就富有生命力的酒店的图纸来。每每参与建设筹备或顾问他人那些已处于建筑或装修阶段的酒店，常常我会要工程暂停，因为有太多酒店的总体设计有误，盲目建起来的酒店会给后期工作带来致命伤，工程越早停下，重新审读设计方案，尽快纠正错误，那么以后的损失就越少，这真是"磨刀不误砍柴工"啊！现实情况是，凡是我亲自主持建设或顾问的酒店项目，只要业主听从劝告而停下已经上马的工程，花费少量时间修改方案，然后再启动项目，那么在以后的建设特别是建成后在酒店的经营管理中，这些业主无一例外地尝到了甜头，都会由开始的怀疑不理解到渐渐地接受、心服口服乃至发自内心地感激。有些业主则比较固执己见，或是因为担心停工带来的种种负面作用，或是因为碍于面子不愿推翻自己原先拍板的方案，或是因为对我这个没有任何设计资质证书的专家身份的不信任，这些业主我行我素，一如既往地按既定方针办，结果在后来的建设和经营管理中，我所说的话都一一得到了验证，有的工程不得不中途停下，有的酒店建成后其前期隐埋的苦果在滋生蔓延，不断地侵害着酒店生命机体，这些业主也无一例外地陷入深深的自责和后悔，并发誓下次再搞酒店时一定预先按照我的理念做好总体设计，可遗憾的是，他们还有下一次搞酒店的机会吗？

中国酒店的发展如火如荼，而方兴未艾的房地产业所投资的酒店占了其中半壁江山，这些房地产老板对酒店多半是门外汉，复制模仿是他们建设酒店的基本路径。但此一时彼一时呀，各自的酒店情况不同，盲目的模仿很可能带来不利的后果，为了让更多的酒店投资人少走弯路，我把历年来积累的成功经验以及失败教训总结成以下心得，供读者明辨参考。

一、所在位置适不适合做酒店，适合做什么样的酒店

一般来说，只要是市场价值比较大的土地都可用来建酒店，因为土

地只要具有一定的市场价值，那么其地理位置就不可能十分偏僻，道路就不会十分简陋。所以，凡地处商业区、风景区、政府所在地、大学城以及住宅区等区域的土地，都适宜建酒店。但问题的关键是，在什么地方做什么规模、什么档次、什么类型的酒店，若是对投资什么样的酒店心中没谱或概念不清，那么业主就很可能犯下方案性的错误。比如规划红线紧挨着主要交通干道、后院或地下没有多少停车位的建筑，就不宜用作高星级或商务酒店，但可以考虑用作低星级或经济型酒店。若该区域5km半径内三、四星级酒店林立而独缺更高档次的酒店，就可考虑建设一家五星级酒店，因为同质产品竞争经营是有很大风险的；同理，若是该区域缺乏四星级或经济型酒店，那么就可考虑建设四星级或经济型酒店的方案。有些酒店偏离闹市区、周围配套服务项目匮乏，但只要通往酒店的通路宽畅，交通设施良好，就可用作高档次度假型或会议型酒店。有些地处中低档消费区域或居民住宅区里面的酒店，就不宜把它们建成高星级酒店，只宜建低星级或经济型酒店。不管是什么档次的酒店，尽可能不要选在高速公路口、高架桥下以及城市的单行线旁，不要选在车辆进出酒店不方便的地方。

二、业主有没有充裕的资金建设酒店

每当我向业主提出这个问题时，业主们的反应是惊人的相似：先是嗤之以鼻，继而是漫不经心，最终为铿锵表态，一句话，他们有钱，而且资金充足，他们不仅要把酒店建成，还要建成同档次中最好的酒店。确有个别业主在建设酒店过程中，资金到位，工程顺利，一气呵成完成了酒店的建设，可更多的业主捉襟见肘，有的中途被迫停工，有的项目成了烂尾楼，有的到处借债，有的因为建了一座酒店而拖垮了整个企业，有的即使建成了酒店，也是颤颤巍巍、跌跌撞撞，死撑活挨熬到了酒店开业。投资少的小酒店情形好些，大凡上了规模档次、投资较大的高星级酒店，有几个业主没有遇到过资金难题的呢？举例来说吧，笔者在至今四十余年的酒店人生涯中，曾供职于政府所属酒店、大型国有企业酒店、大型上市公司辖属酒店、外商独资酒店、私营房地产企业酒店，在他们建设酒店的过程中，没有一家投资人不为断了建设的资金链而发愁的。所以，请那些但凡要建酒店特别是高档豪华酒店的投资人切记，要充分做好这方面的心理准备，要经常自问笔者这个问题，真正做到有备而来，遇事不惊，才能真正承担起对自己、对员工以及对社会的责任。具体来说应注意以下几点：

（1）量力而行、看菜吃饭。有许多房地产企业手中有两千万元资金，就去接需要投资两个亿的项目，通过各种融资手段，许多企业还真的取得了成功。于是，他们就把这种模式引申到酒店项目，殊不知普通房地产和酒店项目是两种截然不同的投资概念，住宅和写字楼只要建筑封顶就可取得房屋销售许可证，就可通过售房所得产生可观的收入，只要在开发前期顶住资金压力，后续资金就不成问题；而投资酒店的情形就大不一样，酒店建筑封顶最多只是整个建设工程投资的三分之一甚至是四分之一，也就是说，除了产权式酒店之外，建筑封顶后不但没有任何资金回笼，相反还要准备大量的超过土建约三倍的资金投入到酒店的后续建设中，没有一定实力的业主最好想清楚了再投入，看看自己到底能拿出多少钱，能从各方面渠道融资多少钱。若资金充足，可以把酒店建得规模大些、档次高些、豪华气派些，反之就要严格做好预算，计算好资金分批到位时间，把握好施工工期，控制好资金使用量，不要贪大求洋，能够实实在在地把酒店搞上去就行。

（2）不要轻信设计师的工程费用概算。业主在投资酒店过程中，为了筹措准备所需的建设资金，必须对总投入做到心中有数，因而往往要求各类设计院对所设计的建筑、机电和装潢等主要工程做出投资测算。但是，这类设计师所做的概算往往不可信，真正投入的资金要比测算的多许多，除了材料、人工的涨价等不可预见因素外，还要把工程的改动改造等不可预见因素考虑进去。比如，在设计酒店建筑时最好要设计一至两层的地下室，由于地下水土等情况的不确定，承接土建的工程队伍是不敢像对待正负零以上的主体建筑那样采用包死结算的方式，碰到运气不佳难以打桩的项目，仅在地下室工程的投入上就会花上许多意想不到的资金。再说机电安装，设计师一般是按中档配置的设备来测算费用，但酒店特别是高档酒店往往采购的是价格较高的合资或进口品牌设备，开关插座电线管材也都高于住宅写字楼所用的档次，这样机电安装这一块的费用一下子可能会高出许多，机电设计师往往估计不足。而室内装潢呢，虽然室内设计师精心拿出了研磨已久的美轮美奂的效果图及施工图，但要他们拿出一个根据其作品测算出来的较为靠谱的装潢投入，没有一个设计师能够做到，他们只能根据酒店的档次星级、依据行业内的经验算法，给业主交上一份想象的装潢费用概算，小酒店可能与实际投入相差几百万元，大酒店可能与实际投入相差几千万乃至上亿元。也难怪这些设计师，这里有他们的水平和责任因素，更多的是市场的变化，工程的不断改动，业主在实施过程中的决策调整。所以，业主千万不要只依据设计师提供的预算来准备建设酒店的资金。

（3）不要轻信酒店管理者提供的筹备费用预算。除建设费用外，酒店开业前业主还要准备一笔可观的开业筹备费用。若是请了酒店管理公司，不但要给管理公司派来的工作人员发高额工资，还要向管理公司缴纳一笔数目可观的筹备顾问费，开业时间拖得越久，筹备费用就越多，加上各种保险、食宿费、洗衣费、交通费等等，花在管理公司以及派驻酒店人员上面的费用就有一大笔。除此之外，还有酒店筹备物资的采购费、人员招聘及培训费、新入职员工薪资待遇、前期宣传推广费等等费用。一般来说，管理公司或职业经理人所做的筹备费用预算，实际操作中多半都会超支，有许多项目超支还很多，业主在这方面也要有心理准备。

三、建成后的酒店能不能赚钱

每当听闻业主自诩要把自己投资的酒店做成当地第一、十年不落伍这类的豪言壮语，我就打心眼里担心，难怪全国高档酒店的建设热潮一浪高过一浪，少数专家虽一再警告防止产能过剩，但正如螳臂当车，作用何在呢？撇开1997年亚洲金融风暴后的五年中国酒店全行业亏损不谈，新世纪的到来，随着中国经济的持续高速增长，中国80%的酒店仍处于微利或亏损状态。所以，所有投资酒店的业主应该保持高度警惕，一定要把效益作为衡量投资酒店是否成功的唯一标准，靠输血维持经营的酒店一定是不健康的酒店，更不会成为人们喜爱的品牌酒店。行业内流行的"一年亏、二年平、三年赢"以及"管理者是不管折旧的"类似说法，都是对业主、对社会不负责任的。业主不但要准备好足够的资金一鼓作气地将酒店建起来，而且要保证建成后的酒店能在尽可能短的时间内进入盈利状态。这种盈利的算法是不仅要消化掉经营当中的成本费用和税金，还要承担起业主的贷款利息（或折旧，或产权式酒店的业主回报），甚至尽可能用酒店第一年或加上第二年的利润消化掉在酒店筹备中除了固定资产和递延资产投入的所有筹备开支。为了达到这个目标，业主在投资酒店之前要认真科学地计算和控制好前期的建设和筹备费用，同时也能基本准确地测算出今后酒店的毛利润和净利润。如果毛利润和净利润为负数，则酒店就意味着亏本，那么业主就要设法请专家找出原因，或是调整建设阶段的一些不合理投入，或是调整开业后的销售政策、经营思路、管理成本等策略。若努力再三，净利润的测算始终为负数或亏损很大，业主就不能考虑投资酒店；若经过调整，净利润为正数或盈利可观，业主才能作出投资酒店的决定。对于一个深谙其道的专家来说，做出这种测算非常容易，可是对于一般所谓的冒牌货来说则是难于上青天，因为真正的专家必须懂得酒店的系统工程，而懂得系统工程的酒店通才可谓凤毛麟角。

四、酒店的建筑设计

正确的设计程序是，在做建筑设计的同时，应当请机电、室内设计公司以及酒店经营管理专家参与其中，只有这样，建筑设计师才有明确的方向，以后的机电、室内设计人员才会少走弯路，酒店管理者才能方便使用，这样设计出来的酒店才有生命力。

（1）酒店的朝向。建筑的主朝向宜选择本地区最佳朝向或接近最佳朝向，尽量避免东西向日晒。朝向选择的原则是冬季能获得足够的日照并避开主导风向，夏季能利用自然通风并防止太阳辐射。然而建筑的朝向、方位及建筑总平面设计应考虑多方面的因素，尤其是公共建筑受到社会历史文化、地形、城市规划、道路、环境等条件的制约，要想使建筑物的朝向对夏季防热、冬季保温都很理想是有困难的。因此，只能权衡各个因素之间的得失轻重，选择出这一地区建筑的最佳或较好的朝向，通过多方面的因素分析，优化建筑的规划设计，尽量避免东西向日晒，使之尽可能成为节能建筑。笔者查看有关资料得知，不管是严寒、寒冷地区的酒店建筑，还是夏热冬冷、夏热冬暖地区的酒店建筑，适宜朝向为南偏东或南偏西，不宜朝向为西或北。

（2）酒店的外形。高层住宅和高层酒店建筑不能设计成异形或造型复杂的外形，因为异形结构常常不能用混凝土结构，只能采用部分或全钢结构，建筑成本很高，而住宅是供居民居住使用，即便用作投资，也是通过单位面积来产生效益的，所以建筑成本过高就会少人问津。酒店与住宅情况相仿，它也是通过单位面积创造出的服务产品来实现利润，若建筑成本太高，酒店的折旧就会加大，经营者的负担就会很重。但是像银行、证券大厦或高档写字楼，采用异形结构，设计成造型独特、观赏性强的外形，不但能给城市的建筑群带来一些活力和变化，而且能提高建筑的品位和档次。这样的建筑外形成本可能较高，但开发商可以通过较高的售价来消化，因为其中的使用者通过公司贸易和商业运作，可以创造出住宅或酒店无法相比的令人不可想象的利润。酒店的外形应以长方体为宜，底部几层最好设计成裙楼形式，楼顶除规范必需的女儿墙外，不要再设计成什么造型。除度假型酒店外，楼层不宜采用退层形式。

（3）酒店的外墙。酒店不同于住宅、写字楼或政府办公、银行证券大厦，需要昼夜提供比较舒适的恒温环境。因此，酒店外墙首先要考虑保温性能，玻璃幕就不适宜使用。其次要考虑节约投资，那么铝板就基本不在墙体饰面材料的选择范围之内，档次较高的酒店可在外墙上刷氟碳漆。另外，若想减少外墙饰面材料的投资费用，可以饰贴墙砖或刷涂料，但是若使用墙砖，墙体就必须做内保温，因为做了外保温的墙体，饰贴的墙砖会粘不住而往下掉落，安全隐患很大。酒店的客房层宜使用点式窗，裙楼宜使用加厚的中空大幅透明玻璃。酒店的裙楼墙体首层可干挂石材，二层以上可饰贴普通墙砖。在城市建筑群中，无论是政府大楼、住宅、写字楼，还是医院、学校，皆宜采用诸如白色、灰色等冷色调的外墙颜色；但酒店就大不一样，由于酒店建筑需要吸引人的眼球，需要刺激人的消费欲望，需要给人一种热情礼貌的暗示，所以，真正精明的业主或设计师会把酒店的外墙设计成暖色调，比如香槟色、奶黄色等。除度假型酒店外，城市酒店的外墙不宜设计室外阳台，所有外窗玻璃不宜使用圆弧玻璃。

（4）酒店层高及每层楼面积。地下室的层高以 4.5m 为宜，裙楼的层高以 4.8m 左右为宜，若是高星级酒店的多功能厅，最好用钢网架结构，净高为 5m 以上为宜。主楼每层的高度：五星级为 3.6m，四星级为 3.4m，三星级以下或经济型酒店可为 3.2m。高层建筑酒店的设备转换层不能做得太矮，高度最好在 2m 以上为宜，便于酒店作为后勤服务区如办公或仓储使用。为最经济地利用好消防通道和消防电梯，高层酒店的主楼每层面积在 1500m² 或 3000m² 为宜，从经营和管理角度考虑，与主楼面积相匹配的裙楼的每层面积应是主楼每层面积的 2.4 倍，而地下室的每层面积应为主楼每层面积的 3 倍。与住宅、写字楼等其他建筑都不同的是，酒店需要较大的后台服务区域和足够的停车场，因此大凡用作酒店用途的建筑地下室以建两层为宜。

（5）酒店雨篷和广场台阶。若规划红线允许，高星级酒店的雨篷最好用混凝土浇筑而成，尺寸以长 25m、宽 12m 左右为宜；若是规模较小或经济型酒店，而且受规划红线所制约，就可采用悬挑钢结构形式的雨篷，其上饰以铝板、玻璃或石材等装饰材料。除此之外，雨篷的高度很有讲究，不能太高也不能太低，假如雨篷的进深为 5m，那么雨篷的高度以 6m 为宜；若雨篷的进深为 7m，那么雨篷的高度以 8m 为宜；假如雨篷系立柱混凝土结构，且进深在 12m 左右，那么雨篷的高度以 10m 为宜。

酒店的前坪广场和大堂的高差不能太大，许多高星级酒店设计得像政府大楼，台阶很多，汽车非得从两边爬上一个陡坡才能驶入大堂入口处，而徒步从前坪广场进入酒店或在前坪广场下车提着行李进入酒店的客人都有不方便的感觉。设计师应该注意，酒店不是衙门，所有设计应该以方便客人为宗旨。笔者认为，雨篷下连接广场的台阶以不多于六级为宜。

（6）其他应注意的问题。高星级酒店必须有一定的配套服务项目，因而必须设计裙楼，为了让多功能厅气派而方便使用，最好采用网架结构，以便取消厅内的立柱。建议大堂和其他区域尽可能少用或不用圆柱，否则会加大建筑和装潢的投入。海鲜池、新风机组、冷却塔等应提前考虑加大荷载设计。高层酒店一定要设计贯通上下的布草通道，以解决大多数酒店员工电梯不够使用的矛盾。大堂的共享空间不宜太高，以两层为宜，否则不仅能耗大，花在消防防火卷帘上的费用也很大，而底层的空调效果还不好。不管是高星级酒店还是规模小的酒店，不管是在南方还是在北方，酒店大堂必须用旋转门，视投资确定使用手推还是自动旋转门，是两翼还是三翼自动旋转门。

五、酒店的机电设计

若把酒店比作人的话，那么其建筑就是人的骨骼，装潢就是人的衣服，机电就是人的五脏六腑、器官经络。机电设计得不合理，就会影响其功能的正常使用，减少其寿命。业主往往重装潢而轻机电，这是万万不可的。在策划酒店机电设计时主要考虑水、强弱电、消防、空调、洗衣房、电梯等方面的内容。

（1）水。国家有关规范已明确规定一般像住宅、写字楼这样的建筑不能在屋顶设水箱，因为管理的不到位，水箱里的水藏污纳垢，滋生许多种细菌，所以要求对中高区实行变频供水的方式。于是，设计院在设计酒店建筑时也顺理成章地把变频供水系引介进来。其实，大凡做酒店用途的建筑应在屋顶或裙楼顶建冷水箱，最好冷热水箱并建，这样的好处很多：不会出现水的压力平衡问题；城市供水一旦中断，酒店可照常营业；水箱只需定时补水，省去加压水泵不断启停的能耗。

（2）强弱电。强电系统应注意的是电的总容量，各地设计院在取量时配的负荷过多，不但给酒店加大了许多初始增容费，每月还必须多付变损费，而且占用了电力设施资源。由于酒店各个区域的功能不同，使用的总量常常大大低于设计院计算的负荷。在计算总负荷前要确定酒店功能布局，然后详细算准每层楼的用电量，再排布好各层楼各用电区域的使用时段，这样计算出的总负荷才是科学的。高星级酒店及电网不发达、非真正意义上双回路供电或电力不足地区的酒店都应配置发电机，而且其容量不仅要能满足消防系统所需，而且要能带客梯、照明、部分负荷的动力和空调，满足停电时经营基本需求。弱电系统需要注意的问题较多，网络系统要做到真正百兆接入，客房网和办公网要物理独立；背景音乐要求能分层分区域控制；许多大酒店没有必要设计同声翻译系统；监控点位设计得要合理，监控设备选择得要正确；电话总机可以采用虚拟网方式；酒店对于有线电视和闭路电视的合理选择以及对卫星电视节目的正确选购；客房控制系统哪些酒店不宜做；楼宇自控系统哪些酒店可以做。以上问题都是在设计阶段须弄明白的。

（3）消防。绝大多数酒店的消防设计在酒店功能布局没有真正确定之前就已完成，所以，建筑中的许多消防预埋都弃而不用了，有些酒店甚至在功能布局还未确定之前就把消防所有工程做完，这样的浪费就会更大。科学的做法是，待室内设计师设计好图纸，经建筑、机电设计师会审，业主拍板认可后，建筑设计师按照室内设计的功能布局图把消防系统设计完成，这样才能将消火栓、烟感喷淋、消防卷帘、消防通道等消防设施布置合理、设计到位，以后的工程才不会反复改造。许多业主由于不懂得消防安全的重要性，消防意识十分淡薄，总喜欢在建设过程中擅自修改消防设计，导致因工程迟迟不能验收而无法开业，造成很大损失。

（4）空调。机电设计中最重要、俗称酒店脸面的就是空调，凡空调效果不佳的酒店，其服务质量就不能满足客人的需求，这样的酒店就没有生命力。空调的设备多种多样，制冷采暖的形式要因地制宜，因酒店的不同而区别对待。一般机电设计师因为没有酒店管理经验而常常在设计时犯错，规范往往与实际相冲突，很多酒店制冷主机、锅炉的容量设计偏大，而冷却塔和风机盘管的量设计偏小，餐饮、会议、娱乐这些客人活动稠密区，客人对空气质量的要求较高，而大多数酒店的新风系统设计不合理，新风量远远达不到要求，有名无实，降低了服务档次。

（5）洗衣房。酒店需不需要设置洗衣房、在酒店的什么位置建设洗衣房，是在策划总体设计时必须拍板的事。若洗衣房不设废热回收设备，那么集水坑就要设计在主体建筑外，否则待主体工程上来后再想把集水坑放到外面去就困难了。设计洗衣房最大的难点是，在不使用中央空调降温的情况下，要设法把夏季室内温度控制在35℃以下，那么设计时要注意室内送排风、热管道保温、熨烫机加罩抽热等细节，这样不仅有利于延长设备的使用寿命，也能改善洗衣环境，稳定员工队伍。

（6）电梯。许多不懂酒店运作的设计师把消防电梯和客梯设计在一起，业主应拒绝这种设计。消防电梯必须单独设置，因为客人通道和员工通道必须截然分开，消防电梯作为员工交通工具，不能与客梯混杂设计在同一电梯间内；另外，若把消防电梯与客梯设计在一起，那么电梯间就必须按消防规范设置防火门，防火门要装置闭门器，而且必须处于常闭状态，这样客人不容易识别电梯间的位置，拉着行李进出电梯间也不方便，而且凡是装上标准高度的防火门后，电梯间显得低矮不气派，影响视觉效果。还有一点请业主和设计师注意的是，大凡写字楼和酒店混在一起设计的建筑，除非使用楼层限制卡，否则不宜将客梯分作写字楼或酒店专用梯，因为酒店客房与写字楼使用时间的不同，客梯混合使用可以提高电梯使用效率，方便客人交通。

六、酒店的室内设计

过去所说的装潢设计提法不科学，因为这方面的设计师不仅要考虑如何给酒店穿衣服，还要考虑酒店的功能布局、通道、服务流程、客人心理、管理成本、销售亮点等诸多因素，仅仅懂得美学和建筑学知识的设计师是万万不能为酒店做室内设计的，所以高星级酒店不宜请装潢公司来担负室内设计的重任。酒店的功能布局是室内设计的灵魂，首先要合理规划好客房、公共区域（前厅、餐饮、娱乐等项目）及后台服务区域的比例；其次要对酒店功能合理布局，比如客房区的各种房型的配比，公共区域应设置哪些对客服务项目，酒店要不要评星，因为评星与否所设置的项目是不同的；后台服务区域要有哪些项目，放在哪儿便于服务和管理。另外，设计师应考虑好交通流程：物流、员工和客人通道、厨房到餐厅的交通、布草通道。

设计师还应站在业主投资的角度来考虑设计细节，比如设计风格，投资较少的酒店以现代主义风格为主，豪华高档酒店可以采用欧式风格。设计师要在用材的巧妙而不是用材的豪华高档上做文章，要在色彩的和谐搭配、形式的变异方面下功夫。

设计师多半注重视觉效果，不大考虑管理成本，所以设计师必须在有经验的酒店管理专家的指导下，处处为经营和管理着想。比如，普通客房可以取消落地灯、台灯、镜前灯，代之以顶灯或槽灯，既增加照明效果，也可减少投资，减少维修，减少服务员清洁工作量。再比如客房衣柜门，切忌使用木质门，因为木门都会变形，而用金属边框嵌上玻璃镜做成推拉衣柜门，既可用作穿衣镜，拉起来舒适静音，门又不会变形，省去了维修费用。

七、酒店景观和照明设计

酒店是极具文化特征的建筑，有条件的酒店都应做足景观设计，特别是度假型酒店，应充分利用自然的山川形势，突出度假休闲的特色。城市商务酒店或高星级酒店，在规划时一定要留有一定的园林景观空间。随着生活品质的提高，客人把消费的环境从客房、餐饮等区域延伸到了景观园林乃至更大的范围。若酒店停车面积捉襟见肘，那么业主和设计师就必须尽量挖掘地面停车位置，简化景观设计，画龙点睛即可，突出停车主题，因为停车方便是招徕客人、彰显酒店生意的重要手段。

与景观设计有联系的是泛光照明设计。许多酒店在泛光照明上花了许多资金，做了许多文章，但多半常年不用，因此，设计师在设计泛光照明时，不但要考虑照明效果，还要考虑其使用实际和管理要求。比如酒店最好不要用洗墙灯，因为洗墙灯会给居住的客人带来不适感觉。楼体的主光源不能多，也不能滚动，否则会给人一种不庄重的感觉。

八、酒店管理形式

业主在决定投资酒店时，必须提前考虑好建成的酒店由谁来管理经营，是自己亲自操刀，还是请职业经理人，还是聘请国内抑或国外酒店管理公司。中国的多半业主会等到酒店快要落成时，才考虑这个问题，其实为时已晚。如果自己管理便罢，若要请别人来经营，就必须让管理者尽早地介入酒店的设计和建设，这样建成后的酒店才便于使用，起码在建设过程中少走弯路。要让管理者提早介入，业主在挑选时就必须考察对方有没有这方面的经历和经验，如果有且是职业经理人，那么就尽早将其招募进来；若是管理公司，可以提前签约，让对方派一到两名工程顾问参与建设，业主在这方面稍作投资是值得的。但总的原则是，一般规模和档次（四星级以下）的酒店没有必要聘请管理公司，特别是国外酒店管理公司；即便是那些豪华五星级酒店，在聘请国外大牌酒店管理公司时，不要为他们的品牌所迷惑，不要为急于引进而没了主心骨，更不能因为疏忽大意而跌入对方在合同中设置的陷阱。业主要时刻保持清醒的头脑，谨防各种诱惑和欺骗，要知道，投资酒店是经不起折腾的。

业主们投资酒店原因各不相同，但希望酒店能够赚钱是一致而永恒的目标。所以，笔者建议业主在建设酒店的过程中要"眼观六路、耳听八方"，把握住大的战略，策划好总体设计。看完以上拙见，对您投资酒店有帮助吗？

第三章　酒店选址的新概念

记得一位酒店行业前辈在论及酒店三要素时这样说过："第一是地点，第二是地点，第三还是地点。"由此可见地点对于酒店来说何等重要。一件事要取得成功，就必须顺应自然，得"天时、地利、人和"，这儿的地利，就是地点选择得要恰当。别说酒店选址有多么重要，就说人，选在什么地方发展事业，往往都会决定一个人终生的命运。可是，虽然我们在建设酒店时都很重视地点的选择，但方式正不正确，观点对不对头，都会直接导致酒店不同的命运结果。有的投资者机关算尽，反误了卿卿（酒店）性命；有的投资者无心插柳柳成荫，没费多少心思酒店经营得有声有色。碰运气是非理性所为，做一个酒店不能靠碰运气，而要在诸多环节上认真把握，其中选址为酒店建设第一要素。如何给酒店选址呢？我认为一句话可以概括：在恰当的地方做恰当的酒店。话好说，可具体运作起来并不容易，笔者接触过许多种选择地址的手段和方法，有的令人啼笑皆非，有的则妙不可言。

一、请风水大师看酒店风水

也许是人们的生活越来越衣食无忧的缘故，许多人建个住宅、买个商铺、装修个办公室，都会请风水先生看一下合不合适。建酒店就更不用说了，我接触过的业主不论是国企还是私企，很少不请风水先生的。风水本是一门学问，由于是家族流传，所以真正懂得风水的人甚少。风水师分为两种人：一类是故弄玄虚、阴阳怪气，口中所说均为空穴来风，可称阴阳先生，也叫算命先生，专以骗钱为生；还有一类是博学多才，精通天文地理，深谙民俗学、环境科学、建筑学等知识，这种人可称为风水大师。选址就是选择能助人事业兴旺发达、可令后人富贵显达的风水宝地，而酒店的选址则属于建筑学风水范畴，这是依环境对建筑物群的影响作为基础的。建筑学上的风水源自于皇家宫廷建筑，以中国古代封建社会的御用建筑师为代表，建立了一套趋于完整的风水体系（即对于环境影响的成文守则）。建筑学上的风水是随逐自然，力求将建筑和自然融为一体，使整体环境美化，并且根据自然情况安排建筑布局，包括采光、通风、取景，使得居住者更为舒适，追求人居回归自然的状态。酒店业主煞费苦心地寻请风水大师，这种做法无可厚非，只不过要非常谨慎，如果请了算命先生，不但枉送了许多钱财，更可怕的是业主中了邪，会把酒店建得不阴不阳、不伦不类；若是真的请到了风水大师，经过高人指点，规避了选址时的某些缺陷，设法让风水和酒店建筑自然交融，那么酒店将永远处于福荫之中。这种大师可谓凤毛麟角，至少笔者还未真正碰上，因为风水大师要想给酒店看风水，除了必须具有渊博的知识外，更重要的还要深谙酒店的核心内涵。

二、酒店建筑的主朝向选择

酒店选址时必须考虑其主朝向，在规划红线允许的范围内尽可能将建筑调整到最佳朝向或接近最佳朝向，使得冬季能最大限度地利用日照，多获得热量，避开主导风向，减少酒店建筑物和外场地表面热损失，夏季能最大限度地减少得热并利用自然能来降温冷却，以达到节能的目的。和一些风水先生在酒店这里摆上两个石狮、那儿设置一个水景不同的是，主朝向的选择是一种科学的设计，是经过多少年来对各个地区各类建筑的经验总结。笔者根据有关资料、结合对酒店的观察实践，将我国主要城市酒店建筑的朝向选择推荐如下：

地区	最佳朝向	适宜朝向	不宜朝向
北京	南偏东 30°—南偏西 30°	南偏东 30°—45°，南偏西 30°—45°	北、西北

地区	最佳朝向	适宜朝向	不宜朝向
太原	南偏东 20°—南偏西 10°	南偏东 20°—45°	西、北
济南	南—南偏东 20°	南偏东 20°—45°	西、西北
郑州	南—南偏东 10°	南偏东 10°—30°	西北
西安	南—南偏东 10°	南—南偏西 30°	西、西北
拉萨	南偏东 15°—南偏西 15°	南偏东 15°—30°，南偏西 15°—30°	西、北
上海	南—南偏东 15°	南偏东 15°—30°，南—南偏西 30°	北、西北
南京	南—南偏东 15°	南偏东 15°—30°，南—南偏西 15°	西、北
杭州	南—南偏东 15°	南偏东 15°—30°	西、北
合肥	南偏东 5°—15°	南偏东 15°—35°，南—南偏西 15°	西、北
武汉	南偏东 10°—南偏西 10°	南偏东 10°—35°，南偏西 10°—30°	西、西北
长沙	南—南偏东 10°	南—南偏西 10°	西、西北
南昌	南—南偏东 15°	南偏东 15°—25°，南—南偏西 10°	西、西北
重庆	南偏东 10°—南偏西 10°	南偏东 10°—30°，南偏西10°—20°	西、东
成都	南偏东 10°—南偏西 20°	南偏东 10°—30°，南偏西20°—45°	西、东、北
厦门	南—南偏东 15°	南偏东 15°—30°，南—南偏西 10°	西南、西、西北
福州	南—南偏东 10°	南偏东 10°—30°	西
广州	南偏东 15°—南偏西 5°	南偏东 15°—30°，南偏西 5°—30°	西

走出中国酒店建设和管理的误区

地区	最佳朝向	适宜朝向	不宜朝向
南宁	南—南偏东 15°	南偏东 15°—25°，南—南偏西 10°	东、西
哈尔滨	南偏东 15°—20°	南—南偏东 15°，南—南偏西 15°	西、西北、北
长春	南偏东 15°—南偏西 10°	南偏东 15°—45°，南偏西 10°—45°	东北、西北、北
沈阳	南—南偏东 20°	南偏东 20°—东，南—南偏西 45°	东北偏东、西北偏西
乌鲁木齐	南偏东 40°—南偏西 30°	南偏东 40°—东，南偏西 30°—西	西北、北
呼和浩特	南偏东 30°—南偏西 30°	南偏东 30°—东，南偏西 30°—西	北、西北
银川	南偏东 25°—南偏西 10°	南偏东 25°—45°，南偏西 10°—30°	西、西北

三、选择建在闹市区的酒店

　　人流多的地方常常是建酒店的好地方，因为消费者去酒店很方便，酒店生意自然就容易兴隆。闹市区可以是金融商业区、政府所在地，可以是汽车站、火车站、写字楼聚集地，也可以是住宅区、医院、学校等混合体组成的街区。在这样的闹市区建酒店要因地制宜，不是说在闹市区建什么样的酒店都会取得成功的。由于闹市区周围一般来说餐饮、娱乐和商业配套设施较齐全，所以，像三星级以下或经济型酒店适宜建在这种区域。闹市区的土地价格比较昂贵，酒店的占地面积一般不大，那么诸如需要占地面积较大的别墅型和度假型酒店就不应建在闹市区，而一些筒子楼式的高层酒店就适合建在这种区域中。高端金融商业区、政府所在地、大学或医院附近适宜建四、五星级的高档酒店，但建设这样的酒店必须有个前提，就是要具有足够的停车位，高档酒店除了地下室要配设停车位外，地面上必须有一定数量的停车位，因为前来酒店消费的客人以高官富商居多，他们中很多人不愿将车停到地下室去，为了尽量满足客人的各种需求，就必须在规划时将酒店前坪或后场留有足够的开场面积，以便部分用作客人停车之用。对于一个五星级酒店来说，如果前坪的面积捉襟见肘，在规划时就不要考虑建设五星级酒店，否则不但会影响酒店的气势，也会影响到酒店的品牌，自然也会影响到酒店的效益，达不到投资者的真正目的。位于闹市区的四、五星级酒店建筑不宜太矮，若是周围的建筑都比酒店高大，除非酒店横跨体量较大，否则会影响酒店的经营。汽车站、火车站或普通写字楼聚集地附近不适宜建五星级酒店，因为这些区域一般来说建筑比较拥挤，新建酒店要想取得足够的占地面积怕有难度，况且这类地区的客源多半为中档或偏低的消费者，四星级酒店可以作为高档酒店立足其中，更适宜的是建些三星级以下酒店，当然品牌经济型酒店应该效益最好，因为这类地区的消费者多为匆匆过客，以出差办事和旅游观光为主，客人需要的是价格便宜、卫生干净的居住环境，因为酒店没有什么餐饮娱乐项目，所以酒店不需要多少停车位。不过，在这种地方无论是建四星级酒店，还是建三星级以下或经济型酒店，客房都要有一定规模，最好在两百间以上，客房越多的酒店，其综合费用相对较低，利润自然也就多了。对于普通住宅区、中小学校和三级医院等混合体组成的闹市区，适合建设三星级以下或经济型酒店，这种地区的商业街区主要是为普通百姓服务的，消费者对酒店的要求是实惠，若是把四星级特别是五星级酒店建在这个区域，与周围的商业氛围就不协调，高消费的人群不大愿意、不大习惯来这种区域的酒店，其结果是，要么酒店放下架子，五星级酒店卖四星级价格，要么酒店坚守自尊，不愿向中端客人示好，这两种做法都会伤及酒店，导致酒店的品质和效益下降。

闹市区酒店的具体位置也是有讲究的，最佳位置当属城市主干道的路旁，因为城市主干道往往是人流最密集的地方，也是旅客最容易寻找和记住的地方。四星级以上的高档酒店最好设在主干道或次干道的路旁，因为高档酒店的客人进出酒店使用车辆的频率要远远高于其他档次较低的酒店，所以酒店周围的交通便成了高端酒店选址的一个重要条件。如果一家高档酒店不在主、次干道旁，而且通往酒店的道路只有八米左右宽，那么这条道路的两边不能有商业铺面和住宅区，可以有政府机关、大专院校等人流活动不频繁的单位，并且道路只通到酒店为止，否则就不宜将酒店建在这种交通状况的地区。三星级以下或经济型酒店可以建在离开主、次干道一定距离的巷子里，但是酒店离巷口不宜超过两百米，巷子两边不能有众多的小店摊贩，巷子道路至少有六米宽并能较方便地双向行驶，从主、次干道拐入巷子后便可直接抵达酒店，而不能再拐向另一个巷子才能到达酒店，因为在交通上给客人造成不便的酒店，客人除非是万般无奈，否则不会选择这样的酒店。

还要提醒投资者的是，不管是什么档次的酒店，不要选择建在高架桥旁或城市的单行道旁。当然有许多高架桥是在酒店落成许多年后才建起来的，所以在选址前必须向政府规划部门打听清楚今后十年之内的城市建设规划，如果规划中项目地址旁要建高架桥，那么投资者就没有必要冒这种风险。政府的城市规划也是与时俱进随时变化的，万一酒店开业后政府要建高架桥呢？笔者经过研究发现，那些高度在 80m 以上位于高架桥旁的酒店，其生意受到的冲击较小，如果是在 100m 以上，酒店前坪比较宽敞，那么酒店经营基本不会受到什么影响。所以，在城市中心可能会建高架桥的地址旁建酒店，千万不要设计低矮酒店建筑，否则建成后的酒店是不易赚钱的。最后要说一下建在城市单行线旁的酒店，由于车辆进出酒店不太方便，自然会影响酒店的经营；有些通往酒店的道路有行驶时段限制，就是说在交通高峰的某个时段什么车辆不允许通行，往往弄得司机手足无措，导致出租车不愿载客去这样的酒店，那么，这样的酒店还怎么经营呢？

四、选择建在比较偏僻地方的酒店

在交通和通信不发达的十几年前，把酒店选择建在城郊或更远的地方是不可想象的事，特别是四、五星级酒店，如果不建在繁华市区，酒店多半会亏损。随着智能手机的发展、交通工具的发达和信息手段的多样化，酒店地理位置的概念已经被赋予了新的含义，比如说城乡接合部，适宜建四、五星级和经济型酒店，因为每个地区的城乡接合部经济比较活跃，许多城市中心拆迁户和外来人口都在这块新开发的区域购房定居，当地农民因为土地被征收而得到一笔可观的补偿费，消费潜力很大，只要道路畅通，闹市区的单位或个人都方便去这种区域的酒店消费。所以，类似这样的地方已不属于偏僻冷门区域，投资者可放心考虑酒店建设计划。这里要重点说的是那些既不在旅游风景区、周围又没有什么消费客源的酒店，这类地区不适宜建四星级以下的酒店，当然经济型酒店也包含其中，业主如果要投资，可以建五星级酒店，但前提是必须具备以下条件：第一是道路，通往酒店的道路要宽畅，而且要与其他主要干道相通，道路状况要好。第二是酒店投资总额要控制好，设法用城市三星半或四星级酒店的投入将酒店建成五星级的标准和档次，因为土地价格便宜，建筑不必采用筒子楼形式，可降低造价和运行费用。第三是按略低于四星级城市商务酒店的价格收费，用价廉物美的策略来吸引客人，但服务不打折。第四是经营要有亮点，用特色服务项目来获得客人的青睐。第五要考虑客人的消费半径距离，我们平时习惯考虑的是酒店周围的客源，其实高端酒店的客人消费半径应扩展到 5km、50km 甚至 300km，投资者要研究计算这个半径区域里潜在的消费对象，因为这个半径都是客人在当天可以往返的距离。

顺带提及的是，三星级以上的酒店不要选择建在高速公路出口不远的地方，笔者接触过的位于高速公路口不远的酒店，没有一家效益好的，我便尝试着以一个驾驶汽车快下高速进入城市的角色去思考这个问题。许多朋友都有过这种体验，每当夜幕降临，驾车下了高速进入收费站后，虽然此时饥肠辘辘，但你会马上选择邻近的餐馆就餐吗？朋友们告诉我，他们多半会选择继续驶往城市中心，一是担心这个位置的餐馆服务质量差，二是害怕这些店宰客，更重要的是他们没有一下高速就停车小憩的习惯。其实选择酒店亦是如此，客人担心城市边缘的酒店服务质量得不到保证，住在离城市中心还有一段距离的酒店，无论是游玩还是办事都不太方便，最主要的还是消费者的潜意识——习惯驱使着他们继续往前赶路，因为一个刚刚从高速公路下来的人不愿意立刻停下，而希望再慢慢行驶一会儿，让紧张的大脑有个自然舒缓过程。

五、选择建在旅游风景区的酒店

看到中国许多的历史名胜和山水风景被一些服务设施糟蹋得满目疮痍，笔者就会感到心痛。除非必需，否则这些区域尽量不要建设酒店。对于有些景观，游客一两天不能尽兴，必须住在景区内，那么酒店应尽可能远离中心景区建造，而且在设计时尽量顺势打造，不破坏自然景观，无论酒店内部装饰多么现代，但酒店外表必须装饰得与风景名胜相和谐。所有处于旅游名胜的酒店都不要建成筒子楼那样比较高的建筑，体量可大，可横向发展，建筑装饰材料尽可能使用当地盛产的材料，建筑风格尽可能与当地建筑与民俗保持一致，尽可能不改变山川形势，这是投资者在选址时必须注意的。这种区域适宜建少量的五星级酒店，配套服务设施不但能满足自身要求，还能给其他酒店提供消费需求，比如娱乐休闲项目，可供其他没有这些项目的酒店客人选择消费；比如所建的洗衣房也可为一些没有洗衣房的酒店提供洗涤服务。这种区域可以多建些经济型酒店，除了住宿外，只提供早餐服务。不宜在这种地区建设一至四星级酒店，因为一些高端会议和旅游客人可选住五星级酒店，其余游客可由价廉物美的经济型酒店负责接待。这类酒店的房价可视淡旺季进行调整，投资者在测算时应考虑清楚。

总之，酒店选址已经赋予了新概念，除了要选在人流量比较大的地方这种传统做法外，还要看通往酒店的道路是否通畅，是否经常堵车；还要看酒店是否有足够的停车位，停车是否方便；还要看周围都有些什么样的酒店，自己要建的酒店是否要有别于它们，建什么类型什么档次规模的酒店最合适。请酒店投资者三思。

第四章　酒店建筑设计新探

我是一个作家，深知写文章搭架子的重要性，而酒店建筑设计就是给酒店搭架子。若把酒店比作人的话，那么其建筑结构就是人的骨骼，骨骼不健全，五脏六腑（机电总成）就摆布不合理，衣服（装潢）再好也穿不出样子。所以说，建筑设计是酒店一切设计的先驱，也是所有设计的根本。可是，纵观中国绝大多数酒店的建筑设计，不是程序错了，就是理念不对，根本原因是建筑设计师对酒店还很陌生，缺乏了解酒店的渠道和机会，其实许多知识障碍正如一张纸，捅破了原来真相是那么简单，那么我能否替酒店建筑设计师捅破这张纸呢？

一、酒店功能布局

几乎所有业主和建筑师首先会考虑的是酒店的体量高度（与容积率有关）、外形颜色，很少把功能布局想在前面。你看，无论是业主、设计师，还是政府握有审批大权的各部门，无不把建筑外观图放在首位，总规图中的功能布局只是个假设和形式，所以也没人在此阶段会关注这种小事，换言之，此时的功能布局只供立项报建所用，建筑师很清楚，酒店到底怎么用，那是以后业主、装修设计师和酒店管理者的事。不知是约定俗成的缘故，还是因为到了装修阶段、装修设计师再没有下一阶段设计人员可推卸责任的原因，酒店最重要的功能布局只有到了装修阶段才真正摆上议事日程，为时已晚矣！中国的许多酒店建筑主体完成后，机电安装阶段要改，装修阶段要改，酒店管理者介入后要改，开业后发现不合经营要求必须改，待星评时旅游局专家指出不合星评标准又要改，只要建筑设计不对路，那么前方的道路就会布满荆棘。解决这种先天不足设计的方法只有两个：一是建筑设计院真正挑起功能布局的重担，设计人员要学习酒店经营管理知识，经常去各类酒店体验生活；二是在建筑设计阶段，由室内设计院组织机电和建筑设计人员、业主和酒店管理专家一起讨论研究，在策划总规图时就把未来酒店实际运用的功能布局敲定，以后即使有所变动，也只是局部调整而非伤筋动骨的修改。请业主和建筑师切记，只有在确定了酒店的规模档次和功能布局后，建筑师才能动手建筑设计。

二、酒店高度和每层面积

容积率因为是政府有关部门所批，设计时是不能逾越其规定的；容积率与建筑的高度和每层的面积有关，所以，建筑师如何根据酒店的功能布局和规模档次，巧妙合理地调整好建筑的高度和每层面积，这就在考量建筑师的功底。如果酒店处于一个集住宅、写字楼和商铺于一体的综合开发项目之中，那么建筑师就必须全面地考虑这些不同类型建筑所占面积的合理比例以及合理高度，但由于酒店的特殊性和复杂性，建筑师应首先考虑酒店的设计参数是否科学。从酒店建筑的综合建设成本角度出发，高度建在刚好卡在 50m 或 100m 之内的酒店比较经济，超过100m 高的酒店建设成本和运行费用都比较高，则这种超高层建筑做酒店用途是不可取的，国内一些建筑为了追求面子而仿造国外发达国家建起了超过 300m 甚至是 400m 的摩天大楼，还将酒店也强塞进综合体中，这样的酒店往往只能靠外来输血维持生命。除了经济型和三星级以下的酒店之外，所有四星级以上酒店应设计裙楼，裙楼的体量和主楼的高度要成比例，裙楼太大，主楼较矮，显得拖沓笨重，没有气势，若裙楼太小，主楼较高，则显得头重脚轻。大凡做酒店用途的筒子形建筑最好设计地下室，一般来说，50m 以下的设计一层地下室，50m 以上 100m 以下的设计两层地下室，100m 以上 200m 以下的设计三层地下室，因为与住宅、写字楼等其他建筑不同的是，酒店需要更多的后台服务区域和足够的停车场。

酒店建筑的层高很有讲究。建筑师应从酒店的档次角度出发，合理地设计好每层层高。地下室的层高以 4.5m 为宜，有许多防排烟风管和其他主管道要从这里的天花下面经过。裙楼的层高五星级以 5.5m 左右为宜，四星级以 4.8m 左右为宜，但裙楼中的多功能厅或大型宴会厅，最好采用网架结构，这样整个大厅中间没有立柱，便于客人使用。若大厅面积在 300m² 左右，净高以 5m 左右为宜；若大厅面积在 500m² 左右，净高以 6m 左右为宜；若大厅面积在 800m² 左右，净高以 10m 左右为宜。主楼每层的高度，经济型和三星级以下的酒店以 3m 为宜，四星级酒店以 3.2m 为宜，五星级酒店以 3.4m 为宜，但别墅型和度假型四、五星级酒店可分别在以上高度基础上增加 0.2—0.4m。高层建筑的设备转换层应以 2m 以上为宜，便于酒店作为后期服务区如办公或仓储使用。这里还要提及的是雨篷和雨篷下台阶的高度：为了遮雨和观赏效果，雨篷除了要有一定长度外，高度不能太高或太低，假如雨篷的进深为 5m，那么雨篷的高度以 6m 为宜；若雨篷的进深为 7m，那么雨篷的高度以 8m 为宜。若雨篷的进深为 5m，那么其长度以 16m 为宜；如果雨篷的进深为 7m，那么其长度以 20m 为宜。酒店的雨篷体量尽可能做得大些，若雨篷超过规划红线，则应做成悬挑式；若雨篷未超过红线，则应在外侧用混凝土浇筑。体量大的雨篷可无形中增加大堂的视觉面积，弥补一些酒店大堂面积不够大的缺陷。另外，雨篷下连接酒店前坪的台阶以不多于六级为宜，台阶多了，客人对酒店的亲和力就减了，无论是徒步从前坪进入酒店，还是在前坪下车进入酒店的客人都有不适的感觉。

　　建筑师还应从酒店经营和管理的角度出发，按照防火规范充分地利用防火分区的疏散面积的要求，巧妙地设计好每层的面积。为最佳利用消防逃生通道和消防电梯，高层酒店主楼的每层面积以 1500m² 或 3000m² 为宜，从客房服务人员配备角度考虑，每层 1500m² 的客房正好配设 2 名服务人员。四、五星级酒店裙楼的面积应是主楼每层面积的 2.4 倍，这样可方便对于公共区域的服务项目进行合理布局，特别是有利于餐饮的前台对客服务区和后台厨房区的交通布置，尽量不让传菜路线与客人通道交叉。而地下室的每层面积应为主楼每层面积的 3 倍，因为除了辟有足够的停车位和设备房外，还可考虑将酒店办公、员工餐厅、员工更衣室等功能布置其中，节省出地上面积供客人使用。

三、酒店外形

20世纪三四十年代，大量的火柴盒式的高楼在美国涌现，接着，世界各国的建筑师争相仿效，于是诞生了一批批火柴盒式的建筑，传播到我国时已到了80年代初，那时正值改革开放开始之际，酒店成了这种建筑式样的最早弄潮儿，直至今日，这种外形的建筑仍然是我国酒店建筑的主流。第二次世界大战后，随着世界经济的复苏，后现代主义思潮的回归，人们渐渐忘却了战争的痛苦，转而追求浪漫奢侈的生活。到了20世纪70年代，美国和欧洲的一些建筑设计师在外形上追求新意，设计出一些主题型或表物形的建筑，其中有企业大楼、金融大厦，当然豪华酒店占了多数。比如在美国的洛杉矶、纽约和拉斯维加斯，相继出现了帆船、金字塔外形的酒店，甚至把诸如威尼斯水城截取一段实景复制到整个酒店的外观中。进入21世纪后，我国出现了一些表物形的酒店，但真正意义上的主题型酒店还没有一个，因为主题型酒店的建筑难度之大、成本之高，是不能普及推广的。但即使是一些表物形的酒店，由于是异形结构，常常不能设计成混凝土框架结构，只能运用部分或全钢结构形式，建筑成本相对比较高，加之具备钢结构建筑设计资质的单位凤毛麟角，设计费用自然昂贵，所以一般经济不发达的地区和资金实力不雄厚的业主不能建这种酒店，投资过大，回报又慢，很容易亏本；如果地区经济发达，酒店房价卖得高，建少量的表物形酒店，会给城市的建筑群带来活力，也能给酒店本身带来品牌和广告效应。

长方体建筑最适宜做酒店，无论是外部土建还是内部装饰、经营管理，省事省钱又好用，所谓的火柴盒大楼就是这种建筑，主楼部分的两个长边布置两排客房，中间为走道，两头为消防排烟的窗户，这样的酒店不会有"黑房子"。但是，两头的窗户切忌用圆弧玻璃，否则会因为圆弧玻璃不能开窗而只好使用机械排烟装置。方形体建筑不大适宜做酒店，因为有部分客房可能会没有窗户。菱形体建筑也不大适宜做酒店，因为每层都会有几间不规矩的角房，客人住起来不大舒适，装修成本会比较高。最不适宜做酒店的是圆形或椭圆形建筑，面积利用率低，材料损耗大，圆弧部分的用材价格高，每间客房呈扇形，客人入住很不舒适，设计师也很难做功能布局。国外几乎看不到椭圆或圆形的酒店建筑。

除了低矮的别墅型和度假型酒店外，其他酒店不宜设计成退层形式，也不宜在客房外设阳台。酒店建筑的顶部女儿墙高度可按规范要求1.5m砌筑，不能像许多酒店那样砌得太高，否则在做酒店招牌字时需要搭建很高的钢架。一些建筑师喜欢在建筑的顶部设计各种各样的造型，这种做法既费事又费钱，而且不实用。

四、酒店外墙

首先，说说外墙的颜色。过去我国城市建筑的色彩比较单一，多以灰色和白色为主色调，近二十年来，建筑外墙穿红披绿，色彩缤纷，但又显得杂乱无章，缺乏设计目的。笔者曾认真考察和研究过国内主要大都市的建筑外墙色彩，中意的或具特色的少之又少，原因当然很多，但最重要的当属色彩和建筑功能结合得不相和谐。比如说，像政府机关、医院、学校、住宅等建筑外墙应该采用冷色调，诸如白色、乳白色、青灰色等，因为在人们的潜意识里，冷色调能给人以安静典雅的视觉感受，而这类建筑正需要利用冷色调来营造这种氛围，也方便人们识别建筑类别。而类似像商场、影院、餐馆、KTV、酒吧、酒店等供客人消费的场所，其建筑外墙色彩应该采用暖色调，诸如粉红、橘黄、香槟色等，以便更能吸引消费者的眼球，释放出热情友善的信息，激发起客人蠢蠢欲动的消费欲望。比如一座大酒店建筑，若采用香槟色做外墙，而酒店又处于一群冷色调建筑群之中，那么它就会给人以浓浓的暖意和亲和力，也易于前来消费的客人寻找和辨认。当然，高档酒店有时也可以使用诸如白色、乳白色等冷色调作为外墙颜色，但这种酒店楼体要高，夜晚时分须用暖色调泛光照明勾勒楼体，增添热情礼貌的气氛。凡有裙楼的酒店，其裙楼外墙颜色可用深色装饰，既可用深色暖色调，也可用深色冷色调。

其次，说说外墙的材料。许多酒店的外墙材料用得不对，不但造成投资浪费，还不利于管理，这是因为业主和设计师不懂得给酒店外墙穿衣的真谛所致。大凡酒店外墙不宜用玻璃幕，这种材料由于受热面积较大，又非中空或真空玻璃，所以隔热保温效果较差；玻璃幕需要加厚的型材，且玻璃幕本身造价较高，故建设投入很大；采用玻璃幕后，房间上下和相邻房间的隔音和装修处理需要花费许多资金。酒店外墙不宜用铝板，因其造价昂贵。经济型和三星级以下酒店的外墙可以使用涂料，也可以在裙楼部分使用花岗岩或墙砖。四星级以上的高档酒店的主楼外墙可使用氟碳漆，如果做得成功，可以与铝板外墙相媲美，许多酒店氟碳漆没做好的原因是，外墙基层处理不当，工序不科学；裙楼外墙可干挂花岗岩或贴质优的墙砖。建筑墙体如果做了外保温，外墙便不能贴砖，墙砖会因粘贴不住而脱落，所以凡准备用墙砖饰贴外墙的酒店建筑只能做内保温。凡是四星级以下的酒店外墙都可在主楼部分贴小的墙砖，裙楼部分贴大的墙砖，若要讲究档次，可以在裙楼部分的底层干挂花岗岩或铝板，因为消费者多半不会注意酒店外墙采用什么材料，即使有心观察，也只会把目光落在底层上。考虑到酒店外墙的清洗频率，所用的外墙材料还要注意自洁功能如何，像马赛克这样自洁效果差的材料就不能使用。

五、酒店建筑的围护结构

（1）屋面的保温隔热。若屋面保温隔热性能较差，对酒店顶层房间的室内热环境和空调能耗的影响是严重的，而酒店的高级房间如总统套房往往就设在顶层，所以屋面应选用导热系数小、蓄热系数大的保温隔热材料，并保证隔热层的厚度。

（2）山墙的保温隔热。酒店建筑两侧的山墙在设计时要做特殊的保温隔热处理，使得紧邻山墙的客房保温效果不差于其他房间。

（3）点式窗。酒店主楼部分应采用点式窗做法，即房间朝外方向砌筑成 500mm 高的砖墙，玻璃窗嵌在砖墙上、承重梁下和两侧的墙体里，玻璃应采用镀膜玻璃、热反射玻璃、中空玻璃等隔热效果良好的产品。酒店的外窗不能使用单层玻璃，必须使用钢化玻璃，而且必须使用气密性较好的平开窗，拒绝使用本身结构处于劣势的推拉窗。

六、酒店隔墙材料

许多建筑师在设计酒店隔墙时用错了材料，给管理者和消费者带来了麻烦甚至是痛苦。这里有一个原则，所有酒店无论什么墙体，都不能使用水泥空心砖或钢丝网填充泡沫再抹灰的墙体。

（1）外墙。外墙必须使用实心或空心红砖，不能使用夹气混凝土块，因为夹气混凝土块防水性能和牢固程度不及红砖。

（2）客房层相邻房间的隔墙。国家已明令禁止一般墙体使用粘土砖，所以这类墙体不能采用实心或空心红砖，宜用较大尺寸的夹气混凝土块，该材料保温隔音效果好，便于开槽暗埋线管，也方便预埋挂件。许多酒店采用各类轻质墙体，虽然价格较低，安装简单，但隔音效果较差，不方便预埋挂件，也不便于线管开槽，建筑师应规避使用这种材料砌筑相邻房间之间的墙体。

（3）客房、餐饮包间的卫生间隔墙。可使用较薄的 9cm 厚的夹气混凝土块，也可用质量较好、能安装挂件的 9cm 厚的轻质墙板，不能用钢丝网填充泡沫的墙体材料。

（4）酒店公共卫生间、厨房、KTV 包房、小型影院等隔墙。必须用夹气混凝土块，且类似 KTV 包房、小型影院等人流较大、音响声大的场所，隔墙需加用隔音材料。

（5）后勤服务区如办公区域、员工餐厅、员工更衣室、设备用房、仓库等隔墙。可用 12cm 厚的轻质墙板，既节省面积，减少装修投入，施工速度又快。

七、酒店建筑的荷载

酒店建筑要恰到好处地设计荷载及结构，国家有关规范对省会城市要求比较高，需按 6 级防震设计，一般地区没有这个要求，所以设计时要注意钢筋的配比。一般的酒店建筑考虑的荷载过于富余，造成土建投资的浪费，比如有的柱子过于粗大。酒店的共享空间建议少用或不用圆柱，否则会加大建筑和装潢的投入。在结构允许的情况下，尽可能将主梁扁平化，设计时将主梁加宽，使得受力的大梁截面积不变，这样可以提升装饰的标高。要知道，标高对于酒店的装修工程和使用有着多么重要的意义，许多酒店吊完顶后走道低矮，消防和空调管须穿梁而过，因主梁过低增加装饰的成本等等，都很大程度地破坏了结构，降低了酒店的档次。另外，建筑师应按照酒店的功能布局，对冷库、海鲜池、新风机组、冷却塔等应提前考虑荷载设计。

八、酒店主楼客房及走廊尺寸

许多建筑师在设计主楼客房时，往往对其具体尺寸要求不了解，设计出来的客房不适合使用需求，待建筑主体工程起来，室内设计师想要更改已经来不及了，因为建筑结构是不能轻易改动的，现将有关参考数据列表如下：

酒店档次	客房进深	客房开间	卫生间进深	卫生间长度	客房外走廊宽度
二星级以下、经济型酒店	8.0m	3.6m	2.0m	2.2m	1.5m
三星级酒店	8.5m	3.9m	2.3m	2.5m	1.7m
四星级酒店	8.8m	4.2m	2.5m	2.7m	2.0m
五星级酒店	9.2m	4.5m	2.7m	3.5m	2.2m

九、酒店电梯井的位置及数量

不知是业主固执己见的原因，还是建筑师对酒店运作不了解的缘故，一些酒店的客梯和消防梯设计在了一起，这种设计弊病很多。首先，客人和员工的通道交叉混合在一起，既不符合星评标准的要求，客人也会感到很不舒服。其次，许多未设布草通道的酒店，服务人员运送布草的服务车就会和客人同乘一部电梯。另外，消防梯与客梯设计在同一前室中，按照防火规范要求，必须在前室入口处设计防火门，且防火门必须呈常闭状态，这样客人就不易识别电梯的位置，客人进出电梯前室也很不方便；由于电梯前室安装了防火门，其宽度与高度都受到规范的影响变得狭小，大大降低了酒店的档次。再说，客房服务员推着布草车进出电梯通往客房走廊也很不方便，有些酒店为了方便运作将防火门长期打开，常常被消防部门检查处罚。

电梯井的最佳位置在什么地方呢？按酒店最佳建筑外形——长方体建筑来说，客梯最好布置在中间的核心筒内，便于客人走向两侧的客房。消防梯可以布置在客梯一起，只不过消防梯掉转一个 180° 方向，面向另一侧的消防通道；也可以设计在长方体的一侧，与消防通道相连，这样，客梯前室就不需设置防火门。建筑师把客梯与消防梯分开设计后，所要注意的只是如何根据防火分区和疏散距离来调整消防梯和逃生通道的合理位置。

谈及酒店电梯的数量，一般来说，五星级酒店平均 60 间客房 1 部客梯，四星级酒店平均 70 间客房 1 部客梯，三星级酒店平均 80 间客房 1 部电梯。但若是在酒店顶层布置会议室或餐厅这样的服务项目，那么根据项目的人流量可在上述客房数上减少 10—20 间客房来考虑客梯的配备。有些酒店建筑内含写字楼，许多建筑师喜欢把通往写字楼和酒店客房的客梯做分开使用设计，认为这样方便管理，其实这种想法是不合理的。笔者认为，若在酒店主楼里设置几层写字楼，建筑师应将客房层设计在主楼上部，将写字楼设在客房层的下部和酒店裙楼公共区域的上部，配置的客梯须混合使用，每层都停，这样设计的客梯利用率最高，因为酒店客人使用电梯的高峰时间与写字楼办公人员使用电梯的高峰时间正好错开。所以，凡是内含写字楼的酒店建筑，若将写字楼和酒店电梯联合使用，就可根据情况减少客梯数量。

十、客房工作间和布草通道

建筑师在给酒店主楼客房层做功能布局时往往遗漏了客房服务人员

必需的工作间，该工作间的位置对于是否方便服务和提升服务质量是很关键的。原则上说，工作间最好布置在整个客房层的中部，服务可方便向两侧的客房辐射。工作间最好靠近消防梯，因为无论是服务员的上下还是布草及客房用品的运输都很便捷。50m 以上的高层酒店最好设计专用布草通道，600mm 直径的不锈钢圆筒从楼顶贯通至地下室，客房每一层的圆筒处开一个小门，每天客房里需换洗的脏布草从这里直接丢往地下室，既快捷又节约了消防电梯的使用。为了方便操作，布草通道最好设计在服务员工作间里，或邻近工作间，且在客人视线所不及之处。绝大多数酒店都是在主体建筑完成、装修工程开始后才想到布草通道的方案，钻孔打洞劳民伤财，请建筑师在设计时就给业主提个醒。

十一、主楼屋面设置生活水箱

可能是因为国家卫生供水有关规范规定，所有高层住宅中区以上供水不能采用水箱、只能采取变频供水的方式，所以建筑师在做酒店设计时也采用了变频供水方式，这是不合酒店实际运作要求的。第一，酒店设有工程部，有专门的人员负责定期清洁水箱，不会让水箱藏污纳垢。第二，由于酒店客房用水量较大，变频供水容易产生水压不平衡、冷热水互串的现象，采用水箱供水就完全可以避免这种问题。第三，变频供水需要不断启停水泵，既浪费能耗，水泵故障率又高，而采用水箱供水，只有到了水位警戒线水位仪报警后水泵才会启动，一次加水完毕，可大大节约能耗。第四，市政停水时，酒店凭借水箱里的水可支持一段时间，保证酒店不会因为市政停水而停业。建筑师在设计屋顶水箱时要注意两点，水箱要根据酒店客房的体量来定容积，200 间左右客房的酒店要设计 2 个 30m³ 的水箱，300 间左右客房的酒店要设计 2 个 40m³ 的水箱，若是 500 间左右客房的酒店，必须设计 4 个 40m³ 的水箱；另外，为了保证最高层客房的水压，水箱的高度应设在高出屋顶约两层主楼层高的地方，即主楼层高为 3.5m，那么，水箱的高度应在离开屋顶 7m 之处。

十二、降板设计

对于酒店来说，客房卫生间和厨房的降板处理非常重要，建筑师应该在充分了解其功能布局后，对上述两个区域做降板设计。可以这么说，绝大多数酒店因为建筑设计和施工在前、室内设计在后，虽然建筑师都会按照形式上的功能布局对客房卫生间和厨房做降板设计，但到了室内设计进行实质性的最终功能布局阶段，许多降板区域已经完全移位或部分移位，这就给后来的土建和装修工程带来了极大麻烦，也给日后的管理工作造成了致命伤。比如厨房，开始没有准确定位，就不能做降板设计，或者即使做了设计，以后还要因移位而劳而无功，就会在正负零基础上填埋诸如煤渣等轻质垫料来构筑水沟，既降低了厨房的高度，也影响酒店经营时传菜员徒步进出，餐车进出厨房需两人抬进抬出，收碟碗的工作车也要两人才能抬进厨房。因此，凡是未做降板处理的厨房，其餐具破损率一定很高。

十三、消防预埋设计

酒店是给消费者以视觉享受和心理愉悦的场所，因而建筑师在充分理解酒店功能布局的前提下，按照消防规范尽可能把消防设施设计得既好用也美观，其中一些管道和消火栓箱体的预埋设计就非常重要。许多消防管道必须穿过承重梁或承重墙，如果预先未用套管预埋，待建筑主体完工后，消防施工人员再重新钻孔打洞，不仅费时费工，花了冤枉钱，而且也违反建筑规范，破坏了主体结构，给建筑留下安全隐患。另外，许多酒店的消火栓箱凸出在走道的墙体上，其中有许多是因为进出水管埋在了承重墙里，又没预留消火栓箱体的位置，只好把箱体凸出暴露在墙体外，既影响美观，也不方便行人过往。

十四、管道井的设计

许多酒店的管道井门高矮宽窄不一，不但给建设阶段订购防火门和装饰工作带来了难度，也会给日后的酒店维修人员带来不便。建筑师在设计管道井时，不管是强电井还是弱电井的防火门，以 1750mm × 480mm 尺寸为宜，因为维修人员经常出入这两个管道井处理故障，所以尺寸须大些。水井防火门的尺寸以 1100mm×400mm 为宜，不管是两个房间共用一个水井，还是单独房间设一个水井，其管道井门的尺寸一致，因为维修人员很少使用该水井处理故障，所以尺寸可设计得小些。尺寸确定以后，就可方便订购防火门，装饰方案也容易敲定。

另外，所有排废气的管道必须设计在水井里，这样万一有废气泄漏，也不会散发到卫生间里，排废气的管道若设在卫生间里，会给管道周围的防水工作带来麻烦，而且管道占据一定空间面积，加大装修工程的投入和不便。

十五、厨房排烟

建筑师在设计厨房烟道时，必须在确定最终功能布局后方能进行，首先是厨房的位置不能再变，面积有所变化无关紧要；其次是排烟量一定要按照规范算准，根据运作经验，酒店厨房烟道直径最好比规范参数略大些，许多酒店的厨房排烟都因为烟道直径不够大而排烟不畅，产生烟雾倒灌现象；再次是在砌筑砖结构烟道或用金属材料制作烟道时，一定要保证质量，不能产生烟雾泄漏问题；最后是酒店建成后，若发现厨房烟道尺寸不够大而产生烟雾倒灌，就必须在烟道顶端加装足够抽风量的引风机，帮助排烟，但这只是万般无奈的补救措施。顺便提及的是，在设计锅炉排烟时尽量利用厨房排烟烟道，因而在布置锅炉房位置时要同时考虑排烟道的位置。

十六、后勤服务区和设备房位置的选择原则

酒店建筑与其他建筑有很大区别，一般建筑的地下室只需具备两大功能：设备用房和停车场。但是，由于酒店是劳动密集型产业，需要足够面积的后勤服务区，同时酒店行业利润薄，为了保证酒店不亏损，设计时尽量把一层以上用作营业面积。所以，酒店的后勤服务区如办公室、员工餐厅、员工更衣室和仓库尽量考虑放在地下室，减少员工电梯

的使用压力，也方便管理和运作。空调机房、锅炉房和水泵房应放在一个区域，一个值班人员可同时兼管三个机房，施工中水管连接线路短，可节省费用。发电机房要紧挨着配电房，不但可以节省电缆，也方便停电时切换操作。消防水箱和生活水箱应建在一起，方便施工和日后的管理。洗衣房位置应尽量靠在设备房附近，因为洗衣房要从配电间接线，要通过压力锅炉房接管取得蒸汽，要通过热水锅炉接管取得洗衣所需的热水，相邻距离越近，所用管线越少，管线的能耗损失也就越小。总之，建筑师要合理利用好地下室面积，既不能留得过大，也不能留得不够，每一寸地方要利用得恰到好处。

笔者不是建筑设计师，以上所述也不是在讨论建筑设计规范，只是把建筑师在设计酒店建筑过程中可能会忽略的内容在此提出，其余则不敢班门弄斧了。

第五章　如何正确设计酒店弱电系统

酒店弱电系统隶属于机电设备安装工程，其系统方案设计是否正确、产品选型是否合理及集成商技术是否合格，直接关系到酒店最终的使用效果，也关系到酒店的服务质量和档次。

近些年来，由于通信技术及集成电路的迅猛发展，随之诞生的先进技术和创新产品常常为高档酒店所青睐。国内擅长于室内装修设计的设计院很多，但因专业性太强且技术更新太快，大多数设计院无法为高档酒店提供弱电系统设计，即使部分有能力提供弱电设计的设计院，其提供的方案往往比较传统落后而且费用高昂，产品不能与时俱进，甚至会出现部分产品因太老旧而市面上无供货商的情况，这样的设计方案并不适合于酒店日常经营管理。而酒店管理者通常也只是知晓系统如何使用，对于如何选择并创建一个系统也是外行，业主往往只好求助弱电系统集成商，请其代为设计。在这种情况下，业主难免会心里打鼓：由于专业技术能力的参差不齐，使得系统集成商对酒店弱电要求的理解深浅不一，其方案的合理性业主很难把握；其次，很多设计施工一体化的集成商以利益为重，让对弱电系统不了解的业主很难相信其设计的方案没有任何后期的利润因素，这些顾虑都让业主对系统的投入心中没底。有些业主把重心放在看得见的地方，而弱电属于隐蔽工程并未引起足够重视，投资预算一降再降，系统及设备选型余地太小，致使系统在以后的酒店经营中频频出现问题，影响了酒店的声誉和效益，这种教训的例子很多，我们应该牢记且要避免。笔者试着用通俗的语言将弱电系统设计应该注意的方面传达给读者。

一、弱电系统方案设计的总体原则

1. 实用性

设计方案应以满足酒店后期运营使用为目标，确保系统的实用性。

2. 开放性

设计方案必须充分考虑酒店的信息发展规划，使其成为整个信息高速公路的一个接点，开放性地融入国内外信息网络。

3. 全面性和可扩展性

充分考虑整个弱电系统所涉及的各子系统的信息共享，保证系统结构上的合理性，实现各个子系统既能分散式控制也能集中统一管理和控制；同时，总体结构应具有可扩展性，整个系统可以伴随技术的发展进步不断完善。

4. 标准化

方案设计应依据国家有关行业标准，使各子系统的设计标准化。

5. 安全性、可靠性和容错性

系统设计必须考虑24小时连续稳定可靠的运行，保证酒店内的人身财产、重要资料和机要部门的安全。

6. 便利性和服务性

方案设计必须适应多功能和外向型的要求，为酒店提供便利和快捷的功能，达到提高工作效率、节省人力及能源的目的。能够对酒店内外的各种信息予以收集、处理、存储、传输、检索，为管理者提供最有效的信息服务。

7. 经济性

在实现先进性和可靠性的前提下，达到功能和经济的优化设计。

8. 兼容性

系统设计所选产品的兼容性越好，构成的系统整体性能就越好，这样才能充分发挥不同生产厂家、不同类型产品的先进性。

二、弱电系统设计的主要内容

一般来说，酒店弱电系统设计包括以下各子系统：数据、语音布线系统，又称综合布线系统；计算机网络及 WiFi 覆盖系统；SIP 程控交换系统；IPTV 直播及互动电视系统；视频监控系统；背景音乐系统；会议系统；人工智能系统；门锁系统；PMS 系统；BA 系统等等，因篇幅有限，以下着重介绍常用的几个子系统。

1. 数据、语音布线系统

该系统主要涉及数据、语音与有线电视。首先根据酒店结构，选好弱电系统的中心机房，建议机房最好设在酒店的中部或中下部楼层，这样便于布线，机房不宜设在地下室或潮湿不通风的地方，以免系统常出故障。

（1）综合布线材料必须是全系列产品，主干光缆及光纤跳线、光纤终端盒或光纤配线架、双绞线、数据配线架、理线架、跳线、水晶头、网络面板及模块等全部设备及材料必须是同一个品牌产品，以保证整个布线系统链路的性能，方便后期维护。

（2）公区数据信息及语音点位采用六类非屏蔽系统设计，千兆到桌面；客房数据点位可采用超五类非屏蔽系统设计，百兆到桌面。

（3）垂直主干采用 8 芯（及以上）单模光缆，考虑 100% 冗余备份。

（4）水平方向需采用国标六类非屏蔽双绞线，可对末端设备进行 POE 供电，不建议采用光纤进房间方案。

（5）垂直和水平桥架全部采用镀锌桥架，垂直方向尺寸至少为 200mm×100mm，厚度不得小于 1.5mm，水平方向尺寸可采用 100mm×50mm，尽可能缩小对走道空间的占用。分支管道及室内管道可采用 A 类 PVC 管进行设计，管径应不低于 20mm。

（6）根据楼层数据点位情况配置楼层配线机柜，一般说来，需每层配置配线机柜用以管理该楼层的信息点位，如楼层客房数量过少，可设计为隔层配置楼层配线柜。

2. 计算机网络及 WiFi 覆盖系统

该系统主要承载酒店内部经营管理及客人上网需求，在使用效果及安全性不受影响的前提下，建议采用逻辑隔离形式，通过 VLAN 划分将酒店办公网络和客用网络进行隔离，从而有效降低布线施工量及设备重复投资。同时需对酒店当地公安网监部门的网络监管政策进行了解，安装符合公安部互联网安全审计系统，降低因当地政策造成的开业风险。

（1）办公网（酒店内网）：为了酒店管理的方便，设计时需充分考虑各个部门的上网需求，比如总经理、副总经理、营销部、财务部、工程部及其他对客服务区域（例如前台）需设置有线上网点位，办公区域每个工位设置不少于 2 个点位（网络及电话均采用网络点位），接待台每个席位不低于 4 个点位。原则上办公设备上外网需有独立通道，需根据办公网有线网络点位数量计算电信出口带宽，每个点位不应低于0.5Mb/s（上下行对等）。

（2）客用网络：客用网络主要考虑 WiFi 覆盖，酒店区域（含后勤区域）无线需全覆盖，客用 WiFi 只能统一一个 SSID 及密码，可实现无缝漫游，不可出现多个 SSID。客房需采用面板式 AP 或隐蔽式 AP，不可用机顶盒或电视机热点替代，AP 要求能同时上网终端数不低于 5 个；公区及后勤区域需充分考虑人流量，过道停车场等区域可用常规千兆双频吸顶 AP；会议室、宴会厅等人员密集区域，需采用高密 AP，室外需采用室外专用 AP，可安装于监控立杆或隐藏式安装，需满足防水要求；若停车场距离酒店较远，可采用室外定向 AP 做定向覆盖。

3. SIP 程控交换系统

SIP 程控交换（IPPBX）系统是在传统的数字程控交换机的基础上进行了技术革新，采用国际通用的 SIP 协议，可以解决传统 PBX 存在的诸多不足，比如布线施工麻烦、设备昂贵、与计算机网络不兼容等问题。SIP 程控交换系统可与其他系统进行对接联动，实现传统程控交换机所不具备的功能，同时兼具性价比优势，后期拓展及维护方便。

需要注意的是，目前国内 SIP 程控交换技术更多用在集团办公，针对酒店行业开发的解决方案不多，配套产品（如酒店专用 IP 话机）选择有限，而酒店对于电话系统的功能应用比其他行业多，但作为未来技术发展的方向，其势必会成为酒店使用的主流，任何一位业主都不希望自己的新酒店刚开业就落伍。

4. IPTV 直播及互动电视系统

随着智能手机的普及，酒店客房电视机利用率越来越低，但电视系统仍然是每家星级酒店在筹备时不可或缺的项目，除了为客房提供影视服务外，现在酒店的电视机更多承担着酒店宣传及服务功能。

（1）IPTV 电视直播

十多年前平板电视逐步替代了老式 CRT 电视机，电视机固有分辨率逐步升级到了 1920×1080、4K 甚至 8K，运营商传输的电视信号也大部分升级为 720P 或 1080P，部分地区甚至实现 4K 信号传输。落后的同轴电缆传输的模拟信号，清晰度远远不能达到客人的需求，在高分辨率电视上显示效果更差，所以新建的酒店一律不要采用模拟前端。经过多年的应用，IPTV 技术已经十分成熟，出于节约成本及提升效果的考虑，酒店应建设 IPTV 电视前端系统，机房设置 IPTV 网关及编码器设备处理运营商 IPTV 信号及卫星信号，输出 IP 码流到电视终端，智能电视（或机顶盒，但不建议使用机顶盒）安装直播 APK，解码输出高/标清信号。

（2）互动电视系统

因成本原因，很长一段时间互动电视系统一直都是高星级酒店专有的豪华配置，近些年随着智能电视的普及以及市场的激烈竞争，互动系统已覆盖到了中低端精品酒店甚至商务酒店，星级酒店更需配置互动系统，以实现对客服务及品牌宣传的目的。选择互动电视系统方案有几个要点需注意：

①必须采用云端服务器，方便维护管理；

②不可采用免费赠送的系统，因为会有第三方广告；

③需选择后台配置管理权限开放度高的系统；

④需充分考虑与其他系统的对接。

（3）电影点播

为了增强客房的娱乐性，为客人提供更丰富的入住体验，可选择建设电影点播系统。目前主流的解决方案有两种：第一种是采用本地设置服务器的形式，这种方式需由酒店解决影片版权问题，版权费用相对较高，但客人无需付费；第二种是采用第三方正版电影点播软件（比如爱奇艺的银河奇异果、腾讯的极光云视听），酒店无需付费，客人如需看收费片源则需自行扫码付费，该方案需占用一定的外网带宽，如选择此方案，需增开上下行不对等的商务光纤以满足点播对网络的需求。

（4）手机投屏

投屏是近年来新兴的技术，可将智能手机里面的视频和图片投送到电视机上，如建设该系统，则无需重复建设电影点播系统。电视机自带的投屏系统因为没有安全机制，导致客人使用投屏功能时常常搜索到很多终端电视，不知道哪一台是自己客房的，容易形成误投或骚扰，为保障客房私密性，必须要求电视机供应商删除该功能。酒店解决客房投屏问题，可选择专业的酒店安全投屏系统，该系统在机房放置一台投屏网关，打通无线网与电视网络，客人在投屏前需用手机扫电视机上的随机二维码进行绑定，绑定成功后可选择的投屏设备就只有被绑定的这台电视，不会投放到其他房间，彻底避免了误投和骚扰。

（5）系统对接

互动电视系统需考虑与其他子系统的对接，比如与 PMS 对接，可实现欢迎词带客人姓名、通过电视机查询账单、购物等功能，所以业主在与其他供应商洽谈时也需提出对接接口需求。

5. 视频监控系统

设计该系统的目的是对所有进出酒店人员能准确地观察，为突发事件回查提供支持。整个监控点应合理分布，基本做到无盲区，对于进出酒店的人员能够完全监控到活动情况，同时对主要的物流、现金流位置进行重点监控。通过监控系统提高对整个酒店的监管力度，杜绝一切不该发生的事故。

监控摄像机需采用 POE 网络高清摄像机，分辨率不低于 200W 像素，夜晚光线昏暗的酒店物流和现金流的位置需配置红外或全彩枪机，高速球机宜用于酒店的大堂和前坪广场，半球摄像机则主要用于室内，而客梯和消防梯里则要使用电梯专用摄像机，不宜使用随行电缆，最好采用电梯网桥。为保证系统兼容性，前端监控摄像头和监控中心的硬盘录像机等设备必须采用同一个品牌产品进行设计。

超过 120 个监控点位，建议在监控中心设置监控墙，按照 32：1 配置专用监视器，监视器尺寸宜选用 50 寸。少于 120 点位的项目，可采用电视机作为显示器，无需设置监控墙。笔者曾在一些酒店尝试，采用几台多幅小画面的显示器，监控人员将重点监控区定格在主显示器上，某个点位出现可疑情况时可用鼠标点击放大，这样既省投资又省地方，还省能源，监控人员的眼睛不易疲劳，真正达到监控之目的。

6. 背景音乐系统

系统通过预留的消防报警接口和中心消防系统联动，实现紧急广播—插播—正常播出优先权的递减，同时可分区进行呼叫、广播，并播放背景音乐。系统采用智能化控制，平常播放休闲背景音乐（自制节目、转播当地广播电台节目等）；在出现消防报警后自动强制切换到消防报警；该系统还可按事先编排好的程序定时开关机、定时报时及播放节目，机房可实现无人操作。

考虑到酒店内各楼层功能的不同，针对客房、餐饮、健身、办公等不同区域需要播放不同音乐，所以，设计时后端至少要支持三套（CD、FM、话筒）、前端至少要支持两套以上的不同音源进行选择，并可通过音量/音源控制器对音源进行选择。同时因各层的面积不同，需要的音量也不同，所以针对各层的各区域需要设置不同的音量/音源控制器，以控制各区域的音量大小，许多酒店的背景音乐系统播放质量较差，就是这方面的设计不正确所致。

四星级以上高档酒店可在客房卫生间内安装一套电视伴音开关和吸顶喇叭，考虑到电视音频信号输出的功率不够，喇叭必须自带功放。

7. 会议系统

普通酒店的会议室和多功能厅只要设计发言系统、音响系统和投影系统就可满足服务需要，因设计内容简单，这里不再赘述。但少数需要召开国际性会议的高档酒店，在设计时需要考虑以下内容：

（1）大屏幕显示系统：采用液晶拼接屏作为投影显示系统，分别安装在会议室的两侧，为保证整个会议室参会人员均能清楚看到大屏幕显示的内容，要求大屏幕具有 180 度的视角，正面有柱状透镜，柱状透镜上有双棱角。

（2）发言表决系统：发言系统采用 12 路左右手拉手鹅颈式电容话筒加全自动数字混音台形式，同时增加会议表决系统主机，在采用相同话筒情况下可进行表决投票。

（3）音响系统：在主席台两侧设两个主音箱，主席台下设两个重低音音箱，两侧及后面共设计 8 个辅助音箱，主席台上设两个返听音箱。

（4）同声传译系统：采用手拉手一线式连接，一人一机，操作简便，代表只需轻按一下按键便可发言或接听其他语种；采用嵌入式安装，保证系统的配备简洁合理；设计旁听区域，方便更多人参与会议，将通道选择器嵌入式安装在墙面上，方便搭建不同形式的会议；具有独立通道选择和音量调节按键，LED 显示屏动态直观显示，方便使用，不会让参会代表在操作上出现手忙脚乱的尴尬局面。

（5）视频跟踪系统：采用带预置位的高速摄像机对会场进行实时监控，满足对会场各点的全景监控及图像传输、影音资料的记录，并及时将发言人的形象显示在大屏幕上，还可在其他位置进行同步播放。

除了上述常用系统外，这里还要特别提及的是一些酒店常常会考虑投入的其他系统，它们是：

1. 客房智能控制系统

客房智能控制系统是集智能灯控制、中央空调控制、实时化服务与管理等功能于一体的先进型智能控制系统，是帮助酒店实现精细化管理和提升酒店居住品质的有效工具。随着技术的进步及市场的日渐饱和，客房智能控制系统价格较之十年前有大幅下降，中高档酒店可以考虑投资建设该系统。

目前客房智能控制系统技术比较成熟，主要分为弱控强、强控强及无线控制三种技术。因强控强属于灯光半智能控制，在此不做过多阐述，如业主确实预算有限可选择该方案；无线控制技术虽然已经发展了多年，但是各供应商技术参差不齐，目前阶段不容易选到稳定的产品，故不推荐使用，本文着重介绍弱控强方案。

弱控强顾名思义就是用弱电控制强电，由开关通过网线传输控制信号到控制主机，由继电器开断相关回路执行控制，因开关面板全部使用弱电，安全风险大幅降低。开关风格样式可有多种选择，比如铝拉丝微动轻触、磨砂金属大翘板、玻璃触摸等，可根据酒店的装修风格对材质、颜色及样式进行定制，提升档次及使用效果。除了灯光控制外，还可配置电动窗帘。系统联网后，可实现手机控制或者远程控制，与PMS联动后，可实现客人办理入住后空调自动开启，客人到达房间时已经达到适宜温度。酒店也可远程对客房空调、窗帘以及排气扇进行远程批量开关，有效降低客房能耗。另外，五合一门显，集成门牌号、稍候、请即清理、勿扰、有/无人员办理入住等显示，门牌指示醒目，后台也可查看房态，提升管理及服务质量。

最近几年语音技术迅猛发展，涌现出一大批以AI智能语音为主业的高科技公司，智能语音逐步走进普通家庭，酒店也不例外，近些年兴起的无人酒店在业内引起了轰动，也引起了一场酒店从业人员对AI智能语音的大讨论，主要有两大观点：第一，酒店是服务行业，不能脱离人的服务，离开人酒店就没有温度。第二，先进的技术在日常生活中已经被大家所接受，酒店也应与时俱进，利用先进的技术对客人进行更好的服务。这两个观点都有道理，没有对错，但我们必须认识到目前的智能语音阶段处于其发展的初级阶段，离真正的顺畅应用仍然有一定距离，需要与诸多系统进一步对接融合才能形成真正适合于酒店的方案，随着技术的进步，这些问题最终都会迎刃而解。

另外要说一下酒店弱电系统的一体化，因为在未来只有注重融合、注重一体化才是酒店的最佳解决方案。近年来市场上推出有融合通信解决方案和物网融合解决方案，融合通信解决方案实现原理是：在核心机房配置一台综合网关（集成SIP程控交换机、IPTV电视前端、路由器、AC控制器、安全投屏网关），将运营商电视、电话及网络信号进行处理融合，信号通过光纤到楼层弱电井，弱电井只需要布一条网线进入客房，安装融合通信终端，将电视信号、网络信号分离，通过网线到各个业务点位，同时融合通信终端自带千兆双频 WiFi，集成电话网关功能，可处理输出模拟电话信号机 SOS 信号，客房可直接接入模拟话机使用。成都品为道电子技术有限公司成功研发出物网融合解决方案，就是在融合通信方案的基础上进一步集成客房智能化控制的内容，在床头嵌入式安装一款可触控屏，通过声控、触屏及微信可实现对客房灯光、窗帘、空调的控制，同时集成温湿度传感器和门铃，集成千兆双频 WiFi，客房不需要再额外配置电话机及空调面板，最大程度降低客房内开关面板的投入，同时也可以通过该屏请求客房所需服务，比如打电话，设置清理服务、叫醒服务、送物服务等。该方案最大的特点是设备构成简约、功能高度集成，系统由同一厂家设计、研发、生产，各系统之间无缝融合，可实现其他方案无法实现或实现起来较为困难的功能体验，整合程度强、系统功能多，领先于目前市面上其他客房智能化方案，酒店设计时可着重考虑该方案。

2. 楼宇自控系统

为了增加和提高酒店的使用功能和服务水准，为了更加节能和节省人力，一些高星级酒店设计了楼宇自控系统，但使用效果很不理想。有关资料显示，楼宇自控系统能够正常运行的只占 20%，尚可使用的占 45%，有 35%的系统不能使用，或运行一段时间后出现故障、无人修复而废弃。原因是缺少相应的规范，楼宇智能化的设计缺乏全面性和长远性，施工质量难以保证，导致一些应用楼宇智能化系统的酒店各系统整体运作较差，结果事倍功半，造成投资浪费。所以笔者建议，在目前楼宇自控系统市场不成熟的情况下，作为投资回报慢、利润率较低的酒店不宜采用该系统。

3. 机器人系统

世界能源的短缺，人力成本的增加，互联网的迅猛发展以及人类越来越对生活品质的追求，让人工智能的发展迎来了又一场革命和新的浪潮。为了增强客人入住体验、提高员工工作效率、降低酒店人工成本，现在越来越多的酒店已张开双臂拥抱人工智能。

（1）服务型机器人：目前能够应用在酒店领域的主要包括迎宾引

导机器人、自助入住机器人、客房情感机器人、自主运送物品机器人、安防巡更机器人、商品售卖机器人、自助行李存取机器人、餐厅服务机器人等十余个岗位的机器人，每款机器人都有着独特的工作技能来胜任不同的工作岗位需求。具体来说，机器人可以为房间客人运送物品，诸如浴巾、吹风机、各种用品、客房用餐等；机器人还可以和客人简单地聊天，日常问候，讨论天气，引领有需要的宾客前往公共区域卫生间、会议室、健身房、KTV、游泳馆等场所。此外，可以在机器人引领过程中插播酒店的各种活动和促销，还能直接帮助客人呼叫酒店客房服务，还能在客房中心接听电话，处理部门内部和客人的问题。

　　但是，目前服务型机器人还不能代替人工来打扫房间，这就要求我们在未来的酒店客房设计中，改进客房配套设施，装修结构也要做些改革以适应机器人清扫。

　　（2）智慧型机器人：对酒店业来说，人工智能并不局限于服务型机器人，目前许多家人工智能公司已经成功研发出在酒店收益管理方面使用的机器人，让酒店取得最佳收益决策。这种机器人通过最精准的运算能力和平台优势，帮助酒店实现精准决策、精准服务、精准营销和精准管理，成为传统收益管理的核心技术支持，甚至是重新创立收益管理的理论。人工智能还可以给酒店的管理程序和管理模式带来革命，使酒店的管理更加科学化。

　　（3）酒店机器人的发展亟须酒店人的配合：虽然酒店机器人的发展速度十分惊人，但在酒店应用中受到许多制约。数据与知识是发展人工智能的基础要素，依托于智能设备、物联网、移动互联网、云计算等基础应用所建立的多维度大数据知识平台，将使酒店人工智能变得越来越强大。但是，目前酒店的自身数据非常有限，甚至大部分酒店集团都没有大数据技术积累，即使有数据技术积累的酒店集团，数据维度和数据结构都缺少战略性的规划。另外，酒店行业缺乏高学历的创新人才，而酒店机器人在酒店中的广泛应用，需要有综合能力很强的酒店人的配合。

第六章　如何正确选择酒店空调形式

　　酒店是我国最先步入现代化水准、最早使用空调的建筑。酒店内外装饰华丽，使用功能齐全，因此搞好此类建筑的空调设计，保证各空调区域内的温度、湿度、新风量、风速、噪声和含尘浓度等六项涉及热舒适标准和卫生要求的舒适性空调室内设计，是空调设计者的主要任务；同时，空调能耗约占酒店建筑总能耗的60%。所以，设计中选好性能先进的节能型空调设备、合理地计算所需空调的能量是设计者必须遵循的原则。遗憾的是，在中国的绝大多数酒店中，由于业主和管理者对空调设计的无知，由于空调设计师对酒店功能和运行管理是个外行，因而往往在设计空调系统方面存在失误，招致许多酒店达不到应有的舒适度和服务档次，影响了酒店的声誉和经营效益，浪费了社会资源。笔者就近二十余年来在建设和经营乃至顾问酒店过程中碰到的空调设备选择的失误，给酒店的业主、管理者和空调设计师提出一些建设性的意见。

一、中央空调与局部空调（窗式空调或分体空调）的选择原则

　　当酒店的客房规模超过40间时，空调方式应采取中央空调，而空调冷源应采用冷水机组。经过对酒店采用集中供冷空调和局部空调的能耗和造价比较，证明从30间客房起集中制冷的耗电就明显降低，节电30%左右；从造价比较看，20—30间客房的窗式空调稍低于集中制冷的中央空调，40间客房时二者造价相当，但从50间客房起，中央空调造价明显减少，约比窗式空调少12%—30%，特别是当酒店里餐饮包房和KTV单间设置较多时，更应采用冷水机组集中制冷的中央空调方式。

但观察中国的许多酒店，房间数在 100—200 间的酒店仍在频繁使用局部空调。

二、吸收式冷水机组的选择原则

酒店常用的制冷方法主要分为两大类：一类是蒸汽压缩式制冷，另一类是吸收式制冷。吸收式制冷根据利用能源的形式可分为蒸汽型、热水型、燃油型和燃气型，后两类又被称为直燃型，这类制冷机以热能作为能源。

（1）单效溴化锂吸收式冷水机组。这种制冷机具有结构简单、操作维护简便的特点，但制冷机的热效率较低，因而能耗比较大，除非有工业余热、废热能够利用，否则酒店不宜采用这种制冷设备。

（2）蒸汽型双效溴化锂吸收式冷水机组。这种制冷机是将制冷装置做成双效型，是在单效溴化锂上增加了一个高压发生器，这样可以运用高压蒸汽作为热源，以便减少能耗，提高能源效率。酒店使用这种制冷形式，前提必须是使用地区电力不足，且夏季有价格较低的压力在 0.4MPa 以上的蒸汽作为热源。

（3）热水型溴化锂吸收式冷水机组。当有 95℃ 以上热水可利用时，酒店宜采用该制冷形式，一般酒店不具备这种条件，所以不能使用这种设备。

（4）直燃型双效溴化锂吸收式冷热水机组。该机组是以燃气或燃油为能源，其制冷原理与蒸汽型双效溴化锂吸收式制冷机完全相同，只是其高压发生器不采用蒸汽加热，而采用锅筒式火管锅炉，由燃气或燃油直接加热稀溶液，制取高温水蒸气。直燃机既可用于夏季制冷，又可用于冬季采暖，还可同时提供生活热水。直燃机自动化程度较高，无须值班人员操作，省去了操作工的费用。不采用氟利昂类制冷剂，制冷剂采用水，对环境无影响，有利于环境保护。直燃机运行平稳，无噪声，无震动。在电力特别不足而电力增容费很高的地区，在未设锅炉或锅炉房面积不足的情况下，酒店可以使用这种冷热水机组。但是，使用该种机组缺点凸出，首先是直燃机价格昂贵，一次性投入较大；其次是随着使用时间的增加，机组内的真空度会逐渐衰减，因而设备的效率会逐年降低；另外是运行费用较大，在当前国际国内油价持续上扬的情况下，用柴油作为燃料已是很不明智的事。而作为相对比较经济的天然气，经笔者多年使用并进行跟踪测算，若现有电价为 0.80 元/度，那么，除非能得到价格低于 1.80 元/Nm^3 天然气供应，否则，直燃机空调运行的经济性要远远差于"螺杆机（离心机）+燃气锅炉"的采暖制冷形式。但是，在我国天然气管线运输和供应现状以及现有的定价机制下，这样低的商用天然气价格实际上是不可能的。酒店是个投资大、利润薄、回报期长的行业，稍不留神便会亏损，而能耗费用占了酒店经营费用中很大的一块比例，也是每个业主和经营者必须重视和控制的一项重要费用。所以，笔者建议，一般酒店不宜采用这种冷热水机组，除非国家出台有关政策，在使用天然气淡季时期给予酒店使用直燃机非常优惠的价格补贴。可是，中国的许多酒店特别是大型酒店都在使用这种直燃机，这样高的运行费用，酒店还能承受得起吗？

三、压缩式冷水机组的选择原则

压缩式制冷，根据压缩机的形式主要可分为活塞式（往复式）、螺杆式和离心式，一般利用电能作为能源。

（1）活塞式（往复式）冷水机组。该机组具有悠久的生产历史，技术十分成熟，制造简单，价格便宜。

它还可分为整机型和模块化冷水机组，后者采用了高效板式换热器，机组体积小，重量轻，噪声低，调节性能好，自动化程度高，电脑控制单元模块的开停。由于采用紧凑和组合单元的设计，非常节约空间，比常规的冷水机组节约占地面积近一半，而且运输安装灵活方便。但是，无论是整机还是模块机组，与螺杆机相比，其容量比较小，制冷效率比较低，工作部件较多，维修工作量比较大。因此，该机组更适用于写字楼，而酒店不宜采用。

（2）螺杆式冷水机组。该机组结构简单紧凑，体积小、重量轻，运转部件少，因此机器易损件少，运行周期长，维修工作量小。它运行平稳安全可靠，操作方便，可以在较高的压缩比工况下运行。它容积效率高，由于采用喷油冷却，压缩机排气温度较低，工作腔没有余隙容积。它制冷量调节范围大，可以进行从100%到10%范围内的无级能量调节。有条件地区最好采用两种能源合理搭配作为空调冷热源，实际上许多酒店工程通过技术经济比较后都采用了这种复合能源方式，投资和运行费用都大大降低，取得了较好的经济效益。所以，只要酒店所在地区具有电和天然气这两种能源，必须采用"螺杆式冷水机组（超大面积的酒店还要混合配置离心式冷水机组）+锅炉"的采暖制冷形式。

（3）离心式冷水机组。无论进口还是国产的冷水机组都以离心式机组耗电指标为最小，由于离心机的输气量不能过小，为此离心式与螺杆式在应用上形成了一个大概的范围。离心式冷水机组最小空调制冷量为580 kW左右，最大空调制冷量在4500 kW左右；螺杆式冷水机组最小空调制冷量约为120 kW，最大空调制冷量约为1160 kW。因此，从节能角度上考虑，单台制冷量达到1160 kW时，就不宜再选用螺杆式冷水机组。由于天气炎热的程度不同，也由于酒店各区域所需制冷量的不同，酒店配置的冷水机组一般不会满负荷运行，所以在设计大型酒店时，必须采用"螺杆式+离心式"的合理搭配方式，若在运行时所需制冷量小于1160 kW时，就只开启螺杆式冷水机组；若所需制冷量大于1160 kW时，可只开启一台离心式冷水机组，以达到充分节能之目的。需要特别强调的是，离心式冷水机组所配用的制冷剂R11由于严重破坏臭氧层而被世界各国所禁用，新研制的R22、R123和R134a离心式冷水机组均已运用于酒店工程中，然而R22离心制冷机的效率较低，R123离心制冷机的效率虽已接近原R11制冷机效率，但R123有毒，应加强R123离心制冷机房的排风。酒店业主在采购该类产品时应谨防把外国已淘汰了的R11离心式冷水机组因为价廉而采购进来。

四、冷水机组台数的选择原则

冷水机组台数宜选用2—3台，制冷量较大时亦不应超过4台，单机制冷量的大小应合理配置。根据笔者多年来管理和顾问酒店的经验，中小型酒店宜选用 2 台，较大型酒店可选用 3 台，特大型酒店不应超过 4 台，但是任何规模的酒店若采用 1 台显然是不可取的。如果配置恰当，运行管理就方便，机房配置就适中，因为管理者可根据负荷的变化开启所需的机组，使设备尽可能高效率地运转，以减少能耗，而且冷水机组可轮换地使用并互为备用，在确保空调系统正常运转的前提下，可提高设备的使用寿命。为了便于操作和维修，一般应选用同一种型号的设备。

五、多联式空调系统的选择原则

多联机是由一台或数台风冷室外机连接数台直接蒸发式室内机构成的制冷系统，它可以向一个或多个区域直接供冷或供热。产品从功能上分为：

（1）单冷型。单冷型多联机只有送风、除湿和制冷功能，不能制热。这种产品适合不需要供热（比如我国南方某些地区）的酒店，或者用于比较寒冷的东北地区的酒店，因为东北的冬天由集中供暖（地热或散热器）方式解决供热问题。

（2）热泵型。热泵型多联机有送风、除湿、制冷和制热功能。这种产品特别适合黄河以南和长江流域的中部地区使用，夏季可以制冷运行，冬季可以制热运行。但当冬季的环境温度很低时，很多产品将难以正常运转，或即使可以运转，其制热的效率也非常低。此外，当冬季室外空气的含湿量稍大时，多联机在制热过程中容易结霜。即使为了保证多联机的正常运行，在其控制系统中设计了除霜功能，但是在一定程度上会影响制热运行的连续性。所以，该产品也只能在东北地区有集中供暖（供热或散热器）的酒店作为夏天制冷使用，以及在换季时室外温度在 5℃以上时用做酒店补充采暖。而在南方，可以用于写字楼和商场，不宜用在酒店。

多联机具有许多优点，其室外机可以放置于屋面或地坪上，无须配置专用机房，可节省机房建筑投资；室内机能独立控制、使用灵活、扩展性好、外形美观，特别适用于具有个性化要求的建筑，如室内温度不同、室内机启停自由控制、分户计量等。但是，多联机的缺点也是令人头痛的，由于多联机是直接蒸发制冷系统，因此一套系统的容量和安装高差具有一定限制；另外，多联机的制冷剂充注量大，一旦泄漏将影响整套系统的运行和性能，同时对环境造成影响；多联机系统新风不足的问题一直没能得到解决。多联机空调系统的设计是产品设计的延续，所谓多联机系统设计不是指多联机室内外机组的设计问题，主要是指如何匹配多联机室内外机组，使之成为一套独立的多联机空调系统。由于多联机利用制冷剂输配能量，因此，在系统设计和安装过程中必须考虑制冷剂连接管内制冷剂的重力（主要是液体管）和摩擦阻力（主要是气体管）对系统性能的影响，否则将会导致系统能效下降，室内机调节效果变差。另外，多联机的部分负荷特性也必须值得重视，目前大多数的多联机系统存在选型偏大的问题，这会导致多联机系统在一年中长时间在超低负荷条件下（40%负荷率甚至更低）运行，使系统的能效比远远低于样本数据正常运行时的数值，因此在系统设计时应根据建筑物的负荷特点和多联机自身的部分负荷特性全盘考虑，计算该建筑物的年运行能耗，最终确定多联机系统的容量。

综上所述，多联机的技术开发尚未成型，所以不宜用在服务要求很高的酒店建筑中。但是，不知是一些业主的坚持，还是设计师的错误，笔者在顾问酒店中常常碰见使用多联机的例子，问题真的很多。当然，多联机在合适的地区用于写字楼和商场或者对服务质量要求不是很高的小型酒店还是可以的。多联机是空气源热泵机组（或风冷式热泵机组）的形式之一，国际标准对风冷式热泵机组规定的适用范围也适用多联机。所以，这里不再单独对空气源热泵机组（或风冷式热泵机组）做详细介绍，但是和多联机一样，大多数酒店也不适宜使用这种空气源热泵机组。

六、水环热泵空调系统的选择原则

水环热泵空调系统是指小型水/空气热泵机组的一种方式，即用水环路将小型水/空气热泵机组（水源热泵机组）并联在一起，构成以回收建筑物内部余热为主要特征的热泵采暖、制冷的空调系统。该系统于20世纪60年代在美国加利福尼亚州出现，故也称加利福尼亚系统。进入70年代后，这项技术在日本推广应用；到了80年代初，我国的一些建筑开始采用这种设备。

水环热泵系统具有许多优点：①具有回收建筑内余热的特有功能。对于有余热且大部分时间有同时采暖与制冷要求的场合，采用该系统将会把能量从有余热的地方转移到需要热量的地方，实现建筑物内部的热回收以节约能源。②具有多方面的灵活性。用户可根据室外气候的变化和各自的要求，在一年内的任何时候可随意地选择机组的采暖或制冷运行模式，可满足不同场合、不同人群的需要；该系统可以整栋大楼一次完成安装投入使用，也可以先定购初期安装所需的机组进行部分安装，更可以让租住人订购机组，随着大楼的租住情况逐步安装投入使用；由于该系统没有体积庞大的风管、冷水机组等，故可不设空调机房，而且由于环路水温为常温水（13—32℃），所以管道不会结霜，几乎无热损失，风管可不用保温；运行管理方便与灵活：该机组可以独立运行，可按每户或每房独立计费；当大楼仅有部分租户使用空调时，就只需要部分机组和循环水系统运行，大大减少能耗。③该系统虽然水环路是双管系统，但与四管制风机盘管系统一样，可达到同时制冷采暖的效果。④该系统组成简单，仅有少量风管系统，没有制冷机房和复杂的冷冻水系统，大大简化设计；而且该机组可在工厂里组装，现场没有制冷剂管路的安装，减少工地的安装工作量，施工进度快。

但是，该系统的缺陷非常明显。首先，由于水环热泵空调系统采用单元式水/空气热泵机组，小型制冷压缩机设置在室内，其噪声会大大高于风机盘管。其次，只有当建筑内有大量余热时，通过水环热泵空调系统将建筑物内的余热转移到需要热量的区域才能收到良好的节能效果。但是，目前我国各类建筑物、特别是酒店内部负荷不大，建筑物内的内区面积小，而且常规空调热源又常为燃煤锅炉，这两种情况制约传统的水环热泵空调系统在我国的应用。目前，为了使水环热泵空调系统能正常运行，在水系统中设置加热设备（如电锅炉、燃油锅炉、燃气锅炉等），从外部引入高位热能以补充不足的建筑物余热。当水环路中水温低于13℃时，用加热设备投入运行，显然这种用能方式十分不合理，因为采用高位能（电、燃气、燃油）通过锅炉（或换热装置）转变为循环水的低位能，这是用能的极大浪费。

综上所述，办公楼、商场是水环热泵空调系统的主要应用场合，但是酒店不能使用这种系统。

七、地源热泵系统的选择原则

地源热泵系统根据地热能交换系统形式的不同，分为地埋管地源热泵系统（简称地埋管系统）、地下水地源热泵系统（简称地下水系统）和地表水地源热泵系统（简称地表水系统）。地表水系统中的地表水是一个广义概念，包括河流、湖泊、海水、中水或达到国家排放标准的污水、废水等。

地源热泵室外地能换热系统的比较

比较内容	室外地能换热系统		
	地埋管系统	地下水系统	地表水系统
换热强度	土壤热阻大，换热强度低	水质比地表水好，换热强度高	水热阻小，换热强度比土壤高
运行稳定	运行性能比较稳定	短期稳定性优于地表水，长期可能变化	气候影响较大
占地面积	较多	较少	不计水体占用面积，占地最少
建设难度	设计难度、施工量及投资较大	设计难度、施工量及投资较小	设计难度、施工量及投资最小
运行维护	基本免维护	维护工作量及费用较大	维护工作量及费用较小
环境影响	基本无明显影响	对地下水及生态的影响有待观测和评估	短期无明显影响，长期有待观测和评估

比较内容	室外地能换热系统		
	地埋管系统	地下水系统	地表水系统
使用寿命	寿命在 50 年以上	取决于水井寿命，优质井可达 20 年以上	取决于换热管或换热器寿命
应用范围	应用范围比较广泛	取决于地下水资源情况	取决于附近是否有大量或大流量水体

从以上表中可以看出，三个系统各有优缺点，但地埋管系统由于换热强度低，设计难度、施工量及投资很大而一般不予考虑。地表水系统分开式和闭式两种，开式系统类似于地下水系统，闭式系统类似于地埋管系统，但是地表水体热源特性与地下水或地埋管系统有很大不同。与地埋管系统相比，地表水系统的优势是没有钻孔式挖掘费用，投资相对低；缺点是设在公共水体中的换热管有被损害的危险，而且如果水体小或浅，水体温度随空气温度变化较大。开式系统设计的关键是取、排水口和取水构筑物的设计，通常情况下，取排水口的原则是上游深层取水，下游浅层排水，而且取水口和排水口之间还应相隔一定的距离，保证排水再次进入取水口之前温度能得到最大限度的恢复。闭式系统设计的关键是换热器的设计，因为湖水的温度变化更复杂，比地下土壤或地下水的温度更难预测。所以，笔者建议一般最好不要使用这种地表水系统。这里着重讲一下地下水（又称深井水）系统。地下水的水温常年保持不变，一般比当地平均气温高几度，我国东北的北部地区的深井水水温约为 4℃，中部地区约为 8—12℃，南部地区约为 12—14℃；华北地区深井水温度约为 15—19℃；华东地区深井水温度约为 19—20℃；西北地区深井水温度约为 18—20℃。显然除了东北部分地区外，我国大部分地区完全可以利用深井水来调节传统的水环热泵系统中的环路水温，即冬季用深井水作为外部热源替代传统水环热泵系统中加热设备的高温能源以保证环路水温不低于 10℃，夏季用深水井作为冷却介质，

通过板式换热器替代传统水环热泵系统中的排热设备（冷却塔），以保证环路中水温不高于32℃。这样既解决常见的建筑物余热不足的问题，又省掉传统水环热泵空调系统中加热锅炉和排热设备，大大降低了能耗。

无论是地表水还是地下水系统都遇到了比较棘手的问题：①回灌阻塞。因为不能将全部的井水回灌到含水层内，就会带来地下水位降低、含水层疏干、地面下沉等环境问题。②腐蚀与水质问题。地下水的水质不好是引起腐蚀的根本因素，因此要进行大量的除沙、除铁和软化等一系列的工作。③井水泵功耗过高。井水泵的功耗占地下水源热泵系统能耗比重很大，因此必须选好井水泵。④运行管理不善。许多管理人员不知道怎样操作，为什么这样操作。笔者在所遇到的使用地下水水环热泵空调系统的写字楼和酒店中，有的因为回灌阻塞而停止使用，有的因为输配系统被砂堵住而导致冬天不制热、夏天不制冷。所以，除非当地有足够的地下水量、水质较好，当地政府规定又允许，否则酒店是不应考虑使用地下水源热泵系统的。

八、供热锅炉的选择原则

供热锅炉按热源介质可分为蒸汽锅炉和热水锅炉；按能源燃料种类可分为燃煤锅炉、燃油锅炉、燃气锅炉和电锅炉；按设备承压可分为常压热水锅炉、真空锅炉和承压锅炉。一些酒店在选购锅炉时往往犯错，笔者建议如下：

（1）锅炉的形状：无论是热水锅炉还是蒸汽锅炉，以选购卧式而不是立式为宜。

（2）锅炉的台数应根据热负荷的调节要求、设备的检修需要以及今后扩建的可能性等因素来确定，一般不应少于2台，不应多于4台，对于特殊的大型酒店可适当增加。为了尽可能减少使用台数，又可节约锅炉房面积，可内置或外置换热器，既能供应卫生热水，又可以满足空调循环水采暖的要求，做到一机两用，互备互用。

（3）当锅炉房设置在酒店的地下室时，应优先考虑选用常压热水锅炉或真空热水锅炉，如果需要选用蒸汽锅炉时，则应满足《锅炉安全技术监察规程》的要求，符合锅炉房有关消防安全要求的规定。

（4）虽然电热锅炉具有使用方便等特点，但由于我国目前电力供应紧张和电价较贵，一般酒店用户难以承受其高昂的运行费用，而且从能源利用的角度看，用电锅炉供热是很不经济的，因此，酒店应拒绝使用电锅炉。

（5）燃煤锅炉。这种锅炉的主要问题在于对环境污染严重，在煤的燃烧过程中会产生二氧化硫和烟尘等有害物质，是目前大气污染的主要有害物，因此在城市范围内以及对环境保护要求较高地区的酒店，不应用煤作为锅炉燃料。燃煤锅炉房占地面积较大，在煤和渣的运输过程中也对环境产生污染。但是煤是一种廉价的燃料，热能成本低，因此，若是处在对环境要求不十分严格地区的酒店可用此锅炉。

（6）燃油、燃气锅炉。因为油料价格很高，所以酒店应拒绝使用燃油锅炉来供热。但是，由于我国经济的高位运行，各种能源十分紧缺，特别到了冬季，各地的天然气往往不够用，天然气公司为了保证居民生活用气，往往限制酒店的空调用气，而没有空调的酒店是不能经营下去的，所以酒店应选购油气两用的锅炉。

（7）蒸汽锅炉。当选用蒸汽锅炉来供酒店空调时，需要进行二次换热，用蒸汽通过热交换器加热空调循环水，热效率不及常压锅炉和真空热水锅炉，因此酒店不宜选用蒸汽锅炉作为空调热源设备。

（8）真空热水锅炉。这种锅炉在我国是近些年才推广使用的，其炉内水容积小，热水供应启动速度快，炉内充水可用软水或纯水，不结垢，无腐蚀，在蒸汽介质下，换热管的传热效率比较高，锅炉本体处于负压下工作，运行安全可靠。真空热水锅炉属常压锅炉，所以不受压力锅炉相关规范规程的监督。

九、热水集中采暖系统的选择原则

对于地处严寒地区（比如我国东北）的酒店来说，不宜采用空调调节系统进行冬季采暖，冬季宜设热水集中采暖系统，因为严寒地区采暖期长（一般为半年时间），能源消耗量大，运行费用高，所以酒店如何选择采暖方式应慎之又慎，一般来说，严寒地区的酒店应采用散热器供暖和地板供暖两种方式。

（1）散热器供暖。在酒店的采暖设计中，对散热器的选择普遍不够重视，很少做全面而详细的分析和比较，其实，散热器的选择不仅关系到投资的多少，而且与节能有密切关系。散热器按照材质可分为：铸铁散热器、钢制散热器和铝质散热器。铸铁散热器耐腐蚀性强，价格便宜，但承压力差，传热系数较低，外形欠美观。钢制散热器承压能力大，制作外形较美，传热系数略高于铸铁，但耐腐蚀性比铸铁的要差。铝质散热器比较美观，传热系数较高，耐腐蚀性好，只是价格比较昂贵，酒店宜用这种材料。

人们早已发现，散热器表面涂料对散热器的辐射换热有影响，当然也就必然对散热器的散热量有影响。但是，这个问题在实际的酒店建设中没有受到应有的重视，散热器表面涂刷金属涂料如银粉漆的现象至今仍很普遍。实验表明，若将柱型铸铁散热器的表面涂料由传统的银粉漆改为非金属涂料，就可提高散热能力13%—16%，这是一种简单易行的节能措施。

涂料对散热量的影响

序号	表面涂料	相对散热量（%）
1	裸体散热器	100
2	铝粉涂料	93.7
3	铜粉涂料	92.6
4	浅棕色涂料	104.8
5	浅米黄色涂料	104
6	白色光泽涂料	102.2

以上数据由美国专家 J. R. 艾伦在所著《供暖与空调》一书中提供，他还指出：如有一层以上涂料时，最后的涂层是决定散热器散热量

结果的涂层。

散热器宜明装。散热器暗装时，由于空气的自然对流受限，热辐射被遮挡，所以，散热效率大多比明装的低。同时，散热器暗装时，其周围的空气温度远远高于明装时的温度，这将导致局部围护结构的温差传热量增大。而且，散热器暗装时，不仅要增加建造费用，还必须占用一部分建筑面积，显然这样做是很不明智的，应该尽量避免。另外，如将散热器装在离地面很高的位置时，室内的供暖效果肯定不会好；而采用长、矮的散热器时，可以比采用短、高的散热器保持较小的温度梯度，所以供暖效果一定比后者好。

（2）地板低温辐射供暖。上述的散热器供暖属于对流供暖，而地板供暖属于辐射供暖。地板供暖的优点：①具有辐射强度和温度的双重作用，符合人体散热要求的热状态。室内围护结构内表面温度比较高，减少了冷表面对人体的冷辐射，因此具有较好的舒适感。②室内不需要装置散热器，不影响室内美观，不占用有效面积。③室内温度梯度小，垂直方向温度分布均匀、节约能量。④同样舒适条件下，辐射供暖与对流供暖系统比较，房间温度可降低 2—3℃，因此可节省能量。地板供暖唯一的缺点是，因其与土建关系比较密切，在设计时必须考虑周到；另外，地板供暖投资比散热器高。设计地板供暖时应注意：①为使供、回水管达到阻力平衡，宜采用同程式。②应处理好管道和辐射板的膨胀问题。③埋置的盘管不应使用丝扣连接和法兰连接。④供水温度一般为40—60℃，供、回水温差为 6—10℃。⑤辐射板表面的平均温度，若经常有人停留的应为 24—26℃，若短期有人停留的应为 28—30℃。

因为酒店种类繁多，情形不同，希望酒店业主、设计师和管理者根据酒店自身的特点，选择恰当的方案，让酒店的空调系统真正能够撑起酒店的门面来。

第七章 酒店空调节能的偏方

改革开放四十多年来，中国建筑迅速发展，新建建筑规模已超欧美发达国家总和，但是其中95%的新建建筑属于高能耗建筑，与气候条件接近的发达国家相比，单位建筑面积制冷采暖耗能为它们的3倍左右，而舒适度还远不如人。这说明我国高能耗建筑十分普遍，能源浪费极端严重，而且我们正以中国和世界历史上前所未有的规模继续大量建造高耗能建筑。经国家有关权威部门统计，城市电网高峰负荷约1/3用于空调制冷，使许多地区用电高度紧张，拉闸限电频繁。预计到2030年，全国制冷电力负荷高峰将达2.4亿kW，相当于13个三峡电站的满负荷电力。由此可见，单纯以建设电力设施来满足空调需要，使许多发电和输配电设施在全年的大部分时间闲置，既大量消耗国家资金和能源资源，又增加环境污染，今后势必难以为继。如果从需求方面降低能耗，把日益增加的建筑能耗减少一半，进而逐步达到发达国家的能耗水平，则可大大减少煤矿、电站等能源设施建设的规模，这才是造福子孙的根本大计。

酒店建筑是空调能源消耗的大户，但是许多酒店投资人为了刻意追求铺张豪华甚至十分奢侈的装饰，不惜一掷千金，而对利国利民利己的酒店节能环保的投资十分吝啬，对执行节能标准千方百计地设法逃避，继续在大量兴建高耗能酒店建筑。其实，酒店空调如何节能，并不完全在于空调设备的选用和空调形式的选择，它是与能源消耗许许多多的细节设计息息相关的。笔者管理过的酒店能耗与同类型酒店相比大约是它们的一半，其主要经验是从源头抓起，从酒店的土建设计与空调节能设计相关方面抓起，使酒店一开始就成为健康舒适的节能建筑。在高档酒店的全年能耗中，50%—60%消耗于空调制冷采暖，20%—30%用于照明，而在空调采暖制冷这部分能耗中，20%—50%由外围护结构传出冷热量所消耗，那么我们就先从酒店的外墙、门窗和屋面谈起吧。

一、酒店围护结构的设计

（1）玻璃幕墙。在建筑外窗（包括玻璃幕墙）、墙体、屋面三大围护部件中，玻璃幕墙的热工性能最差，是建筑能耗最主要因素之一。玻璃幕墙的能耗约为墙体的3倍、屋面的4倍，约占建筑围护结构总能耗的40%—50%。而目前许多酒店业主为了更加通透明亮，立面更加美观，形态更为丰富，就大量使用投资大、能耗高的玻璃幕墙。由于玻璃幕墙都不是双层或中空玻璃，而且窗墙面积比最大，凡是使用玻璃幕墙的酒店，其能耗大得惊人，所以酒店一般不要使用玻璃幕墙。

（2）点式窗。酒店的外墙、特别是上端客房部分应采用点式窗做法，即房间的玻璃窗必须嵌在承重梁下和左右下方三面墙体里，玻璃应用镀膜玻璃、热反射玻璃、中空玻璃等隔热隔音效果良好的产品。不管有没有强性要求，任何酒店的外窗是不能使用单层玻璃的。

（3）一楼外墙玻璃。中国绝大多数酒店一楼大堂的外墙玻璃基本采用的是单层玻璃，虽然玻璃加厚，但保温效果仍然较差。宜用中空玻璃，近几年来我国玻璃制造业的技术进步很快，已能生产高超过4m、宽达1m的加厚中空玻璃，使得酒店共享空间外墙使用中空节能玻璃成为现实。

（4）外墙保温。一般外墙体在酒店的外围护结构中所占比例最大，墙体传热造成热损失占整个建筑热损失的比例也很大，在北方严寒、寒冷地区，冬季室内外温差可能达30—60℃；夏热冬冷和夏热冬暖地区在夏季太阳强烈辐射下，外面表面温度可达60℃以上，因此墙体保温隔热是外围护结构建筑节能的一个重要部分。酒店是需要昼夜不间断使用空调的建筑，所以在建设时应对建筑做外墙保温，有条件的尽可能做内外墙保温；如若建筑外墙需要饰贴墙砖，那就必须做内保温。若只单做内保温或外保温，那就必须使用较好的材料，把好工程质量关，注意外墙保温层必须能满足水密性、抗风压以及温湿度变化的耐候性要求，使墙体不致产生裂缝，并能抵抗外界可能产生的碰撞，还能与相邻部位（如门窗洞口、穿墙管道等）之间以及在边角处、面层装饰方面，均能得到适当的处理。

（5）房间隔墙和楼板保温。如果非空调房间与空调房间的隔墙和楼板保温性能太差，房间隔墙和楼板的两面温差会达到20℃，同样冷热量损失会很大。在隔墙和楼板上采取一定的保温措施，所增加的造价并不大，但今后酒店日常营运费用会大大降低。

（6）屋面保温。屋面在整个酒店围护结构面积中所占的比例虽然远低于外墙，但对顶层房间而言，却是比例最大的外围护结构，相当于五个面被室外气候所包围。无论是北方严寒、寒冷地区在冬季严酷的风雪侵蚀下，还是在我国南方夏热冬冷和夏热冬暖地区在夏季强烈的太阳辐射下，若屋面保温隔热性能较差，那么对顶层房间的室内冷热环境和空调能耗的影响是比较严重的。为了提高屋面保温性能，设计时应注意：①应选用导热系数小、蓄热系数大的保温隔热材料。②应根据屋面的结构形式、环境气候条件、防水处理方法和施工条件等因素，恰当地选择保温材料。③合理确定保温层厚度，注意材料层的排列，因为排列次序不同也影响屋面热工性能。④不宜选用吸水率高的保温材料。

（7）外窗的气密性能。为抵御夏季和冬季室外空气过多地向室内渗透，外窗的气密性的好坏对酒店空调的节能有着很大影响。从开启方式来看，各种材料平开窗大部分能达到气密性要求，而推拉窗由于本身结构的劣势，有一半左右达不到气密性标准。因此，如果要求达到气密性要求，选用平开窗才能有保证，而推拉窗则应对制作工艺和相关配件有更高要求。从选用主型材来看，PVC塑料窗相对来说气密性较好；彩色涂层钢板窗气密性也较好，但该窗热工性能较差。

（8）一楼对外出入口。酒店一楼是客人和员工进出的主要通道，也是整个大楼冷热量比较容易消耗的地方，因此在设计时应尽量少设出入口，特别是尽可能不设能直接对流的出入大门，以免形成穿堂风，而且所有出入口能保持常闭状态。

（9）旋转门。酒店不管规模大小档次高低，都应在进入大堂入口处设置旋转门，经济条件允许的最好设置4.2m直径的两翼自动旋转门，若资金捉襟见肘，也应购买直径3.6m的自动或手推旋转门，这对酒店大堂的保温隔热真是太重要了，比外门设门斗效果好了不知多少，请酒店投资人、管理者以及设计师切记。

二、酒店朝向设计

酒店的主朝向宜选择本地区最佳朝向或接近最佳朝向，尽量避免东西向日晒，设计原则是：冬季应争取不使大面积围护结构外表面朝向冬季主导风向，在迎风面尽量少开门窗或其他孔洞，减少作用在围护结构外表面的冷风渗透，处理好窗口和外墙的构造形式与保温措施，避免风雨季侵袭，降低能源消耗。夏季应注重利用自然通风的布置形式，合理地确定房屋开口部分的面积与位置、门窗的装置与开启方法和通风的构造措施。笔者不是风水先生，但根据查找有关资料发现，无论是我国北部或中部城市，还是南方城市，酒店的最佳朝向是朝南，不宜朝向是朝北。

三、大堂共享空间设计

中国酒店的建设如火如荼，方兴未艾，而投资人更是追求酒店的档次和豪华，许多设计师为了迎合投资人讲究面子追求档次的心理，往往把大堂设计得高大宏伟，气势磅礴，其中共享空间少则两层，多则十几层。由于空调设计人员忽略了共享空间的最大缺陷——烟囱效应，冷热量纷纷向上部散失，特别是到了冬天，因为热气流轻，容易从大堂升向二层以上的楼层，所以，凡是有共享空间的酒店大堂，绝大多数冬天温度较低，客人感到不舒适，员工即使穿上毛衣也嫌冷，空调的水温即使多升高几度，浪费了能耗，效果还不大。而共享空间二楼以上的楼层区域，即使冬天关闭了空调，也会感到热风阵阵。为了解决这种烟囱效应，设计师最好不要在共享空间二楼以上的走廊只饰以扶手栏杆，应该

用玻璃或其他材料封板到顶；若共享空间只到二楼顶部，室内设计师为了视觉效果而不作封堵，那么空调设计师就必须在一楼圈棚侧面设计侧送风的基础上，在圈棚下增设下送风，确保一楼共享空间以外的营业和工作区域的空调能够满足使用需求。

四、空调管道的保温

为了减少空调管道冷热量的损失，在酒店建设中应对空调制冷采暖中使用最多的冷热水管道和空调风管进行保温。最常用的保温材料有离心玻璃棉和柔性泡沫橡塑，根据水管和风管直径大小的不同来确定保温材料的厚度，若管径越大，那么对其保温的材料要求越厚。单冷管道和柔性泡沫橡塑型保冷的管道应以不结霜为原则。

五、酒店的客房建筑层高

在做建筑设计时，酒店业主和建筑设计师应注重考虑客房层的建筑层高，五星级酒店的层高可为 3.4m，四星级酒店的层高可为 3.2m，三星级或经济型酒店的层高可为 3m，因为建筑层越高的房间，其空调耗能就越大。

六、合理使用新风量

供给新风是保证客人卫生要求和舒适感的基本条件，由于新风耗能比较大，因此新风必须合理地使用，在不降低客人卫生和舒适标准的前提下，尽量减少新风量，可以获得显著的节能效果。相反，如果在夏季夜间的凉爽时段或过渡季节，当室外空气焓值小于室内空气焓值时，可以加大新风量，以至全新风，这样可以充分利用室外空气的自然冷源，以减少制冷机的运行时间，达到节能的目的。在过渡季节，酒店客房部分还需要供热，但往往餐厅和歌舞厅还需要供冷，此时室外空气焓值比较低，便可以通过对餐厅和歌舞厅区域输送全新风来降温，而不必使用人工冷源。

七、夏天提高制冷机的出水温度，冬季降低采暖锅炉的供暖水温

按照国家空调行业的有关规范，夏天制冷机组的出水温度应在7—9℃，冬季采暖锅炉的供暖水温应在55—60℃。而笔者在以往经营酒店的实践中，夏天制冷机组的出水温度控制在12—14℃，而冬季采暖锅炉的供暖水温控制在48—55℃，每年酒店节约下来的空调运行费用相当可观，而酒店客人对空调质量没有任何投诉。我们是采取了哪些措施来保证对客服务标准的呢？

（1）合理地加大冷却塔的冷却水量。设计院一般按照冷却塔的设计规范来计算冷却水量，按照计算公式得出的数据再乘以 1.1—1.2 的安全系数。其实这样计算出来的冷却水量的结果往往在实际运行中浪费能耗，因为这是按照制冷机组出水温度 7—9℃进行测算的，若要出水温度在 12—14℃，可以通过设置大一些冷却水量的冷却塔来实现。

（2）合理地加大风机盘管的风量。若要实现夏季制冷机组的出水温度在 12—14℃而又不降低客人舒适感，那么就不能按照有关设计规范根据房间面积来计算风机盘管所需的出风量，而要适当加大风量的安全系数。另外，为保证房间空调效果，酒店一律不能使用 12P 低静压的风机盘管，必须使用至少 50P 的高静压风机盘管。

（3）合理地加大酒店位于山墙和顶部房间的风机盘管的风量。由于这些房间所占的外围护结构比例最大，其保温隔热性能相比来说较差，因此，设计师不能按照普通房间的风量公式来计算风机盘管的风量。为实现夏季制冷机组的出水温度在 12—14℃，冬季供暖水温在48—55℃，而客人又不会投诉，就必须在普通房间的风量基础上再适量增加风机盘管的风量。

（4）定期清洗风机盘管。风机盘管一旦运行不畅或阻塞，就会大大影响制冷采暖效果，因此酒店必须定期对风机盘管的供水管和回水管进行清洗，特别是空调末端的风机盘管极易阻塞，必须重点检查清洗这一区域的风机盘管。

八、厨房、洗衣房的排风系统

从笔者长期跟踪酒店的资料来看，目前多数酒店的厨房和洗衣房的通风换气和降温效果都不太好，普遍反映在夏季高温天气热得难以忍受，灶前厨师有时会发生中暑现象，大烫机前洗衣工经常是挥汗如雨。于是有些国有酒店特别是国外酒店集团管理的酒店，在厨房和洗衣房也装上了中央空调，虽然厨房和洗衣房的工作环境彻底改善了，但是由于这两个区域工作的特殊性，酒店空调能源的消耗是很大的，所以在厨房和洗衣房使用中央空调是不明智的。实际上，除了冷菜间外，可用排风系统来解决厨房和洗衣房的高温问题。厨房一般均设在餐厅和宴会厅附近，为避免厨房内的热气和气味渗入餐厅和宴会厅，要求厨房保持负压，这就要求加大厨房的排风量，特别是在炉灶、洗碗机、面点房和粗加工区设计局部排风装置，将产生的热气及时排出厨房，以便让相邻的餐厅和宴会厅的冷气借助于正压渗入厨房，因为厨房内的负荷是有变化的，因而应在排风装置上安装调速开关。而洗衣房的排风系统是为了排除洗衣房的热湿空气，消除洗衣工的闷热感，关于排风风机，建议采用斜流式风机，噪声较小。大凡排风系统设计到位的洗衣房，其工作环境是不会很差的。

九、洗衣房和锅炉房的废热回收

为了彻底解决洗衣房和锅炉房的降热问题，可以在这两个区域设计废热回收装置，将回收的余热通过设备用于酒店的卫生热水，这样既可解决洗衣房和锅炉房的环境温度，延长设备使用寿命，又可节约空调和锅炉能耗。

十、最大经济化地使用空调

除了对空调系统及相关部分进行细节节能设计外，酒店全体员工如何尽可能地节约使用空调是节约能耗的最重要因素。比如电梯机房的分体空调，在夏季频繁使用时要注意根据气候温度的变化而灵活启停，不要昼夜运行不关。空调主机的启停时间应根据酒店各功能区域客人的活动情况以及室内外温度及时调整，特别注意的是在室外乍热时不一定马上开启制冷机，室外乍冷时，不一定立即启动锅炉采暖。员工在清理完客房或餐厅之前的半小时，可提前关掉空调；在办公区域下班前半小时可提前关掉空调。只要酒店号召员工发扬主人翁精神，根据自身部门特点总结出节约空调能耗的点子，空调费用就会大大降低。

上述十点只是笔者多年建设和管理酒店积累的经验，是否适合读者所在的酒店，就请一试吧。

第八章　如何正确设计酒店洗衣房

洗衣房在酒店中担任着"无名英雄"的角色，然而客房的被单枕套、餐厅的桌布椅套、歌厅的台布座套、康乐中心的毛巾浴巾、宾客和员工的内外衣服等的洗烘熨烫，都要由洗衣房承担，哪一天洗衣房设备出了故障需要停洗一两天，就会急坏了总经理，洗衣房的重要性可见一斑。但是，洗衣房无论在哪个酒店都属于后台部门，业主和总经理有谁正眼瞧过洗衣房，有谁真正把洗衣房员工放在心窝上呢？只要看一看中国绝大多数酒店洗衣房的环境就知道，不说劳动强度有多大，只要亲身感受一下其中的潮湿闷热，就会感到洗衣房的设计是没有多少人重视的了。正因为如此，笔者在管理酒店的过程中常去洗衣房体验生活，常常在解决问题中发现问题，有时为能给员工改善环境而欢快欣慰，有时因为不能给员工解决问题而苦恼惆怅。久而久之，笔者由不经意的介入转而考问洗衣房的设计布置，为还员工一个比较舒适的工作环境而苦心钻研，终于有此以下心得，供读者分享。

一、什么样的酒店需要设洗衣房

在酒店所在城市具备洗涤条件的情况下，凡超过200间客房的中型以上的酒店均可自设洗衣房，200间客房以下的小型酒店可采用外洗方式，将布草送往邻近酒店洗衣房或大型社会洗涤公司。但是，有些酒店所在的城市经济落后，缺乏能提供较好洗涤服务的社会洗涤公司，或者有的酒店距城市较远，布草送洗非常麻烦，那么，即使酒店少于200间客房，也必须自设洗衣房，且在建设洗衣房时可以考虑配置较大容量的洗涤设备，以供未来其他新酒店布草洗涤之用。

有人认为布草外洗经济方便，自建洗衣房既占地方又要投入，洗涤费用并不便宜，持这种观点不无道理。社会洗涤公司所用的设备和洗涤材料、所采用的洗涤工艺，往往是无法和酒店洗衣房相比的，这是它们收费比较低的缘故所在。所以，凡是没有洗衣房的酒店，若是比洗涤质量，一般会将布草送到邻近酒店的洗衣房，若是比洗涤价格，则肯定会把外洗任务交给社会洗涤公司。请读者注意的是，因为酒店洗衣房采用的工艺、设备和材料都与社会洗涤公司不同，所以除了洗涤出来的布草质量不同外，布草的寿命差别也很大，比如客房质量较好的床单，若是酒店洗衣房自洗，一般可用 18—22 个月，但若送到社会洗涤公司外洗，则使用寿命在 10—12 个月，只要计算一下因提前更换床单所做的资金投入，就可测算出外洗的实际损失了。

二、洗衣房应选在酒店的什么地方为宜

有许多建筑一开始未作为酒店用途考虑，改作酒店后对后勤保障功能的设计不很理解也不专业，有时随便在某一区域划块地方给洗衣房使用，给洗衣房以后的运作带来了很大麻烦。所以，洗衣房位置的正确选择就显得十分重要。

（1）洗衣房应与客房和酒店公共区域隔离，设置在离后台办公区域较远的地方。因为诸如水洗机、空压机、通风设备等洗衣设备所产生的噪声会影响酒店客人，也会影响内部人员的办公秩序。另外，洗衣房内有较多的洗涤剂、去污剂等有气味或有毒的化学用品，无论是客人还是内部人员吸闻后对身体都是有害的。

（2）洗衣房应设置在距酒店设备机房较近的地方。洗衣房的设计涉及冷热供水、排水、蒸汽、电力、通风、抽排风等各个环节，若洗衣房靠近各种设备房区域，则便于各项设备和管道的连接和安装、供应和使用，也有利于设备的管理和维护，由于各种管线距离较近，能够节约安装材料，同时能有效降低管道线路的能耗。

（3）洗衣房应设置在物料流通、人员通行比较方便的地方。首先要能满足与客房、餐饮、休闲等营业部门进行布草交接、分发的需

要，尽量靠近员工电梯（消防电梯）以便运送布草；对于设置布草井（特别是高层酒店宜设这种布草专用通道）的酒店，洗衣房还应考虑尽量靠近布草井下来的脏布草存放区。为方便运送布草，员工电梯和脏布草存放区通往洗衣房的通道应没有台阶或陡坡。其次，员工制服需要每天更换，从而导致较大人员的流通量，因而洗衣房最好靠近员工更衣室和员工餐厅。另外，对外洗衣量较多的话，要方便外洗客人送洗衣服，有条件的可在酒店一层选择一个不大的门面对外接待送洗业务。

（4）洗衣房应设置在便于排水、通风、除尘等设备安装的地方。洗衣设备用水量比较大，对排水设计要求较高，如果洗衣房设在地下室，就必须设置污水井和抽水泵。一般来说，污水井宜设计大些，最好在 $8m^3$ 左右，否则污水不能及时排出，而且抽水泵要不停开启，浪费能耗。另外，如果污水中的洗涤剂含量超过了排放标准，则不能直接将污水排到室外管道中，按照环保要求，需安装污水处理设备。布草在洗涤过程中会产生较多的织物纤维，因而需要安装抽风和除尘设备，以减少对酒店周围环境的污染和洗衣房员工对浮尘的吸入量。

（5）洗衣房及其设备的设置安装应符合消防规范。酒店洗衣房大多数设置在地下室或附属楼内，因此，其设计和安装各系统设备时必须符合各项消防规范，特别是在地下室的洗衣房，要注重防排烟系统的设计。而且，洗衣房内温度较高，布草衣服等织物纤维较多，应按照规范配置消防器材。

（6）洗衣房的设置应符合国家卫生监督部门的有关规范。许多酒店洗衣房囿于建筑布局的局限性，干净布草和脏布草的进出通道合并在一起，这是严重违规的。所以设计人员在选择洗衣房位置时，应把脏布草的入口和干净布草的出口严格分开。

三、洗衣房应购置哪些设备

（1）全自动洗脱机。适用于洗涤客房床单、毛巾、地巾、窗帘布艺、餐厅台布、餐巾、员工制服等的洗涤。机身采用下悬浮避震结构，无须做土建基础。采用国内知名品牌即可，但设备主要零部件须采用进口的配件。

（2）全封闭干洗机。适用于洗涤棉毛呢绒、化纤（氯纶、人造革、金丝绒除外）、毛毯、裘皮、羽绒及皮毛等。采用国内知名品牌，但设备关键部件必须采用进口配件。

（3）全自动干衣机（俗称烘干机）。对于洗涤脱水后的各类型布草、制服等湿洗织物进行烘干，配有较大的视镜玻璃，可随时查看烘干情况，毛绒收集采用抽屉式设计。采用国内知名品牌。

（4）熨平机。适用于客房床单、被面、餐厅台布等织物的整烫，熨平机又可分为两种：辊式熨平机和槽式熨平机。辊式熨平机的特点是，采用变频调速技术，有蒸汽和电加热两种功能，可根据不同织物的需要及熨平状况选用合适的熨烫速度及方式。和槽式熨平机相比，辊式熨平机的价格更加低廉，只需采用国内知名品牌即可，600间以下客房的酒店均可采用这种熨平机。槽式熨平机的特点是，采用变频调速技术，但仅有蒸汽加热型，具有抽湿装置及正、逆向运转功能，其整烫效果比辊式熨平机平整，熨平速度比辊式熨平机要快 1.5—3 倍，因此，采用人工折叠熨烫好的床单被面等织物的方式已不可能，在采购槽式熨平机的同时必须购买自动折叠机供配套使用。由于槽式熨平机价格昂贵，规模小的酒店不宜购买，只有那些大型社会洗涤公司或一些大型酒店（600 间客房以上且附属配套项目洗涤量较大）才值得花这笔钱，而且最好采用国外知名品牌。另外，凡是打算购买槽式熨平机的酒店必须要设置蒸汽锅炉，因为电加热所转换生成的蒸汽量是远远满足不了槽式熨平机需要的；因为许多酒店没有条件在主楼外设置锅炉房，而在主楼内的地下室设置压力锅炉（蒸汽锅炉便是）往往由于不能设泄爆口，不符合《蒸汽锅炉监察规程》等规范要求，就不能盲目订购这种熨平机。

（5）自动折叠机。与槽式自动熨平机配套使用，适用于快速折叠客房床单、被面、餐厅台布等织物，极大提高折叠效率和折叠质量。布草不必同步输入，布草不必同样大小，具有布料传送系统的速度控制和准确定位，对布料长度准确测定并计算折叠长度；采用智能红外线检查系统，测量织物的实际运动速度，提高折叠精确度。一般规模较小酒店不宜采用。自动折叠机的品牌最好与槽式熨平机的品牌一致。

（6）后整理设备。主要有万用干洗夹机、水洗夹机、去渍机、自动人像机、抽湿机等，这些设备均可采用国内知名品牌，但主要零部件须采用进口配件。

①万用干洗夹机：用于羊毛、合成纤维及毛织料的裤缝、衣领等的定型熨烫加工，同时也可以烫平小面积台布、餐巾、手帕等织物，主要用于干洗后织物的熨烫处理。

②水洗夹机：用于纯棉、混纺织物的裤缝、衣领等的定型熨烫加工，同时也可以烫平小面积台布、餐巾、手帕等物品，主要用于水洗后织物的熨烫处理。

③去渍机：具有真空抽湿功能，采用蜗壳式风机，并配有去渍枪、水喷枪、空气喷枪、蒸汽喷枪等，用以满足去除各种不同污渍的需要。对于投资不大的一般规模档次的酒店，也可不买去渍机，可用手洗池手工去渍处理。

④自动人像机：用于各种制服的整形、定型等，对于投资不大的一般规模档次的酒店，也可不必采购自动人像机，可用手烫台代替。

⑤抽湿机：主要用作万用干洗夹机和去渍台的配套辅助设备，也是洗衣房必须配备的。

⑥空压机：烘干机、水洗机、干洗机、后整理设备等必需的辅助动力机器。

四、洗衣房应配置多大容量的干洗和水洗设备

中国许多酒店的洗衣房配置不太合理，主要反映在水洗机、干洗机和烘干机上，不是配的容量太小，就是配的容量过大；有的是因为洗衣房面积的缘故，有的是因为洗衣机商家或酒店管理公司的专业人员提供的洗衣量数据有误。配置过大造成设备闲置而又枉占了面积，配置过小

又会影响酒店运作。以下是笔者曾经管理过的一家四星级酒店洗衣房洗衣量的计算式，经实践比较符合实际运作情况，现将计算过程详列如下：

（一）湿洗量计算

（1）客房：每间客房每天须更换及清洗的布草重量

品种	条数	每条重量（kg）	重量共计（kg）
大浴巾	2	0.55	1.10
洗面巾	2	0.20	0.40
手　巾	2	0.15	0.30
地脚巾	1	0.45	0.45
浴　衣	2	0.35	0.70
被　套	2	1.00	2.00
枕　套	4	0.20	0.80
床　单	4	0.60	2.40
每间房布草重量合计			8.15
300间客房重量合计			2445.00
按住客率70%计算则为			1711.50

（2）餐饮：按500个座位计算

品种	条数	每条重量（kg）	重量共计（kg）
台　布	1	0.10	0.10
餐　巾	1	0.10	0.10
湿毛巾	5	0.05	0.25
每个座位布草重量合计			0.45
500个座位重量合计			225.00
按70%上座率计算则为			157.50

按每天流转2.5次计算则为　　　　　　　　　　393.75

（3）客衣：客衣湿洗每天平均占客人总需求的30%，按住房率70%计算，每间房平均每天湿洗量约为1kg，那么客衣每天总湿洗量为：63kg。

（4）健身房：每人每次须更换及清洗的布草重量

品种	条数	每条重量（kg）	重量共计（kg）
大浴巾	1	0.55	0.55
手　巾	5	0.05	0.25
每人每次需清洗布草重量			0.80
按每天20人次计算			16.00

（5）SPA：每人每次须更换及清洗的布草重量

品种	条数	每条重量（kg）	重量共计（kg）
浴袍+短裤	1	0.45	0.45
大浴巾	5	0.55	2.75
手　巾	5	0.05	0.25
每人每次须清洗布草重量合计			3.45
每天按40人次计算则为			138.00

（6）足浴、按摩：每人每次须更换及清洗的布草重量

品种	条数	每条重量（kg）	重量共计（kg）
床　单	1	0.30	0.30
枕　套	1	0.20	0.20
手　巾	1	0.15	0.15
每人每次须清洗布草重量合计			0.65
每天按150人次计算则为			97.50

（7）员工：按员工总人数 400 人计算，员工出勤率为 80%，需湿洗制服的员工约为 70%，员工制服湿洗的替换率为每两天一次，每套制服按 1kg 计算，那么每天湿洗量为 112kg。

以上（1）—（7）项的每天湿洗量为 2531.75kg，按每天洗衣房工作 8 小时，湿洗机每次操作时间按 0.75 小时计算，那么每次湿洗机需洗量为 237.35kg。

（二）干洗量计算

（1）员工：按员工总人数 500 人计算（其中 100 人为足浴、按摩、SPA 等外包业务工作人员），员工出勤率为 80%，需干洗制服的员工约为 20%，员工制服干洗的替换率为每 4 天一次，每套制服按 1.8kg 计算，那么每天干洗量为 36kg。

（2）客衣：客衣干洗每天平均占客人总需求的 20%，按住客率 70% 计算，每间客房平均每天干洗量约为 1.5kg，那么客房每天总干洗量为 63kg。

以上（1）—（2）项的每天干洗量为 99kg，按每天洗衣房工作 8 小时，干洗机每次操作 1 小时计算，那么每次干洗机需洗量为 12.375kg。

由以上干洗和水洗量可以确定洗衣房设备的配置：详见《酒店洗衣房功能布局图》中的设备选用情况。

五、洗衣房功能布局应如何设计

洗衣房的功能布局十分重要，它应该与洗衣房选择位置一并考虑，就是说，选择在酒店什么地方建洗衣房时应思考清楚，这样的洗衣房能否放得下必需的功能，而这些功能还必须摆布得比较合理。下面是笔者曾经管理过的一家四星级酒店洗衣房的功能布局图，总面积有 300m² 左右，经实践比较成功，故将其功能布局奉献给读者。

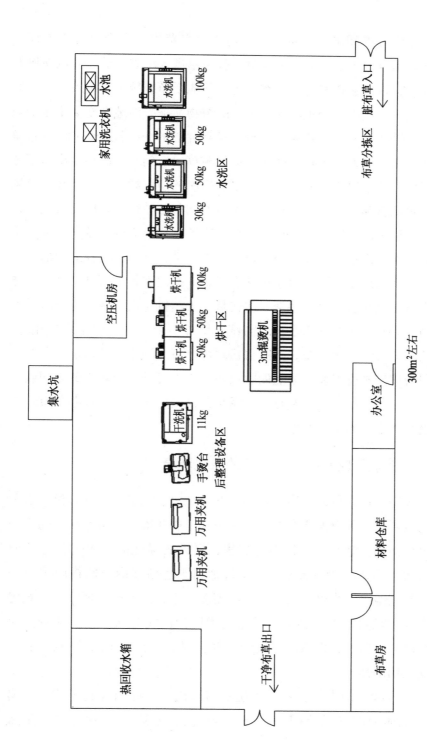

酒店洗衣房功能布局图

300m² 左右

从图中可以看出，脏布草入口与干净布草出口完全分开在不同方向，符合国家卫生部门的有关规范。脏布草进入洗衣房后，卸放在脏布草分拣区，该区紧靠水洗区，在不污染其他干净区域的情况下很快将脏布草送进水洗机中。经水洗和脱水后的织物又被方便地送至烘干区的烘干机中，烘干完的床单被面等织物被送到邻近的 3m 辊式熨平机进行整烫熨平，然后经人工折叠将洗净的成品布草运送到靠干净布草出口不远的布草房。布草房收取的客人和员工需换洗的制服和衬衣等衣物，分别被送往水洗机和干洗机中洗涤，干洗后的制服已被烘干，因而直接进入相邻的后整理设备区进行整理，完成后直接送往对面的布草房存放；水洗后的衬衣等织物被送进相邻的烘干机中烘干，然后被送往对面的布草房存放。洗衣房配置了一台家用洗衣机，一些湿衣量少而需个性化服务的洗涤可在此完成。两个手洗水池代替了去渍机。水洗区、烘干区、干洗机的背后有一条污水下水道，与洗衣房外一个约 $8m^3$ 的集水坑相连，集水坑中设置一个潜水泵，不断将污水往上打入城市公共污水管网中。

因为该洗衣房安装了废热回收设备，所以可见一个较大的热回收水箱布置在一角；由于有了废热回收系统，该酒店才把洗衣房办公室和布草房设在洗衣房的工作区中。

六、洗衣房应怎样创造良好的空气环境

洗衣房工作人员的内容常常离不开冷热水、洗涤剂、洗衣机、烘干机、电烫台等，其温度之高湿度之大，其工作环境的恶劣和员工的辛劳程度可想而知。笔者见过许多洗衣房，夏天的温度都在 40℃ 以上，四壁和机器上都结满了冷凝水，员工好似每天生活在南方的梅雨季节一样，闷热潮湿令人难以忍受，员工的流动率很大。因此，把酒店洗衣房的温度湿度降到员工感到比较适宜的程度，这既有利于员工的身体健康，稳定员工队伍，提高洗衣质量，也有利于洗衣设备的维护和保养，延长其使用寿命。

（1）不能用中央空调系统给洗衣房降温。有些国有酒店特别是国外酒店管理集团管理的酒店，不惜资金在洗衣房装上了中央空调，虽然

洗衣房的工作环境彻底改善了，但是由于洗衣房工作的特殊性，酒店空调能源的消耗是很大的，而且过于凉爽的工作环境对于熨烫织物的质量速度还有一定负面影响，所以在洗衣房中使用中央空调降温是不明智的，也是笔者所不赞成的。

（2）尽可能地让洗衣房的围护结构通透串风。为了改善洗衣房的空气环境，就必须尽最大努力把洗衣机、烘干机、熨烫机等设备不断散发的热量和潮湿空气及时排于室外，如果洗衣房设置在酒店的地下室，那么，最好的办法就是在设计洗衣房时，除了承重墙体外，其余的墙体不要采用砖砌或实体材料砌筑，全部使用钢筋焊接而成的空心格栅式墙体，其上不蒙盖任何材料。洗衣房产生的蒸汽和热量就会通过这些空心格栅自然排出一大部分。若有些酒店地方宽敞，洗衣房完全可以单独设计在地面上，那么其墙体除用上述材料制作外，还可在房顶上设置几扇可开启的窗户，因为热气较轻往上飘浮，所以在室内热量较大时，通过开启屋顶窗户使得屋内的热量及时散发出去，达到降低温度和湿度的目的；另外，在空心格栅墙面上需增设窗户，供冬季寒冷时使用。有些酒店的洗衣房不仅墙体采用实体材料砌筑，而且还把水洗区、烘干区、后整理设备区等区域用实体材料分隔，使房内温度和湿度的自然排放更加困难，这是设计师必须注意的。

（3）做好洗衣房排风系统的设计。经过人体生理的研究表明，一个对炎热环境已适应的人，当其处于工作状态时，需要提出警告的最大皮肤湿度为85%。为保障员工的身体健康，一般应把皮肤湿度控制在30%—50%的范围内，最高皮肤湿度不宜超过60%。如果设计好机械排风系统，及时地将洗衣房内的热湿空气排出去，那么洗衣房的空气环境将会大为改善。在做洗衣房排风设计时，有关各岗位处的风速 v，平均辐射温度 t 及皮肤湿度 w 可按下表的数据选取，洗衣房的夏季室内设计温度标准可定为32℃。为适应洗衣房的使用规律与负荷变化特点，其排风装置应采用双速风机或采用并联双风机进行送排风，并使各工作岗位上的风速达到下表第一行的数值。

夏季洗衣房室内设计参数

参　数	洗衣房			
	在洗衣机前		在熨平机、手烫台前	
	一般工作时间	高峰工作时间	一般工作时间	高峰工作时间
风速 v	0.3m/s	0.5m/s	0.5m/s	0.6m/s
平均辐射温度 t	35℃	40℃	45℃	50℃
皮肤湿度 w	35%	40%	45%	50%
室内空气温度 T	32℃	32℃	32℃	32℃

　　需要说明的是，洗衣房内空气设计计算温度定为32℃，是指在洗衣房内允许维持的最高温度。当室外较为凉爽，或室内负荷较低时，室内温度实际上低于29℃时，可采用降低风机或停开一台风机的办法。在设计时还应注意，洗衣房的排风量要大于送风量，使洗衣房形成一定的负压；另外，可将送风量的30%作为岗位送风，利用送风口直接均匀布置在操作人员前侧上方，工作人员可根据要求调节送风角度，以起到局部降温的作用。当然，要单靠排风措施降到32℃是不可能的，还要依靠其他措施来实现。

　　（4）洗衣房的其他各项降温措施。

　　①用保温材料将水洗机、干洗机及烘干机通向污水槽的排水管和排棉絮管全部做好保温处理，不让外泄的热水和热气通过管道散发出来。

　　②将通向集水坑的污水槽用水泥板或铸铁板盖上，尽可能严丝合缝，不让热蒸汽透过盖板散发出来。

　　③将集水坑设置在洗衣房外。集水坑一般起码在6m³以上，每天流进的都是温度较高的污水，而且都不会及时排光，所以在设计洗衣房时，尽可能把集水坑设计在洗衣房外，最好是离开洗衣房远些的地方，因为集水坑哪怕再用钢板盖好，还是会散发出一定的热量。

　　④在熨平机上方设置较大风量的排风口，并在熨平机上端四侧用透明塑料条作封闭式围挡，熨平机散发出的热量多数上升经由排风口进入

管道被排往室外，大大减少了热源对人体的辐射。

（5）增设废热回收设备是给洗衣房降温的最佳解决方法。上述的一些降温手段都能收到一定的成效，但都不能彻底地解决问题。要想还员工一个舒适的工作环境，洗衣房最好设置若干台空气能热泵热水机。机组根据逆卡诺循环原理，以少量电能为驱动力，以制冷剂为载体，源源不断地吸收洗衣房空气中难以利用的低品位热能转化为可用的高品位热能，实现低温热能向高温热能的转移；再将高品位热能释放到水中制取生活热水（60—75℃），通过热水供应管道输送到酒店的各个用水点以满足生活热水需求。其系统原理附图如下：

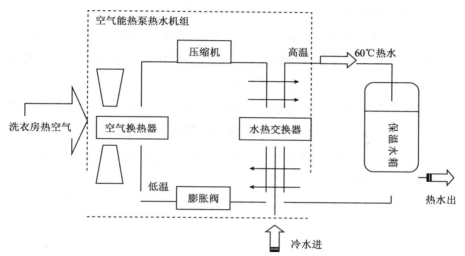

通过废热回收热水机组，不仅将洗衣房中闷热难受的热空气处理掉，极大地改善了员工的劳动环境，而且可以只花费少量的电能就给酒店提供部分生活热水，节约了锅炉能耗。

七、洗衣房应注意的其他问题

（1）若洗衣房不设置废热回收系统，就必须将办公室、布草房设置在洗衣区外的地方。因为环境温度较高，将这些用房安置其中，布草会因为长期处于潮湿度很大的环境而发霉，办公人员也无法静下心来工作。

（2）设计时要留足电容量，特别是不能提供蒸汽、只有电加热的洗衣房。电加热产生蒸汽给予水洗机中的水加热，很浪费能源，建议从锅炉接出一根热水管向水洗机提供50℃左右的热水，电加热设备在此水温基础上稍作加热到70℃左右，这样便可节约能耗。

（3）凡使用电加热设备的洗衣房要千万注意采取好防火措施。由于电加热设备一般置于烘干机上方，烘干机产生的棉絮部分通过下置管道排出，另有少量的棉絮易飘向上方，粘附在电加热设备上，极易着火。所以，工作人员要注意经常清理干净设备上粘附的棉絮。

（4）洗衣房的墙地面装饰。为了尽量扩大空间，洗衣房不必吊顶，为美观计，可以刷涂料，地面满铺浅色防滑地砖。

（5）夏季炎热时候，洗衣房人员可以穿短衣短裤、塑料拖鞋上岗。酒店可对洗衣房岗位制定特殊政策，每天只要保质保量完成任务，大部分员工便可下班，只留少数人留守值班应付突发情况。

林林总总说了许多，仍似意犹未尽。洗衣房面积不大，但其设计内容牵涉很广，细节很多，凡是设计师和经营者们会注意到的内容便不再赘述，笔者通过本章想传达的只是那些可能会被大家忽略而又非常重要的建设性意见和知识。

第九章　经营管理需求是室内设计的灵魂

写下这个题目时，一幕幕往事向我眼前扑来，在过去主持酒店室内设计工作的那些年里，我与中外一些室内设计大师们常常发生争执，其中有设计手法、设计风格的探讨，更多的是设计目的和设计理念的辩论，有时是各执己见，有时则互相妥协。总结起来我们的分歧主要在于，室内设计师侧重于美学效果，希望用复杂新奇的创意工艺和豪华高档的材料来愉悦业主的眼球和心情；而我看重的则是实际使用效果，希望设计出来的酒店，不但装修投入合理，而且经营上有亮点，管理上方便节约，让客人感到非常舒适。

大凡要投资酒店的业主，不管是政府还是国企，国外独资或本地私企，他们往往不重视也不懂得建筑设计和机电设计，但对于室内设计来讲，每个业主不但兴趣很高，非常重视，而且都很"内行"，都是"专家"。按照他们的话来说，他们跑的国家、住的酒店之多，是设计师和我们这些酒店经营者望尘莫及的，对酒店的偏见已深深烙印在了他们的脑海里，想要改变他们对室内设计的想法很难。许多业主会兴致勃勃地领着设计师，去发达国家和地区自己住过或喜好的大酒店考察一圈，拍照些许，回来后嫁接拼凑，长官意志加上个人偏爱，一幢幢酒店的室内设计就这样纷纷出笼，诞生后的酒店生命力有多久，只有天知道。

为什么说业主对酒店的概念是一种偏见呢？因为业主看的酒店多，住的酒店也多，他们记住的常常是酒店的外表，能够对他们产生视觉冲击力的就是上档次的好酒店，就是值得自己模仿的样板酒店，这就犯了以偏概全的错误。因为担心设计师模仿得不逼真，害怕自己的喜好没有完整地体现在设计中，业主们几乎无一例外地要求设计师尽可能多地画出一张张彩色效果图，更可笑的是，许多业主在竞标选择室内设计公司时，唯一的评判标准是看哪家公司的效果图画到了自己的心坎上，殊不知其中绝大多数效果图都是传抄之作，不能真实反映设计公司的实力和水平。因为业主偏爱的是视觉效果，也就难怪中国的室内设计师重美学而轻实用了，就连一些外国设计师也摸透了中国业主的这种心理，满足业主的虚荣和面子是许多室内设计公司成功中标的秘诀。

优秀的室内设计师应将经营管理的需求放在第一位，把使用者即客人的需求放在第一位，把业主的投资回报需求放在第一位。具体来说，室内设计师应做好哪些工作呢？

一、功能布局

若室内设计师在设计酒店建筑时就参与其中是再好不过的，因为这样可以提早确定酒店的类型和档次，让建筑设计师在构想酒店外形和内部结构时，尽量符合室内设计师安排的功能布局。设计师先要搞清楚酒店以后评不评星级，因为准备评星的酒店在服务项目上必须满足国家旅游局颁布的星级评定标准，所以在功能布局上就必须设置好这些功能，否则以后评星时又要花钱改造；如果酒店以后不打算评星，那么设计师就可以根据所在地区消费的实际情况以及建筑本身的特点来谋篇布局。应该怎样进行功能布局呢？设计师应合理规划客房、公共区域（前厅、餐饮、娱乐、健身等服务项目）及后台服务区域的比例，四星级以上酒店的正确配比是，客房∶公共区域∶后台服务区域＝0.5∶0.25∶0.25。举例来说，一家拥有建筑面积 3.6 万 m^2 的四星级酒店，可以做这样的功能分布：客房面积应为 1.8 万 m^2，公共区域为0.9 万 m^2，后台服务区域为 0.9 万 m^2。若以建筑面积 60 m^2 一间客房计，这个酒店可做 300 间客房。其实，每间客房没有 60 m^2，因为还要分摊客房走廊、电梯间、管道井、消防通道等公共面积；若每层楼设有一个套房和一个服务人员工作间，那么这个酒店的客房数应在 270 间左右。接下来，设计师要根据酒店的档次和客源情况对客房区的豪华套、普通套、特色房、单双间进行合理配比，若是城市商务酒店，设计时可考虑单人间多于双人间，凡四星级以上的商务酒店，必须考虑至少设计一套六间左右标准房组成的豪华套房。若是度假型或会议型酒店，设计时可考虑以双人间为主，而经济型酒店为了接待的灵活便利，可以双人间为主，但考虑将部分双人间设计成拼床房。若考虑酒店上四星，设计时至少50%的客房卫生间要配置浴缸，有浴缸的卫生间面积要求大些，所以，应尽可能把面积较大、进深较长的房间用来放置浴缸。公共区域应布置哪些对客服务项目呢？这又涉及酒店是否评星的问题。若不准备上星的酒店，行政楼层可不必设行政酒廊，大多数酒店的行政酒廊作用不大，而且亏损。不管什么样的酒店，都不宜把会议室、宴会厅和其他餐饮项目放在酒店顶层，一般来讲，公共区域的这些服务项目最好设在酒店裙楼或底部几层，这样既可保证上部客房区域的宁静，又可方便在公共区域服务项目消费的流量较大客人的上下交通。根据现代社会的消费特点，设计时应把会议设施尽量靠近餐饮宴会区，所有大小会议室和大小宴会厅都要设计成多功能形式，既可用于会议，也可用作餐饮大包间或宴会厅，达到充分利用资源的目的。不准备评星的酒店，可以删去一些估计会亏本的项目，比如游泳池、健身房、桑拿浴、美容美发等。若准备评星的酒店，就必须根据酒店的客源特点和建筑结构，认真选择所上的项目，保证营业项目有足够的规模，比如KTV，不能做成几间房，要搞至少要有30间房；比如健身房，必须做成对社会开放的那种大型健身房，健身器材品种比较多，有形体活动室。就是说，设计师不要为了评星而简单地按照星级标准把项目硬塞进图纸中，这些功能必须发挥作用，产生效益。另外，功能布局中的交通流程非常重要，酒店不管是否评星，员工和客人的通道都要截然分开，员工电梯和客人电梯要分设，物流和员工通道要分开，厨房到餐厅的传菜距离要近而方便，高层酒店的布草通道要紧邻客房工作间，通道底层的布草转换室与洗衣房交通方便。酒店后台服务区域的设计也很关键，设计师要考虑好该安排哪些功能，放在哪里便于管理和服务。办公区域尽可能不要占用客房层或公共区域等营业面积，员工餐厅宜与员工更衣室相邻，洗衣房离员工更衣室不要太远，工程部值班室最好设在配电间和机房附近，餐饮冷库最好设在粗加工或员工电梯附近，垃圾站要设在离员工通道不远处。后台区域的功能布局原则是，流程合理，交通方便，让员工尽量少乘电梯。

二、设计风格

风格的不同直接关系到业主的投资和以后的管理成本，如果采用的是欧式风格，酒店的投资就会加大，今后的管理成本也会偏高。但是许多室内设计师都喜欢采用这种风格替业主设计酒店，因为欧式风格不是民族传统产物，哪儿出了破绽，业主不容易察觉，酒店管理者和客人也难以挑剔；模仿国外酒店不会有人知道，一般人也不会去国外，业主就不大会怀疑设计师在抄袭别人的作品；更重要的是，欧式风格的酒店由于用材的讲究和工艺的复杂，便于设计师发挥想象，这样的酒店内容丰富，比较热闹，观赏性较强，很容易博得业主的认可。笔者认为，中国酒店一般不要采用这种欧式风格，如果要用，可以采取简欧手法，既有观赏性，显出一定档次，投资也不很大。建议一般酒店以现代主义风格为主，适当辅以后现代主义风格，以简约清新的设计风格为主线，偶尔散发出豪华的气息，重点在营造舒适高档的氛围。对这种风格酒店的要求是，用材巧妙恰当、色彩搭配和谐、形式富于变化、做工精细讲究。和欧式风格酒店相比，现代主义风格的酒店投资较少，管理成本较低。

三、客房设计

有许多业主和设计师往往不重视客房设计，认为客房是客人睡觉的地方，不可能有多大变化，其实这种想法是错误的。客房的面积占了酒店总面积的半壁江山，也是收入和利润的主要来源，凡是亏本或不赚钱的酒店，不是客房设计少了，就是没设计好。优秀的客房设计能让客人在走进房间的瞬间眼前一亮，能够驻足玩味好一阵，住得舒适方便，客人舍不得离开，走后还回味无穷。成功的客房设计能够方便服务人员清洁卫生，提高查房速度，还能减少工程维修量。好的客房设计还能让业主合理地投资，达到事半功倍的效果。

1. 卧室

三星级以下或楼层较矮的客房不宜吊顶，若土建楼板质量较差，或四、五星级酒店对上下房间的隔音要求较高，这些客房就必须吊顶。许多吊顶的粉刷面不平整，特别是在灯光下显得波浪起伏，是因为吊顶的龙骨配比不对，虽然客房吊顶龙骨不上人，但为了吊顶的工艺达到标准，可将配比改良成300mm×600mm。三星级以下或经济型酒店客房卧室墙面可以只刷乳胶漆，四星级以上的酒店客房卧室墙面或贴墙纸，或粘墙布，部分墙面如床靠面、电视背景墙、靠卫生间一侧的墙面可采用布艺软包和木制工艺装饰而成，卧室最好用墙布而不要用墙纸，墙布脏了容易清洁，墙纸更容易开裂起翘。许多酒店在书桌上方的墙上装上一面镜子，正好对着床，在书桌旁办公的人觉得不适，睡在床上的人也觉得不雅，因此大可不必如此设计。卧室墙面尽可能不用玻璃制品装饰，因为卧室里用了玻璃制品，显得硬而冷，没有温馨的感觉，而且电视声音撞击其上不会消逝，会影响到相邻房间的客人。客房靠小走廊上方的风机盘管，可饰以加长假风口，即在原先风机盘管风口的基础上，拉长至紧邻床靠的墙上方，从美观上讲风口对称，从实用上说可以将新风管从卫生间穿过自假风口吹出来。三星级以下、经济型或度假型酒店的客房卧室地面可以用复合地板，四星级以上的酒店客房卧室地面必须用地毯，一是温馨，二是舒适，三是隔音和消音。但是，设计时必须选好地毯，首先是阻燃的，要达到消防的B1级要求，其次是不怕烟头烫，就是说不能使用纯尼龙、纯丙纶这种熔点低的纯化纤地毯，再就是要便于清洗，所以就不能使用浅色或白色的纯羊毛地毯。卧室的家具无论是从美观角度看还是从实用角度看都是卧室的灵魂，设计时要格外注意。首先要确定家具的尺寸，床的高度要先确定，一般来说以550mm为宜，床过高了不方便上下，许多设计师喜欢把床的高度设计成600mm甚至是700mm，其理由是欧美管理公司所管的酒店，床都是很高的，高了才显档次，这种说法是片面的。欧美的家具尺寸要比我国的都大，这是因为他们人高马大，而且对家具的传统认识和做法如此。所以，我国凡是那些以欧美客人为主要客源的酒店，可以把床的高度设计得高些，但一般酒店可以做得矮些，这和中国人对床的传统认识是一脉相承的。床的高度确定后，那么床头柜的高度可以比床略矮20—30mm，这是从人睡在床上的安全角度考虑的。写字桌的高度以760mm为宜，电视柜的高度以680mm为宜，行李架的高度以450mm为宜。有许多酒店把电视柜和写字桌做成一个连体台，或做成同一高度760mm，人坐在床上看电视必须仰头，很不舒服，设计师必须避免犯这种错误。其次要确定床的宽度，三星级以下和经济型酒店的单人间床宽须在1.8m，双人间的单人床宽须在1.2m，而四星级以上的酒店的单人间床宽应在2m，双人间的单人床宽应在1.35m。再就是床头柜的宽度，单人间的床头柜设在床的双侧，宽度可为500mm，双人间的床头柜若只在两床之间设一只，宽度应为600mm。诸如写字桌、电视柜、床头柜这些家具，可采用钢结构加玻璃的材质制作，也可用全木材质制作，凡采用木质制作的这些家具，可用棱角方正的传统手法，也可仿人体工程学的流线型做法。床头柜和电视柜可采用悬挑工艺，视野开阔，也便于服务员清洁卫生。所有家具少设或不设抽屉和柜门，比如写字桌和床头柜不设抽屉，住店客人就不易把物品遗忘在房间里，服务员的查房速度就快了许多，相应的总台结账速度就会加快；电视机不用柜子包装，电冰箱放在吧柜下不用门遮住，散热效果好，使用寿命长，维修率就低。再说说卧室的灯具。许多酒店卧室的照度不足，这是因为卧室的顶部没有光源造成的，看一下普通住宅，多数只有天花上一盏灯就已通亮，根本无须一般酒店客房里大大小小的灯具。所以，解决卧室光源不足的最佳方法是，在屋顶加上一盏吸顶灯或吊灯，吸顶灯似乎不美观，似有家装之嫌，特别是高档酒店不宜用；吊灯美观大气，但是光线太过直接，又难搞卫生。最好的办法是在靠卫生间或景观窗一侧的圈棚上装上槽灯，使用几根T5节能灯管，照度充足但又不直接刺人眼球。普通客房可不用落地灯、台灯、壁灯、镜前灯。前面说到卧室内不宜在书桌上方设置镜子，也就无须使用镜前灯。客人坐在沙发上用落地灯看书报是很不舒服的，倒不如在沙发之上装一盏筒灯或小吊灯，光线呈伞状而下，均匀而舒适。书桌和床头柜上的台灯实际使用效果不理想，可以在书桌和床头上方装上节能筒灯，代之台灯功能。至于床两侧或两床中间的壁灯可谓鸡肋，用之可以，弃之也不可惜，因为床头上方的光源效果要好过于壁灯，普通标间无此必要用来点缀和烘托视觉氛围。请设计师注意，卧室里任何一处使用射灯都是不明智的，它不仅灯具价格贵，功率大使用成本高，而且光线不柔和，灯温高使用寿命短，房内即使需要目标照明也可用筒灯替代。卧室的所有光源不赞成用 LED 灯光，因为这方面技术不完全成熟，卧室不像公共区域照明时间那么长，况且 LED 一次性投入很大，每年照度都在衰减，正品次品良莠不辨，LED 与节能筒灯相比亮度不真。卧室的所有光源宜用暖色调，切忌用冷色调。高档客房的床靠可用 LED 灯带装饰，但是低于 1.6m 的床靠不宜使用灯带，因为床靠过低，人的视线就会直接触及灯带，感觉就不舒服。

2. 客房小走廊

卫生间门、入户门和衣柜门的顶部要交圈，即这三个门的顶部高度相同，看起来就美观舒服。衣柜门宜用美国"史丹利"门的专利做法，用金属边框镶嵌玻璃镜，既可用作穿衣镜，整个客房无须再单独设镜，而且推拉起来舒适静音，门永远不会变形，省去许多维修费用和烦恼。这种门由于采用吊式结构，下部没有基座，所以小走廊的地毯可直接铺进衣柜里面，便于清洁卫生。若小走廊墙面用木饰面，那么衣柜面的墙面也用木饰面；若小走廊墙面贴墙布或墙纸，那么衣柜里的墙面也贴墙布或墙纸，方便收口，视觉效果较好。衣柜门切忌使用全木材质，因木质门基本上都会变形。衣柜门里灯的开关切忌使用门开便亮门关便灭的触碰式方式，因为这种开关故障率很高。小走廊的地面宜和卧室一致全部使用地毯，许多酒店业主和设计师喜欢使用大理石，理由是客人会把卫生间的水带入这块区域，这种担心大可不必，如果卫生间设计正确，客人是不可能把水带进小走廊的。若小走廊饰贴大理石，那么卧室地毯与大理石的收口工艺做得再好，时间一长地毯也会塌陷，不方便客人行走；若楼板质量一般，客人在大理石小走廊活动的声音可能会传至相邻楼层；况且客房 PA 人员要常常对大理石做晶面保养，不但费时费钱，在保养期间影响开房和打扰邻近住客，而且晶面处理时的药水会渗漏到地毯处，污染和损害地毯。

3. 客房卫生间

卫生间与卧室间的隔墙可采用透明或磨砂玻璃，那些卧室和卫生间面积较小的酒店更应采取这种做法，既可扩大卧室和卫生间的空间感，也会降低造价和管理成本，特别是使用透明玻璃隔墙的客房，会给酒店经营带来卖点亮点，给客人带来使用上的乐趣，因而为酒店创造意想不到的回报。大凡使用透明玻璃的，一定要做遮帘，而且必须做在卫生间里面。但是为了客人使用和管理的方便，使用那种普通防水卷帘是不可取的。正确的做法是，三星级以下或经济型酒店可以采用磨砂玻璃，这样就不必在卫生间一侧加设遮帘。若是四星级以上的高档酒店，最好用透明玻璃，投入大的酒店可在卫生间内侧安装电动卷帘，投入小些的酒店可将遮帘安装在双层玻璃中间，用手工旋钮打开或关闭帘片。卫生间洗面台的高度与客人使用的舒适度有关，过低了客人就要弯低腰部，且洗漱水易溅泼在身上，过高了部分矮个或岁数小的客人用起来不方便。三星级以下或经济型酒店可在 800mm 高，而四星级以上高档酒店可在850mm 高，但有一点是无可置疑的，所有酒店建议采用台下盆，凡是为了哗众取宠而使用各种台上盆的做法都不可取。花洒的高度与使用者的舒适度也有关，不管是侧喷的小花洒还是顶喷的大花洒，理想的高度在 1.9—2.1m，若花洒高度低了，其喷水的有效距离就不够，淋浴效果就不理想。若淋浴间的位置宽敞，顶喷花洒就尽量距墙一些距离，让洗浴者整个人体都沐浴在呈伞状下来的喷水中。不管什么档次的酒店，不要采用浴缸上用花洒洗浴的形式，卫生间面积小，就不要装浴缸，只设淋浴间即可，若卫生间面积够大，就可以将浴缸和淋浴间分设。请记住：所有淋浴间必须用钢化玻璃围起，淋浴间门宽在 600mm，门上留300mm 高度供冷热空气进出，门的其他三侧安装密封胶条用以防水，淋浴间内侧、玻璃置于其上的挡水石要打磨成 45°角，这样淋浴的水流喷洒在玻璃上会就势流到地上，淌进地漏里，当然地漏要用一种下水较畅的"四防"地漏，客人洗完澡推开淋浴间门，直接踏入地巾垫上擦干水迹，哪会把水带到小走廊呢？卫生间排风扇的功率要比规范的量大些，这样排废气的效果就好，卧室呈负压状态，客人就会感到舒适；排风扇最好不要装在淋浴间里，不管是明装还是暗装，最好装在淋浴间门外的上方，洗澡时的热气经门上飘出即被排风扇抽掉，所以，排风设施到位的卫生间台盆上方的镜子不必采用电子除雾镜。卫生间如果设浴缸，就必须选用1.7m长左右的浴缸，许多酒店甚至是高星级酒店为了星级评定选用1.5m或更短尺寸的浴缸，这是不可取的；而且，浴缸除进水口一侧外，其余三侧浴缸顶部要用石材加宽，既方便使用，也显档次。恭桶旁的附设电话、背景音乐或电视伴音旋钮和纸巾架的安装位置一定要方便客人使用，应该置于恭桶的两侧，许多酒店因为两侧不具备安装条件而装在了恭桶后侧，这是绝对不行的，可以在后侧墙上安装一个摇臂支架，将以上设施安装在上面，客人用时只要转动支架便可舒适操作。由于传统卫生间的潮湿，许多酒店只好在门框下部用石材或金属材料包裹，或者索性设计成金属材料的门和框，其实如果按照笔者上述正确地进行卫生间设计，即使用木质材料制作门和框也不会生霉变黑。许多高档酒店的卫生间墙地面喜用石材，若投资许可，就要用质量较好且做好防腐处理的大理石，否则倒不如使用价廉物美的仿石材纹理非常逼真的玻化砖。

4. 客房门

酒店使用实木门是不环保且不明智的，建议采用实心夹板门，生产时只要注意双面材料对称就不会变形。为了客房的保温和隔音效果，建议酒店客房门装上隔音条。

顺带提及的是客房电视机，因为科技的迅猛发展，电视机越来越薄了，现在酒店都采用挂墙的安装方式，特别是对于那些开间在3.6m左右的房间，真是解决了大问题。既然电视机上了墙，还有什么必要保留电视机柜呢？许多人看惯了电视机柜，没有了好像感觉空荡荡的，所以绝大多数酒店还在电视机下放个柜子，占地方，难清扫，查房不能漏掉，还要增加维修，业主多掏腰包。

四、餐饮设计

许多人会说，餐饮是酒店的龙头，餐饮做得好，就会带动整个酒店的生意，这话不无道理。因为餐饮成本大、用人多、人均工资高、利润相对薄，经营得稍有不慎就会亏损，所以除非是地区消费需求，否则酒店应该采取"大客房小餐饮"的设计布局。成功的餐饮一定有一大半设计的功劳，如何设计餐饮是讲不完的话题，下面要说的是业主和设计师可能会忽略的地方。

1. 宴会包房

相比餐饮其他区域来说，包房一般距厨房较远，传菜距离较长，传菜员进出频繁，占用客人通道的时间较长。所以，凡是有条件的酒店，不论包房大小，最好一律附设洗手间，这不仅是包房档次的问题，更重要的是方便客人使用，保护客人就餐隐私，方便服务人员传菜。包房灯光位置的设计很重要，许多室内设计师因为不清楚以后酒店管理者如何安排家具，更多地会考虑天花吊顶的取中和对称，但往往在实际使用时，餐桌不能与吊顶灯光呼应，极大地影响照明效果，所以在设计前要与管理者沟通，或者要首先考虑使用需求，然后再考虑吊顶的视觉效果。餐饮包房的高度若在 4m 以上，空调风机盘管可以采用下送风形式，若在 4m 以下则必须采用侧送风形式；采用下送风形式的餐饮包房，就餐的客人冷热不均，令客人很不舒服，有的包房下送风口设在正对餐桌的吊顶内，既影响美观，冷凝水也容易落在菜肴里。另外，包房外的过道要用准材料，一般来讲，三星级以下的酒店为了方便打理可用地砖或石材。但是它们不温馨，地上滴上水或油后就会很滑，而且客人和服务人员走路声音会影响其他客人，建议四星级以上的高档酒店使用地毯，为了保证质量，过道必须采用阿克明斯特地毯，这种地毯图案丰富、颜色可任意选择，毯面平整，能支撑传菜车的重量，长期使用不变形、不起拱、易清洗。

2. 零点餐厅

一些酒店缺乏四人以下的小包房，那么设计时就必须在零点餐厅设计一些四人位以下的情侣卡座，或不遮挡，或用珠帘半遮挡，或可用格栅工艺门拉上，形成一个半隐私的温馨空间。凡酒店的零点餐厅规模不可太小，不成规模如十来桌以下的零点餐厅是不会赚钱的。三星级以下酒店的零点餐厅或是以明档形式出现的食街可以铺地砖或石材，海鲜池也可设在餐厅内，但四星级以上的高档酒店的零点餐厅地面必须使用地毯，而且海鲜池不宜设在餐厅内。零点餐厅的理想位置在酒店的一楼，若设在二楼，最好设计一个钢结构或混凝土结构的景观楼梯，便于去零点餐厅消费的客人上下交通，若设在三楼，就应设计方便客人在裙楼上下的电动扶梯。交通的方便与否常常是决定零点餐厅生意的主要因素之一。

3. 多功能厅

一提及多功能厅，我们往往会联想起宽畅高大、金碧辉煌的宴会大厅，其实多功能厅可大可小，已经赋予了现代使用意义。为了充分地利用硬件资源为酒店创收，面积较大的宴会包间也可用作会议室，会议室也可兼作接见厅，也可用作小型宴会厅。为了酒店经营的灵活方便，这些大小多功能厅只要面积适中，都可做成活动隔断，原则是这些隔断方便推拉，便于隐藏，隔音效果好。许多酒店的多功能宴会厅喜欢用水晶吊灯，一盏吊灯有的由几百只小灯泡组成，功率很大，室内设计师在设计这类吊灯时必须要求有足够的电容量，所用电线也必须与吊灯功率相一致，否则使用时会出现断电跳闸、线路发烫起火等麻烦。

4. 大堂吧

过去的星级酒店主要用来接待外宾，现在的平民百姓进酒店消费已属平常事，所以大堂酒吧的概念已悄悄向茶吧过渡。少数以外宾客源为主的高档酒店仍可突出酒吧主题，营造酒吧氛围，但中国绝大部分酒店转向内宾甚至是本地客源市场，客人们习惯像在过去的茶室那样品茶聊天。因此，设计师应迎合市场需求，向这类酒店的大堂吧注入丰富的茶文化元素。一些酒店为了评星，在一楼硬是弄了个不伦不类的所谓大堂吧，规模小，生意淡，失去了大堂吧的意义。笔者认为，大堂吧要有一定规模，起码在八九十个座位；其次是不能完全敞开，除入口外，其余部分最好用 1.8m 高左右的植物或格栅木饰遮挡，里面的客人可以清楚地观察到外面的景观人物，而外面客人看大堂吧则若隐若现；另外大堂吧的灯光设计很重要，不管白天晚上，大堂吧的吊灯只起装饰作用，除非客人要求，一般不开，平时只开天花吊顶里的槽灯，白天表明大堂吧在营业，晚上消费者感到非常安谧惬意，邻座之间可不见庐山真面目。

5. 咖啡厅，又称西餐便餐厅

咖啡厅不宜设在酒店的顶层，理想的位置在一、二层。由于该厅以提供住店客人免费早餐为主要服务目的，所以大部分酒店的咖啡厅不开中晚餐，餐厅的利用率很低。建议三星级以下、经济型酒店可将咖啡厅和大堂吧合并，上午开完早餐，十点后转换台上用具，作为茶吧使用，营业至夜里十二时。设计时应注意餐厅的风格、氛围，家具灯光地面装饰等要兼顾考虑。四星级以上的高档酒店必须分设大堂吧和咖啡厅，只要生意许可，咖啡厅可三餐营业。咖啡厅设计多少餐位为宜呢？商务酒店按可住总人数的三分之一计算餐位，度假型和会议型酒店按可住总人数的二分之一计算餐位。那些未设行政酒廊或行政酒廊未提供早餐服务的酒店，最好在咖啡厅专辟行政楼层住店客人就餐区，或专设一至两个包间，家具配置档次上要与普通就餐区有所区别。

五、前厅设计

不管什么档次、不论地处何方的酒店，主要出入口必须使用旋转门。规模较小、投资较少的酒店可选用 3.6m 直径的手推旋转门，规模较大、档次较高的酒店宜用直径 4.2m 或以上的两翼自动旋转门，门的高度在 2.8m 以下为宜，门高超过 2.8m，越高虽然看似气派，但故障率也随之增高。酒店不宜采用三翼旋转门，因其功能不方便客人使用和酒店管理。不管什么档次的酒店都可设计为坐式接待和结账服务，那种认为站式服务才显礼貌的观点是一种偏见，只要征集客人对坐式服务的意见就可知晓答案。总服务台的设计非常重要，设计师一定要尊重酒店管理者的意见，结合酒店的客源结构来设计，保证接待和结账服务的流程合理，使用方便。因为现代通信业的高度发达，那种在酒店前厅设立电话间或内部电话的做法已不合时宜，建议取消这方面的设计，客人若有特殊需求，可由大堂经理协助在商务中心解决。

　　酒店的经营管理细节实在太多，由于篇幅所限，笔者只得选取客房、餐饮和前厅三个核心区域和读者讨论，诸如娱乐休闲等项目，业主和设计师可参照以上所述原则进行设计。

第十章 酒店室内设计的误区

　　我们在工作和生活中往往有许多误区，而"只缘身在此山中"的我们常常不觉其误而津津乐道地沿袭传承着。酒店的设计也是如此，由于我国酒店业起步较晚，酒店的设计更多的只能是模仿，许多酒店模仿得惟妙惟肖。但是，也许是国情的不同，或是没有模仿到真谛的缘故，中国的绝大多数酒店都存在着很多问题，而且有的问题是致命伤，严重影响了酒店的品质和效益。纵观酒店的设计工作，关系到酒店生命的当属室内设计，但就是如此重要的设计工作，我们的一些业主、设计师甚至是酒店管理者对此认识不够，理念有误，造成了酒店的多少遗憾。此时，记忆的闸门忽然打开，那些促成酒店成为"畸形儿"的错误观念一一浮现在笔者的脑海里。

一、室内设计就是装修设计

　　一般来说，酒店建筑主体完成后，就要考虑如何给酒店装修了，因此，业主就自然地想到要请装修方面的设计人员，因而装修设计或装潢设计这样的说法也就顺理成章地诞生了。也许有人会认为如何称呼无关紧要，反正这块设计师的主要任务就是如何给酒店穿衣服。打个比方吧，若把酒店比作一个人的话，那么其建筑框架就是人的骨骼，机电设备安装就是人的五脏六腑、器官经络，而装潢则是人的衣服。其实，不同的称谓代表着不同的概念，决定了任务和目的的不同。若是谈及施工，可以称之装修，因为工程的本质就是装饰酒店，替酒店穿上一件令人注目的漂亮外衣；但若是说到设计，准确而严格的提法应为室内设计，因为室内的概念比较大，设计师不仅仅要考虑如何给酒店穿衣服，还要考虑酒店的功能布局、客人员工物流的交通、服务流程、管理成本、客人心理以及投资者的资金实力等等诸多因素，仅仅懂得美学和建筑学知识的设计师是万万不能为酒店做室内设计的。装修设计师是把酒店作为一个静止物来设计的，比如酒店各区域的标志标牌设计的中英文比较小，而且色彩搭配得不易看清，因为从静止的角度来看，客人站在标牌前足以能够辨认标牌上的文字；但是，室内设计师可能是把它作为移动中的物体来设计的，就是说，导向系统是为走动着并寻找着目的地的客人服务的，客人需要在一定的距离就能看见标牌上的中英文。即使前者设计的标牌多么美观，若不如后者设计得适用，那么其设计作品是失败的。装修设计师偏重的是如何给客人一种视觉冲击力，一种瞬间的外在效果，而室内设计师更看重的是如何向客人提供一种舒适的环境，一种持之以恒、越品越有味道的内在体验。换句话说，装修设计师不管懂不懂酒店的经营管理，都能设计出可以哗众取宠的漂亮酒店，至于是否合用、能否赚钱，设计师不会承担任何责任；而优秀的室内设计师就必须深谙酒店的核心知识，设计出的作品能让管理者好用、客人感到舒适、业主还能有所回报。

二、请装修施工单位做室内设计

粗略地统计，中国给各类酒店做设计的公司有几千家，而其中占大多数的是各类装饰公司，特别是那些具有一级施工、甲级设计资质的装饰单位，揽了许多设计酒店的活儿，究其原因是很多酒店业主在投资酒店时不知找谁来做室内设计。再说，中国的高等学府又没有设置酒店室内设计专业，那些诸如从美院或林学院毕业的设计人员若没有经过数年酒店设计实践的艰苦磨炼，是没有资格给酒店做室内设计的，可是业主多半是酒店外行，他们又怎么能判断所请的设计师是否能胜任所委托的工作呢？于是，业主们自然会选择做过同档次酒店设计的装饰公司，或者选择资质过得硬、实力比较强的装修过高档次酒店的大型装饰单位，可是这种选择弊病很多。

首先，绝大多数装修单位的设计人员对酒店的实际操作不懂，有些设计师连高档酒店都很少住过，试想一下这样的设计师创作出的作品合格的概率有多少呢？举例来说，我国的医院多半设计得很不合理，这是因为其设计人员基本来自我国各类建筑设计院，他们中有几个深入医院认真研究过操作的流程、又有几个以病人的角色去医院体验过的呢？所以，我们所接触过的医院是病者除了生理上的痛苦之外，心理上还要承受煎熬的地方，其中设计师要承担一部分责任。术业有专攻，设计师接活儿时一定要想清楚，自己对于设计的对象是否了解、是否熟悉使用者的需求，否则就是赶鸭子上架，会闹出许多笑话来。笔者在四十余年的酒店生涯中体会到，大凡由装修单位设计师设计的酒店，投资者和经营管理者都要经受各种各样的痛苦。

其次，不要用中标的装修施工单位做设计。许多酒店业主首先接触的是装修施工单位，施工方往往为了拿到项目而会主动向业主提供设计方案，有的甚至承诺若工程中标就免去设计费，这种做法对业主是不利的。除去上述装修单位是否合适设计的讨论外，一个单位既做设计又做工程，就会失去互相监督、互相制约的机会，只要施工方愿意，就可能找出各种理由随时修改设计方案，其设计的效果、工程的质量和造价，业主常常无法控制。那些免去设计费的施工单位，一定会在工程中将这笔费用找回来，业主要牢牢记住，天上是不会掉馅饼的。

三、请大牌设计院做室内设计

业主要找准设计师，而不一定非要找什么大牌设计院，就像装修工程一样，外行是看装修单位的资质规模，内行更注重所委派的项目经理的实际水平。具体来说，业主要找大牌设计院无可厚非，因为优秀的室内设计师往往就来自这些品牌设计院，但是，任何一个设计单位优秀设计师很少，有的设计师名气大了只是在设计项目上挂个虚名，有的设计院活儿多了忙不过来，就会找一般设计师甚至是院外的枪手滥竽充数。所以，我们在选择酒店室内设计师时，要找对设计师，而且这个设计师是要在项目上踏踏实实做事的。另外，业主要找到那些适合自己酒店的设计师，若酒店规模较小、档次不高，就不必花大价钱请那些设计高星级酒店的设计大师，说不定那些大师拿了高额设计费还设计不好作品，反之，若一个五星级酒店项目，请了个从未有过高星级酒店设计经验的设计师，那么设计成功的概率就会很低。请业主牢记，适合自己项目的室内设计师才是选择的正确标准。

四、建筑主体完工后再确定室内设计单位

有些建筑原本设计时不是作为酒店用途，最后待业主更改方案后，主体工程已经拔地而起或接近尾声，这时才仓促寻找室内设计单位，虽然无可奈何但情有可原。不过，还是有相当一部分建筑项目开始规划时就定位为酒店，但遗憾的是其中绝大多数项目没有按照建设酒店的工程程序办事。惯常的做法是，业主会找一家或几家正规的建筑设计院，做出几种总体规划方案图，其中涵盖了建筑外形、主体结构、水电空调消防的方案设计以及酒店形式上的功能布局，待总规方案图纸报请政府有关部门审批后，业主就会对项目的土建工程招标。土建工程开始后，业主会陆续地对消防、水电、空调等机电安装设备和工程进行招标，这些施工单位确定并进场后，会对建筑设计院机电所设计的图纸提出很多细节要求和疑问，因为做过酒店机电安装的队伍肯定会感觉到，按照机电所设计的图纸施工，到酒店装修阶段时许多地方需要拆掉改造。直到此时，业主才被动地赶紧寻觅室内设计单位，如果请到的是一个没有多少酒店设计经验的设计师，那就把原本已经混乱的局面搅得更糟；若是找到一家既负责任又有经验的室内设计院，设计师会根据建筑设计院的图纸，本着就汤下面的原则，在不伤筋动骨的情况下，牵头把图纸调整到合理的地步。不过，这样的设计程序是错误的。

正确的做法是在项目定位做酒店用途后，业主应该同时聘请设计过酒店的建筑、机电、室内设计三方面的设计师以及懂得经营管理的酒店专家，集中研究未来酒店的客源结构、档次规模、投资总额、管理形式、功能布局等核心内容，这样才能向设计师给出清晰的设计方向，比如设计师才知道酒店要建多大体量，要做成什么样的外形，每一层的用途和面积，采用什么样的设备，采用什么装修风格，建设所需的总投入

是多少。科学的流程是，首先由建筑设计师根据业主和室内设计师及酒店专家的综合意见，绘出建筑方案图，然后请室内设计师和酒店专家对方案提出修改意见，建筑设计师再次修改方案后出施工图并将图纸传给室内设计师，室内设计师根据业主和酒店专家的意见，对各层建筑平面进行功能布局、墙体定位、家具布置、用水点位、强弱电点位等内容的设计，建筑设计师和机电设计师根据室内设计师的这些图纸，最后出图并移交业主对施工单位和设备供货商招标。

五、凭效果图确认室内设计单位

中国酒店业主寻找室内设计师的渠道多种多样，但确认设计单位的方法多半有着惊人的相似，不管是用谈判还是用招标议标的方式，业主都会让参与设计方案的竞标单位做出酒店主要功能区域的彩色效果图，特别是大堂区域的效果图。有的业主因为自己事业上取得的巨大成功，养成了独自决策的习惯，所以，哪家出的效果图能够正好吻合自己的胃口，业主就会立刻敲定设计单位。有的业主则喜欢邀上一些朋友和各路专家，组成一个评审团对参加设计的作品评头论足，有时会把各家方案的可取之处综合起来，交由一家效果图优点突出的设计单位整理后重新出图，若图纸得到大家的基本认可，那么这家设计单位就有幸中标，否则还会继续找第二、第三家画效果图，直到设计师的图纸迎合了评审团主要决策人的喜好为止。其实，这种选择方式是不可取的。

业主应该怎样选择室内设计单位呢？业主应首先请一个既懂得酒店设计也懂得酒店管理的专家，对自己投资的项目把脉问诊，搞清楚酒店的规模档次、投资总额等情况，然后对前来投标的室内设计院进行筛选，选择几家做过同类型酒店设计的单位进行考察，考察的主要内容包括所设计的酒店效益如何，是哪个设计师主创的作品。接着，对考察基本合格的室内设计单位提出方案设计要求，业主聘请的专家把设计思想清晰地传达给设计师，要求设计师提交一份有关酒店设计风格、功能布局和装修造价的设计方案，而不是提供一些东拼西凑抄袭模仿而来的效果图。业主和专家必须认真审看这些方案，设法弄清楚这些方案是不是懂得酒店设计的人做出来的，是不是适合自己的酒店，建成后的酒店会不会有效益。如果哪家单位的方案接近业主和专家的这些思想，就找这家单位进一步面谈，如果交谈的设计师确是考察过基本满意的酒店的主创设计师，而且所谈的设计细节证明设计师有能力给自己的项目设计，那么就确定这家单位中标。至于设计费用，业主千万不要在这方面斤斤计较，只要选择的设计师负责任有水平，在设计上多花点钱肯定是值得的。特别是按照正确程序设计，室内设计师必须牵头整个项目的设计，建筑和机电的设计好坏取决于室内设计，酒店建设的速度质量和投入多少取决于室内设计，酒店今后有没有效益、能否成为品牌酒店也取决于室内设计，室内设计单位的选择真是太重要了。

六、凭效果图确认装修施工图的设计

业主和酒店管理者都喜欢看设计师出的效果图，因为他们看不明白施工图，所以总希望设计师多画点效果图，最好每个不同区域、不同立面都有一张附有详细说明的效果图，以便让他们弄清楚其色彩的搭配、尺寸的比例、家具灯具的布置、用的什么材料等等细节。对于一个中型酒店来说，一般的设计师会给出 30 张左右的效果图，可笔者遇到过一个酒店业主要求设计院前前后后出了近 150 张效果图，原因是业主要凭效果图来确定施工的细节设计，结果那家酒店的装修非常失败。中国设计院所出的装修效果图，多半是从网上下载的模仿之作，很少是设计师自己建的模，在其他酒店适用的设计，换到另一家酒店就未必合适，更重要的是许多酒店的效果图常常会因为不符合现场情况而在施工中被改得面目全非。所以，真正的行家是不大看重效果图的。

大体来说，酒店的室内设计主要分为两大部分：公共区域和客房。在认真领悟业主和酒店专家的设计思想基础上，室内设计师画出若干张公共区域和客房的效果图，主要阐述的是装修风格、色彩的搭配、家具灯具的大体形式以及一些大的空间关系，因为客房一般要做样板房，设计师可以多出一些公共区域的效果图，客房只要画几张两三种类型房间的效果图就可以了。在业主和酒店专家确认了效果图后，室内设计师再出施工图，为了减少修改施工图的麻烦，设计师可以先出样板房的施工图，待样板房施工完毕、对其设计施工细节评判后，设计师再出客房部分的施工图。由于公共区域的装修没有样板可做，须一次完成，所以业主和酒店专家必须组织设计和施工方对施工图认真地会审，凡是与土建和机电相冲突之处，凡是不方便酒店经营管理的细节，都必须反复推敲并加以修改，然后由室内设计师出正式的公共区域施工图。这样的设计流程可以避免许多酒店样板房的反复建设，也可避免公共区域装修过程中不断的敲砸更改。

七、模仿其他酒店的室内设计

许多酒店业主都是第一次接触酒店，他们无法把自己的设计思想传达给室内设计师，对设计师设计出的作品心中又没底，所以，他们常常会领着设计师去一些豪华酒店考察，把自己认为满意的设计细节拍下来。有的业主喜欢上一个酒店，就干脆要设计师住上一段时间，完全照搬别人的设计，这就形成了一道有趣的风景线：业主成了主创人员，设计师变成了描图员；业主省去了许多周折，设计师也少了很多麻烦，皆大欢喜。其实，这种做法是不可取的。模仿不等于抄袭，所以模仿别人无可厚非，可是模仿有两种情况，一种是模仿其外表，把别的酒店看似合适的东西搬到了自己酒店，但往往会发现并不协调，不大实用；还有一种是模仿其灵魂的东西，把别的酒店设计的目的和内在的联系加以分析和总结，摸清其道理和规律，经过加工处理自然地融合到自己的设计中，这种模仿才是值得提倡的。

笔者主张模仿对象的酒店是设计成功的作品，即业内口碑好、回报效益高、档次规模差不多的酒店，也是投入总额估计是业主差不多能承受的酒店，这样的酒店才有可比性，才有模仿的价值。除非是联号品牌酒店，否则设计时模仿的痕迹不宜太明显，酒店应该有自己的个性、独特的风格，不要让消费者出现审美疲劳，特别是高档酒店一定要融入当地的民俗风情，彰显地域文化特色，这样的作品才容易获得成功。

第十一章　酒店泛光照明和园林景观设计的原则

要想成为一个消费者认可的品牌酒店，除了要创造出让客人满意的酒店内在环境外，还要营造出让客人舒适方便惬意的外部环境，而泛光照明和园林景观正是酒店外部环境的主要设计内容。由于各类建筑设计院缺乏专业的酒店泛光照明设计师，而园林景观设计院多半为城市规划和建设服务，因此酒店这两方面的设计得不到应有的重视。于是，许多不大称职的设计师和施工单位乘虚而入，弄得投资者良莠不辨，市场的混乱和设计的不专业、不负责任造成了许多酒店畸形的外部环境产品。笔者有感而发，结合多年亲身实践写下一些心得。

一、泛光照明

随着中国经济持续快速的发展，城市建筑到了夜晚来临时分都纷纷穿起了亮丽的外衣，给本是黑暗的城市平添了一份艳丽和活力，而酒店建筑又是最早装扮且引领时尚潮流的先锋。可是，由于我国严重缺乏专业的泛光照明设计师，其设计常常由灯光照明施工单位完成。因为设计和施工为一家承包，设计师经常把泛光照明的设计复杂化，搞得许多酒店的泛光照明动辄要花费上百万元，所以一些酒店楼体的灯光耀人眼目。部分施工单位为了能低价中标，在产品质量上做了文章，因而经常可见要么酒店的招牌字断了笔画，要么就是楼体部分的灯光链瞎了眼。笔者访问过许多酒店的经营者，真正每天开足了安装在楼体上的泛光照明，十家中有一二已算不错的了，那些当年的泛光照明承包商哪里晓得酒店当家人的苦处呢？

笔者是一个翻译工作者，阅读过不少外文原版书，大凡名家所写的严肃文学作品，其封面封底都以素色装帧，有趣的是那些通俗文学作品，特别是不入流的小说倒是将外表装点得十分妖艳。同样道理，真正的五星级或类似的高档酒店，楼体最好不要用霓虹灯严严实实地包裹起来。若是城市高档商务酒店，一般来说楼体比较高大，可用晚间看起来色彩鲜明的红、绿、黄、白四种中的一种作为照明主要色彩，将建筑主体轮廓勾勒出来，即在楼顶的四个边缘、主楼体的几个拐角由上而下、裙楼的上部边缘这三个主要部位做线条灯光，且灯光不宜滚动，因为高档酒店要给人以稳重端庄的感觉。若酒店楼顶有建筑造型，最好用低功率的地灯打向造型，给其披上一件神秘的外衣，人们仰望楼顶有种高耸入云之感，仿佛整个大楼处于虚无缥缈的仙境之中。楼顶切忌用大功率的探照灯射向远方的天空，也不要用较大功率的地灯打向楼顶的建筑造型。在大楼的底部或离开大楼一定距离的前坪上设置数盏洗墙灯，灯光主要照在裙楼墙面上，向客房层散开而逐渐消失。若是别墅型、度假型五星级酒店，因其楼体占地面积大，除用上述方法将楼体主要轮廓用灯光勾勒出来外，不要在大楼底部或前坪广场上设置洗墙灯，因为这类酒店的园林景观可圈可点，所以只需在园林的树丛下安置一些低功率的地灯，照出树身苍翠欲滴的效果，或者在树上悬挂星星点点的灯光，营造出如梦如幻的佳境，达到让客人流连忘返的目的。五星级酒店的店名应制作三块招牌，第一块放在主楼顶部，这个招牌最好做在两个方向，站在主要街道距酒店 1—3 km 范围都能清楚可见楼顶店名，用比较经济的亚克力板制作，店名不要写全称，比如"××大酒店"，这块店招只立"××"字样，因为楼顶的字要足够大，否则远处不易看到，而立的字越少，字的体量就容易做大。第二块店招是立在雨篷之上，用具有玲珑剔透感的塑脂材料做成上下两排，上排为中文，下排为英文，两排字最好分色，中英文字前可做 Logo，也可不做，这个店招供快要进入酒店或在 500 m 左右之外的客人辨寻酒店之用。第三块店名可刻在大门入口处的旗杆底部石材上，也可刻在入口处一个石雕景观上，晚间用地灯反射，只刻酒店中文全称，供到达酒店门口的客人确认酒店之用。以上三个不同高度的店名配以不同色彩的灯光，比如楼顶的招牌字可用红色，雨篷上的中英文店名可用红黄两排灯光，入口处的店名就用绿色灯光，供不同距离来店消费的客人辨识。设计师要认识到，酒店招牌字的设计远比楼体的灯光照明重要得多，在这方面多花点资金和精力是值得的。

三、四星级酒店的楼体灯光与上述五星级酒店的大致相同，可用红、绿、黄、白四种中的一种色彩作为照明光源，将酒店建筑的主体轮廓勾勒出来，这种线条灯光不能滚动，但这类酒店的主楼墙体可做些点光源，并可间断滚动，可用三至四种颜色翻动变化。由于三、四星级酒店楼体不是很高，特别是裙楼部分一般来说矮于五星级酒店的裙楼，所以建筑底部不宜设置洗墙灯，否则强烈的光线会直接照向客房的外窗，不像写字楼或商场，酒店客人多半是晚间在客房内活动或休息，洗墙灯往往会给客人带来不适感觉。三、四星级的别墅型或度假型酒店，更没有必要使用洗墙灯，因为这种灯光会打破客人享受大自然赐予的宁静安谧的舒适感；也没有必要在酒店墙体设置点光源，只需在树丛中安装低功率的地灯或在一些树上挂些星星点点的灯光即可。城市商务三、四星级酒店的招牌字，其楼顶和雨篷上的做法可参照上述五星级酒店的做法，只不过入口处的酒店店名可以不做；若是掩映在森林或山景中的别墅或度假型的三、四星级，只保留雨篷和入口处的店名，由于这类酒店占地面积大，所以入口处的店名字体要大些，可取消楼顶上的店招，因为去这类酒店的客人或是常客，或是导游陪同客人前往，楼顶的店名失去了引路作用和存在的意义了；若是位于海滩、湖边或远处目光可及的别墅或度假型三、四星级酒店，只做楼顶店招即可。

二星级以下或经济型酒店，为了向客人突出经济实惠的主题，楼体可以不做任何亮化设施，要做也只是在楼顶的边缘用醒目的绿色、红色或黄色灯光勾勒出一个灯带。这类档次的酒店，无论是在旅游风景区还是在城市中心，楼顶和酒店入口处都不用做招牌字，只需在雨篷上方或者楼体的墙上做上一排中文字的店名。

大凡酒店外墙颜色采用冷色调的，泛光照明的灯光宜用暖色调，因为客人多数系晚间在酒店活动，所以暖色调的楼体灯饰会给客人一种暖意浓浓、热情友好的舒适感，达到刺激客人前来消费的目的。另外，由于灯光科技的不断进步，LED 光源的质量基本过关，价格也渐趋合理，其低能耗的特点，让我们酒店人无法拒绝，只不过要注意的是，泛光照明还是招牌字要多做几个回路，供不同时段和节假日之分来选择控制使用。

二、园林景观

酒店是极具文化特征的建筑，园林景观也是文化艺术的一部分。凡是能够在酒店消费得起的客人，多半来自水泥森林的闹市，他们看腻了狭窄的街道、川流不息的车流和一幢幢火柴盒式的建筑，他们讨厌污浊的空气、灰蒙蒙的天空和喧闹嘈杂的声音。如果他们来到酒店，还要面对那讨厌的一切，他们还会常来酒店消费吗？我们许多业主和设计师在建设酒店特别是高档酒店的过程中，多半会寻思如何把大楼内部装饰得富丽堂皇而闻名遐迩，却忽视了如何用别致典雅的园林景观这种软环境来平衡现代建筑材料堆砌的硬环境。其实，真正高档酒店是客人在步入或驾车进入的过程中就能体验到的，这种感受的创造就依赖于酒店园林景观设计师的智慧。因为园林景观的投入和养护费用比较高，所以本章着重讨论的是四星级以上酒店的园林景观设计。

1. 城市四星级酒店

四星级酒店属高档酒店范畴，因而酒店的硬件除了本身的建筑、装修的档次和服务项目外，还应具有一定面积的景观。既然是四星级酒店，又建在土地价格昂贵的城市中，那么不必苛求建一个面积较大的园林，但设计师可以根据实际情况，在酒店建筑一角建造一个微型园林——景观，比如挖一泓清水，垒一座石桥，堆土些许成小山坡，坡顶置一草亭，亭边植一大树。顺坡而下便是青砖绿瓦的仿古残墙，一丛青翠欲滴的竹子依偎在墙根。近处假山石嶙峋争奇，远处清泉水汩汩流淌。酒店客人漫步其中，可以在欣赏美景的同时忘却身心的疲惫和烦恼，远离了城市的喧嚣，感受到一丝大自然的绿意与宁静，这种酒店才具文化品位。

可是，许多城市四星级酒店因面积局限做不了景观，连停车位都得不到保证，那么，实在不行只能放弃，因为只有在首先满足酒店停车的情况下再考虑景观建设，酒店停车是第一位的。为了给酒店周围多一点绿色，设计师在布置停车位时，可以在每个车位靠里的两个角栽上两棵树，树大可以形成荫翳，汽车又能遮身其中，既提高了服务档次，又改善了酒店环境，这又是一处不可多得的景观。

2. 城市五星级酒店

中国许多城市五星级酒店没有足够的占地面积，因而也就没有开阔的前场，不要说园林；就是找个角落建个像样的景观也难，这样的五星级酒店从一开始规划就不该批，星级评定机构也不该为其挂星。城市五星级酒店必须具备一个可大些也可小些的庭园，园中有灌木乔木花卉假山，若有地方，设有小桥流水更好。这样的庭园可与餐厅相邻，餐厅可以借景增色；居住的客人可俯视庭园的美景，在斗室中可放飞心情。当然，这种庭园之景可以集中设计，也可分散而居，比如可将植物假山移入大堂中庭，可将喷泉水帘建在前坪广场，也可在酒店两侧和后场建起林荫小道和供游人小憩的长廊。设计可以因地制宜，也可以借题发挥。

除了拥有足够车位的地下停车场外，城市五星级酒店还应具有足够面积的地面停车场，因为来店客人的档次比较高，他们多半不愿将车开到地下车库；若地面停车场多栽大树形成浓荫遮日，则炎热夏天时客人停车就会十分惬意，整个酒店似乎也就少了几分钢筋水泥的气息。设计师应把停车场与景观有机地结合起来做出设计方案。

3. 度假型五星级酒店

凡度假型五星级酒店必须选在有天然园林和景观的地方，比如，有些酒店可以依山，参天古树和林间小鸟为酒店增色；有些酒店正好傍海，金色的沙滩和蓝色的海水伴着随风摇曳的热带植物，给游客一种身处异国的感受。来度假型五星级酒店的客人大多是社会上的精英阶层，平日工作压力较大，度假的目的在于寻找城市中没有的环境体验，观赏自然风光、享受天人合一是其主要兴致所在，故而以静养为主，明显别于工薪阶层去旅游胜地以活动为主的消费特性。其园林景观设计与城市五星级酒店的做法相反，外在环境成为设计的主体，建筑本身反而退居次要位置。设计师应根据酒店所在地域的自然及气候条件，利用当地丰富的植物资源和水资源，创造出极具特色的休闲度假环境，将客人的注意力引向外部的景致，同时可以采用造景手法，将周边的独特环境引入酒店，从而加深客人的记忆喜爱，达到提升五星级酒店品牌和知名度的目的。园林景观设计师在酒店前期策划阶段，应按照先环境后建筑的思维方式，将当地的建筑特色、材料、工艺、土特产品等统一纳入设计范畴，尽量避免使用城市五星级酒店常用的材料与手法，而应大胆地借鉴当地的传统工艺和文化元素，既节省造价和建设时间，又为客人提供了难得的体验当地文化特色的机会。度假型五星级酒店的园林景观，可将石雕、木雕、铁艺、陶艺、竹编等传统工艺和当地具有特色的生活方式，通过现代设计理念加以整理和提炼，巧妙地融汇到建设之中，创造出独有的度假体验。

度假型五星级酒店的园林景观所占面积和投资比例自然很大，设计师应在环境设计中，适当布置一些与酒店相配套的消费功能，而这些功能又可以成为酒店的亮点和卖点，为业主消化环境投入做贡献。比如设计师可依据酒店所在地的气候条件，结合室外景观设计游泳池、露天餐饮、网球场、篮球场、高尔夫练习场等，还可设计水吧、滑水道、温泉等服务项目。消费项目的室外化是酒店赢利的重要渠道。但是，在进行园林景观的设计过程中，要本着顺应自然的原则，轻易不要搞人工园林、人工湖、人工鸟语林等人工化的作品。笔者见过许多人造痕迹很浓的度假型五星级酒店，投入很大，可很少是赚钱的。

4. 白金五星级酒店

我国的白金五星级酒店的评定试点工作刚刚起步，目前够资格参评的也只限于国内经济十分发达的城市，且以商务酒店为主。因为是试点，白金五星级具体评定标准的细则还未确定，所以笔者想给评定机构和建造这种酒店的业主事先提个建议，不管白金五星级酒店内部的硬件标准如何，其外部环境应达到什么标准必须列入必备项目。比如，虽然是城市酒店，但要参评白金五星级，酒店占地面积要达到多少亩，进入酒店的车道要多宽，车道两边是否均设人行道，整个酒店绿化面积有多少，园林面积要多大，这些硬性指标必须列入评定标准的细则中。若是度假型白金五星级酒店，除了富有震撼力的天然山脉或园林、自然湖水或海水外，应该有主体景观，当然，若配以主题酒店则更锦上添花了。

第十一章 酒店泛光照明和园林景观设计的原则

113

第十二章　如何设计一家 4.9 分的好口碑酒店

　　要说经营管理酒店难，倒不如说设计建设酒店更难，这是我从事酒店业四十多年的感慨感叹。无论是我自己主持建设的酒店，还是顾问他人的酒店，业主方和设计方经常是吵得不可开交，因为按理来讲，业主方应该在签订合同后向设计方提供一份设计任务书，详细说明业主方的想法和要求，但天下有几个业主能提供出这样的设计任务书呢？业主认为，之所以在众多的设计公司中选择了你们，是因为你们设计过许多同类规模相同档次而且是比较成功的酒店，如果还要我们来提供设计任务书，那还用得着请你们设计吗？争吵的原因是双方都不懂酒店，于是他们会不约而同地求助于酒店管理者，可偏偏酒店管理者也不大懂。没办法，设计院为了接活儿，只好硬着头皮去模仿套图，这样设计出来的酒店结果能好吗？作为安徽君宇国际大酒店的总顾问，我曾帮助业主写了一份设计任务书发给长沙艺高酒店设计顾问有限公司，并要求室内设计师配合修改合肥建筑设计院已经完成的建筑设计方案，下面是设计任务书原文。

长沙艺高酒店设计顾问有限公司：

　　为了让业主在设计前就能够比较清楚地了解自己要投资一个什么样的酒店，大约要花多少钱，大约需要几年收回全部投资，也为了设计院有明确的设计目标，在设计阶段帮助业主严格控制住造价，作为君宇国际大酒店的总顾问，我就先提出这个设计建议，在国内这应该是首创。过去我曾在长沙金麓国际大酒店筹建时这样写过，收到了很好的效果，因为投资方、设计方和管理方可以提前商定设计方案，大大节约了设计时间，减少了许多无用工作。以下观点只是为了抛砖引玉，仅供你们设计时讨论参考。

一、酒店建筑面积7500m²，总投入必须控制在1000万元人民币之内，可以想象难度是很大的，这就要求我们建设和管理方在花钱之前必须认真琢磨，精打细算；而我们室内设计承担着控制总投入的很大责任，所以希望手下留情，妙笔生花。但也不能因为这些而降低标准，特别是牵涉到主要材料设备就不能使用次品。除了日常维修保养外，酒店的大面积改造时间定在第10年。酒店必须在3年内回收投资。

二、酒店设计目标是必须创造出五星级酒店的体验感和舒适度，但酒店不评星级，平均房价在300元左右。因为资金有限，首先我们只有在空间上设法宽敞些，但这是在不浪费空间的基础上进行，即充分合理地利用好每个空间。其次，我们在设计时必须简约，把可有可无的东西省略掉，这方面要大胆些，不要担心空旷，不要理会别人在这方面的议论，总之要有定力。第三，巧妙合理使用材料，我们不做那些吃力不讨好的设计，我们注重的不是高档豪华，而是舒适度体验感。

三、功能布局方面，因为业主方建议，不必专门设夜审室，我想也有道理，那就把行李房往里挪到原夜审室，设计7m²左右，行李房与前厅部办公室加内门；然后接着是12m²左右的前厅部办公室；最外口是约12m²左右的酒店管理公司办公室，或外包或作其他用途。另外，考虑到与建筑院和开发商的协调难度，考虑到投资，取消原先想在电梯底部把坑加大用作配电房的方案，立足现在的平面图设计。考虑到现在客房每层走道的宽度已在2m，所以消防管还是直接在走道施工，不要在客房卫生间的上方穿过，况且酒店工程一直要持续到开业前的验收，消防管穿过客房卫生间会影响到房间各工程队伍的收尾工作，特别是影响酒店筹备物资的管理以及酒店的开荒。

四、酒店必须使用中央空调，不能设外挂机。空调形式采用品牌风冷热泵式模块机，既可以夏天制冷，也可以冬天采暖。购买一台一吨左右的燃气真空锅炉，一年四季供应酒店的卫生热水，业主方提出加设一组空气能设备供热水，我也不反对。空调主机和锅炉全部放置在屋面。

初步考虑设计冷水箱热水箱各一只，每只容量 20 吨，也是放在屋面。屋面还要考虑在一至两个车流量较大的方向制作酒店招牌字"君宇"；但是，有的城市现在不允许在楼顶立招牌字，请业主与当地城管部门联系，同意最好，若不同意，酒店就在东部墙面上做一排从上到下的"君宇国际大酒店"的大字。

五、前坪：酒店前坪广场以行车停车为主要目的，所以广场地面均采用黑色透水沥青铺设，在不影响停车位的前提下点缀栽种一些树，为节约成本，树不要大，几年以后便可长大。在酒店雨棚下面，也就是在酒店旋转门的建筑那一跨的地面，可以使用 350×250 的麻石，这样就不会像许多酒店门前的地面总是处于缺胳膊少腿、经常处于维修的状态，又可以解决冬天雨雪天气时路滑的难题。这里要说明的是，在沥青与麻石交界处的处理很重要，可以在交接的地方铺上一块路边石用作收口。

六、雨棚：为了加强酒店的气势和档次，为了从视觉上扩大本来不宽敞的酒店大堂，为了提升对客服务的标准，方便管理，保护旋转门，本酒店要注意雨棚的尺寸，建议在可能的情形下，做成长 16 米宽 7 米的悬挑钢结构雨棚，切忌使用玻璃顶。雨棚的结构要由制作方设计，特别是其排水设计，请你们帮助审核。室内设计主要是给雨棚穿衣服，其中最重要的是照度，为了供不同时段的使用，要至少设计 3 个回路，且要设计部分金卤灯，以保证晚上天完全黑下来后雨棚下有足够的照度。雨棚可以参考我主持建设的金麓国际大酒店的雨棚，比较大气实用。在雨棚的顶面设置"君宇国际大酒店"中英文，上下两排，上排中文，字体建议用魏碑，下排英文"Junyu International Hotel"，尺寸比中文略小，店名要自雨棚外口向里退后 80cm，根据店名横向等分后，考虑离雨棚左右两边的外口留适当距离。

七、外墙饰面：使用暖色调。建议使用真石漆，具体操作是，二层以上使用普通真石漆，一层使用岩片真石漆，因为普通真石漆要比岩片真石漆便宜近 20 元/m²。外墙窗户及玻璃：二层以上的客房使用点式窗，考虑到隔音保温效果，业主和我都主张使用断桥铝，而且要使用品牌的铝合金窗，具体分割最好待业主方敲定厂商后，请制作厂家拿出初稿设计图，以便最佳利用型材，请你们代表甲方帮助审定。总的原则是，窗户尽量开阔，离地面30cm高，在价格相差无几的情况下，玻璃面要大些，中间部分可以不设窗棂；如果必须设计窗棂，也是井字形状，即上下左右各两个棂子。定制时特别要强调把手的质量，当然这也是和整体的型材质量密不可分的。一层南面的所有墙面也必须使用大幅中空玻璃（取消原来东面9—10轴以及行李房东面的实体墙），切忌使用单层加厚玻璃，因为这样的玻璃保温隔音效果较差，达不到使用和管理目的，客人不舒适，又不节能。一层的建筑高度在4.6m，除去横梁和底座，真正玻璃的实际高度不到4m，就现在技术而言，一般的玻璃厂家都可以生产。原图纸只在东面包房处设计了一个窗户，业主同意我的意见，自A轴至C轴止，使用和南面一样的大幅中空玻璃，凡是大幅玻璃处加装罗马卷帘。东面的C轴至G轴砌成实体墙；将西面的两扇窗户取消，全部砌成实体墙，将行李房的南面改成大幅玻璃；北面窗户设计不变。切记，以上玻璃尺寸都要在建筑洞口实际形成后由供应厂家到现场丈量后才能下单。

八、旋转门：应选择4.2m直径的两翼自动旋转门，门高为2.6m，上方的玻璃型材最好在招标中指定由旋转门厂家用同样颜色的型材做完。建议门的颜色为香槟金，与暖色调的大堂相呼应，不能使用冷色调的旋转门。另外从图上看，旋转门两边的边门设计得很好，由于柱距8m，除去4.2m直径的旋转门，还剩下约3.6m，边门的宽度不能超过1m，所以现在的设计是在边门的两旁做了处理；建议边门颜色型材与旋转门一致，所以还是请旋转门厂家统一报价做完为宜。控制了旋转门的高度，又控制了边门的宽度，这样，两个边门以后的故障率就会很低。请注意，要给旋转门厂家留好一个电源接口和一个消防联动电源。旋转门必须设计在主梁上，这样减少了加固费用，也少了日后经营害怕旋转门变形的担心。旋转门里面的地面不铺拼花大理石，而是铺防尘垫，该垫也可以由旋转门厂家提供并一起在旋转门安装好后于开业前铺设到位，颜色以米灰色为宜。

九、商店：把这一块地方留出来，招聘有过几家同类酒店商店经营业绩的人来承包，由承包人在酒店装修完后用玻璃隔断在指定位置现场做好，然后组装货架。最好在靠墙处留有强电插座和弱电电话接口，客人在房间可以用内部分机电话购物。屋顶灯即为大堂顶灯。

十、酒店管理公司办公室：按照办公室正常配置设计，留有电话接口，电脑线接口，强电插座若干，供诸如复印机等设备使用。墙面采用乳胶漆，地面使用浅色地砖。

十一、总经理室、财务室、销售部、前厅部办公室：建议地面铺装强化木地板，颜色用浅色调，这样脚印不易看出来，同时和外面大堂的浅色大理石相和谐。墙面全用乳胶漆，普通吊顶。留有电脑、电话接口，多留几个强电插座。桌椅文件柜等办公家具由业主自己单独采购。行李房：墙面用墙漆，地面用浅色强化木地板，顶部装一盏日光灯即可。财务室必须使用钢制门，其余办公室用木门。消防监控室和配电间：请按照常规和规范、以节约为原则设计装修。

十二、总台：正如平面布置图上设计的那样，本酒店采用坐式服务，两个大班台，两个客人座椅，两个服务人员座椅；一个大班台负责接待"check-in"，一个大班台负责结账"check-out"，在合肥这种总台设计相信不多，它体现了我们酒店的文化特色：主客平等，宾至如归。服务座椅要带扶手，能够升降转动，客人的座椅带扶手，但不能转动升降。因为客人是坐着写字的，所以大班台的设计面对客人的一面一定要留有足够的放腿的距离。当然，大班台的两边要设置边柜，供存放客史档案之用，同时给接待处自然形成一个安全围护区域。考虑到客人的动线，建议进门后左边的设为接待，右边的靠电梯一侧设为结账。总台上方应该给足光源，但不宜用目标照明，光线要均匀，不能设计射灯，否则无论是客人还是服务人员都会有不舒服的感觉。

十三、总台背景墙：其长度为行李房和前厅部办公室的整面墙，建议饰以一幅山水画，点缀人物，富有层次，借以扩大空间感；以暖色调为主，切忌使用冷色调。

十四、紧靠消防电梯的背景墙：因为关系到风水，又是一进大厅的

走出中国酒店建设和管理的误区

背景墙，是否可以考虑使用带有文化寓意、普通人一看就能明白的工艺叙事画，最好是与皇宫生活有关。

十五、沙发休息区：建议订制或直接去市场选购布艺沙发，不宜采用真皮或仿皮沙发。在沙发区的背景墙上，可以选挂一幅字画：既有画，画上又有诗，与另外两处的画作遥相呼应，让等候的客人不会寂寞无聊。

十六、大堂地面（含总台区域、大堂、电梯前室、去卫生间的走道）：使用浅色调质量较好的价格在 500 元左右的大理石，如西班牙米黄、贝莎金。在和大厅上方的水晶吊灯相呼应的地面，建议使用一块拼花大理石，在大厅的四周或间歇处可以使用类似紫罗红和深色或浅色咖网纹等的大理石进行点缀。

大厅墙面：建议使用冰火板，这种材料仿石材效果逼真，防火 A级，隔热隔音，施工简易，无需保养，色牢固度强，使用寿命长，关键是价格只有约 60 元/m²。冰火板色彩丰富，是否可以考虑使用类似深一些的西班牙透光云石的冰火板，暖色调，华丽高雅。如何压边，还请你们斟酌。

大厅柱子：根据图纸，柱子应该是方形，切忌像有些酒店那样包成圆形。我的意见还是使用冰火板，不过为了尽可能淡化柱子的存在感，可用颜色很淡的仿莎安娜的冰火板。柱底如何处理，请你们斟酌。柱子不能加灯光，而且尽量不要因为装饰而加大柱体。

大厅顶部：建议在入门后大厅的正中间上方设计一个圆形造型的吊顶，顶部天花可贴南京江宁区生产的品牌金箔纸。设计一盏暖色调的水晶金色吊灯，营造出温馨亲切、富丽堂皇的豪华感觉。

电梯厅：因为有两部客梯，所以考虑顶部有两个造型，我的意见是方形好过圆形，一是造价低，二是大厅已有圆形吊顶造型，不重复，三是电梯厅和大厅形状中规中矩，客人不会感到突兀或矛盾。顶部天花可贴品牌金箔纸。可选用铜制或羊皮吊灯，当然此处和大厅吊灯一样，装饰灯和照明灯要设计两个回路，吊灯只是在晚上天黑后开至晚 10 点钟。正对着电梯的背景墙仍需考虑一幅山水画或花鸟画，让客人在等待电梯时欣赏消遣。

综上所述，本酒店大堂的主色调是金色，氛围要创造出金碧辉煌的感觉，但又不是很豪华，因为装饰简约，与酒店的房价相匹配，不会让客人进了大堂后害怕价高而被宰，但又感到有档次，不论主人还是客人都感到有面子。用这样的色调是与酒店的销售目的相一致的。另外，酒店名称是"君宇"，"君"是君君臣臣的君，"宇"是天下的意思，都是与君王皇家相关，所以酒店大堂的主色应与皇家的主色调金黄色联系在一起。

十七、会议室：两扇大门可以做得尺寸大些，特别是门尽量做得高些，门把手要长，这样显得气派有档次，可以吸引一些档次较高的中小型会议，促进客房销售。地面宜用威尔逊地毯，因为这里不考虑用餐，所以破坏性较小，地毯清洗工作相对较少，就会避免因经常清洗而缩水变形的缺点，况且这种地毯价格比较便宜。墙面要做隔音处理，比如饰以软包或吸音板，靠窗处要挂遮光帘，保证开会时使用投影仪的效果，所以也要考虑投影设备如何配合弱电的装修细节。由于会议室有 4m 多高，建议使用若干盏吊灯，配合其他照明灯具。会议室选购常规的会议椅，加购两套颜色不同的椅套，选购专门的会议条桌，开业时配购一套台布即可。会议室设音响系统，简易的灯光系统，发言系统。

十八、男女卫生间及 PA 室：男女卫生间墙地面均采用一线品牌瓷砖，台面可用人造石，若价格合适也可使用大理石。一定要用台下盆，坐便器采用与客房相同的品牌马桶，只是必须使用全包且是旋涡虹吸喷射式静音马桶，根据安徽省消费习惯，全部使用坐式而不能用蹲式。小便斗使用较宽大带感应器的后进水悬挂式产品。在每个分隔间里最好设计一个小台，供客人放包使用。除照明灯具外，可以采用简易的装饰灯具点缀，但要设计两个回路，在不同的时段开启。争取在土建时将地面降板，进出不需上台阶为最好。卫生间吊顶可以考虑使用软膜天花，其上可以绘制一些图画。排风必须做好，要保持室内始终呈负压状态。

PA 室墙地面可用普通瓷砖，吊顶可用软膜天花，但无需图案，其余按常规设计。由于这里处于客人通行必经之路，所以 PA 室的门要与卫生间的门做法一致。

十九、厨房：根据酒店总经理与建筑设计院确认，现已在北部开门，东边的门取消，这样可以在原东边的门那儿放置厨房冰柜。你们目前不考虑这儿的装修，待业主选定有过酒店业绩的厨房厂家，根据酒店的出品要求，做出恰当的设计，包括很重要的排风排烟（起码要使用运水烟罩，还可考虑排烟效果极佳的光解油烟净化系统）、上下水、厨房是否吊顶等。墙面使用普通白色瓷砖，地面使用一种偏红色的专用防滑地砖。你们的任务是帮助审查。

二十、西餐厅兼茶吧：

包间：我向业主汇报并取得一致意见，东边全部改为大幅通透玻璃，是因为考虑到砌成实体墙对于东南部这一景观之地不太合适，而且西餐厅兼茶吧就显得很堵，无形中削弱了该功能的经营特色。所以，原先的豪华包厢必须改成吃三餐和喝茶打扑克的多功能包间，将原先的包厢实体墙改为玻璃，四面都加装卷帘，一般情况下帘子拉开，整个餐厅通透，外面的景色一览无余，这样就扩大了整个大堂和餐厅的空间感。因此，包间的地面和餐厅的地面是一个整体。包间的沙发须相应改成一张和外面散台区一样的桌子和四把扶手椅，根据家具的摆放位置设计顶上的照明和装饰灯具。外面的备餐台不变，平日早餐时可用作布菲台的补充。

地面铺装：可用仿古防滑地砖，颜色可略深。

灯光设计：散台区上方设计灯带，晚上经营时一般不开其他照明，只开这些灯带，这是一个回路。另一个回路是在散台区设计分布比较均匀的照明，是否设计装饰灯具，请你们定夺。在东面靠窗的沙发区上方一定要设计针对桌子的装饰灯具如吊灯，每个必须单控，但同时上方和散台区一样有灯带，晚间一般是不打开这些装饰灯的，除非客人要求。灯带必须是彩色的，由于该区域是西餐厅和茶吧合用，所以其他光源可用暖色调。

隔断设计：与自助入住机和会议室相邻的隔断区域，我想是否可以在地面做一木槽，放上鹅卵石，直接栽上仿真竹，高度约在1.7m。也可以砌成高度与餐桌相仿的约 70cm 高的墙体，墙体上做槽，或直接摆放仿真或天然绿色植物，借以营造出西餐厅兼茶吧的氛围，同时可扩大整个一楼的空间感，客人找公共卫生间也方便。

家具：散台区的桌子一律是方桌，椅子全是扶手沙发椅。

插座：在包间和东面靠窗的墙面要装两孔和三孔插座，每个沙发组至少装一个带两孔和三孔的插座，供客人手机充电和笔记本电脑上网使用。

由于豪华包厢靠南面的墙体改成了玻璃，所以外面的玻璃处仍然像 5—9 轴那样，栽上绿色仿真植物。同理，行李房外 1 轴处也改成绿色仿真植物。

二十一、客梯：根据我的经验，室内设计师设计出来的图纸，经过装修单位装饰，多半会出现质量问题，甚至会影响到电梯的运行。所以，要招标一家具有比较丰富经验的专业做电梯装饰的公司来装修，其装修是一些很成熟的固定方案。但酒店可以在装修好的电梯里做广告，不过，真正有品位的酒店是不在电梯里面做广告的。本酒店客梯计划不设空调，不设背景音乐。

二十二、二层以上电梯厅及过道：二层以上电梯厅的天花吊顶处理可以与一楼相同或略有变化，但由于二层以上的层高变矮，又不能让客人感觉明显，故建议使用节能筒灯。客梯出来的对面墙上，还是以挂山水画或花鸟画为宜，但尺寸要比一楼的小些。

电梯厅和客房走道的地面：建议铺设阿克明斯特地毯，因为人的踩踏频繁，每天工作车要经过几次，该毯特点是不怕压，洗后不缩水，不变形。如果大家能够取得一致意见，我倒建议此次可以在该酒店的客房走道铺块毯，就是通常办公室地面用的那种材料，两边用仿石材的地砖做波打，这样，可以方便客人拉行李，方便服务员推笨重的工作车，客人和员工走路也没有什么声音，也方便清洗，平时只要吸尘就可以了，同时维修也容易。走道的墙面，建议贴浅色调的墙布，工作车不小心撞上也没问题。走道吊顶使用软膜天花，施工简单，造价不高，主要优点是维修方便，是否饰以图案，请你们斟酌。因为是软膜天花顶，建议照明灯具采用壁灯的形式。每层楼需装饰的管道井有 11 个，考虑用挂画方式遮挡，这样管道井的门可稍做处理，如与墙壁一样贴墙布，不做任何处理也可以。

二十三、客房：酒店共有 126 间客房，由于每个房间都可独立成房，没有多出的边角余料，所以建议整个酒店不设套房。单双间的配比为 7：3，即 88 个单人间，38 个双人间。整个楼层没有工作间，只好用一间房隔成两半，靠走廊的半间房用作工作间，靠外窗的那半间房与另一间房连通，设计成麻将房或亲子房。

（一）卧室：

1. 地面：与业主方一致认为，采用强化木地板。也许有人会担心木地板是否档次低，不温馨，会有噪音，其实，刚铺的地毯好看，但随着时间的推移，难以打理不说，观感越来越不好，必须经常更换；至于噪音问题，更不必担心，客人进入房间后，一般情况下都会换上拖鞋，噪音从何而来？如果选购质量好的拖鞋，客人的脚感不比地毯差。房间的强化木地板颜色可以稍深些，可以比家具的颜色略淡，也可以和家具同色，因为本酒店的客房活动家具比较少。

2. 墙面：可考虑大面积使用墙漆，床靠板后的整面墙或部分墙可以通过贴墙布（一定不是墙纸）或其他材料装饰，请你们斟酌。圆床房的床靠板后面处理方式要不同于其他房间，要显得更活泼更有情趣些。所有房间窗台可以使用人造石，也可以使用天然大理石，主要依造价而定。

原则上，单人间的床靠板上方挂一幅大些的山水画或花鸟画，双人间的床靠板上方挂两幅小些的山水画或花鸟画。

3. 天花：与业主方一致确定，客房不吊顶，但是可以在天花和墙的连接处饰以石膏线，看似吊顶；或者根据现场柱梁情况，做局部吊顶处理。7 个圆床房的顶部可以考虑使用软膜天花，饰以相关图案。由于客房设计槽灯，所以需要在风机盘管那一侧做灯槽，灯光暗藏，顶部不再设灯。

4. 家具：无论是活动家具还是固定家具，都必须在家具厂定制。

本酒店没有保险箱和电冰箱，所以不考虑放置保险箱的木架，也不考虑放置电冰箱的柜子。没有专门的书桌和茶几，代之以一张桌面80cm×80cm、高76cm的多功能方桌，可以办公上网吃饭打牌喝茶看书，还可以放置衣物提包杂物。桌子配置两把扶手沙发椅，面对而放，不是升降转椅。圆床房考虑再设一张双人沙发和一只长方形人造石材面的茶几。所有单人间的大床2m宽，所有双人间的床宽1.35m。床高建议55cm，床箱30cm，床垫25cm，圆床房的圆床直径在2.6m至2.8m之间，请你们根据房间尺寸斟酌决定。所有床头柜的高度要矮于床的高度2cm；所有床头柜不是立柜，用角钢与相邻的房间对穿呈悬挑结构，请你们指导家具厂安装，必须安装牢固；所有床头柜不设抽屉，只有一个固定层板。单人间的床头柜放于床的两侧，约50cm宽，双人间的床头柜放在两床的中间，宽65cm。圆床房的床头柜不宜用悬挑结构，使用立柜形式。所有房间不用行李架或行李柜，采用两只正方形的高45cm（与座椅高度同）的凳子作为行李凳，两侧有扣手，而且很轻，当客人需要打扑克或者会客时，就可以当作凳子使用，省去服务员送椅子的麻烦。水吧台可以在家具厂制作完毕，来现场安装，这样便于色彩一致；台面和三面的止水板可用浅色人造石。衣柜：需在家具厂定制，必须与装修单位密切配合，量准尺寸；可以不设计衣柜门，呈敞开式，也可以使用衣柜门，采用斯丹利静音门的做法，四边金属边框，里面镶装一面镜子，这种门永远不会变形，几乎没有维修。是否要门，请你们定夺；但棋牌套房和圆床房一定要考虑使用静音衣柜门。

5. 电视机：选购酒店电视机，可以控制电视的色彩、频道、音量等，不会被客人随意修改，便于管理。电视机尺寸：开间在4m至4.2m的房间必须使用48英寸至52英寸的电视机，开间5.2m的圆床房，必须选购65英寸至70英寸的电视机。我会请业主在做样板房前确定品牌，这样便于隐蔽布线。不做电视机背景墙。至于电视机高度，不宜像许多酒店那样过高，做样板房时根据电视机尺寸现场确定。

（二）小走廊：客房小走廊仍需吊顶。地面是强化木地板，与卧室成为一个整体，因为与室外没有高差，又都是同一材料，所以收口难题自然解决。

（三）踢脚线：由家具厂统一完成，颜色同家具。

（四）入户门和卫生间的门：在家具厂统一定制。入户门厚在4.5cm以上，安装感应射频卡电子门锁，由家具厂依据门锁商家提供的样锁开好孔。在选择做门的家具厂时必须格外小心，根据以往的经验也是教训，厂家选择不对会歪曲设计，一段时间后门就会变形，连带影响门锁的正常使用，门制作时一定要在里面加方钢，这样可以确保门不会变形。卫生间门下方离地面15cm高要做好防潮处理，门锁由甲方采购，也可以甲方确定品牌价格，由家具厂购买安装完成。由于你们有经验，请你们帮助业主在决定前审查。

（五）卫生间：地面和墙面均使用品牌瓷砖，请你们提供贴法。建议在淋浴间靠太阳花洒那面墙使用马赛克作为点缀，以活跃墙面气氛。卫生间与小走廊的止水板和淋浴间的止水板可用人造石或天然石材，请你们定夺。卫生间里尽可能少用木制产品。所有卫生间只是在淋浴间设计一个四防地漏，这样卫生间就可以确保不产生异味，且方便管理。所有卫生间必须使用透明玻璃，中间加百叶帘，用手动旋钮式操作开闭；圆床房的淋浴间一侧也必须使用这种透明玻璃。

排风：是集中排风，还是每间安装抽风机排风，请你们斟酌；我的意见是，如果用抽风机，安装在洗脸盆的上方，这样可兼顾淋浴和恭桶两处，也可以把房间里的异味抽去。

淋浴间门：向里开启。太阳花洒根部紧贴吊顶，这样就省去一段镀铬的管子，施工简单，造价降低；花洒高度必须在1.95m左右；所有卫生间最好全部设计侧喷。在靠吧台一侧的淋浴间墙上设计一层毛巾架（圆床房淋浴间里不能使用），摆放两条大浴巾。在靠花洒处墙面约1.5m高的地方设计一个存放香皂的不锈钢皂碟。

面盆区域：必须使用台下盆。人造石或天然大理石台面。墙出水。台面尽可能考虑用钢结构悬挑支撑，若不行，则考虑使用柱腿；在靠墙体这边的台面下悬挑支撑处，设计一个钢制焊接的小斗，供放置吹风机使用。用规则的镜子，可以省去贴墙砖；不使用电子除雾镜。将传统的毛巾杆设计在一侧的墙面，只设计一根，挂两条长毛巾（圆床房这儿必须加一根放置大浴巾）。小方巾放置台面。墙上不装放大镜。

马桶区域：不设电话副机。在纸巾架上边设计一个可放手机的层板。纸巾架设置在马桶靠墙体的一侧，一定要方便客人取用；纸巾架必须可以摆放两卷卫生纸。必须使用品牌马桶，连同所有台下盆及相关的花洒龙头及台下盆龙头，建议在 TOTO、美标、科勒、和成、图兰朵这 5 个品牌中选择。圆床房、棋牌小套房必须使用连体马桶，其余房间是用连体还是分体，要看当时的价格，但所有马桶必须使用旋涡虹吸喷射式马桶，是真正保证 6 升以下的节水好的静音马桶。如果价格合适，最好选购半自动把手式智能马桶，舒适卫生上档次。

（六）棋牌室：地面铺设仿地毯的品牌地砖。棋牌室的墙面直接刷白色墙漆，因为装饰材料比墙漆更加容易吸烟味。购买麻将机，桌面也可打扑克。配置两只小茶几，四张和房间里一样的扶手沙发椅，由家具厂统一定制。排烟效果极其重要，只要排烟做得好，棋牌室不愁没生意，可以选购一盏吊挂式带吊灯的排烟机，还可考虑在这间房里加装一个抽风机供需要时使用，请你们斟酌。

（七）光源设计：原则是简约实用。建议卧室只设计两处灯光，一处是靠风机盘管侧上方的槽灯，另一处是多功能方桌上的吸顶灯或小吊灯，这两处的灯光一定要保证足够的照度，因为都是节能灯，不怕客人使用。吧台上方设计一只 5 瓦节能筒灯。小走廊在靠卫生间门的地方设计一只 5 瓦的节能筒灯，因为要兼顾到衣柜以及卫生间入口；在靠吧台处的上方设计一只 5 瓦节能筒灯，兼顾吧台照明。衣柜里不设灯光及任何开关面板。卫生间：面盆上方设计一只 5 瓦节能筒灯，马桶上方设计一只 5 瓦节能筒灯；淋浴间不设防雾筒灯，因为有卧室照度的补充，光亮足够，也是考虑到美女沐浴时的羞涩和朦胧美。房间不设镜前灯。整个房间不用设计射灯。

（八）开关插座：所有开关面板必须使用中英文，字尽量大些，方便客人辨认。本酒店不设"请勿打扰"和"请即打扫"这样的功能面板，因为极少客人使用，减掉这块投资；也不要使用传统酒店在门把手悬挂这样的提醒牌。一进门的侧墙上，设有取电开关，取电卡插上，只亮门前的这只筒灯。接着是与床头双联的卧室槽灯开关，卫生间里的面盆上方的筒灯开关，马桶上方的筒灯开关，排风扇开关。往里走，在吧台处设小走廊上方的灯控开关，单控；设置一组带两孔和三孔的插座。多功能方桌上方的灯控开关在靠床头侧的墙面上，单控。在窗边紧靠多功能方桌的底侧墙面安装一组一只两孔、一只三孔的插座，供手机充电和笔记本电脑或 IPAD 充电使用。单人间和圆床房这两种大床的两边床头柜上方，都各设计一个与进门处相连的控制槽灯的开关，在每个床头柜开关旁要各设置一组带两孔和三孔的插座。双人间床的中间床头柜上方，设计一个与进门处相连的控制槽灯的开关，在开关旁设置一组带两个双眼和一个三眼的插座。卫生间面盆一侧安装一组带两孔和三孔的插座。以上插座都是不间断电源。

二十四、工作间：工作间门的做法与客房门一致。此门使用和客房门一样的感应射频卡电子门锁。门牌写上"工作间"，底下是英文 Staff only。同意你们的设计，隔层设置消毒间和卫生间。每个工作间里都要设计污物盆供洗拖把等使用。因为酒店不设仓库，所有布草必须送外洗涤，所以客房布草配置是 4 套。要听取酒店总经理和客房部经理对工作间柜橱的设计要求，我的意见是，要多打几个高高的橱柜，层板要高低不同，供放置被芯枕芯被套床单枕套浴巾毛巾等布草使用，还要摆放诸如一次性易耗品、杯具、文具、小电器等小型物品。每个工作间都要准备放置几把折叠椅，放置几张 1m 宽的加床，开业时每个工作间配一个加床，待酒店运行一段时间后再做调整，当然此处还要存放工作车。顶部只需安装一盏日光灯。

二十五、消防楼梯间：待整个酒店装修工程结束后，墙面刷涂料，做不锈钢扶手，地面刷油漆。

正是因为有了这份设计任务书，君宇国际大酒店的建筑、机电、室内设计、经营管理等林林总总的各路设计师才有了明确的设计思路和方向，建设期短，工程质量好，造价完全控制在目标之内。未来如何经营管理，客源市场在哪里，房价多少，住客率多少，年收入多少，毛利多少，净利多少，几年可以回收投资，大约多少年翻新改造，业主和经营管理者都了然于胸。酒店开业后，在酒店董事长的正确指挥下，全体员工共同努力，酒店生意一直红红火火，携程美团网评几乎月月满分，前期设计目标全部超额完成。我顾问的一百多家酒店，基本采用的就是这个方式这些内容，帮助酒店业主和高管把控住设计建设经营管理的大方向和小细节，让他们的酒店都健康都赚钱，为社会作出更大的贡献。

第十三章　设计度假酒店切忌做表面文章

　　人有五感，乃形、声、闻、味、触，即人的五种感觉，包括视觉、听觉、嗅觉、味觉、触觉。感官是感受外界事物刺激的器官，包括眼、耳、鼻、舌、身。大脑是一切感官的中枢，眼睛是视觉，耳朵是听觉，鼻子是嗅觉，舌头是味觉，身体各个部位是触觉，每种感觉都很重要。但一直让我百思不解的是，我们在运作酒店的过程中，为什么常常被视觉所绑架，全神贯注于酒店的外形，内装是否豪华好看，无论是政府领导、酒店业主，还是设计师和管理者，几乎都把设计阶段的效果图和建成后的内外装饰作为评判酒店是否高档、能否卖得起高价的重要研判标准。特别是度假酒店，如果设计得像一幅画，政府规划会议才容易通过，投资人看了才会满意，设计院的合同才能顺利签下来，这就叫皆大欢喜。至于投资会不会亏损，管理有没有难度，消费者愿不愿意买单，此时几乎所有人不管不理，都在做表面文章上卯足了劲，这就是绝大多数度假酒店都处于亏损难熬状态的缘故。那么，就让我领着大家走进这个充满表面文章的大观园参观一番，再听听我的点评是否有道理。

一、鸟瞰图

　　顾名思义，鸟瞰图是根据透视原理从高处某一点俯视地面起伏绘制成的立体图，所以它比平面图更有真实感，更能打动人。为了展现出不同的视觉效果，分为远景鸟瞰和近景鸟瞰。如果是城市酒店，鸟瞰图一般是以酒店建筑为主，但若是度假酒店，除了酒店主体建筑外，还要充分体现出其他建筑特别是园林景观的鸟瞰效果。城市酒店一般来说占地面积比较小，设计师在做鸟瞰图时下手的空间就有局限，他们最喜欢设计度假酒店，因为空间大，可以把丰富的想象落笔到鸟瞰图中。我有时参加这种酒店项目规划评审会，发现每当这种度假酒店鸟瞰图出现在会议室中的投影屏幕上时，都会收获与会领导和专家一片欣赏的目光和赞叹的议论。但我想说的是，设计的鸟瞰图越有创意越漂亮，建成后这样的酒店就越容易亏本，无论是我管理过还是顾问过的度假酒店，都已从不同角度印证了我的这个结论，如果不信，请大家随我继续前行观察。

二、布局

现代城市酒店基本以筒子楼建筑形式为主，因为寸土寸金，常常连停车的面积都捉襟见肘。可度假酒店多半不在城市中心，规划时建筑呈分散形式，可能是主楼为一幢，附属楼或别墅若干，剩下的大把面积就做成了园林景观，世界上的规划和建筑设计师应该都会如此设计。如果我没有经历这么多年的酒店系统工程，如果我也像其他酒店人一样长期从事的只是管理工作，或者我也是一名只从事规划、建筑或室内设计的设计师，我一定也会像他们一样给度假酒店这样布局。

1. 主楼与附属楼

度假酒店的基本属性就是给游客提供住宿吃饭，要想让客人睡好吃好，最理想的设计就是把这两个功能整合到一幢建筑里，这样，客人来到酒店办理登记手续后，就会在最短时间内很方便地抵达客房入住，不管是下雨还是刮风，天冷还是天热，客人可以无拘无束地在酒店活动消费，其舒适度体验感可想而知。但是，如果前厅、客房和餐饮分设在不同楼栋里，显而易见，客人入住房间需要寻找，吃早餐要去另一幢建筑，退房时还要提着行李去另一楼栋办理手续。如果楼栋之间的距离不远还算幸运，如果距离较远怎么办？许多度假酒店因而只好使用电瓶车，凡是使用电瓶车的酒店管理者都知道，电瓶车不仅需要一次性投入，其维护费用也高，还需要增加驾驶电瓶车的人工成本，关键是电瓶车的服务还不能让客人满意。

我应邀去浙江绍兴顾问一家度假酒店，因为该项目的主打产品是建一个类似广东番禺长隆野生动物园，附设一些动物表演馆，所以，整个项目占地面积比较大，作为配套的五星级酒店，其总台接待大厅与住宿的楼栋距离较远，一些特色客房最远的距接待大厅近 2 公里，那么，显然用电瓶车作为交通工具服务客人已不能满足要求，只有用商务车接送客人，那需要配多少辆车和多少司机呢？是不是 24 小时都要随叫随到？设计这个项目的自然是一家大牌设计院，他们想到的是怎么让鸟瞰图有丰富的内容和独特的构思，怎么把设计成不同风格的建筑植入这个项目不同的青山秀水和动物世界中，政府领导、设计师和投资人在沙盘中、在鸟瞰图上看到的是如梦如幻的美丽图画，他们哪里知道客人和管理者的苦处呢？酒店应该和动物王国截然分设，客人可以步行或车行游览动物世界，但住处必须相对集中，这样，客人才能住得舒适，也能玩得畅快。

2. 主楼与别墅

我常常说，房地产公司不要轻易开发别墅项目，而投资人更不能轻率将别墅用作酒店。但有趣的是，许多度假酒店都把别墅作为标配，而且还把别墅客房作为提升整个度假酒店档次的亮点卖点。从设计源头上讲，别墅在鸟瞰图中十分抢眼，在密密的丛林中若隐若现，似乎度假的味道通过别墅跃然而出。其实，看似高档的一幢幢别墅客房，客人多半不愿意住，因为，第一，是不方便，起码在总台办完入住手续后，一般要步行或乘坐电瓶车前往，冬天冷夏天热不谈，如果再想回到主楼吃个饭开个会什么的，交通就显得不及时方便。第二，别墅的底层一般以公共会客短暂休息为主，居住多半在二三层，而绝大多数的别墅是不会设置电梯的，那么客人不论年龄大小，都要提着大小行李箱吃力地由楼梯步行上下。第三，别墅一般不会专门配备工作人员，服务自然不能及时到位。第四，别墅蚊虫较多，甚至有蛇出入。第五，别墅多半保温不好，若装分体空调，体验感不佳，若是中央空调，常常效果不好。第六，别墅占地面积大，浪费土地资源。单凭这简单想到的六大缺点，别墅就卖不出价来，投资人为什么还要干这种傻事呢？

我曾去三亚亚龙湾顾问一家度假酒店，它由 1 幢主楼和 16 幢别墅组成，别墅群毗邻大海，每幢别墅造型独特，掩映在参天古木之中，别墅间小桥流水，山石嶙峋，各种鲜花争奇斗艳，但总经理告诉我，客人宁愿住主楼，也不选择别墅。我仔细察看发现，由于热水管道很长，又没有设计回水管，加之保温材料老化，靠海边的别墅卫生间的热水来得相当慢，有的打开水龙头需要近 10 分钟才会放出热水，这样的客房客人能不投诉吗？本来客人对别墅的体验感期望值很高，可是这迟来的热水让客人误以为酒店不提供热水，要知道，三亚长年很热，客人游玩了一天不能马上洗个热水澡，那是什么滋味呀。

甘肃张掖市有一家度假酒店，由 1 幢主楼和 6 幢别墅组成，好在这 6 幢别墅相距不远，且与主楼形成一个圆形院落。张掖市冬天时间长，温度低，风沙大，那么，住在别墅里的客人来往主楼就不方便不舒适，服务人员运送布草清理房间也很困难。我就在所有别墅的背面设计一条古色古香的封闭走廊，连接到主楼的一个侧门和一幢加建的用于工作间的房子，正常天气时，客人可从前门穿过景区小道直接去主楼，遇到恶劣天气，客人便可从后面的风雨走廊绕道去主楼，而客房服务人员可推着工作车通过这个走廊进入每幢别墅，也不会影响客人观瞻。不过，这只是没有办法的办法。

3. 园林景观

近些年来，园林景观成了度假酒店的标配，面积条件差些的就做成景观，地方大些的就想方设法设计成园林，似乎这方面多投入了资金，度假酒店的档次就会提升许多，房价自然就会上去。我是最怕看规划院或建筑院设计的度假酒店项目的鸟瞰图或效果图的，因为凡是被政府领导和投资人看中的，都是要花费许多资金、很多气力才能建成的。亭台楼阁，池馆水榭，花木扶疏，这些人工造景确实可以给度假酒店带来溢价，但真的能带来很大溢价吗？我看未必，设计师应该根据不同地区、不同规模、不同档次的度假酒店，作出适当的恰到好处的设计，投资人也要测算一下花在园林景观上的资金能不能通过酒店的溢价在一定年限内收回来。如果要建这种园林式的度假酒店，最好在选址规划时就要注意选择那些具备天然景观的地方，巧妙利用现成的山川形势作些改造，而不是像现在多数度假酒店那样，完全依靠人工造景，常常是极尽造景之能事。要知道，造景的资金投入的越多，后期酒店的养护费用就越高，而且是持续性地每天每月每年都必须投入的啊。

上海崇明区有一家园林度假酒店，总经理陪着我乘坐电瓶车在园区参观用了近 20 分钟，园林之大超乎了我的想象，许多名贵花木我还是第一次见到。总经理告诉我，仅园林建设的投入就超 2 个亿，每年的维护费用要好几百万，这家酒店仅靠 300 多间客房收入产生的利润能支撑住这些园林费用吗？湖南长沙有三家占地面积较大的度假酒店，其共同特点都设计成有山有湖，林木森森，有家酒店还养了许多珍禽异兽，仅园林景观的投入就超过亿元，这三家酒店客房数都在 300—600 间，房价都在 500 元左右，但都是入不敷出，都在亏损经营。再请大家移步下个误区。

三、外观

相对于城市酒店来说，度假酒店的外形更加丰富多彩。度假酒店很少在城市中心，往往位置偏僻，设计师和投资人总想用一种能更加引人注意的外表来达到网红打卡的目的，但往往事与愿违，因为投入了许多却不见什么回报。

1. 坡屋面顶

坡屋面顶的设计用于民宿是可以的，因为许多民宿本来就是借用坡屋面顶的老宅改造而成，况且民宿楼层低矮，房间数一般不会超过 14 间，屋顶派不上用场。但是，度假酒店采用坡屋面的设计，如果是高层，那么其顶层就不能作为营业面积使用，只能在原先的顶层上做个坡屋面造型，四面必须通风，因为高层屋顶属于安全避难区域，当发生火灾时，客人可到楼顶避难，方便消防人员营救。另外，酒店的电梯机房、水箱等设备一般会放置楼顶。由此看来，加盖了坡屋面，等于是在原来的屋面上增加了一个造型，但费工费钱费地方。如果是低层，无论是用作客房还是餐饮等，都必须把坡屋面顶重新二次吊成平顶。现代坡屋面顶的做法，由于将屋架、檩条系统改为钢筋混凝土面板，就会带来不少问题。首先，坡屋面混凝土浇筑质量普遍低下；其次，保温、隔热、防水的综合构造设计不够成熟，因为坡屋面的构造层次、构造节点及施工难度均远远高于平屋面，既浪费了空间资源，又增加了施工费用。

2. 玻璃穹顶

玻璃穹顶也被称作采光天棚，其独特的外形和采光效果好是许多度假酒店采用这种设计的理由，其实这种好感只会停留在设计阶段，随着酒店的投入使用，投资人和管理者就会发现这种屋顶缺点很多，往往还是致命的。第一是漏水，玻璃与市场上大部分的密封胶都不匹配，耐候性差，经过风吹日晒之后，密封胶就会起胶，就会出现漏水的情况。第二是容易碎裂，抗冲击性很差，如果遇有冰雹，玻璃就会有被击碎的危险。第三是难以清洁，玻璃透光性确实非常好，但容易染脏，那么脏了如何清洁？第四是能耗问题，只要太阳一出来，整个大堂就像一个暖房，酒店需要大量的制冷去平衡这种穹形玻璃顶产生的热量。

我曾顾问过四川雅安一家度假酒店，共享空间有三层楼的大堂顶部就是设计了一个穹形玻璃顶，酒店总经理告诉我，冬天只要不出太阳，整个大堂冷得让人直打哆嗦，特别是到了下半夜，员工穿着羽绒服、开着电热炉也嫌冷，而到了夏天，整个大堂就是个桑拿房。我上顶楼仔细察看，原来穹形玻璃顶与混凝土屋面还有一段敞开的空间，我想设计师是不是考虑要更好地让大堂吸收外来的新鲜空气和更利于夏季散发掉大厅过多积聚的热量，才留下了这段距离，但是，原先这种设计就根本不管不顾大堂客人和员工的体验感，况且，就是因为这个顶部留下的缝隙，造成整个大堂还有雨水飘落进来的情况出现，这样的酒店能不关门吗？后来我提出拆除这个巨大的穹形玻璃顶，除了用钢结构做实顶取代外，也必须同样用钢结构形式把二层挑高的地方填平，取消了巨大的共享空间，既增加了二层的面积，能耗高等诸多难题也迎刃而解了。

3. 异形建筑

我常常说，异形建筑是不能用作酒店的，度假酒店更不宜设计成异形的，理由很多，但主要有三：首先是造价高，从设计开始，到建筑、机电、装修，搞过酒店建设的人就很有体会。其次是公摊面积大，酒店是依赖面积赚钱的，如果公摊面积大了，实际使用面积就小。最后，客人使用起来不舒适，如果客房是异形的，客人住的体验感就没有那种中规中矩的长方形客房的好。可是，设计师在设计度假酒店时更喜欢采用异形，因为异形酒店的设计方案更容易在政府评审会和投资人那儿通过，所以，我过去住过和顾问过的许多度假酒店都是异形的，其中有多角形、茶壶状、帆船形、千里马形、拱形等，实践证明，这些酒店好看不中用，它们都逃脱不了亏损的命运。

我应邀去重庆云阳县顾问一家度假酒店，酒店依山傍水，前面是一片人工湖，背倚一座小山，按照当地政府要求，要把酒店打造成当地一家极具特色的标杆性建筑。于是，规划院就把它设计成了一个梯形建筑，远看就像一个梯田，但设计难度非常大，消防通道和消防扑救面难以兼顾，垂直交通不能贯通上下，功能布局怎么摆布都不合理，以后的管理成本要大幅度增加。我在评审会上列出了诸多致命的缺陷，语重心长地指出，如果不做外形上的调整，酒店将会终身"残疾"。现在让我们走向酒店大门。

四、敞开式大厅入口

因为受人之邀顾问酒店，所以常常去海南特别是三亚，住的都是四星级以上的度假酒店，有一天我陡然意识到，怎么这些酒店的大厅入口都一律不设门，既没有旋转门，也没有感应门，连个普通的平开门也没有呢？酒店业的朋友都知道我很重视酒店的门面，自然我对酒店用什么门是很讲究的，通常我会反复告诫业主和设计师，如果有条件就必须尽量使用4.2m直径的两翼旋转门，而且我会列举出使用两翼旋转门的诸多优点。但海南酒店特别是其高端酒店连门都不用，大厅直接敞开对外，这着实让我困惑不解。为了寻找答案，我便向几位酒店投资人和设计师请教，他们的答案是惊人的一致：因为海南没有冬天，来这里度假的游客就是希望体验一下独有的气候和美景，酒店把大门敞开，正是让游客始终和自然融为一体，充分满足游客的体验感。作为一个从事多年酒店工作的我常常会换位思考，如果此时我从机场来到酒店前台登记入住，或者如果我在景区玩耍了一天走进酒店大堂，我是希望此时此刻仍然处在一个与室外温度差不多的炎热环境中，还是希望身处一个凉爽宜人没有蚊虫骚扰的舒适大厅里，我征询过许多顾客和酒店工作人员，答案几乎都选择了后者。我是一个比较喜欢刨根究底的人，为什么我们的设计师会如此不按消费者和管理者的喜好去设计？为什么我们绝大多数投资人也非常赞成这种设计？后来我才知道，海南在诞生第一批度假酒店之前，投资人带着设计师去东南亚一些度假酒店体验生活，模仿了那些酒店的设计，东南亚不仅是度假酒店，就连普通酒店基本都没有大门，于是，海南的度假酒店就照搬照抄了。我说过，中国酒店亏损的原因在哪儿？就是两个字：模仿。我去东南亚一些国家顾问酒店，那儿的气候比海南还热，接待大厅由于不设大门，不但蚊虫较多，而且热得难受，当地人在这样的环境中长大，他们早已习惯了这种蚊虫叮咬和炎热气候。但我们中国人就适应不了，而东南亚酒店的许多客源就来自中国，所以，我在给他们设计酒店时就牢牢抓住两点：酒店里不能有蚊虫，空调效果即制冷效果要好。其实，海南的酒店和东南亚的酒店一样，海南本地人不怕热，但他们一般是不去酒店消费的，住酒店的基本是来自外省的游客，而外省来的有几个是不怕蚊虫叮咬、有几个不想呆在凉爽环境中的呢？我坚信，哪家酒店的大厅安静卫生，凉爽宜人，哪家酒店的生意和房价就会富有竞争力，员工就更愿意呆在这样的酒店工作。

其实，海南的大多数酒店都是有门的，有许多还是前后都安装了门，只不过装的基本是活动的推拉门，随气候调节使用，如果温度低了或风大了，就把后门拉上，若是碰上雨季，下起了暴雨，刮起了狂风，酒店就会把前门拉起来。那么，既然海南的气候如此，那为什么我们的投资人和设计师不能把大堂降低些高度、在主要入口处设计一扇两翼旋转门呢？好，现在请大家跟着我把视线转向阳台。

五、阳台

我参加过许多度假酒店的评审会，在我的记忆中，好像还没有一家度假酒店的方案中客房是不设计阳台的，阳台似乎已经成了度假酒店客房的标配，如果有谁提出拿掉阳台，那大家不但会异口同声地反对，而且会笑话他是个外行。

什么是阳台？它是建筑物室内的延伸，是居住者呼吸新鲜空气、晾晒衣物、摆放盆栽的场所，因此是住宅建筑的专有设计，为了更方便用户使用，还把住宅设计成前后阳台，如果哪幢住宅不设计阳台，这样的方案不但评审通过不了，造出的房子相信无人问津。住宅设计的阳台必须全部敞开，否则综合验收通不过，但容积率只按一半计算，阳台面积也只按房价的一半销售。有趣的是，现在住宅主人把房子买到手后，基本上都会在二次装修时将阳台封上，为什么呢？一言以蔽之，安全方便舒适。酒店也是一样，大凡我顾问的酒店，无论是城市酒店还是度假酒店，如果是在设计阶段，我都会劝其取消阳台，如果是已经建成，我就会力主将阳台全部封闭，把面积划进房间作整体布局，将阳台两侧用实墙封堵，把开敞的大面做成大幅玻璃，落在距地面 30cm 的砌体上，窗户的两侧开启两扇平开气窗，装上纱窗，新鲜空气由此而入。靠窗一侧设计一张多功能方桌，两把扶手椅相对而放，住客可以舒适地坐在椅子上，边品茗边欣赏着窗外的景色。

纵观中国的度假酒店，其客房阳台基本都是敞开的，这会带来哪些弊端呢？一是安全。从事酒店管理的人都清楚，客房的气窗有的是要上锁的，多数酒店为了客人新风的需求而选择了可自由开启，但为了安全起见都做了限位，如果阳台敞开，那么，只有 90cm 高的栏杆怎么能保证客人的安全？二是不舒适。我经常住度假酒店，自己愿意为了看景而呆在阳台上吗？温度感到不适宜，家具坐着不舒服，顶多短暂停留，旋即转身回房。三是家具材质难确定。如果用铁艺的，夏天坐着烫，冬天坐着冷；如果用木制的、竹编的还是布艺的，都经不起风吹日晒，时日不久便让客人产生脏和旧的感觉，失去了坐和躺的兴趣。四是管理难度大。阳台敞开，服务员清洁卫生任务重，工程部维修家具很频繁。

海南星华集团在琼海白石岭投资了一家五星级度假酒店，原先的阳台设计就被我劝阻了。我把上述的阳台缺点讲完后，集团领导豁然开朗，决定放弃敞开式阳台，集团所辖的白石岭分公司总经理拍手称赞说，白石岭自然生态好，由于酒店傍山，山上草密林茂，蛇虫很多，他曾住过邻近一家酒店，晚上不只一次有蛇从阳台上爬进房间来。可是我们现在有些城市酒店还在客房设计敞开式阳台，过去我曾在长沙主持过一家城市五星级酒店的筹建，该酒店董事长为了把酒店外观做得漂亮，就想把每间客房都设计一个阳台，而且说长沙不远处的一家城市五星级园林酒店就因为客房阳台而显得很有档次，为了说服董事长，我就陪着她一起考察参观这家酒店，该店总经理领着我们走进客房，但我们都无法进入阳台，因为酒店在经营了一段时间后，就发现了我上述阳台的几大痛点，于是干脆把阳台全部锁上了，董事长看完后便放弃了原先设计阳台的念头。接着就请大家看退台。

六、退台

为了屋外有更大的活动空间，更好地观察采光，亲近大自然，度假酒店投资人和设计师已不满足敞开阳台的设计了，他们把常常用于超高层建筑的退台用在了度假酒店的客房里。退台式建筑又称台阶式建筑，因为这类建筑的外形类似于台阶，其主要特点是建筑面积由底层向上层逐渐减小，在下层多出的面积远超过一般凸出或凹进的阳台面积，并形成上层的一个大平台。我不大赞成度假酒店设计退台，原因如下：

（1）空间浪费。退台设计使每一层建筑面积不断减小，因此需要在高度上进行补偿，就会导致增加整体建筑的高度，从而浪费大量的空间。

（2）建筑成本高。退台设计需要增加楼层数，就会导致建筑结构更加复杂，建筑成本会相应增加。退台设计还需要特别考虑结构的稳定性和抗震力，这也会增加建筑成本。

（3）影响建筑使用功能。酒店的退台设计一般会使用双柱式外框收进方式，在退台以下的楼层平面上设计两排立柱，且后面的立柱可下延至基础底板，从而使楼面荷载通过最直接的方式（楼板—楼面梁—外框柱—基础）来传递，由于在退台以下楼层平面中增设了一排立柱，所以一定程度上会影响使用功能。

（4）防水和保温工程难度加大。酒店建筑的防水和保温的重点在屋面，如果是正常的酒店建筑，只需把酒店的防水和保温工程做好就可以了，但对于退层设计的酒店建筑来说，每一个退层相当于要多出一个屋面，如果这层房间退台的防水和保温没做好，就会直接影响到下面房间的使用。

（5）公摊面积增大，设施设备浪费。酒店是靠面积来赚钱的，因此，优秀的建筑设计师要想尽办法在满足消防等各种规范的前提下，尽可能扩大营业面积。退台设计由于不断减少每层楼的面积，而每层楼所需的客梯和消防梯仍然不能减少，消防疏散楼梯、主管道井、工作间（含洗消间和员工卫生间）都不会因为楼层面积的减少而缩减，这样，公摊面积就无形中加大，设备投入的效率反而下降。

除了上述 5 个主要弊端外，敞开阳台的缺陷也同样体现在退台上。另外，我用一个案例来结束关于退台的话题。我去河南新乡八里沟顾问一家度假酒店，酒店位置极佳，服务到位，但就是生意不好，究其原因，酒店的硬件有很大问题，其中交通的设计存在硬伤，整个酒店作了退台设计，因为设计时两部客梯无法摆在中间，所以客梯不能到顶，无论是客人还是员工，高区楼层必须走楼梯上下，这样的酒店生意能好吗？好，请大家原地不动，再看客房走廊。

七、敞开式客房走廊

如果从客人的舒适度来讲，建筑师应该尽量考虑把高层酒店建筑的客房层设计成回字形，即中间为核心筒，四周是客房和公共走廊，核心筒里布置客梯和消防梯、管道井、客房人员工作间及疏散楼梯等，这样的布局可以让客梯居中设计，客人出了电梯后向左右两边最近的通道抵达客房，极大地方便客人；客房布置在四周，客人互不干扰，其隐私得到充分的保护；把核心筒所有不见阳光的空间都合理地分配给了不需要采光的酒店功能，高端酒店多采用这种回字形建筑形式。如果从最大化利用客房层的面积来讲，建筑师往往会向业主推荐使用双侧板式建筑，俗称内走廊布置，即将一个矩形的高层塔楼楼层设计成中间为走廊，走廊的两侧布置成客房，客梯和消防梯居走廊顶端，疏散楼梯一般是一个在中间，一个在走廊顶端，工作间最好设计在消防梯旁边。这种设计的唯一优点是公摊面积最小，但只要不是规划时土地红线有限制，最好不要采取这种建筑形式，或者说想卖个好房价的酒店不宜用板式建筑，因为走道两侧客房里的客人会互相干扰，相对来说更容易暴露隐私。因为客梯往往不便居中设计，所以居住在离客梯较远的房间客人就感觉不方便。还有一种单侧板式建筑，俗称外走廊布置，用作酒店时就把客房沿走廊的单侧布置，这种建筑形式是为了更好地采光和通风，所以度假酒店往往喜欢采用这种设计。

我是反对这种敞开式客房走廊设计的。一是外部走廊作为公共交通走道，占地面积大，容积率低，建筑成本高。二是安全隐患大。度假酒店一般来说少则七八层，多的有二三十层，这种仅靠一米左右高的护墙作安全遮挡是不够的，特别是住客中有孩子的，酒店管理的难度和责任更大。三是客人体验感不好。度假酒店无论是处于四季分明的地带还是处于炎热地带，客人在前台登记完走向客房或是从客房出来去大厅的途中，一直处于温度不大适宜的环境中，除非这家度假酒店位于四季如春、昼夜温差很小的地区。四是能源费用高。由于内走廊完全敞开，客房失去了一道隔热保温的屏障，因而较之于客房走廊全封闭的酒店，房间里的温度冬天就更冷，夏季就更热。海南的一些设计外走廊的酒店，酒店管理者干脆就用一张通卡始终插在房间的取电卡上，让空调昼夜运行，为的是满足客人入住的体验感。五是走廊卫生清洁难度加大。和敞开的阳台一样，只要风起，走廊上就会有灰尘，如果雨大，雨水就会洒在走廊上。

我每次去三亚、海口、琼海顾问酒店，主人安排我住的酒店都比较高档，巧的是所见客房走廊多数都设计成这种敞开式，因为没有大门，进入大堂就感到燥热，办理完入住手续后，拖着行李箱沿着一楼敞开式走廊走向电梯，出了电梯还是要走在没有任何凉意的敞开式走廊里，没进房间已经一身大汗。所以我暗下决心，以后我顾问度假酒店，一定要竭力劝说投资人和设计师放弃这种敞开式走廊，因为客人的体验感太差了。我偕夫人应邀给四川甘孜州康定市多饶嘎目顾问一家高原五星级度假酒店，原先这幢建筑是一所学校，2 万 m² 的建筑呈口字形，近 300 个房间均设在口字的四边，因为原先这些房间是教室，所以内走廊都是敞开式的。多饶嘎目平均海拔 3900m，这里的冬天空气稀薄，气候寒冷，如果走廊完全暴露在外，雨雪落在上面，客人就容易摔跤滑倒，而且整个楼层的客房室温就不理想。为了解决这个问题，我就提出在口字建筑的上方加盖一个 6 千 m² 的超大中庭，将中庭作为自助大餐、大型宴会和藏族历史情景剧演出的地方，整个中庭连同客房和其他区域全部覆盖空调和氧气，这样就可以保证客人冬暖夏凉又没有高原反应的担忧。但为安全起见，每层内走廊都做了一个安全网。这是无奈之举，虽然投入较多，但总算将敞开式客房走廊用另一种手段给全封闭起来。

顺便提及的是，近代中国的洋式建筑，早期流行的就是这种被称为"殖民地式"的"外廊洋式"，这种建筑形式以带有外廊为主要特征，它是由英国殖民者将欧洲建筑先传入印度和东南亚一带，因为这种建筑很适应这些国家的炎热气候，所以很快流行，渐渐地又进入了我国，过去老式高档建筑多采用这种设计，现在因渐渐不合时宜而被淘汰。各类大中小学仍沿袭这种外廊设计做法，大致也是因为这种外廊更加适合学生上下课的交通和课余之间的活动休息。这里我要强调的是，如果是民宿或是低矮楼层做酒店，是可以考虑采用这种外廊建筑形式的。下面我要和大家谈谈酒店的游泳池。

八、游泳池

标准游泳池一般用以举行游泳比赛，故又称作比赛游泳池，长 50m，宽 21m，奥运会、世锦赛要求宽 25m，水深要求大于 1.8m。而酒店的游泳池一般都是半标准的，尺寸为长 25m，宽 12.5m，水深 1.2m。有许多酒店的游泳池还可以是不规则的，一般都会依据水深分为成人池和儿童池，以增加儿童戏水的安全性。游泳池还分室内游泳池和室外游泳池，从游泳池实用性来看，室内游泳池要优于室外游泳池，无论是寒冷的冬季还是炎热的夏季，室内游泳池都可以全年使用，给人们带来持续的运动乐趣。相比之下，室外游泳池受季节和天气的限制，一般只能在夏季使用。

　　游泳池的水质是非常重要的，它直接关系到人们的健康，国标规定含氯量应该是 1.0—1.5 毫克/升，PH 值应该在 7.2—7.8 之间，这个范围才能保证水的清澈度和卫生性。游泳池的水温也是有规定的，国标规定游泳池的温度应在 26C°—28C°之间，室外游泳池的水温度不宜低于 22C°，这个温度最适合人体的温度，人在这种水温下游泳会感到非常舒适。游泳池中的浑浊度和杂质也是需要限制的，根据国标，游泳池的浑浊度应该是 5 度以下，游泳池中的杂质也应该尽可能地减少，不过，游泳池的过滤系统可以帮助达标。游泳池边缘和坡度的设计也非常重要，边缘不要太高，以免游泳者爬上去后因跌落而发生危险；池边的坡度应该在 10°左右，这样可以避免水从泳池边缘倒灌进池中，影响游泳体验。游泳池的安全措施在国标中也有明确规定，标准要求游泳池周围具有一定的安全设施，如防护栏杆、玻璃隔断等，游泳池中应该有防滑、耐磨材料覆盖池边，以避免滑倒的危险。

　　游泳池要配备循环水处理设备，需有游泳池消毒设备，其中有投药计量泵、投药器、臭氧发生器、盐氯机、铜银离子消毒器等。游泳池还要附设独立的卫生间、冲淋房和更衣室。游泳池还应配备专业的水处理技术人员、水质检测技术人员、设备维护人员等。游泳池还应配备救生人员。

　　关于游泳池，我啰里啰嗦说了这么一大堆话，就是因为度假酒店的许多投资人和设计师特别青睐游泳池，游泳池好像成了度假酒店的某种象征。他们不知道从设计到建造直至经营管理要费多少钱，耗多少精力，但在他们眼中，不就是造一个水池吗？他们在效果图、鸟瞰图上看到一个深蓝色的尤物是多么的心旌摇荡，可现实中到底有多少人会去游泳，有多少时间是在闲置，他们知道吗？如果他们事先就知道，那些室外游泳池多半将会变成臭水潭，室内游泳池多半将会因为年年亏损而日后砸掉改作他用，他们还会那么热衷于这个项目吗？

度假酒店不是一概不能设计游泳池，要具体问题具体对待，这里我给出一些设计原则：

（1）四季分明地区的度假酒店原则上不设室外游泳池，但如果有室外温泉泡池，可以考虑设室外游泳池。一般来说，300间左右客房且有较多客人需求的度假酒店可以设室内游泳池，客房量较少的度假酒店是没有必要设置室内游泳池的。

（2）在类似海南、云南、广东、广西等年均气温较高或温差不大地区的度假酒店，以设计室外游泳池为主，少数比较高档、房量超过300间且有较多客人需求的度假酒店可以设置室内游泳池。

九、浴缸

看完游泳池，我们再来看客房里的浴缸。酒店的浴缸材质有铸铁、亚克力或玻璃纤维，近几年木质浴缸也渐渐走进了中国大陆的酒店，主要以四川地区的香柏木为基材制作而成，因而也称作柏川木桶。高档酒店一般配备的是铸铁浴缸，它采用铸铁制造，表面覆搪瓷，所以非常重，使用时不会像亚克力浴缸那样产生较大的噪音，而且浴缸壁厚，保温性能较好。几十年前，老式宾馆的浴缸承担着沐浴和淋浴的双重责任，随着时代的发展，沐浴功能快要消失，而淋浴功能则由专门的淋浴间来替代，故而许多酒店已不再设浴缸。但是，由于星级评定的要求，所有四星和五星级酒店必须在部分或全部客房卫生间里配置浴缸，其实，我是不大赞成这种做法的，而且在本书的有关章节中专门论及。本篇要说的是，度假酒店不管是不是上四星或五星，其投资人和设计师都喜欢在客房卫生间里放上一个浴缸，而且多半是比较高档的铸铁浴缸，好像浴缸也成了度假酒店的当然配置，起码我顾问过的度假酒店，几乎所有的投资人和设计师是这么认为也是非常坚持要设计浴缸的，即便我说服了他们不要在普通标间里放置浴缸，但套房或更豪华高档的房间一定会坚持保留浴缸的。那么，我为什么不赞成度假酒店的客房卫生间放置浴缸呢？理由如下：

（1）绝大多数客人不会使用，因为担心不卫生。我管理和顾问过多家度假酒店，最清楚客人会不会使用浴缸的是客房服务员，他们告诉我，很少客人会使用浴缸，因为酒店是公共场所，谁也不知道之前住过的房客是些什么人，有没有什么传染性的疾病，所以不敢使用浴缸。另外，如果有不道德的房客居住的话，不知道会如何使用酒店的浴缸，我们在网络上也会看到有些不道德的人在住酒店时直接使用烧水壶来煮内裤，所以为了安全起见，绝大多数客人不敢使用浴缸。于是，许多酒店为了鼓励客人使用浴缸，就提供一次性浴缸膜，使用时先将浴缸四周洒少量的水，再将一次性浴缸膜沿浴缸壁轻轻铺开，浴缸膜会自动与浴缸壁粘贴一体，这样可将浴者的身体与浴缸完全隔离，消除浴缸存在的卫生隐患，有效预防各种传染病。但我访问过许多使用一次性浴缸膜的度假酒店，浴缸的使用率也很低，多数客人怕麻烦，而且甚至担心这种一次性浴缸膜仍然存在卫生问题。

（2）牺牲卫生间的有效面积。看一家酒店的客房是否有档次，首先是看卫生间，卫生间的面积如果够大，那么客人使用起来就感觉舒适。许多度假酒店客房卫生间的面积本来比较宽敞，但常常因为摆放了一个浴缸而大大影响了其余功能使用的体验感，比如洗脸台宽度不够，或是淋浴间尺度不足，或是马桶区不太宽敞。如果满足了卫生间各功能区的面积，往往会影响卧室的使用面积，比如双人间 1.35m 宽的床，本来可以换成 1.5m 宽甚至是 1.8m 宽的床，这样的房间可能比加了浴缸的更能卖得起价。又比如原本是放置一张 2m 宽大床的单人间，设计时就可考虑加一张 1.35m 宽的床，成为一个家庭房，既可当单人间也可作家庭房销售，增加了销售的多样性，提高了客房的坪效。那些客房卫生间本不太宽敞的度假酒店，就更没有理由设计浴缸了。

（3）增加投资。客房卫生间里不管是用铸铁、亚克力浴缸还是木质浴缸，都需要花钱，特别是度假酒店，一般都会购买档次较高的铸铁浴缸，但其价格要比亚克力材质的贵 2—3 倍，加上龙头，组合起来的价格动辄上万元。

（4）增加清洁工作量。不管客人使用与否，客房服务员都必须做保洁；如果客人使用后，需严格按照清洗消毒规程进行清洁保养。不同材质的浴缸，所使用的清洁剂是不一样的，比如清洁亚克力浴缸时，要用柔和的清洁剂喷洒浴缸表面，五分钟后用湿抹布轻轻擦拭，而清洁铸铁浴缸，最好选用专用的浴缸清洁剂，可以有效除去浴缸表面常见的皂垢、水垢等，不会损伤浴缸表面。

十、温泉

最后一处请大家看的是温泉。据说四川人喜欢泡温泉，将泡温泉作为一种放松身心的方式，因为四川地处地震带，拥有丰富的温泉资源。我以前去四川顾问度假酒店，可能 10 公里范围才有一家温泉酒店，现在是一公里范围可能就有几家温泉酒店。我也常去全国一些省份顾问度假酒店，许多都带有温泉，而且千姿百态，温泉有室内室外，大池小池，私汤入户；而室外泡池更具特色，有的设在山顶，有的建在山腰，有的藏于密林，有的躺在溪旁。只要有可能，酒店投资人都喜欢把度假酒店配上温泉，设计师更会摇旗呐喊，以为度假酒店有了温泉，才有可能成为网红，游客才会争相前来打卡。但我所了解的是国内大部分温泉度假酒店都在亏本经营，倒闭的速度要远远快于一般的度假酒店，所以，我经常给温泉度假酒店的投资人泼冷水提意见，现在请允许我把这些忠告总结汇报如下：

（1）温泉度假酒店要建在地理位置优越、交通便利的地方，最好附近有重要的历史文化名胜。一家温泉度假酒店开始吸引的是那些车程在两小时左右的城市客人，有的是商务需求，更多的是家庭出游、同学战友聚会、单位组织退休职工活动等，所以交通设计十分重要。但随着时间的推移，这些客源会部分转向新的温泉度假酒店消费，若想让这种酒店可持续性经营发展，那必须要有其他资源的支撑，即能让游客源源不断来观赏的历史文化名胜，温泉只能作酒店的配套，而不能作为引流的主打项目。事实证明，主要依赖温泉资源经营的度假酒店绝大多数是短命的。

（2）温泉度假酒店要具备充足的温泉水源。温泉水温要高于人体温度才行，才能起到加强血液循环、舒缓情绪和压力、增强新陈代谢的作用，所以，温泉水温一般在 40C°至 45C°之间是最佳泡温泉的温度，那么，温泉的出水温度应该至少在 50C°以上。度假酒店的温泉水源通常来自两个方面：通过钻井方式获取和购买温泉水。一般来说，酒店不宜采用钻井方式获取温泉，因为打井成本少则几十万、几百万，多则上千万。其成本取决于多个因素，包括地质条件、井深和井径等，许多情况下是花了钱还不一定能打出温泉来。最好是在决定做温泉酒店之前，考察好当地特别是附近有没有充足的温泉水源，水源距离酒店越近越好，价钱一般是在 50 元/吨—60 元/吨，这种购买温泉水的方式更适合于租赁物业做温泉酒店。

（3）温泉度假酒店要具备一定规模的客房数量。有温泉资源的度假酒店通常都远离城市中心，客人一般是驾车前来消费，虽然有部分客人可以当天往返，但更多的客人是需要在酒店过夜的，如果客房数量少了，就满足不了客人的需要，就会影响这部分客源的消费。温泉度假酒店既然已经在温泉项目上做了大量投入，如果客房数量少了，不仅局限了经营范围，而且会让温泉闲置期拉长，而酒店是靠客房赚取利润的，如果客房量少了，其收入和利润也会随之减少，容易造成整个酒店收支倒挂。

（4）温泉度假酒店要科学合理地做功能布局。温泉度假酒店的一般配置为室内和室外泡池，室内有私汤、不同水温和各种用料的大小泡池，室外所设的大小泡池也是水温和用料不同的。室内外公共泡池的水温一般分为温水浴和高温浴，温水浴在 34C°—38C°之间，每次泡 10—20 分钟，不超过半小时。高温浴在 39C°—42C°之间，每次泡 5—15 分钟，不超过 20 分钟。用料根据泡池的数量和种类可为玫瑰、草红花、枸杞、酸醋、辣姜、茉莉、当归、甘草、椰奶、竹叶、薄荷、绿茶等。私汤的水温可由客人自己调节，用料由酒店提供一两种或几种不等。根据我多年顾问温泉度假酒店的经验来看，独立的庭院、独栋的别墅或是能够观赏到室外壮观景色的客房，可以设计私汤，普通客房里不建议设置私汤。如果在部分地区有泡私汤的喜好，才可以考虑在部分或全部客房里作私汤配置。因为私汤的建设投资大，使用成本高，管理难度大，房间易损坏，更重要的是，除了情侣外，客人一般更喜欢去公共泡池，因为那儿才能有泡温泉的感觉，而且如前所述，公共泡池可以选择不同水温，用料更加丰富，还会有工作人员现场服务。这里顺带强调的是，如果设计私汤，那么一定要保证温泉水的出水量，管径要加大，最好设计两个出温泉水的管子。

度假酒店里的温泉应以室内公共泡池为主要布局。既然酒店是一年四季都要开门接客，那么，作为酒店提供的温泉特色项目，也应当能为前来消费的客人提供持续的泡温泉的服务。不管是什么地区，无论是何种季节，不论男女老幼，客人都可以在室内舒适的环境中享受泡温泉的惬意，所以，运作时要尽可能设计一个大些的泡池，根据酒店规模和客源情况再设计若干个中型和小型泡池，室内泡池要配专人提供优质服务，要迎接和招呼客人，注意泡池里客人的安全，帮客人整理拖鞋毛巾，给客人提供饮料，回答客人的询问，为客人解决困难，及时清理池边卫生。而室外的泡池多半应设计成较小的情侣泡池，宁可多些数量多些品种，附带少量的中型泡池。室外泡池在设计时应尽量靠近温泉中心，特别是在四季分明地区的温泉度假酒店，这样方便酒店提供服务，也方便客人进出泡池，当然也可减少投资。

我顾问过南京一家温泉度假酒店，酒店位于江苏第一家中国温泉之乡浦口，这里有十里温泉带，百亩九龙湖，千年古银杏，万只白鹭鸟，亿株雪松苗，其水量十分丰沛，富含矿物质。具有这么一个优质资源的温泉度假酒店为什么还会亏损呢？因为酒店的温泉设计，整个酒店没有公共大小泡池，却将私汤进入每间客房，走进房间一股霉味扑鼻而来，湿气很重，从墙纸、地毯到家具腐蚀严重，开业头两年生意还不错，随着客房硬件品质的急剧降低，酒店的经营也难以为继了。湖南浏阳一家温泉度假酒店，依山傍水，层峦叠翠，且紧邻城市中心，地理位置绝佳。整个酒店配套齐全，有 300 多间客房，设有 63 个大小不同、功能各异的特色温泉池，其中树上温泉隐藏在山上的密林里。浏阳夏天湿热，蚊虫很多，客人上山泡温泉还担心踩着蛇；冬天寒冷，室外那么多泡池利用率很低，特别是遇着下雨刮风，有几个客人还能顶着风雨惬意地泡温泉。当时我提出反对意见，因为酒店就在市区，着重把客房餐饮两个核心产品做好就能赚钱。但董事长经不住周围人的反复洗脑，坚持把温泉作为酒店的主打项目做大做得有特色，最后的结局就是每年都在亏本经营，苦苦支撑不到 10 年终于关门。

我把设计度假酒店的误区比作一个大观园，大家辛辛苦苦跟着我转悠了半天，我也逐一地讲述了这 10 个方面设计的要害，但仍意犹未尽，还想再说几句。因为度假酒店接待着方方面面的客人，而且一般来说季节性很强，年均入住率和房价都不容易做高，所以，投资人和设计师都挖空心思在配套项目和视觉效果上大做文章，主观愿望是值得称赞的，但常常由于对经营管理知识的缺乏和投入回报测算的失误，理论上的想象很多不能落地，结果是把资金用错了地方，通俗地讲，就是好钢没用在刀刃上。度假酒店的客人主要是来玩名山大川、赏历史名胜的，酒店的建筑和园林景观设计得再有特色，还能比那些著名景点更吸引游客吗？度假酒店的客人在游玩了一天后，比起城市酒店的客人更容易人困马乏，饥肠辘辘，那么，度假酒店从设计开始直至开业后的经营管理，是不是应该把注意力集中在"睡个好觉，洗个好澡，吃个好早餐"这个主题上呢？除此之外，度假酒店是否可以考虑向客人免费提供包括夜宵的四餐，是否可以提供免费洗车服务，是否可以提供每天免费洗一件或一套衣服，是否可以提供免费班车接送机场车站的服务，是否可以增设一些儿童嬉戏、老人健身、垂钓划船、工艺表演等项目？我列举的这些服务内容是与客人体验有直接关系的，看起来要投入一些资金，但与我在本篇文章中所列举的因为错误设计规划而浪费掉的资金相比，可能用这些浪费掉的资金所产生的利息收入就能覆盖我所列举的增值服务的投入了，况且这些增值服务可以为酒店带来惊喜的溢价，包括酒店品牌、住客率、收入和利润等各方面的溢价。当局者迷，旁观者清，遗憾的是看我文章的基本是投资人、设计师和管理者，如果您能把自己的身份换成消费者，在运作度假酒店之前带着对我文章的思考去几家度假酒店住上几天，您可能就会眼前一亮，也许就能推翻您对度假酒店的传统认知。那么，中国的度假酒店才有希望走出误区，步入康庄大道。

第十四章　如何正确选购酒店装修材料

我在全国各地讲课和顾问酒店时，常常有一些人问我：新开的酒店都有好重的气味，该用什么方法来除味呢？酒店四五年后又需要重新装修吗？酒店客房正常的清扫时间起码要半个小时到四十分钟，听说你管的酒店客房清扫时间只需要二十分钟，这是真的吗？我往往会这样回答他们：我所主持建设的新酒店开业时无须除味，今天完成清洁任务就今天开业，因为酒店各个区域没有异味。我所主持建成后的酒店一般要到八至十年才需要重新装修，也就是说，同期开业的酒店中，我筹建的酒店改造一次，别的许多酒店已经改造了两次。另外，大凡我主持设计的酒店客房（都在四星至五星级的标准），其服务员清扫一间的时间只需要二十分钟，而同类型的酒店需要四十分钟左右。其实，以上问题都与装修时采购的材料有关。材料采购是一门很重要的学问，不代表花高价就能买到好产品，有时花了钱客人还不买账，叫作"吃力不讨好"；有时花少了钱，买了不应买的劣质产品，就会耽误酒店生意。酒店装修材料要会采购，要花适当的钱买最合适的产品。毫不夸张地说，我主持建设的酒店，其总投资是其他同等规模、同等档次酒店的一半，而管理成本上还更节约，还更有经营的亮点和卖点，算上折旧或房租或利息，至今为止还没有一家赔钱的。试想想，若你进了一家酒店客房，满屋充斥着刺鼻子辣眼睛的气味，你还会住下去吗？住进去就是在吸毒！开业四五年后就要大动干戈改造酒店，那么你这个职业经理人的口碑会好吗？若别家酒店的客房清扫时间在二十分钟内可以完成，而你酒店需要四十分钟才能完成一间客房的清扫，那么，你的客房部员工不久就会纷纷跑到别家酒店去了。综上所述，酒店装修材料的选择是多么重要啊！既然如此重要，我们就来谈谈如何选购这些材料吧，需要强调的是，本章不是产品宣传或技术普及，而是针对酒店基建中材料采购决策人往往忽略大意或是受传统观念误导的一些问题，帮助他们拨开迷雾，最终能"识得庐山真面目"。

一、大芯板（又称细木工板）

大芯板的工艺要求很高，不仅需要足够的场地让木材有充足的时间进行适应性自然干燥，而且还要通过干燥窑进行严格的干燥工艺控制，加工设备的优劣是决定产品加工精度和质量的关键。但是，其加工设备是需要大量资金投入的。自从国家强制实行装饰装修有害物质限量达标之后，用于大芯板的胶粘剂必须进行改进，仅此一项成本就要增加10%左右。因此，真正绿色环保的大芯板每张六七十元是不可能生产出来的，符合国家标准的E1级大芯板，100元左右已经是微利了，如果是环保等级更高的E0级大芯板，市场价在130—280元。如果产品是E2级大芯板，即便是"合格产品"，其甲醛含量也可能要超过E1级大芯板3倍多，用于酒店装修怎么能不刺鼻辣眼呢？所以，E2级大芯板是绝对不能用于酒店装修的。依笔者的经验，由于酒店客房平时密闭不大通风，居住的人又少，所以客房最好使用E0级大芯板，而酒店的公共区域如大堂、餐厅、会议室、KTV、健身房等，可以使用E1级大芯板，但档次和收费较高的五星级酒店，应该全部使用E0级大芯板，这点钱省不得。

酒店公共区域如果E1级大芯板用量过大，也可能造成室内总体甲醛含量超标，一般100㎡左右的室内使用大芯板不要超过20张，同时还要考虑室内的其他装修材料，如果使用过多会造成甲醛超标。特别是不要在地板下面用大芯板做衬板，以免造成室内空气中甲醛超标，设计审查时这些环节不要忽略。

二、油漆（涂料）

我家里装修用的是大宝油漆，装修师傅告诉我，以前他在别人家装修时，主人买的基本都是劣质油漆，气味刺鼻辣眼，他们都不敢在室内居住，而在我家装修期间，师傅们一直住在屋里，因为施工阶段没有什么异味。师傅还告诉我，如果用了甲醛超标的油漆，产生的有害毒物二十年都挥发不掉。装修结束的当天，我就启用了新家，前来道贺的朋友也惊奇地发现室内没有任何异味，似乎房子已住过多年一样。

能够证明油漆产品环保的唯一标志是中国环境标志产品认证委员会颁发的"十环"标志，目前国内有据可查的油漆企业有 8000 多家，但获得这种环境标志认证的仅 104 家。因此可以想象，我们有多少用户使用了多么危险可怕的油漆产品啊！选择绿色环保的油漆，创造无污染的室内环境，是目前众多消费者的迫切需求，因为据欧盟执委会联合研究中心发布的一项最新研究报告，室内空气污染对人体健康的不良影响远较室外的空气污染严重。所以，购买品牌油漆是我们酒店采购人唯一的选择和应走的捷径，目前市场上可用于酒店的油漆品牌有：嘉宝莉、多乐士、华润、大宝、美涂士、赛力特、立邦、三棵树、紫荆花、大象等。

顺便提一句，因为早期大多以植物油为原料，故有油漆之称。现在合成树脂已大部分或全部取代了植物油，故称为涂料，而涂料一词可全部覆盖行业的各类产品，因此使用涂料名称更准确、更科学。

三、地漏

大凡经常住酒店的客人和管理者都清楚，许多酒店客房卫生间的下水不畅，客人冲淋时只好把地漏盖拿掉，有些酒店管理者干脆不等客人拿掉地漏盖，先行将其拿开。这样是解决了下水不畅的问题，可是，这样的酒店一定蚊虫很多，房间里一定有异味，特别是在炎热的夏季，因为蚊虫和臭气会沿着下水道上来进入卫生间直至卧室。而下水不畅又影响了客人冲淋，部分客人兴许会将未冲干净的脚底伸进面盆中二次冲洗。因为下水不畅，服务员在清扫这样的冲淋间时会发现许多污物毛发散积在地面上，便增加了清扫的难度和时间。有些档次较高的酒店为了解决下水不畅的难题，就在冲淋间地面上增加一块石材，四面形成流水槽，这样就形成一定的水压以强行打开地漏盖来保持下水通畅。其实，只要选择好地漏，淋浴间地面稍作找坡，问题就迎刃而解了。

一般人认为，地漏是排水之用，质量好的质量差些的地漏不都一样能把水排走吗？其实误区就在这里。不管是我自己筹建的酒店还是顾问他人酒店，我都必须亲自挑选卫生间的地漏，就是为了防止下水不畅的事发生。地漏除了排水的基本功能外，还要排掉固体物、纤维物、毛发以及其他易沉淀物等，所以，地漏的国家标准中清楚地说明："地漏的选择应符合下列要求：（1）应优先采用直通密闭式防臭四防地漏；（2）卫生标准要求高或非经常使用地漏排水的场所，应设置四防地漏。"所以，作为卫生标准要求很高的酒店，无论是档次较低还是较高的，都必须使用四防地漏。

最后，普及一下四防地漏的主要功能：防反水、防反味、防害虫、防堵塞。

四、防水材料

"酒店装修最重要的是哪个环节？"常常会有人这样问我。他们以为我会给出装修风格、装修效果或是装修收口这类的答案。出乎所有人意料，我会回答防水是酒店装修中最重要的工作环节。不知大家注意到没有，许多新开业的酒店不是这儿漏水就是那儿渗水，有的酒店因为防水未做好而迟迟不能开业，或是即便开业了，也要耗时耗钱不断整改。水是无孔不入的，对于酒店管理者来说，只要防水未做好，就会成为他们心中永远的痛。

防水按照采取的措施和手段的不同，可分为材料防水和构造防水两大类。材料防水是靠建筑材料阻断水的通路，以达到防水的目的或增加抗渗透的能力，如卷材防水、涂膜防水、混凝土及水泥砂浆刚性防水以及黏土、灰土类防水等。构造防水则是采取合适的构造形式，阻断水的通路，以达到防水的目的，如止水带和空腔构造等。酒店室内防水主要涉及的是材料防水。

适用于酒店内部装修的防水材料有两种：通用型 GS 防水材料和柔

韧型 JS 防水材料，这两种材料产品性能好且价格适中。通用型防水材料既能形成表面涂层防水，又能渗透到底材内部形成结晶体以达到阻遏水的通过，达到双重防水的效果，产品突出其黏结性能。柔韧型防水材料是将粉料和液料混合后涂刷，形成一层坚韧的高弹性防水膜，该膜对混凝土和水泥砂浆有良好的黏附性，与基面结合牢固，从而达到防水效果，产品突出其柔韧性能。综合考虑，酒店室内装修的防水材料最好使用柔韧型 JS 防水材料。

五、开关面板

开关面板看似简单，但它关系到是否安全、方便、舒适、节能等方方面面。我住过和参观过的各类酒店，几乎没有几家使用正确，所以开关的选购必须慎之又慎。选购开关面板时，可以运用以下窍门：

（1）眼观：好的正规产品应该平整、无毛刺，色泽和材料均采用进口优质 PC 材料，而且阻燃性能好。有的产品表面虽光洁，但色泽苍白、质地粗糙、阻燃性不好，会给用电埋下火灾隐患。

（2）耳听：轻按开关功能键，滑板式声音越轻微、手感越顺畅、节奏感强则质量较优；反之启闭时声音不纯、动感涩滞、有中途间歇的声音则质量较差。

（3）看结构：目前较通用的有滑板式和摆杆式。滑板式声音浑厚，手感舒适，而摆杆式声音清脆，且有稍许金属撞击声，所以滑板式要优于摆杆式。双孔压板接线较螺钉压线更安全，因前者增加导线与电器件接触面积，耐氧化，不易发生松动、接触不良等；而后者螺钉在紧固时容易压伤导线，接触面积小，电件易氧化老化，导致接触不良。目前好的产品均采用双孔压板接线方式。

（4）手动：好的产品面板用手很难直接取下，必须借助一定的专用工具，而质地较差的面板则很容易用手取下面盖。

（5）认品牌：名牌产品经时间和市场的检验，是消费者心目中公认的安全产品。可以参考的开关面板品牌有：梅兰日兰、罗格朗、西门子、TCL、西蒙、朗能、奇胜、天基、松下、博坚等。

另外，由于酒店住客始终是频繁流动的，为了方便客人使用且节约能源，客房里的开关面板上必须印上中英文，在有限的面板空间里尽可能地加大字体，而且必须是电脑刻字，因为电脑刻字在十年内不会脱字。需要强调的是，选购面板时必须要供货商、客房管理人员和水电施工的技术负责人三方共同严密配合，缺一不可，这样才不会导致浪费，不会影响酒店按时开业。

六、天然石材和人造石材

　　天然石材是指从天然岩体中开采出来的并经加工成块状或板状材料的总称，酒店装修用的天然石材主要有花岗石、大理石、莱姆石及砂岩。

　　莱姆石是几亿年前海底岩石、岩屑和贝类珊瑚等冲积物经天气及地壳变动积聚而成的结晶石。砂岩是一种沉积岩，由砂粒胶结而成，通常呈淡褐色或红色。它们的强度远不如大理石和花岗石，使用条件比较讲究，对结构和表面保护要求较高，所以，它们用于酒店室内装修的区域有限，而且只能用作墙面装饰。花岗石系火成岩，成分主要是二氧化硅，毛孔排列紧密，质地坚硬，属于硬石材，强度也很高。花岗石具有不同的色彩，如黑白、灰色、粉红色，呈斑点状纹理。由于它质地密实，不易被大自然风化，抗酸碱能力强，外观色泽可保持百年以上，故多用于外墙饰面、广场地面铺装，但不适宜做酒店室内装修材料。花岗石资源丰富，价格相对便宜。

　　大理石是一种变质岩，主要成分是碳酸钙，其质地比较柔软，属于次硬石材。大理石经过锯切、磨光、打蜡，可加工成表面光洁如镜的板材。由于色彩和花纹多样、光泽柔润、瑰丽多姿，大理石是酒店室内装修的理想材料。不过，选购大理石时必须注意以下几点：

　　（1）选择大理石不能单看石材样板，需要对一定批量的材料做考察，避免对最终效果判断失误。石材的美观不是局部的美，而要有整体的美。石材是千变万化的，关键是要找到美的关联因素。所以在石材安装之前必须排版编号，安装时必须按号施工。

（2）随着当今全球对环保的要求越来越高，允许开采的矿区逐渐减少，加之国际不稳定的因素如战争、恐怖袭击、经济处罚等，某些材料的供应链随时会被切断，比如伊朗的莎安娜、贝鲁特的贝沙金、安哥拉的香格里拉棕，而大型酒店项目从设计定案到施工结束一般需要两年时间，选用时必须考虑此因素。

（3）大理石产自国外，我国不生产大理石，因此，和其他墙地面的装饰材料相比，大理石价格昂贵，保养麻烦，是酒店室内装修中最烧钱的材料，对于回报慢、盈利少的酒店项目来说，少用、合理使用大理石是明智的选择。酒店的公共区域地面，由于人员流动性大，各种鞋底践踏磨损，只有大理石能够担当起这个重任；如果使用瓷砖或别的材料，其釉面或表面很快会被磨去光泽，所以，酒店的公共区域必须使用大理石。不过，公共区域的墙面可用其他材料代替，如仿大理石极其逼真的冰火板；所有客房卫生间的墙地面可使用瓷砖。

（4）天然大理石是有色差的，没有色差的是人造石和瓷砖。由于大理石质地比较柔软，因而容易开裂或断裂，这些都属正常现象。但往往酒店建设方对天然大理石认识不够，认为有色差就是质量有问题，有开裂或断裂就应作报废处理。其实，大理石有色差才显天然的缺陷美，只要是一块整板按号施工，有色差也属合理范围。开裂或断裂的石材，可通过同色的云石胶修复如初。

最后说一说人造石。人造石材是一种人工合成的装饰材料，其优点很多：价格便宜，易清洁，抗污垢，耐冲击，耐热阻燃且无毒，可大胆用于客房的洗脸台、茶几面、窗台、门套等。

七、瓷砖

瓷砖可分为抛光砖、陶瓷锦砖、仿古砖、玻化砖、通体砖、釉面砖和微晶石七种。

（1）抛光砖：通体砖坯体的表面经过打磨抛光处理而成的一种光亮的砖，特点是坚硬耐磨，可做出各种仿石、仿木效果。缺点是易脏、防滑性能不好，所以酒店的卫生间、厨房不能使用。

（2）陶瓷锦砖：又名马赛克，规格多，薄而小，质地坚硬，耐酸耐碱耐磨，不渗水，不易碎，色彩多样。可用于酒店卫生间墙面、冲淋间地面和部分墙面装饰。

（3）仿古砖：是从彩釉砖演化而来，与普通的釉面砖差别主要表现在釉料的色彩上。仿古砖属于普通瓷砖，所谓仿古，指的是砖的视觉效果，所以仿古砖并不难清洁，因而可以根据装修风格用于酒店任何区域。

（4）玻化砖：是一种高温烧制的瓷砖，是所有瓷砖中最硬的，它比抛光砖工艺要求高，是强化的抛光砖，表面不需要抛光处理就很亮了，而且更耐脏，所以受到酒店室内装修的青睐。

（5）通体砖：是一种不上釉的瓷砖，有很好的防滑性和耐磨性，一般所说的"防滑地砖"大部分是通体砖，而且这种砖价格适中，普通档次酒店的卫生间地面都可以使用。

（6）釉面砖：是在坯体表面加釉烧制而成的，主体又分为陶体和瓷体两种：用陶土烧制出来的背面呈红色，瓷土烧制的背面呈灰白色。釉面砖表面可做成各种图案和花纹，比抛光砖色彩和图案更加丰富。因为表面是釉料，所以其耐磨性不如抛光砖和玻化砖，不想频繁改造的酒店卫生间最好不要使用这种釉面砖。

（7）微晶石：其实也是釉面砖的一种，它只是在釉的上面又附加了一层很薄的微晶玻璃层，所以又叫玻璃陶瓷复合板。优点是表面光亮度极高，如镜面一样，硬度和耐磨度也极好，其美观度远胜于天然大理石。缺点是价格非常贵，加工切割比较困难，因为切割后基本玻璃层容易崩边，影响美观，所以不能在现场切割，必须要送到专业加工厂切割。

八、地毯和地胶垫

地毯种类繁多，可以按材料分为：化学材料地毯、植物纤维地毯、动物纤维地毯、化学与动物纤维混纺；也可以按制造方式分为：手工地毯、机织地毯、机制地毯。因为本节主要讨论的是酒店地毯的选购，而我们酒店人往往喜欢用制造方式来选择地毯，所以，笔者就专门从手工地毯、机织地毯和机制地毯这三个品种展开。

（1）手工地毯：手工地毯分为手工打结羊毛地毯、手工簇绒羊毛胶背地毯和手工真丝打结地毯。这类地毯价格很高，一般在酒店只会少量点缀在局部的高档区域，如豪华包厢、贵宾接待室、总统套房，如果大面积使用手工地毯，反而不能体现出其高贵，且使造价成本不必要地增加许多。

（2）机织地毯：

A. 威尔顿地毯：优点是图案随意性强，脚感好，生产效率高，价格适中。缺点是由于威尔顿织机的特性，有上下毯之分，因此易变形缩水，气味不易散发，但它仍然是当今世界酒店中使用最多的地毯品种。

B. 阿克明斯特地毯：优点是在地毯的花型设计中，对图案、颜色数量等各个方面很少限制；毯面平整，能支撑布草车的重量，长期使用不变形、不起拱；阻燃性强，防火安全；耐用性、稳定性、舒适性高，使用寿命起码是 8 年。缺点是此地毯属单层织物，且织速很低，仅为威尔顿织机的 30%，所以价格偏高；另外，羊毛是短纤维，大多隐藏着浮毛，易出现掉毛现象，一般掉毛期为 3 个月。但它是当今国内外四、五星级酒店公共区域的首选材质。

（3）机制地毯：这里主要指的是簇绒地毯。优点是不霉变、不缩水、不变形，而且价格较阿克明斯特地毯便宜；由于花色为 4m 满幅循环，超出长度范围可拼接。缺点是地毯图案简单。这种地毯非常适合客房区域大面积使用。

这里还要专门提一下尼龙印花地毯，它是采用喷墨技术在匹毯上印制花形图案的工艺而织成的地毯，其生产原理类似于大型彩色喷墨打印机，由电子系统控制，将色浆喷射到匹毯的表层，因而在毯面上形成客户想要的任何花形图案。它不仅生产周期短、效率高，而且有回弹性强、色彩鲜艳、色牢度高、防霉防蛀、防腐性强等优点。但是，它有两个致命的缺点：一是熔点特别低，烟头掉在地毯上 10 秒钟就会产生一个烟洞；二是在常温下有可染性，如红酒、茶水、酱油等会被地毯纤维吸附，难以清洗。所以，该毯不适合中国酒店的普通客房，豪华客房由于量少且客人普遍素质较高，可以使用。

怎样判断地毯质量的优劣呢？一是看地毯的绒头密度：可以用手触摸地毯，绒头质量高，毯面的密度就丰满，这样的地毯弹性好、耐踩踏磨损、舒适耐用；二是色牢度：可用手在毯面上反复摩擦数次，看手上是否粘有颜色，如粘有颜色，则说明色牢度不佳，在使用中易变色掉色；三是地毯背衬黏结力：簇绒地毯的背面用胶乳粘有一层网格底布，选择这种地毯时，可用手将底布轻轻撕一撕，看看黏结力的程度，如果黏结力不高，底布与毯体就易分离，说明地毯不耐用。

综上所述，对于大多数酒店来说，笔者建议：首先在设计与花型上动脑筋，通过巧妙的理念设计来降低成本，花较少的钱达到最理想的效果。其次是公共区域、餐厅、包厢可用阿克明斯特地毯，显档次。再次是普通客房用五五毛（即 50%羊毛、50%尼龙）簇绒圈绒地毯，阻燃性能好，抗烟头，防火检测达到 B1 级标准。最后是行政楼层的商务套房、总统套房，因客人流动量很小，且多为素质较高的客人，可选用显档次的简花尼龙印花地毯。

最后有必要说一下地胶垫。许多人认为，地毯的脚感好与否在于地毯的绒高和厚度，其实这是一种误区，因为再高的绒和多厚的毯，如果没有合适的地胶垫的加入，也是不会给客人创造出舒适的脚感来。所以，地胶垫的选择也是非常重要的。

地胶垫主要有三种：泡沫地垫、海绵地垫及橡胶地垫。泡沫地垫价格便宜，但缺乏弹性，与底层锡箔材料接触有轻微金属摩擦声，且防火不过关，这种地垫不能在酒店使用。真正的橡胶地垫优点最多，由于价格昂贵，市场上这样的地垫已近乎绝迹，大多数橡胶地垫掺入其他材料，长期使用后，劣质橡胶易固化断裂，所以这类地垫也不可取。而海绵地垫价格适中，脚感好，可反复踩踏不易产生痕迹，适合用于酒店的各个区域。依笔者经验，1.2cm 厚的地胶垫最适于用作酒店各区域地毯的底垫，有些像档次要求特别高的总统套房、豪华会客室及豪华餐饮包间也可用 1.5cm 厚的地胶垫。

九、复合地板、竹地板

酒店客房传统的做法都是铺地毯，但就像上面讨论的那样，也有其方方面面的不足，所以，一些经济型酒店、精品酒店、度假型酒店甚至高端酒店，客房地面也在采用复合地板或竹地板。

1. 复合地板

复合地板又分为实木复合地板和强化复合地板。

实木复合地板可分为三层、多层和细木工实木复合地板。三层实木复合地板既有普通实木地板的优点，又能有效地调整木材之间的内应力，改进了木材随季节干湿度变化而易变形的缺点。多层实木复合地板是以多层胶合板为基材，表层采用珍贵硬木作表板胶粘复合热压而成。细木工复合地板是以细木工板作为基材板层，用名贵硬木树种作为表层，经过热压机热压而成。这三种复合地板都比较环保，其性能在酒店使用管理方面都要优于实木地板，其价格和实木地板差不多，但要远远高于强化复合地板，可用于高档酒店客房地面铺装。

强化复合地板与实木地板、实木复合地板相比，因其经济高效地利用木材资源，价格适中，并且具有美观典雅、花色品种多、耐磨损、易保养、安装简便等诸多特点，解决了客房使用、管理方面的难题，受到了越来越多酒店的欢迎。

实木复合地板的厚度有 1.2cm、1.5cm、1.8cm，客房地面采用 1.5cm 厚度的着地感最好，1.2cm 和 1.8cm 厚度的都不宜采用，但是若房间安装了地暖，1.5cm 就嫌厚了，应采用 1.2cm 厚度的。强化复合地板的厚度有 0.8cm、1cm、1.2cm，客房地面采用 1.2cm 厚度的着地感最好，0.8cm 和 1cm 厚的不宜采用，但是若房间安装了地暖，1.2cm 就嫌厚了，应采用 1cm 厚的强化木地板。由于地暖产生的热量会促使甲醛释放量大幅度增加，所以，凡是安装了地暖的客房，不宜使用强化复合地板，但可以放心地使用实木复合地板。

2. 竹地板

竹地板表面华丽高雅，脚感舒适，是近年来开发出来的一种以竹代木、减少木材消耗的新型地面材料。按照使用材料可分为全竹地板和竹木复合地板。全竹地板全部由竹材制成，竹木复合地板一般由竹材做面板，心板及底板则由木材或木材胶合板制成。按照加工处理方式可分为本色竹地板和炭化竹地板，价格介于实木复合地板和强化复合地板之间。只要注意维护，竹地板不失为客房地面铺装的另一种好材料。

竹地板的优点：（1）冬暖夏凉。竹子因为导热系数低，自身不生凉放热。（2）寿命长。只要保养得当，可使用约15年。竹地板虽经干燥处理，但毕竟是自然材料，还是会随着气候的变化而变化。在遇到干燥季节，特别是在开暖气时，需要在房间内放盆水来调节湿度，而在夏季潮湿时，应多开窗，保持室内干燥。（3）外观优美。天然色泽美观，富有弹性，脚感比木质地板好，而且可防潮、不发霉、硬度强。

竹地板的缺点：（1）易变形：受日晒和湿度的影响会出现分层现象。竹地板虽然经干燥处理，减少了尺寸的变化，但因其竹材是自然型材，所以它还会随气候的干湿变化而发生变形。（2）易长虫：主要是在南方地区，竹地板容易长蠹虫，影响地板的使用寿命。

酒店装修材料林林总总说了九大项，意犹未尽，因为材料之繁杂，不能面面俱到，但是已涵盖了装修材料的主要部分。如果酒店建设者能够把上述的材料把控好，选择得当，那么，酒店装修至少已成功一半了。

第十五章 如何正确选购酒店筹备物资

选择心理学认为，在没有太多的选择时，人会变得比较理智，一旦选择太多时，人的注意力会分散，自控能力就会下降，"箩里挑花，越挑越花"，就是这个道理。酒店的筹备物资十分繁杂，大到电梯，小到针线，如果选择不当，就会增加酒店投资，影响使用效果，降低酒店档次，阻碍酒店发展。因为篇幅有限，笔者精挑细选其中主要的筹备物资详细说明。

一、旋转门

门面很重要，旋转门就是酒店的门面，它集各种门体优点于一身，其宽敞和高雅的设计可以营造出豪华的气氛，堪称酒店的点睛之笔。它能有效地对室内外空气进行隔离，从而保持合适的室内气温，同时增加抗风性，消除风口效应，减少能源损失，有效地阻挡风沙灰尘、噪声、废气和蚊虫进入大厅内，保证客人和员工享受到温暖舒适的环境。所以，凡是有一点条件的酒店，都必须尽可能地使用旋转门，请建设者和管理者们切记。

旋转门按功能可分为手动和自动两种，按类型可分为两翼自动旋转门、三翼旋转门、四翼旋转门、环柱旋转门以及水晶旋转门，酒店中普遍使用的是两翼和三翼这两种旋转门。

1. 三翼旋转门

三翼旋转门无论是手动还是自动的，其直径都不能超过 3.6m，原因有二：一是因为如果直径超过了 3.6m，就会增加自重，影响旋转门的使用寿命，如果是手动的有可能推不动。二是直径太大了，三翼的扇叶翼臂太长，它是铝型材离地面支撑的，加上玻璃的重量，时间久了就会变形下垂。所以，三翼旋转门除了具有上文提及的旋转门的优点外，其缺点也是明显的：由于直径小，一次性通过的客人很少，而且客人若拖着行李箱，更要非常谨慎及时地进出；由于旋转门的结构，中间的门不能打开，因而在遇到会议或宴会进出人流量较大时，会发生拥堵；而且这种门不具消防功能，使用时必须在旋转门的两边开边门作为消防通道。由此可见，除非酒店投资人资金上捉襟见肘，或是酒店大堂面积实在太小，否则，即便是档次较低的酒店，也不要使用三翼旋转门，这笔钱不能省。

2. 两翼自动旋转门

两翼自动旋转门是集自动旋转门和自动平滑门二者优点于一身的完美结合，是旋转门、平移门和豪华展箱的完美组合，是融合世界先进科技与现代时尚的经典之作。由一个中开的自动平移门和两个玻璃曲壁展箱组成，集合了自动旋转门与自动平开门的优点，中间的自动平开门可实现单、双向通行和常开等运作模式。特定环境下，如人流量较大或处于火灾情况下，可当平移门使用或将平移门完全打开。酒店可以根据不同的季节、场合和需求，通过功能控制面板或遥控器选择所需的功能。它在旋转时都确保有一个关闭的角度，能有效地隔离室内外的空气，是隔离气流和节能的最佳方案。我在东北的沈阳、哈尔滨、齐齐哈尔等城市筹建过酒店，无一不是使用这种旋转门的。事实证明，即使在零下三十多度的严冬，仅仅依靠一扇两翼自动旋转门，就成功地将冰冷的寒气挡在门外，虽然大厅外雪花飞舞，冰凌倒挂，客人和员工却感到温暖如春。

两翼旋转门的直径最小为 2.4m，最大为 4.8m，门体高度最低为 2.5m，最高为 3.8m。对于两翼旋转门，选用直径 4.2m、门高2.8m 的为最佳，因为 4.2m 直径的自动旋转门可满足很大流量的人员进出，而门高若超过 2.8m，其故障率会随着门的高度增加而增加。另外，旋转门的自重很重，拿 4.2m 直径的两翼旋转门来说，仅玻璃重量就达 700kg。因此，旋转门的中心最好设置在建筑的承重梁上，若旋转门中心位置不能放在梁上，就必须对楼板进行加固，否则一段时间后旋转门会渐渐下沉，直至不能使用。

二、电梯

酒店的交通是否通畅便捷是衡量一个酒店服务质量的重要因素，经研究发现，如果一个客人等待电梯超过 40 秒钟，客人就会出现不耐烦情绪，若超过一分钟，客人就会烦躁恼怒，对酒店产生不好的印象。而服务梯（消防梯）若配置不当，也会严重影响服务质量。因此，本节就酒店常用的客梯和服务梯的选购提出建议。

1. 客梯

（1）客梯数量。五星级：60 间客房配置一台；四星级和精品酒店：70 间客房配置一台；其他：80 间客房配置一台。

（2）载重量（不含装饰材料重量）。五星级：1350kg；四星级和精品酒店：1250kg；其他：1000kg。

（3）轿厢内净尺寸（长×宽×高，单位：mm）。五星级：2250×1800×2800；四星级和精品酒店：2000×1650×2500；其他：1950×1500×2300。

（4）运行速度。2—5 层采用 1m/s；5—12 层采用 1.75m/s；13—22 层采用 2.25m/s；22—32 层采用 2.5m/s；33 层以上一般采用 3.5—9m/s，像迪拜塔超过了 160 层，电梯速度达到 18m/s。

（5）轿门尺寸：载重量 1350kg 的建议是 1.2m 宽；载重量 1250kg 的建议是 1.1m 宽；载重量 1000kg 的建议是 1m 宽。所有轿门的高度在 2.1m 至 2.4m 之间。轿门呈中间向两边开启，必须使用红外感应安全保护装置。

（6）轿厢内部必须设置和注意的：

①操作面板两块：轿厢内门两侧各一块，面板必须包括所有必要的按钮及相应盲文符号。

②报警按钮及五方对讲系统及多方通话对讲系统。

③背景音乐广播喇叭：电梯供应商需提供广播喇叭的随行电缆。

④应急灯：带充电装置，并能保持 1.5 小时使用时间。

⑤到站钟声（包括到站提示音、开关门提示音、行驶方向提示音）、到站层显（每层必须设置）。

⑥高差预留：如轿厢内要求用石材装饰地面，则考虑轿厢底板与停层的高差预留尺寸在 2cm 以上。

⑦摄像孔预留：位置一般在电梯的右上角。

⑧轿厢顶预留专用空调安装位及电源。

2. 服务梯（消防梯）

（1）数量：若设布草通道，300 间客房以内设一台服务梯，300—500 间客房设 2 台服务梯，500 间客房以上的酒店按每增加 200 间房增加一台服务梯。若未设布草通道的酒店，可按以上房间数减去 100 间房计算。

（2）载重量、轿厢尺寸、轿门尺寸及运行速度可参照客梯相应配置。

（3）轿厢配置：①操作面板只需一块；②PVC 弹性塑胶地面，无须预留高差；③轿厢顶无须预留专用空调安装位及电源；④其他相关部分：同客梯。

当然，这里讨论的只是选购者不太清楚或容易忽视的关键知识，而电梯厂家应该或必须提供的技术和配置，不在本节讨论的范围之内。

三、电子门锁

酒店电子门锁与家用电子门锁有着需求上的不同，家用电子门锁要求多种开门方式并存，方便开启为目的；而酒店电子门锁则要求单一的开门方式，这样有利于安全和管理的实现。酒店电子门锁经历了磁卡锁、IC 卡锁、TM 锁，直至今天的射频感应锁。由于磁卡锁和 IC 卡锁技术比较成熟且价格低廉，过去建造的酒店基本都使用这两种锁，但是改造后和新开的酒店都不再使用它们了。射频感应技术的出现，改变了传统接触式的方式，只要将卡放到感应区就能读取，而且速度快，客人也很容易判断是否成功（用 IC 卡开门经常要反复插，不知读卡要多久才算成功）。IC卡都会因为客人的插卡不正确和长期使用导致芯片脱落或损坏，也导致门锁读卡器的损坏，成本还是很高的。而感应锁因为是非接触式感应，不会因为读卡而损害锁本身，感应卡也不会因为接触读卡而损坏。只要不是折断或人为损坏，感应卡可以用几十年。因此，新建的酒店不管是什么档次、什么类型的酒店，都应优先选择射频式感应锁，由于锁的品牌不同，用材不同，价格相差较大，酒店投资人可根据自己的个体情况来选择。

感应锁的功能以及技术知识会由供应商演示或提供，我只是想就几个选购中容易忽略的细节强调如下：

（1）锁芯：必须是五锁舌智能化锁芯，且可以两种独立的方式开锁，实现机电双控。

（2）锁壳：有外层为优质薄板材、内层为高强度厚板材的组合锁壳，还有铸合金等材料的一体化锁壳，可根据市场价格和喜好确定。但需注意的是，锁壳表面若镀层要保证不脱色、使用寿命在十年以上。

（3）电池卸装：宜从侧面卸装电池，方便隐蔽，且不会造成已装好的锁体松动移位，同时可以防止碱性电池漏液腐蚀锁芯。

（4）把手支撑：采用加长轴套，把手转动平衡，手感好。为安全起见，把手应有一段空挡滑行距离。

（5）固定螺钉：采用内六角螺钉，可有效防止无关人员拆卸。

（6）锁头盖：将锁孔隐蔽，需用专用工具才能拆下，美观又安全。

（7）所有电子锁都需要门的厚度大于3.8cm；当门厚小于4.5cm时，孔中心与门中心对正；当门厚大于4.5cm时，孔中心与门外面的距离为2.25cm。

（8）对于新建的酒店，应在内装修完成后再安装门锁，以防装修时损坏门锁表面。

（9）装锁前应先装好门吸，以防开关门时碰坏把手。

（10）由制作门的家具厂按门锁供应商提供的模板或开孔图画线开孔，切不可由装修单位在现场作业，因此应在订购家具时与家具厂在采购合同中加上这一条款。

四、家具

现代酒店家具种类繁多，按酒店功能区域区分，公共区域的家具供客人休息，有沙发、座椅、茶几等；餐饮区域的家具有餐桌、餐椅、咖啡桌、备餐台等；客房区域的家具有床、床头柜、沙发、茶几、书桌、座椅、行李架等。经济型酒店的家具偏少，越是大型高档的酒店，家具种类就越多，这是由于其服务功能多而决定的。

上文列举的是酒店的活动家具，严格来说，酒店需要选购的还有固定家具，比如门、门框、固定壁柜、床头板、固定床头柜、木制背景墙、电视机装饰框等，固定家具往往比活动家具生产难度更大。

无论是活动家具还是固定家具，酒店家具与办公家具、生活家具截然不同的是，酒店家具必须量身定制，不仅没有规定的尺寸，而且也没有固定的款式和色彩，不像办公家具和生活家具，基本可以直接去商场买到。可以这么说，酒店家具让设计师头痛，让生产厂家心烦，酒店决策人往往束手无策，生产厂家和装修单位常常争吵不休。家具的投资一般要占到装修费用的五分之一，是酒店投入中占用资金最多的一个采购项目。所以，笔者尝试着就家具选购中的几个关键点进行分析研究，看看能否化难为易，最终找到具体操作的良方。

1. 家具设计

家具在酒店中与人的各种活动关系密切，要处处体现"以人为本"的设计理念，让人体工程学贯穿其中。家具设计首先要注重实用性和舒适性。比如有的客房书桌可以兼作餐桌、化妆桌、棋牌桌、办公桌等功能使用；行李架可以设计成两个带扣手的小方凳，必要时可以用作打扑克时的凳子；无论是床、床头柜、书桌，还是座椅、沙发等家具的高度，要让客人使用起来感到好用舒适。其次，从设计的方法上考虑，要表现出层次感与角度感，要最大限度地与其室内环境设计交叉融合，表现出统一与变化和整体上的和谐。比如在设计大堂茶吧家具时，靠入口处的散台区的座椅应宽大休闲，椅腿较矮；进入卡座区可设计成对坐的双人沙发，沙发的腿可以稍高；最后进入包厢，可设计成普通座椅高度的扶手沙发或工艺椅，这样的设计就富层次感，与整体的茶吧氛围和经营目的相一致。再次，要表现出其装饰性。家具是表现室内气氛和艺术效果的主要角色，好的家具不仅使人感觉实用舒适，还能给人以审美的快感与愉悦。现代家具崇尚简约风格，色彩的选择和搭配也很重要，设计师如果能把色彩和风格巧妙地把控好，那么其装饰性就能充分地体现出来。最后，要方便管理。设计家具时要少用线条，这样可以方便清洁；要少设计柜子和抽屉，这样便于服务员查房，减少了工程维修量，客人也不易丢下东西。

家具设计多半是由室内设计师完成，但是，设计与生产出的成品是两码事，所以，室内设计师设计出来的家具图需要生产厂家的深化和论证，设计出好看的图纸，还要能做得出来，还要保证其安全舒适耐用。

2. 家具用材

办公家具和生活家具是固定人员使用，用得比较爱惜，所以可以用上十几年甚至几十年，而酒店家具是流动人员使用，相对来说用得比较粗犷，且酒店至多十年就到了改造期，再好的家具不是因为样式落伍就是因为外观陈旧而被换掉。所以，办公家具和生活家具选用实木或讲究一些的材料情有可原，而酒店家具用的材料再好到期也就成了报废物资。笔者认为，酒店家具的结构用材不必选用名贵高档的木材品种，除非是特别高端的酒店或总统套房这样的区域。家具的面板完全可以用中密度板贴皮的方式，只是必须注意其生产质量，因为许多家具厂设备不达标，生产出来的贴皮家具经空调长期吹拂，其面皮会起翘脱开。

3. 家具尺寸

每个酒店家具都是不同的，都必须量体裁衣，为其单独定制，所以尺寸大小就显得比任何其他用途的家具更加重要。固定家具在这方面的要求又要比活动家具苛刻得多，因为活动家具的尺寸稍有偏差还能将就过去，但是像门、门框、壁柜等固定家具，只要有一点偏差，往往就成了废品，不仅浪费金钱，还耽误工期，甚至连带影响到其他工程队伍的工期。客房通常通过试做样板房来弥补许多尺寸方面的失误，可公共区域的家具呢？如果稍有不慎，就会酿成大错。家具做得再好看，质量再上乘，如果尺寸不对，就会前功尽弃，这点是设计师、家具厂、施工单位以及担当总协调的建设甲方应该谨记的。

4. 厂家考察

家具厂的实力是能否生产出质量合格的产品的关键，而实力的体现从硬件上说就是设备，就像酒店一样，四星级的酒店硬件是永远无法提供五星级服务的，所以，在确定家具厂之前必须对其考察。有些规模家具厂的设备有好几百种，而笔者每次考察家具厂只看三处：烘房、喷漆车间和热压机。

烘房：木材要经过干燥后才能使用，防止木材产生开裂和变形，提高木材的力学强度，同时防止木材发生霉变、腐朽和虫蛀。大型厂家都有烘房，没有烘房的厂家就不能保证家具用材的质量。

喷漆车间：在喷漆过程中，有机溶剂挥发出易燃易爆的有害有毒的有机废气，对工人身体损害很大，工人在这样的环境下操作，产品的质量就得不到保证。所以，正规的家具厂会在喷漆车间装有系统排风和水帘柜，不仅能排出废气，还能把空气中的污染物和颗粒成分排掉，保证喷漆表面的洁净和光洁度。

热压机：供贴面皮之用，正规厂家多用德国、意大利产的热压机，热压系统升温快，导热均匀，贴出的面皮今后才不大可能起翘。

五、洁具

（1）酒店的卫生洁具真正意义上说应涵盖陶瓷件和五金件两大类，由于五金件的选购相对简单，所以本节只讨论陶瓷件。

（2）陶瓷类又分为坐便器、蹲便器、小便斗、洗脸盆、净身盆和污物盆，因为坐便器和洗脸盆在酒店中运用最多，所以本节只讨论坐便器和洗脸盆。

（3）坐便器和洗脸盆的品牌：酒店洁具陶瓷件的品牌选择很重要，少数特别高端的酒店可选用进口品牌，如杜拉维特、伊奈等，但大多数酒店可选用合资品牌，如东陶、科勒、美标、和成等，这些产品都有档次价格之分，可供不同档次的酒店选购。国内自主品牌无论从质量、外观、工艺，还是从其他性能指标上，与合资品牌还有差距，投资有限的酒店才可以考虑使用。

（4）坐便器按水箱与马桶连接方式可分为连体马桶和分体马桶，连体马桶与底座浑然一体，比分体马桶更加美观，价格要高一些，所以，对于投资有限的酒店来说，可考虑在占大多数房型的单双间中使用分体马桶，而在套房、公共区域则考虑使用连体马桶。

（5）坐便器按马桶的冲水方式可分为冲落式、普通虹吸式、喷射虹吸式和旋涡虹吸式。冲落式马桶水封面积小，容易挂污，冲水噪声大，不节水，大凡酒店不能采用这种马桶，而应选用虹吸式马桶。普通虹吸式是利用冲洗水在马桶存水弯充满水之后形成虹吸现象来排污，冲水噪声较小，是三星级以下、经济型酒店客房的首选。喷射虹吸式是在普通虹吸式的基础上增设了一个喷射孔来增强瞬间冲洗力，冲水噪声更小，冲洗效果更强劲，排污更顺畅，四星级酒店的客房适宜使用。漩涡虹吸式是利用漩涡和虹吸两种作用，漩涡使上面的液体和污物迅速地卷入漩涡中，又伴随着虹吸的产生而排走，其噪声最小，即所谓的静音马桶，排污过程迅速彻底，防臭防污效果最佳，是五星级酒店和部分四星级酒店青睐的马桶。

（6）坐便器出水按键方式的选择。现在市面上绝大多数马桶的出水按键都设在水箱上方，而且是双控键，大一点的冲洗大便，小一点的冲洗小便，设计者是出于节水的考虑。笔者认为，这种新型控量冲水装置的马桶只适用于住宅，因为住宅的人固定不变，他们可以做到按照需要使用双控的出水按键，达到节水的目的。但是像写字楼、商场、酒店这种公共场所，人们在如厕时很少科学地使用这种双出水的按键，有许多情况是撤了一次还要撤第二次甚至是第三次，反而增加了使用麻烦，浪费了水资源。另外，经统计分析，凡是使用这种水箱上方双出水按键马桶的酒店，其报告的故障率要远远高于在水箱单侧一个按键的马桶。所以，笔者强烈建议，酒店必须使用水箱左侧单按键的马桶。

（7）洗脸盆按安装方式主要分为两种：台上盆和台下盆。可能是因为台上盆造型多、外观有艺术感的缘故，许多业主和设计师往往偏爱台上盆，他们不知道凡是使用了台上盆的酒店，业主投资大，客人使用不方便，服务人员清洁难度加大。投资大，是因为台上盆的价格普遍高于台下盆，且和台上盆相匹配的龙头的价格要几倍于台下盆的龙头；客人使用不方便，是因为洗脸洗手刷牙等，台上盆龙头的出水多半会喷溅到客人身上，而且凡是使用台上盆的台面，其高度必须降低，不符合人体工程学的高度，客人在拿取杯子牙刷面巾等物品时，必须弯腰；服务人员清洁难度加大，是因为喷溅的水会污染到台面、龙头和台上盆的背面，有的台上盆是透明的，清洁难度更大。台下盆正好克服了上述三个方面的缺陷，是酒店客房和公共区域卫生间面盆的理想选择。

六、装饰灯具

酒店灯具一般来说可分为两大类：照明灯具和装饰灯具。顾名思义，照明灯具的主要功能是照明，如筒灯、射灯；装饰灯具是用于装饰或衬托酒店整体空间环境效果的灯具，如水晶灯、羊皮灯、铜灯，它们虽然也起着照明的作用，但主要用途在装饰和营造环境氛围。因为照明灯具品种简单，所以不在本节讨论之列。

1. 装饰灯具设计

装饰灯具的设计一般来说是由室内设计师提供选型图，因而室内设计师对装饰灯具在酒店应用中功能和作用的理解就显得极其重要。酒店装饰灯的装饰效果通过两方面来实现，一是灯饰产品本身的造型与环境的搭配，二是通过光源的发光来照射灯饰本身和周围空间环境，从而产生各种不同的环境效果。酒店装饰灯在设计时可分为四大类：一是酒店大厅或宴会厅等大型室内公共空间所用的大厅装饰灯；二是小型会议室或餐饮包间所使用的造型灯；三是客房内所使用的客房灯；四是一些公共过道、走廊或电梯厅所使用的装饰灯。室内设计师应该根据不同的区域选用价格不等、材质不同、风格多样的装饰灯，且除了西餐厅外，必须用暖色光源，来体现温馨的服务宗旨。设计师还要考虑到管理人员的辛苦，如果酒店的水晶吊灯选购多了，除了投资加大外，其清洁任务非常繁重，有一些酒店只好外包给专业公司清洁，有的一盏吊灯的清洗费用就要上千甚至几千元。

装饰灯具的设计虽然是由室内设计师完成，但是设计与生产是两回事，所以，室内设计师设计出来的灯具图包括照度，都需要灯具厂家的深化和论证，设计出好看的灯具，还要能做得出来，还要保证安全适用，价格不能太高。

2. 装饰灯具用材

酒店装饰灯具的材料可分为：水晶灯、羊皮灯、铜灯、铁艺灯、PVC 灯等。在选择水晶灯时不能一味地贪图便宜，而要注重质量，同时，最贵的也不一定是最好的，但过于廉价的一定是不好的。很多便宜灯质量不过关，隐患无穷，一旦发生火灾，后果不堪设想。水晶灯一般是挂在大厅或宴会厅的，一定要选用大气美观的吸顶水晶灯或吊式水晶灯。水晶灯的璀璨华丽程度，主要是由水晶球的纯度、切割面以及含铅量决定的。因此，在选购时一定要注意水晶球有没有裂痕、气泡、水波纹和杂质，只有晶莹通透的水晶球才能发挥最佳的光学效应；其次要看水晶球切割面是否光滑、棱角是否分明，从而让水晶球的折射效果达到最佳；从含铅量来讲，高品质的水晶球都会采用全铅水晶，这种纯净的原料才能发出璀璨的色彩。

羊皮灯、铜灯、铁艺灯、PVC 等材质的装饰灯具，都可以按环境要求用于餐厅、茶吧、走道、客房等区域。

3. 装饰灯具尺寸

这里要说的是两个方面，一是装饰灯具的大小和高度要与所在区域的空间环境相匹配，二是装饰灯具安装的具体位置要达到装饰环境的目的。比如有许多包间顶上的装饰灯，设计师都将其放在顶部正中间的地方，殊不知在具体摆台时，由于要放置备餐台，餐桌不可能放在正中间，这样，餐桌上方的装饰灯就一定会偏移，装饰灯的功能和效果就大打折扣了。

4. 装饰灯具的挂件预埋

装饰灯具如水晶吊灯等的重量都很重，一个吊灯上可能会挂有上万只灯泡，所以，灯具厂家往往要在酒店装修阶段在屋顶预埋挂件，如果等到装修做完再做预埋，就会破坏大厅、宴会厅的整体装修，即便装修单位愿意配合返工，既费时间，灯具厂家还要赔上一笔不菲的钱，这一点请酒店建设方和灯具厂家谨记。

七、布草

酒店布草品种不是太多，但技术参数复杂，为了便于实际操作，笔者试着用表格形式来帮助酒店人选购适于自己酒店的布草。

五星级酒店豪华配置	
保护垫	白色精梳 T/C40×40/110×90 面料。电脑绗缝。$180g/m^2$ 整张棉
床单	全棉，白色 80×60/173×124 贡缎。精梳纱，车边
软枕芯 50×80	50%水洗白鹅绒，白色防绒 133×100 面料。1000g。滚边车双线
硬枕芯 50×80	50%水洗白鹅绒，白色防绒 133×100 面料。1600g。滚边车双线
枕套	全棉，白色 80×60 贡缎。精梳纱
被芯	80%—90%水洗白鹅绒，白色防绒 133×100 面料。$250g/m^2$。立体绗缝 25×25
被套	全棉，白色 80S 贡缎。精梳纱
五星级酒店标准配置	
保护垫	白色精梳 40×40/110×76 面料。电脑绗缝。$180g/m^2$ 整张棉
床单	全棉，白色 60×40/173×124 贡缎。精梳纱
软枕芯 50×80	50%水洗白鸭绒，白色防绒 133×100 面料。1000g。车双线边

五星级酒店标准配置	
硬枕芯 50×80	50%水洗白鸭绒，白色防绒 133×100 面料。1600g。车双线边
枕套	全棉，白色 60×40/173×124 提花面料。精梳纱
被芯	75%—90%水洗白鸭绒，白色防绒 133×100 面料。220g/m² 。绗缝 25×25
被套	全棉，白色 80S 贡缎。精梳纱

四星级酒店标准配置	
保护垫	白色精梳 40×40/110×76 面料。电脑绗缝。140g/m² 整张棉
床单	50%棉，白色 40×40/110×90 漂白面料。精梳纱或 40×40/140×120贡缎面料
软枕芯 50×80	羽丝绵或杜邦棉，精梳 40S/110×76 面料。750g。车边或采用防绒面料
枕套	全棉，白色 60×40/173×124 提花面料。精梳纱或 40/140×120 面料
被芯	75%—90%水洗白鸭绒，白色防绒 133×100 面料220g/m²
被套	全棉，白色 60×40/173×124 提花面料。精梳纱或 40/140×120 面料

三星级、经济型酒店标准配置	
保护垫	白色精梳 40×40/110×76 面料。电脑绗缝。140g/m² 整张棉
床单	白色全棉或 40×40/110×90 漂白面料。车边
枕芯 50×80	羽丝绵或杜邦棉，精梳 40S/110×76 面料。750g。车边
枕套	白色全棉 40×40/140×120 面料
被芯	杜邦棉或纤维棉，白色精梳面料。电脑绗缝。280g/m²
被套	全棉，白色 40S×40S/140×110 条纹或方格面料。精梳纱

八、酒店管理软件、电视机、自动售货机

读者兴许会纳闷，怎么会把这三样设备放在一个标题里？因为这些设备看似简单，选购时没有什么难度，但它们都关系到酒店的经营和管理，关系到服务品质，而我又感到中国的许多酒店在这些方面做的有所欠缺，所以才专门辟出一节和大家分享。

1. 酒店管理软件

美国的 Fidelio 和其升级版 OPERA 酒管软件几乎是国外酒店管理公司管理的高端酒店的共同选择，其系统的严谨和稳定，确是其他品牌难于望其项背的。但是，在操作的方便性方面还不如国内的一些酒管软件。至于价格呢？一般来说，Fidelio 的价格在 40 万元左右，每年的维护费在 10 万元左右，四星级以下的酒店没有必要考虑。其实，国内的一些酒管软件渐趋成熟，特别是优速酒店管理软件，价格远低于 Fidelio，但技术功能超过了 Fidelio。它也是一款集客房、餐饮、洗浴、营销于一体的高度集成化、智能化的综合软件，团队会议客人可以直接在大巴上、会议室或餐厅包厢办理入住，批量采集、批量上传；VIP 客人无需到前台办理入住，可提前制好房卡，直接到客人所在房间或包厢

办理入住；客房中心可以通过手机查房、放房，酒店业主及高管可以通过手机查询经营数据；该软件操作简单，有前台工作经验的两三个小时上手，新手也只需两三天；强大的集团连锁功能让所有连锁酒店数据共享、会员共享、实时管控、收放自如，既有集团统一管理的集中性，又有各店因地制宜的灵活性，使用过的酒店都对优速软件赞不绝口。我想强调的是，我们不要盲目迷信国外品牌，把真金白银糊里糊涂地送给人家。当然，那些交由国外酒店管理公司管理的高端酒店，由于与中国业主在管理合同中事先约定，只好选购 Fidelio，否则没有任何理由不用已经成熟的国内品牌的酒管软件。

还要提及的是，国内的一些品牌酒店也在开发自己的酒管软件，并在输出管理时硬是把自己的酒管软件列入对方必须采购的合同中，我认为没有这个必要，酒店业主也不要轻易答应，因为这些酒店的管理软件远远不如优速酒店软件，哪一天管理公司和业主方的关系掰了，酒管软件是更换好还是不更换好呢？

2. 电视机

电视机太容易采购了，但大部分酒店客房选错了电视机屏幕的尺寸。比如，绝大部分开间在 4 米的客房，使用的是 42 英寸电视机，而我管理或顾问的酒店，这样开间的客房用的是 52 英寸左右的电视机。可能设计师、也可能是电视机供应商会和你喋喋不休地唠叨，说电视机买大了，客人观看的距离不对，等等，但是有一点可以证明的是，凡是在我酒店里住过的客人，对房间里如此配置的电视机很满意，他们再也不愿住那些挂着 42 英寸电视的客房了。毫不夸张地说，我所管理的酒店住客率都在 90% 左右，电视机尺寸大是其中一个因素。

其实，这也是有理论依据的：电视机的最佳观看距离应为电视机屏幕对角线长度的 3 倍左右，即观看距离 = 屏幕对角线长度×3；电视机的英寸数就是指电视机的屏幕对角线长度，根据 1 英寸 = 2.54 厘米，可得 52 英寸电视机的屏幕对角线长度为：$52×2.54 = 132.08$ 厘米；因此，52 英寸电视机的最佳观看距离为 $132.08×3 = 396.24$ 厘米 $≈ 4$ 米。所以，4 米开间的客房应该配置 52 英寸电视机。

3. 自动售货机

如果酒店客房层的电梯厅面积较大，可以在客房的每一层和酒店大堂都各设一台自动售货机。可以是一台综合自动售货机，也可以是一组分成常温和冷藏的自动售货机，常温的提供日用品等商品，冷藏的可提供饮料、食品等需保鲜的商品。客人购买十分方便，所有自动售货机都支持手机微信和支付宝付款。

现在绝大多数酒店的客房都是在吧台上或酒柜里摆放了数量有限的饮料、食品和用品，品种少价格贵，还不太新鲜，客人与酒店方为此有时还出现口角，这些酒店更不用提免查房服务了。如果换用了自动售货机，以上问题都可以统统解决。你看，客人只要进了大厅或是出了楼层电梯，就可以看到自动售货机里琳琅满目的商品，品种多又新鲜且价格便宜，支付手段也方便；而服务员呢，省去了摆放、清点、更换、清洁商品的种种麻烦；酒店可以提供免查房服务，提高客人满意度。这样的好事，我们酒店人是不是应该尝试一下呢？

酒店的筹备物资一共说了八个方面，有的说了细节，有的讲了原则。其实，我只想给出一个筹备物资选购的公式，而这个公式不会像数学公式那么直白，而是要读者反复咀嚼，边实践边理解边总结，才会渐渐悟出其中的规律和真谛。

第十六章　如何给新酒店做财务测算

常常有业主来找我帮其测算即将开业酒店的盈亏情况，每当我看完现场、拿到设计图纸和工程概算时，心里的感受多半是遗憾，因为酒店即将落成，"生米已煮成熟饭"，财务测算已经流于形式，失去了真正的意义。正确的流程是，在新酒店筹划之初，就该请一位具有综合能力的酒店财务专家对投资项目进行论证和测算，其依据主要是项目的地理位置、交通情况、城市位置、地区消费习惯和消费水平、城市酒店概况、同档次同规模酒店数量及其营收数据等。当然，被测算项目的总体规划图纸是论证和测算的重要资料。经过财务专家的论证和测算，如果新酒店能在开业首年持平，接下来的几年都能盈利，那么业主就能上这个酒店项目，如果新酒店开业后的几年都不大赚钱，甚至亏本，那么业主还有投资的信心吗？话又说回来，即使经酒店财务专家测算出的项目风险很大，也不意味着酒店项目不能继续进行，因为业主可以召集设计师和酒店管理专家一起认真研讨财务专家给出的论证测算，找出亏损的原因，再对设计的图纸进行调整，比如调整项目规模、酒店档次、建筑结构、功能布局等，然后将调整后的图纸和工程预算交给财务专家进行二次测算，其间的工作要耐心务实，直到把酒店项目的投资方案修正到能够保证赚钱为止。

新酒店的财务测算一般以开业后五年时间为限，为了通俗易懂地向读者传达测算技巧，这里示范性地举出一个测算案例。这是一家拥有300间客房的四星级酒店，建筑面积3.3万 m^2，餐饮服务设施有：零点餐厅、宴会包间、多功能厅、咖啡厅、大堂吧；娱乐休闲服务项目有：KTV包间、足浴按摩、美容美发；健身项目有：桌球、乒乓球；还有会议设施等。现就该酒店的首年经营情况测算如下：

一、营业收入预测

1. 客房收入

团队入住率在9%，平均房价350元/间夜；会议入住率在15%，平均房价450元/间夜；商务散客入住率在51%，平均房价480元/间夜。预计全年客房收入为：

$$[(350 \times 9\%) + (450 \times 15\%) + (480 \times 51\%)] \times 300 \times 365 = 3764.61$$

万元。

2. 餐饮收入

（1）零点餐厅：餐位数为300个，按二餐测算，人均消费水平为140元，餐厅利用率为45%，预计全年零点餐厅收入为：$300 \times 2 \times 140 \times 45\% \times 365 = 1379.70$ 万元。

（2）宴会包间：共计30间，餐位数约为380个，按二餐计算，人均消费水平为160元，包间利用率为40%，预计全年宴会包间收入为：$380 \times 2 \times 160 \times 40\% \times 365 = 1775.36$ 万元。

（3）多功能厅：餐位数约为300个，人均消费水平为90元，餐厅利用率为30%，预计全年多功能厅收入为：$300 \times 90 \times 30\% \times 365 = 295.65$ 万元。

（4）咖啡厅：餐位数120个，人均消费98元，餐厅利用率为30%，预计全年咖啡厅收入为：$120 \times 98 \times 30\% \times 365 = 128.77$ 万元。

（5）大堂吧：餐位数96个，人均消费50元，餐厅利用率为50%，预计全年大堂吧收入为$96 \times 50 \times 50\% \times 365 = 87.60$ 万元。

（6）会议室：多功能厅1个，每周利用率按1.5次计算，每次消费额为1万元，预计全年多功能厅会议收入为$1.5 \times 1 \times 54 = 81.00$ 万元；中会议室2个，利用率为30%，平均每场次消费额为2000元，预计全年中会议室收入为$2 \times 2000 \times 30\% \times 365 = 43.80$ 万元；小会议室2个，利用率为30%，平均每场次消费额为1200元，预计全年小会议室收入为$2 \times 1200 \times 30\% \times 365 = 26.28$ 万元。预计全年会议室收入为151.08万元。

预计全年餐饮收入为3818.16万元。

3. 娱乐休闲收入

娱乐休闲项目设 KTV 和足浴按摩美容美发，全部对外承包。KTV 有 28 个包间，占裙楼一层，共 1700m²，月租金 90 元/m²（含物业管理费，但水电空调费按表另计），即首年租金 183.6 万元（以十年为限，每年租金递增 5%）；足浴按摩美容美发占裙楼一层，共 1700m²，月租金 88 元/m²（含物业管理费，但水电空调费按表另计），即首年租金 179.52 万元（以十年为限，每年租金递增 5%）。总计 363.12 万元。

4. 商场收入

共有两个小卖部，全部对外承包，以五年为限，每年租金递增 5%，面积共 70m²，预计全年房租收入 26 万元。

5. 其他收入

其他收入包括洗衣、电话、商务中心等，按客房、餐饮收入总计的 1.5% 计算，全年预计其他收入为：7582.77×1.5% = 113.74 万元。

这样，预计全年酒店总收入为 8085.63 万元。

二、营业成本预测

营业成本主要指餐饮成本，因为本酒店的娱乐休闲和商场两个项目全部外包。

（1）零点餐厅综合饮食成本率按 47% 计算，预计全年餐厅成本为 1379.7×47% = 648.46 万元。

（2）宴会包间综合饮食成本率按 45% 计算，预计全年餐厅成本为 1775.36×45% = 798.91 万元。

（3）多功能厅综合饮食成本率按 50% 计算，预计全年餐厅成本为 295.65×50% = 147.83 万元。

（4）咖啡厅综合饮食成本率按 45% 计算，预计全年餐厅成本为 128.77×45% = 57.95 万元。

（5）大堂吧综合饮食成本率按 30% 计算，预计全年大堂吧成本为 87.60×30% = 26.28 万元。

预计全年餐饮成本为 1679.43 万元。

三、营业税金及其附加预测

酒店总收入包含上缴国家的税金,必须规定向税务机关交纳。对于酒店营业税金,国家从 2016 年 5 月 1 日起由上缴营业税改为增值税,酒店客房、餐饮和其他收入由营业税率 5% 改为增值税率 6%,房屋对外租金收入的增值税率 11%。

(1)酒店客房、餐饮和其他收入应缴增值税 = 含税收入 - (含税收入/1+增值税率) = 7696.51 - (7696.51/1+6%) = 435.65 万元。

(2)房屋对外租金收入应缴增值税 = 含税收入 - (含税收入/1+增值税率) = 389.12 - (389.12/1+11%) = 38.56 万元。

营业税金附加包括城建税、国家教育附加和地方教育附加,其中:城建税按增值税额的 7% 上缴,国家教育附加和地方教育附加分别按增值税额的 3% 和 2% 上缴,营业税金附加首年预测为 (435.65 + 38.56) × 12% = 56.91 万元。

四、费用预测

1. 工资:人员定编按客房总数的 1:1.1 配备,预计员工总人数为 330 人。部门经理以上管理人员约为 7 人(总经理、餐饮部、房务部、销售部、财务部、工程部、人力资源部经理或总监各一人)和高级厨师 5 人,预计以上 12 人的工资按人均月工资 12000 元测算(已含养老保险、医疗、失业、工伤、生育保险),按 13 个月计算,预计全年工资总额为:(7+5)×12000×13 = 187.20 万元。

普通员工 318 人,月人均工资按 3000 元测算,按 13 个月计算,预计全年工资总额为:318×3000×13 = 1240.20 万元。

这样,预计酒店全年工资总额为 1427.40 万元。

2. 福利费:按员工工资总额的 14% 计提,预计全年额度为:1427.40×14% = 199.84 万元。

3. 养老、医疗、失业、工伤、生育保险费用:按员工工资总额的 24.3%(分别是 20%、1%、2%、0.5% 和 0.8%)计提,预计全年额度为：1240.20×24.3%＝301.37 万元。

4．工作餐费用：

（1）外聘部门经理以上高级管理人员为 7 人，早中晚三餐，按每人每天 60 元计算，预计全年为 7×60×365＝15.33 万元。

（2）普通员工 323 人，按每人每天 18 元（早餐 4 元、中晚餐各 7 元）每月按 26 天计算，预计全年为 323×18×26×12＝181.40 万元。

这样，预计全年工作餐总费用为 196.73 万元。

5．工作服及劳保用品：按每人每年 1000 元计算，预计全年费用为 1000×330＝33 万元。

6．洗涤费：按客房、餐饮营业总收入的 1.2%测算，预计全年洗涤费用为：（3764.61＋3818.16）×1.2%＝91 万元。

7．消耗品费用：客房部按客房收入的 1.2%测算，餐饮部按餐饮收入的 0.8%测算，预计全年消耗品费用为 3764.61×1.2%＋3818.16×0.8%＝75.73 万元。

8．棉织品费用：客房部按客房收入的 2%测算，餐饮部按餐饮收入的 2.5%测算，预计全年棉织品费用为：3764.61×2%＋3818.16×2.5%＝170.75 万元。

9．餐具费用：餐具费用按餐饮收入的 2%测算，全年餐具费用预计为：3818.16×2%＝76.36 万元。

10．办公邮电费：按酒店营业总收入的 0.8%测算，预计全年办公邮电费为 8085.63×0.8%＝64.69 万元。

11．宣传广告费：按酒店营业总收入的 0.8%测算，预计全年宣传广告费为 8085.63×0.8%＝64.69 万元。

12．交际应酬费：按酒店营业总收入的 0.7%测算，预计交际应酬费为 8085.63×0.7%＝56.60 万元。

13．材料维修费：按酒店营业总收入的 1%测算，预计全年材料维修费为 8085.63×1%＝80.86 万元。

14．水费（含排污费）：按酒店营业总收入的 2.2%测算，预计全年水费为 8085.63×2.2%＝177.88 万元。

15. 电费：按酒店营业总收入的7%测算，预计全年电费为8085.63×7%=565.99万元。

16. 天然气费：按餐饮收入的2.8%测算，预计全年天然气费为3818.16×2.8%=106.91万元。

17. 油费：按酒店营业总收入的1.7%测算，预计全年柴油费为8085.63×1.7%=137.46万元。

18. 其他费用（又称不可预测费用）：按酒店营业总收入的1%测算，预计全年其他费用为8085.63×1%=80.86万元。

预计全年经营费用（1–18项）总额为3908.12万元。

五、经营毛利润预测

酒店的经营毛利润计算方法很简单，就是酒店的总收入减去总成本、总费用和税金的总和就是酒店的毛利润，那么上述酒店预计全年（开业首年）实现经营毛利润为：8085.63-1679.43-3908.12-（435.65+38.56+56.91）=1966.96万元。

六、第二至第五年酒店财务测算参数标准

酒店首年可行性财务测算产生后，就可以轻松地测算出第二至第五年酒店经营情况的较为准确的数据，因为测算所依据的参数变化的占少数，不变的占多数，现将变化的参数列表如下予以说明：

年份 项目	第二年	第三年	第四年	第五年
1. 客房收入	比首年增10%	比上年增10%	比上年增8%	比上年增8%
2. 餐饮收入	比首年增10%	比上年增8%	比上年增8%	比上年增6%
3. 娱乐休闲收入	比首年增5%	比首年增5%	比上年增5%	比上年增5%
4. 商场收入	比首年增5%	比首年增5%	比上年增5%	比上年增5%
5. 工资费用	比首年增6%	比首年增6%	比上年增5%	比上年增5%
6. 维修费用	2.5%	2.8%	3.0%	3.2%

从表中所列数据可以看出，由于第二年至第五年的收入增长幅度始终高于费用增长幅度，所以，只要酒店开业首年产生一定的经营毛利，那么一般情况下，接下来四年酒店的毛利只会增加，不会减少。

七、酒店经营的最终目的是获得净利润

酒店投资者的资金来源主要有自有资金、银行贷款和产权式酒店产权销售所得，若是用自有资金作酒店投入，那就必须计算银行利息，若是从银行贷款的，就必须每年准时向银行还贷，若是做产权式酒店，就必须逐月逐年地向业主返还高额利息。若一大笔自有资金定期五年存放在银行，其利息收入至少在5%以上；若从银行贷款，目前的贷款利息大概是1-3年为5.4%，3-5年是5.76%，六年以上是5.94%；若要付给产权式酒店的业主回报，一般是税前9%外加每年一定数量的免费客房入住券。因此，酒店投资者花巨资将酒店建成后，如果经营的毛利润多于自有资金存入银行的利息，或多于银行贷款的利息，或多于业主返租费用，那么酒店就产生了净利润，这才真正达到了投资者的目的；如果经营的毛利润还不够付那些利息或返租费用，那么酒店就意味着亏本经营；如果酒店的毛利润为负数，连自己都养活不了自己，那么业主除了要拿出一笔可观的资金还贷或返给产权业主租金外，还要继续向酒店投入，这样的酒店麻烦就大了。值得我们注意的是，中国乃至世界上的酒店管理公司绝大多数采用的是委托管理方式，他们只输出管理，而不负责酒店的盈亏，赚了钱要分成。他们所谓赚钱的概念是什么呢？就是酒店产生了毛利，其实这是很不公平的，因为有毛利的酒店许多还是在亏本经营。合理的游戏规则应该是，酒店有了净利润，酒店管理公司才可按照一定比例得到奖励。若是酒店亏了钱，即经营没有产生毛利，那么酒店管理公司照样按照营业总收入的比例拿走管理费，而且派驻的高级管理人员的工资福利待遇分文不少。道理其实很简单，可遗憾的是，中国的许多酒店业主就愿意吃这个亏、上这个当。

如何计算酒店的净利润呢？酒店净利润＝酒店毛利润－业主费用，业主费用包括固定资产贷款利息、折旧费和长期摊销费用等。

1. 固定资产贷款利息：就拿上边举的酒店案例来说吧，酒店建筑面积共有 3.3 万 m^2，按现在四星级酒店标准以及市场的建设造价测算，酒店建筑投入约为 1200 元/m^2，机电安装工程投入约为 1000 元/m^2，酒店装饰工程投入约为 2800 元/m^2，那么整个酒店投入约为：（1200+1000+2800）×33000＝16500 万元。除建设投入外，酒店开办费用须花费约 1500 万元，投入总计约为 18000 万元，其中银行贷款 5000 万元，按五年贷款利率 5.76%计算，那么酒店须向银行每年还款利息为 5000×5.76%＝288 万元。

2. 折旧费：四星级酒店固定资产总额一般按酒店工程开发和建设总成本的 75%左右计算，酒店固定资产年折旧率一般在 5.5%左右，预计该酒店年折旧额＝16500×75%×5.5%＝680.63 万元。

3. 长期摊销费用，一般按 10 年摊销，预计该酒店每年长期摊销费用＝（18000－16500×75%）/10＝562.50 万元。

三项业主费用总额＝288+680.63+562.5＝1531.13 万元。

酒店预计首年净利润＝1966.96－1531.13＝435.83 万元。

第十七章　酒店人应避开哪些误区

少年时喜读《水浒》，特别爱看"三打祝家庄"那几个章回。虽然祝家庄村小势弱，但因其进出的路径曲折复杂，弯环相似，树木丛生，难辨路头，故宋江带领众多兵马，两次攻打皆大败而回，还差点把自己的性命丢在祝家庄。后有祝家庄内部人告知，虽然道路盘根错节，但只要逢白杨树转弯便是活路，加之军师吴用的巧妙用计，梁山好汉终于在第三次攻打时拿下祝家庄。我在酒店业摸爬滚打四十余年，常常感叹小小酒店似乎比祝家庄的路径复杂，运作酒店过程中遭遇的坑要比祝家庄庄主设计的陷阱还要多得多。掐指算来，我自1981年初进入酒店，工作了十年后便感到已掌握其中奥妙，到处跟着鼓吹"管理出效益"，但20世纪90年代后期的亚洲金融危机和国内的经济低迷，促使我在21世纪初萌发"设计出效益"的理念。从国有酒店辞职后，我经历了不同体制、不同地区和不同规模酒店风风雨雨的锻炼，2010年，我提出"酒店70%的效益来自设计"。顺着这个思维我不断摸索总结，特别是在全国各地顾问上百家酒店的实践基础上，终于找到如何成功运作酒店的具体公式，就是："二星半的投入，三星半的卖价，五星级的体验"。许多酒店人会担心用二星半的投入会不会做成一个三星级档次的酒店，我就用三句话来解释，第一句：与客人直接体验有关的做加法，与客人直接体验无关的做减法；第二句：重机电轻装修，重体验轻主题；第三句：把客人当亲人，把员工当家人。这最后一句牵涉到管理，因为管理占了30%，而这30%非常重要，这就是管理的核心。我用这三句话主持或顾问酒店的建设和管理，都取得了成功。其实，我的成功经验来自数不清失败的教训，是通过踩过许多可怕的坑总结出来的，而且我发现，如果我对酒店人正面地讲如何建设和管理酒店，效果远不如我从另一面讲运作酒店常常容易掉进的坑。下文就分别从业主和管理者这两个角度展开汇报。

一、提醒业主

误区1：许多政府分管领导因为不懂行而误导酒店业主

进入新世纪以来，我国的房地产业蓬勃发展，政府为了更好地拉动地区经济发展和房地产销售，往往在规划时都要求在建筑综合体中建设一家或几家酒店，而且还要求开发商引进高档次的酒店品牌进行管理。大凡我顾问过的这类酒店，都是开发商在拿地之前必须承诺建设的，否则就别想拿项目。许多项目的酒店，政府领导还指定或干预一定要开发商引进国内或国外某某著名品牌的酒店管理公司，许多项目因为招标竞争，自然地把酒管公司的档次层层加码。但是，政府领导了解这些酒管公司吗，知道这些酒管公司是如何收费、要收取多少费用吗？酒店行业本身的利润就比较薄，如果本来自己经营管理还能赚取些许利润或勉强持平的话，那么，请了所谓的品牌酒管公司，可能就会走上年年亏损的道路，不相信的话，请政府领导们认真看一看国内外各种联号酒管公司标准合同文本里的具体条款，可能就清楚一二了。要知道，许多开发商委托国际或国内大牌酒管公司管理的酒店，大多数是亏损的，这与一些政府外行领导的误导是分不开的。

其次，政府有关领导在审查酒店建设项目时，多半要求外形要有特色，异形酒店常常最容易获得通过，玻璃幕墙是许多领导首选的外墙设计。可是，酒店行业投资大、利润薄、回报周期长，如果酒店设计成异形，用玻璃幕做外墙，有没有算过这样的建筑要投入多少钱？酒店可不是用来参观的博物馆、展览馆，也不是用来赏玩的艺术品，而是用来吃饭睡觉的地方，凡是异形好看的酒店，投资者都必须花重金打造，而且在后续的机电安装和室内装修上要投入许多冤枉钱，结果呢，这种外形有特色的酒店，经营管理难度大，消费者的舒适度体验感还不好。遗憾的是，政府领导很少有人懂这些，他们的主观臆想与残酷现实相距太远了，往往他们一个轻率的决策就毁了酒店的前程。

第三，由于多数政府领导偏爱酒店品牌，热衷异形建筑，所以，自然地，他们希望开发商将酒店装修得豪华高档。有许多酒店项目，政府把挂牌五星或四星写进招标内容中，而且挂星与政府奖励政策挂钩，只要挂上四星或五星的牌子，政府可以在政策上给予优惠或减免。但这些领导有没有想过，投资这么豪华高档的酒店，开发商何时才能收回这些投资呢？相对酒店投资回报，这些政策上的优惠或减免看似数额不小，其实是杯水车薪。

误区2：业主往往因为贪便宜而导致投资酒店失误

绝大多数房地产开发商为了拿到项目，必须迎合顺应政府提出的规划要求，承诺在综合体中建设一个上档次的酒店。他们也知道做酒店不赚钱甚至亏本，但房地产项目利润诱人，觉得赚来的钱只要拿出一部分就可以弥补酒店亏损，何况投资酒店可以减少售房利润，规避许多税金，加之政府的各种优惠减免政策，开发商何乐不为呢？政府要求开发商引进大牌酒管公司，有时也正中开发商下怀，因为他们也想通过所谓的国际国内酒店品牌来提高自己综合体项目的知名度，达到提升其物业价值的目的。虽然在引进品牌上多花了钱，但可以在销售住宅、写字楼、商场和其他商业项目中把损失远远地弥补回来，而且通过品牌溢价可以赚取更多利润。但是，许多项目随着时间的推移，开发商就会越来越感到酒店投资失误的压力和痛苦，因为酒店只要开起来，只要是运作不当产生亏损，那可是每天要靠输血度日，而且业主根本看不到苦日子的尽头呀！

误区3：业主往往把自己过去成功的经验复制在酒店投资上

大凡酒店业主都有一段不平常的经历，有些是辞职下海的公务员、老师，有的是做其他营生的老板，更多的是房地产开发商，他们经历过失败挫折，但更多的是成功的故事，否则怎么会有钱投资酒店呢？他们常常会把自己过去创业成功的经验带到酒店建设和管理上，而且多半比较任性，不大理会也听不进别人的意见。可是，酒店看起来不复杂，但做起来又不简单，往往需要具备比较丰富的跨界知识，一不小心就会掉进坑里，只要投资过酒店的人基本上都有过这种痛苦的经历。所以，酒店业主要忘掉过去的成功，小心翼翼地开始每一步。

误区4：业主多半在投资前没有经过科学的数据测算就匆匆上马

前面说过，开发商为了拿项目，顾不得酒店的效益，原本就是打算亏钱做酒店的，只要房地产其他项目赚钱就可以了。业主找设计院、营销策划公司、酒管公司或财务专家所做的投资回报测算，通常来说是理论脱离实际，算的是盈利但结果常常是亏本，或者算的小亏到头来每年巨亏。再看租赁物业做酒店的业主，关注的重点往往是物业地点和租赁价格，其实物业的结构、外墙外窗、每层楼面积以及每个房间的尺寸等等，要比物业地点和租金还重要；酒店物业该做多大规模、服务什么客源、做什么档次的酒店、卖价多少、住客率大约多少、毛利多少、多少年回收投资等等，这些测算同样非常重要，但有几个业主是这样测算、即便测算又有谁能测的比较靠谱呢？民宿和度假酒店业主，往往只看到节假日期间、特别是国庆长假景点爆棚、景点价格猛涨的好光景，投资前很少有人去想这些酒店淡季的难过日子。

误区5：业主以为建设酒店易、管理酒店难，所以常把最难做的建设酒店的活儿揽给了自己，而把相对容易管理酒店的事儿托付给了别人

初生牛犊不怕虎，无知就无畏。许多业主自以为是，不懂装懂，要知道，创造一个酒店是需要系统全面的知识作为支撑的，酒店有一万多个细节，把握不好就会损害酒店健康，就会给日后的经营管理带来痛苦的后果。业主应该在建造酒店前选准真正懂得酒店的建筑和室内设计师，选对以后运营酒店的管理者，做好实实在在的回报测算，这样才可以开始投资计划。不过，这个世界上有几个设计师真正懂得酒店，有几个管理者懂得前期建设和后期运营这个系统工程的呢？

误区6：业主常常轻率地把酒店委托给酒管公司管理，或者轻率地加盟所谓的酒店品牌，以为这样可以轻松地当甩手掌柜，自己的酒店就可以稳稳赚钱

这里不再说业主能不能负担得起委托管理或品牌加盟的各种费用，付出必须有回报，收费天经地义，但问题是翻开绝大多数这样的合同，就会发现一个奇怪的问题，受托方收取了委托方（业主）的各种费用，

可经营管理实质性的结果如何，合同条款中是没有的，有的管理合同中就干脆写上"受托方对酒店经营结果是不负责的"。另外，合同中常常写明如果酒店有毛利（请注意不是净利），酒管公司要提取奖励费，那么，酒店如果连毛利也没有，是不是也应同样写明酒管公司要按相同比例罚多少呢？更奇怪的是，有的管理合同甲方是酒管公司或品牌公司，乙方却是酒店业主；有的合同不写甲乙方，只写管理方和投资方。因为委托管理或品牌加盟的合同不是投资方提供的，加之多数业主也不懂，那么，许多合同内容有利于管理方或品牌方自然就在情理之中了。

另外，我们有个错误的观念，连锁酒店好像就是品牌酒店的代名词，一家酒店经营成功了就开始复制推广，渐渐做成了一个连锁酒店，但不一定是品牌酒店。实践证明，一旦让这样成功的酒店上升为一种固定的模式，而且基本不做改变地对外输出，不顾地区经济水平和酒店规模的不同，不管酒店投资大小和消费对象的差异，用一种一成不变的模式去设计管理其他酒店，难怪许多委托管理和品牌加盟的酒店亏本呢。

误区7：几乎每个业主都被自己的视觉所绑架

业主都认为好看的酒店就显高档，就能卖出好价钱。因此，效果图是所有业主都高度重视或是唯一看重的设计结果，都把效果图作为评判设计单位的依据，把设计单位有没有设计过高大上的酒店作为选择设计单位的条件。其实，无论是外形好看还是内部豪华的酒店，很少是赚钱的，因为外形好看业主要多花很多冤枉钱，但与消费者没有多大关系；而装修得豪华高档，如果不在客人的舒适度与体验感上花心思，消费者一样不认可，这叫吃力不讨好。

业主选择设计单位，首先要选择适合自己酒店项目的设计公司，不要一味地追求设计过高大上酒店的设计公司。其次要选择那些设计的酒店多半赚钱、至少不亏本的设计公司。还要考察设计公司能不能合理地进行功能布局、做出比较详实准确的酒店投资回报测算。

业主往往在酒店建设初期，先找寻一家规划院进行规划设计，报政府批准后再确定建筑院，等建筑主体快要完工时才忙于寻找室内设计公司。这就会出现"边设计边施工边修改"的三边工程，大部分酒店就是在这个阶段埋下日后经营的祸根。正确的程序是，业主应该同时聘请建筑、机电、室内设计三方面的设计师以及懂得经营管理的酒店专家，集中研究未来酒店的客源结构、档次规模、投资总额、管理形式、功能布局等核心内容，由建筑设计师根据业主和室内设计师及酒店专家的综合意见，给出建筑方案图，然后请室内设计师和酒店专家对方案提出修改意见。室内设计师根据业主和酒店专家的意见，对各层建筑平面进行功能布局、墙体定位、家具布置、水电点位等内容的设计，建筑设计师和机电设计师根据室内设计师的这些图纸最后出施工图。

误区8：业主在选择酒店设施设备方面常常存在偏激思想

高端酒店的业主一般都追求价格昂贵的进口品牌，如蒂森电梯、特灵空调、瑞典必胜旋转门、高仪或汉斯格雅五金件、杜拉维特卫浴；中低档酒店的业主通常选购杂牌价廉的设施设备。其实，像电梯、空调、旋转门这样的电器设备，国内品牌的产品质量已经满足要求，主要是做好安装就可以媲美进口品牌。类似卫浴五金件，只要使用品牌产品如TOTO、科勒、美标、和成，或佛山的图兰朵，都可以满足客人的舒适度和体验感。我发现，业主要么重视设施设备的品牌，而忽视性价比；要么轻视设施设备的质量，而忽略客人使用的舒适度和体验感。在这方面如何找到投资的最佳平衡点，业主还要努力学习实践。

误区9：业主多半认为，只要肯出钱、出得起钱，就能聘请到能把酒店建设好、管理好的酒管公司或职业经理人

企业一直最缺的就是人才，与其他行业相比，从事酒店业人员的学历和文化都是比较低的，因此，业主无论出多高的薪水，想要请到他们眼中的能人怕是比较难。酒店工作时间长，节假日经常不能回家，每天做着重复枯燥的工作，学历高的人坚持不下来。酒店管理本来就不是什么高科技，管理者主要靠勤奋和经验工作，创新人才很少，出类拔萃的就更是凤毛麟角。酒管公司或职业经理人与业主相处了一段时间，度过蜜月期后，双方之间就会产生摩擦，矛盾会越积越多，就会出现业主常常要求酒管公司换人或辞退职业经理人的情况，而业主总认为只要出高薪不怕招聘不到人才，结果往往是待遇开得越来越高，聘到的人才还一

个不如一个。这其中有酒管公司或职业经理人的问题，但业主期望值过高、业主本身素质修养不高、没有创造出一个留得住人才的环境，应该是主要原因。

误区10：酒管公司或职业经理人将酒店筹备完毕、经营一段时间走上正轨后，部分业主感觉自己可以接手，就解除与酒管公司或职业经理人的合同

我们常常说，酒店就像一个小社会，把一个酒店料理得井井有条、有声有色不是一件易事，看别人干活总觉得不难，但摊到自己身上时就会感到担子的分量。如果业主请的酒管公司或职业经理人确实不称职，那就可以依据合同有关条款早早换掉，但如果聘请的管理团队任劳任怨，没有什么大毛病，就应该在制度程序的监管下，充分调动管理团队的积极性，全力支持他们的工作。我见过许多酒店业主在与酒管公司或职业经理人解除合同后，接手自己管理，结果是经营状况每况愈下，把本来好端端的酒店搞得一团糟。

无论是国有酒店，还是个人投资的酒店，业主都喜欢用所谓的自己人掺沙子进行管理，私营酒店更喜欢用自己的亲戚掌握主要部门的大权。由于这些亲朋好友与业主有着不同寻常的关系，业主对他们的信任度远远超过酒管公司或职业经理人，这就让专业管理团队难以施展才能，有时不得不看这些亲朋好友的脸色行事，主要经营者成了傀儡，这样的酒店能搞得好吗？

二、提醒管理者

误区1：酒管公司按照 GOP 来收取奖励管理费

GOP（营业毛利），即总收入减去成本、人工费、营运部门的直接费用、后台部门的间接费用后的余额。所有酒管公司都主张用 GOP 来衡量经营业绩，他们认为，酒店管理者能够控制的是酒店日常营运过程的消耗品，而酒店的建造投资、内外装修、营运设备等固定资产是投资人的事情，是管理者不能控制的。固定资产折旧、贷款利息等等是投资成本，GOP 减去折旧、利息和开办费摊销后的结余才是投资人得到的净利润。综上所述，酒管公司不应该按 GOP 来提取奖励管理费，既然

管理者控制不了开业前的各项投入，有理由不对前期的投资行为负责，但也不能按照毛利去提取奖励管理费。试想想，如果换作是您开了一家酒店，请了酒管公司来打理，一年下来有了 GOP1000 万元，按常规酒管公司要提取 5% 左右的奖励管理费 50 万元，可您要还银行贷款两千万元，也就是说，您拿了酒管公司挣来的一千万毛利还给银行，自己还要筹措另外一千万给银行，而且还要再拿出 50 万元奖励酒管公司，您觉得这公平吗？管理者无法控制前期投入，可以不对酒店的净利润进行考核，但要想拿奖励管理费，一定是在酒店有净利的前提下，比例可以设得高些，这个道理才能讲得通。话又说回来，绝大多数酒管公司在与业主签订的合同中，都明确要按照酒管公司的标准进行前期建设的，都派了总经理和工程总监去落地执行的，各项设计和顾问费用都收取的，而到了经营阶段只对 GOP 负责、不管净利，这个道理好像说不通。

　　误区 2：酒管公司或职业经理人擅长的是筹备和管理，而不大懂酒店建设期的各项知识

　　中国酒店搞不好的原因就是模仿，因为业主不懂酒店，以为酒管公司或职业经理人对酒店样样精通，结果酒管公司派来的总经理和工程总监也不懂前期设计和建设，所以只好模仿他人的酒店。如果是联号公司的酒店，就生搬硬套现成酒店的模式，如果是职业经理人，就模仿原先工作过的酒店。我顾问过的一些项目，业主在酒管公司的前期建设阶段就与之解除了合同，有的职业经理人还没等到酒店开业就被辞退了，因为业主发现这些所谓的酒店专家根本不懂前期建设。许多业主对我说，我们不缺酒店筹备和经营人才，就缺像您这样既懂设计建设又懂筹备管理、替我们业主真正解决难题的全才。建设酒店和管理酒店是两码事，应该说，建设酒店要比管理酒店难得多，重要得多，所以我说"酒店 70% 的效益来自设计，而管理最多只占 30%"，我们的管理者不学习不掌握酒店前期建设的知识怎么行呢？

　　误区 3：酒店是"一年亏，两年平，三年盈"，业主投资酒店不是靠经营创收的，而是靠物业的保值增值来获取收益的

　　这话看似很有道理，因为酒店刚开张，一般要经历一段市场培育

期，生意才会随着酒店知名度的提升而渐渐好起来。但是，如果酒店把握好各个阶段的每个细节，做到合理的投入，多数情况应该是当年甚至是第一季度就能盈利。理论上说酒店的住客率要到60%才能赚钱，但我所经营和顾问的酒店住客率达到35%左右时就可以保本。大多数酒店的投资回报测算都不准确，实际投入比预算要超出很多，业主好不容易东借西筹把酒店建了起来，本来指望马上就能生钱，结果开业后还要继续输血，真是欲哭无泪啊！如果酒店真的是到第三年就开始盈利也好，可我看到许多大酒店不仅第一年亏，接下来的日子始终没有什么盈利，业主年年忙着筹钱还贷，我们管理者是不是应该设身处地为他们想想呢？

误区4：酒店实行"绩效考核"，以为可以把经营压力分解给每位员工，这就是所谓的经营；再就是"减员增效"，认为压缩人员开支可以增长效益，这就是所谓的管理

坦率地说，我是反对绩效考核的，我管理的酒店从来不用这种方法考核部门和员工，生意照样红火，员工积极性很高，矛盾还少。业主和总经理常常对我说，他们酒店实行了绩效考核后，员工流失率高，部门和员工之间的矛盾很大，他们要我给出一个比较完美的绩效考核方案，既能激励员工又不会产生什么副作用。我总是会不假思索地回答他们，任何绩效考核方案都会制造出许多不公和矛盾，都会影响员工的凝聚力和战斗力，现在酒店招工难、留人难，不能不说绩效考核是其中原因之一。酒店是以服务为主要内容的，考核应该以服务为主，而不是主要考核量化的数据；考核应以奖励为主，而不应该奖少罚多；考核应该官兵一致，不应该罚的都是普通员工。这里重点要说的是，酒店岗位工资差距较大情有可原，因为不同的级别挑的担子不同，但是到了每个月、每个季度、每一年分配奖金的时候，还仿照工资级别那样拉开很大的档次，员工怎么还有积极性呢？在我管理的酒店里，奖金平均分配，总经理和员工同等对待，奖金分配数据必须公开登出。

再说减员增效。酒店本来就是劳动密集型行业，客人非常需要服务的温度，如果酒店把应该设置的人员编制压缩，酒店的服务势必打折。

我住过一些五星级酒店，因为没有行李生，自己要拖行李，遇到问题，整个大堂找不到一个穿西装的。许多酒店的工程部、保安部就一两个人，客房服务员一天要打扫二十几间房，这样的酒店，其安全卫生能达标吗，设施设备能及时维修保养吗？我大致统计了一下，大凡这些实施减员增效的酒店，没几个生意好的。

误区5：对客服务的硬件应完好无损、尽显档次，后台区域破旧简陋无伤大雅

业主或经营管理者都存在一个误区，认为凡是对客服务的都必须用美观好看质量上乘的，而后台特别是员工用的就可以马马虎虎。其实，没有满意的员工就没有满意的客人，后台区域设施设备的不完善就不可能保证前台区域设施设备的正常运行。比如说酒店的地下停车库，汽车经过尘土飞扬，只要花点小钱将地面做个地坪漆，就方便打扫了。许多设备房的机器上满是灰尘，设备容易出故障，使用寿命短，如果在地面上铺上瓷砖，就容易做卫生。许多酒店的员工餐厅没有空调，冬冷夏热，环境恶劣，员工吃不上可口的饭菜，得不到很好的休息，谈何员工向客人提供优质的服务。一些员工更衣室排风不畅，异味很大，有的员工宿舍不忍目睹，不仅空调效果差，卫生也不好，衣服还没地方晾。因为总经理和高管不住在这里，所以这些地方成了多数酒店脏乱差的老大难。我们的管理者一定要像关注对客服务区域那样重视后台区域，特别是员工生活区域的硬件配置和环境卫生，员工的心情好了，对客服务的质量就容易提升；员工养成了良好的生活习惯，自然就会培养出良好的工作习惯。只有前后台区域的管理平行到位，整个酒店的管理才能取得成功。

误区6：酒店广场设置旗杆、喷泉水池，广场地面铺设石材

许多酒店管理者都喜欢在大门的前方设置一个旗杆处，石材底座，底座上刻上店名，其上插有少则3根多则7根以上的旗杆，这些旗杆很少派上用场，既花钱也占地方还难打理。只要广场有点地方，业主和管理者都想在雨棚前的广场建一个喷泉水池，其实这里通常是客人停车的好地方；如果做了喷泉水池，管理难度加大了，不仅平时要有专人开

关，打捞树叶杂物，小孩还喜欢在池边玩耍，酒店得派人不时盯着。广场地面铺设小块麻石尚可，若铺上大规格石材，看显档次，但因车辆的不断碾压而开裂塌陷，需经常维修。一般酒店不必互相模仿设置旗杆，大门前的喷泉水池可换作停车使用，且能彰显酒店生意，整个广场地面宜用透水沥青铺设，显档次且经久耐用，雨天还不会积水。

误区7：酒店客房、客房走廊、宴会厅等地面使用带地胶垫的地毯

一直以来，酒店管理者都喜欢在上述区域使用地毯，而且为了增加客人的体验感，会在地毯下铺设一层地胶垫。无论是威尔顿还是阿克明斯特织法的地毯，图案丰富，色彩鲜艳，加之地胶垫舒适的脚感，确实让这些区域添光加彩，上了档次。但是，这些区域铺上地毯后，容易染脏，打理困难，用上还没几年就要更换。一场婚宴下来，地毯的清理和清洗就成了所有酒店餐饮人员最头痛的事。特别是客房走廊上的地毯，清洗频繁，客人拖行李不方便，员工推工作车吃力。现在有些酒店客房干脆采用复合地板、竹地板或其他复合材料。随着地毯工艺的不断改进创新，酒店这些区域的地面可以使用块毯，厂家可以制作出一定的图案和色彩。这种块毯铺设简单，价格合理，维修方便，极易清洁，使用寿命长，特别是铺在走廊上，客人拉行李箱轻松，员工推工作车省劲。

误区8：酒店装修豪华就显档次，装修漂亮就能卖得起价

我们常常看到档次越高的酒店，大堂就越空旷，共享空间就越高，墙上柱上都贴着昂贵的大理石，餐饮包厢、宴会大厅金碧辉煌，客房陈设复杂，软包硬装到处可见。结果呢？五星级酒店常常卖三星级的价，卖了低价住客率还不一定高，原因何在呢？经过一些年来的观察揣摩，我发现酒店装修得越豪华，客人的心里就越不踏实，总担心进了这样的酒店会挨宰。客人到底需要什么呢？走进大堂，冬天感到温暖，夏天感到清凉。进了餐饮包厢，装修有特色，上菜速度快，口味接地气，价格又实惠。住进客房，床垫枕头舒适，布草质量好，空调没有什么噪音，隔光隔音好，热水来得快，一次性用品有档次。总之，客人不会过分关注房间的装修，看重的是使用的和感受到的是否舒适。装修简洁，把资金多花在上述用品上，房价高些客人乐意接受；现在绝大多数酒店正好

相反，装修上舍得投资，酒店用品却舍不得花钱，房价就是卖不上来。山东中赫环保材料有限公司研发的一桶天下负离子植物泥，用在酒店各个区域的墙面，完全可以替代石材木饰，既环保又省钱还漂亮。成都品为道公司研发的酒店物网融合解决方案，用一套设备就成功完成了酒店通信及客房智能化，帮助酒店在硬件上做减法，在体验上做加法，业主投资少，管理成本低，客人体验好，房价可提升。像这样事半功倍的关键点，有多少酒店管理者能够认识到呢？

误区 9：酒店入住率越高越好

酒店管理者都在追求住客率，还喜欢打听别家的住客率，这也许与业主有关，因为业主都会要求财务把每天的营收和住客率发到手机上。我去长春顾问一家酒店集团，董事长欣喜地告诉我，他集团下的 7 个酒店半年的入住率超过了百分之百，我听后大吃一惊。人吃饭八分饱为宜，这么高的满房率其实对酒店少了休养生息的机会，对设施设备的运行不利，对服务品质的提升不利；凡事要留有余地，万一哪间房出了毛病，想给客人调换间房都不行，这样长期运行下去不是件好事。我经营管理的酒店也常常碰到这样的情况，但每逢住客率升至90%左右时，我就让前台关房，住客率持续一段时间走高的话，我就提高房价，通过价格杠杆来保持合理的住客率，再把获得的额外利润投入到硬件的维保和软件的服务上，比如提升客人用品的档次，增加员工工资奖金。我追求的是质量而非数量，注重的是服务品质和如何将酒店改造时间尽量推后。

误区 10：多数酒店对客是开房收押金、退房须查房，对员工是上下班须打卡、出门须查包

几乎所有酒店都在搞礼仪培训，主要的是教大家如何礼貌待客，其核心就是抓住了人性中最需要的"尊重"二字。但仔细想想，这种培训有做表面文章之嫌，客人其实更需要的是信任，信任客人就是对客人最好的尊重。如果酒店开房时收押金、退房时要查房，客人是什么感受呢？客人得到尊重了吗？如果放在几十年前物质极度匮乏的时代，这种做法情有可原的话，那么，当今的客人有几个会拿走或损坏客房里的物

品，即使有也是个别现象。假如您做过这种不收押金、不查房的尝试，就会发现酒店减少了管理成本，提高了客人的满意度，经营管理取得了双丰收。

　　客人需要得到尊重，需要酒店的信任，那么员工比客人还要更加渴望得到尊重和信任。我们常常把"人性化管理"挂在嘴边，有几个酒店真正这样做的呢？酒店业出现用工荒、招人难、流动快，究其主要原因，就是酒店业普遍缺乏人性化管理，员工普遍没有得到应有的尊重和信任。请问，中国有几家员工上下班不打卡、出门不查包的酒店？如果我们管理者事事起模范带头作用，对待员工像对待家人那样，员工就会视店如家，怎么会舍得离开酒店，怎么会没有干劲？这样管理者轻松了，服务又上去了，何乐而不为呢？我管理的酒店员工上下班不打卡，出门不查包，结果是许多员工上班比我早，下班比我晚，酒店里没有什么偷窃事件发生，反而拾金不昧的事经常出现。

　　写到此真的感到有点累了，好像我刚刚从这些大大小小的坑边走过来一样，战战兢兢，脊梁骨直冒冷汗。其实，酒店是个系统工程，细数起来有一万多个细节，这些细节一旦处理不当就成了坑。酒店运作的道路上处处荆棘，险象环生，一不小心就会栽进坑里，更可怕的是会摔下万丈悬崖。不过，就像攻打祝家庄一样，如果端正了理念，用对了计策，摸准了门道，避开了陷阱，您就会觉得做酒店原来是这么容易，这么开心。

第十八章　降低决策成本才是酒店降本的核心

　　许多朋友常常问我："关于酒店你好像无所不知，这些知识你是怎么学来的？"我是"文革"后首届大学生，当时和后来的许多年，大学根本就没有旅游专业，何况是酒店专业呢？准确地说，在酒店方面，我没有师从过任何老师，全靠实践中摸爬滚打逐渐积累总结；但每个酒店业主、酒店员工、设计人员、施工人员，甚至材料设备的生产销售人员，都是我获得酒店大量宝贵知识的老师，直至现在，我几乎每天还在吸取他们的知识。正是因为我在读有字书的同时，更多读的是无字书，我才会在酒店职业生涯中学会了不按常理出牌，不会循规蹈矩。我的学习过程总结为八个字：被逼无奈，顺其自然。所以我向酒店人讲述的多半不是成功的经验，而是失败后的教训。具体来讲，我在前20年的从业经历中主要涉猎经营管理，所以有了一点这方面的思想后就到处宣传"管理出效益"。从国有酒店辞职后，自己独当一面管理酒店，发现我参与设计建设的新酒店就能搞得红火，而有的已经营多年日益衰败的酒店让我接手继续，我无论倾注多少心血也不能使其起死回生。试寻原因，原来非管理所为，而是设计有先天缺陷，其中犯错的自然有设计师的，有管理者的，但更多的是投资人的。所以，我有感而发提出了"设计出效益"的理念，并得到了酒店业甚至其他一些行业的认可，我也在以后的建设和经营酒店成功的实践中得到了印证，这一干又是20年。最近几年来，我不再做具体的建设和管理酒店的工作，为了让更多的酒店人知晓和运用我运作酒店的理念，让更多的酒店人获益，我便以去现场顾问酒店为主，便有了许多与酒店人特别是政府主管领导、酒店投资人面对面交流碰撞的机会。我进一步发现，设计固然可以出效益，但好的设计方案要有人欣赏认可才行。我顾问过许多令人头痛的项目，问题基本出在决策人身上，决策者虽然非酒店专业，可往往就是主要设计者，出资者为大嘛，一个人的鲁莽决定可以否定所有其他人的智慧。如果酒店在孕育阶段就被决策者指错了路，那么，酒店经营者在以后的管理中下多大气力去搞什么降本增效，都改变不了酒店衰落的命运，我深切地体会到，酒店降本增效的核心是降低决策成本，具体表现在如下几个方面。

一、设计阶段

1. 规划设计

酒店建筑的一般规划指标包括征地面积、总用地面积、总建筑面积、建筑占地面积、容积率、建筑密度和绿地率等内容。酒店建筑规划中应设计具体的功能布局指标，包括公共区域、客房区域、餐饮区、会议区、娱乐区等配套设施建筑面积以及工程设备区、行政后勤区等服务部门设计面积等。如果酒店是高层建筑，这些功能区域还包括地下室、低层公共区、客房层、顶层公共面积和顶层设备用房、裙楼设备用房等。我主持过五个综合体项目的开发，发现这种规划都有一个共同点，就是规划者、投资者和管理者是脱节的。比如上述的规划工作应是一鼓作气统一完成的，但现实是，政府主导的规划是制定征地面积、总建筑面积、容积率、建筑密度和绿地率等这些指标，到此就打住了。我一直纳闷的是，就算城市的规划部门和主要领导对城市综合体诸如住宅、写字楼、商业的运作了如指掌，还可以给出比较正确合理规划的话，那么，我参与政府规划的所有酒店项目，政府领导和规划部门的各路专家，没有一个真正懂酒店的，甚至有的连基本常识都缺乏。可就是这么一些不懂酒店的领导和专家，掌握了酒店初期规划的大权，主要任务是确定大政方针。因为政府一般不投资酒店，所以接下来就招标酒店投资人。由于酒店是个重资产，投入很大，回报很慢，风险也大，现在有几个人愿意纯投资开发一个酒店项目呢？我们常常看到政府规划的是一个综合体，对外招商投资人，明确规定综合体中分别建设哪些项目，但若想投标，前提是必须建一个酒店，而且常常是高星级酒店，甚至明确要有品牌酒管公司管理，有的就干脆要求国外一流品牌进入。开发商渴望拿项目啊，何况建个高档酒店，找家品牌管理公司进来撑台，综合体其他项目还可溢价，加之政府可能会有什么政策支持，也就硬着头皮答应了。

中标后的开发商经招标或各方推荐选择了一家规划设计院，按照政府规定的我上面讲过的那些硬性指标进行规划设计。按照道理，开发商要做酒店，就必须给规划设计院提供一份设计任务书，起码要明确酒店的功能布局，因为规划设计院既不是投资人也非管理者，但几乎中国的酒店业主都无法给出，因为这些酒店业主不懂酒店，他们反倒认为，既然你们设计院先期都提供了大量高档酒店规划设计的成功案例，我们又不是设计师，怎么还要我们提供设计任务书呢？设计院只好在电脑中苦苦寻找类似的规划方案，挑出估计能符合政府或甲方口味的外形，在政府规定的规划指标内，把图库中一些相同档次规模酒店的功能布局硬塞进去，这样，规划设计图就出来了，报给甲方修改，最终定稿后再报政府上会，侥幸的一次通过，麻烦一点的折腾反复，好在项目是政府给的，开发是有时间目标的，所以一般来讲，规划院的设计方案最终是能通过的。

2. 建筑工程设计

开发商拿到了政府对于规划方案的审批文件，就着手开始建筑工程设计，不管是经过正规招标还是各方推荐，都会选择有实力、具有许多同类酒店建筑设计经验的设计单位。但与规划院一样，建筑工程设计单位也没有投资和管理酒店的经验，他们比规划院更迫切需要甲方提供一份设计任务书，因为规划院的设计称作方案，只要满足政府审看就可以；而建筑工程设计要出具施工图，必须满足施工需求，建筑工程完工后，还要能让甲方通过政府组织的全面验收，这是一种除了需要建设单位、施工单位、监理单位、设计单位、勘察单位、检测单位、图审单位和工程质量监督部门以外，还需要教育、卫生、气象、环保、消防、土地、公安、规划、人防、市政、工信、劳动、房管、交通等部门的联合验收。所以，建筑工程设计必须包含建筑设计、结构设计和设备设计。建筑设计主要有建筑平面、建筑立面、建筑剖面和建筑大样等内容。结构设计主要包括基础、梁、板、柱、结构平面布置图和各种结构详图、表示承重结构布置情况、构建类型、尺寸大小及构造做法等。设备设计包括给排水、采暖通风、强电、弱电、消防等设备平面布置图、系统图及详图。看看这些图纸是多么重要啊，它们关系到酒店未来的命运！但是，许多建筑工程设计师都在抱怨规划设计院的方案，因为政府通过的规划方案往往难以落实到建设工程设计的图纸上；而建筑工程设计院在甲方那儿又得不到一份详尽可操作的设计任务书，他们只好像规划院一样，凭借自己过去的设计经验，结合甲方提出的基本要求，在尽可能遵照规划设计方案的前提下，模仿酒店常规功能布局，勉为其难地交出了施工图。

3. 室内设计

酒店投资人完成了建筑施工、通过了竣工验收和综合验收后，便自然想到了装修，这才急忙寻找装修设计单位。不管是政府或国有企业开发的酒店项目需要公开招标，还是私营企业的议标，其选择装修设计单位的方向和理念基本一致：要有实力，设计过许多豪华高档酒店，要求出效果图若干。一般来说，前两项分不出什么伯仲，关键是看各家单位做的效果图，谁家的效果图画得漂亮好看，特别是正好符合了项目投资人的口味，那么这家设计公司就幸运中标，至于设计费，如果是政府或国有企业的项目，只要不超预算就可以，而私营企业呢，只要看中了效果图，设计费贵些可以谈嘛，一般都会成功签约。这些设计公司有的是专门做设计，别的活儿不干，这种情况还好；有的则是设计单位附属在装修公司中，有的干脆是设计装修一起揽了过去，这就比较麻烦，好比在场上比赛，既是运动员也是裁判员，以后的装修造价还怎么控制呢？遗憾的是，这些酒店设计公司很少有懂酒店的。他们投资过酒店、管理过酒店，甚至住过多少酒店呢？那些所谓专门做酒店设计的公司，其设计师多半要满足他们的情怀，他们追求的是自己的作品能否在视觉上有冲击力，手法上有没有新意，有没有设计感，一句话，能不能给自己和公司长脸，至于酒店投资多少、如何管理、效益如何，那可与他们无关。而装修单位办的设计公司，一切是为了装修主业服务，他们已习惯标新立异，模仿套图，有的同时承接了投资方装修业务的装修公司，甚至慷慨应允为投资方做的设计全部免费，难道天下有免费的午餐吗？投资人开始就有一个误区，以为装修酒店就自然请装修设计师，把酒店装修得高档好看就行，殊不知设计出来的酒店投资是不是合理、管理者好不好经营、消费者愿不愿买单，这才是设计的核心。这一阶段的设计应称作室内设计，中国酒店大多数经营不善，主要纰漏就出在这里！建筑设计、机电设计再不合理，投资也是可控的，可装修投资是个无底洞，如果这一阶段的设计工作没有做好，那么后面的施工造价怎么把控，不合理的装修投入怎么指望以后酒店经营赚回来呢？

4. 机电二次设计

前面说过，建筑工程设计必须出具能够让建设单位通过综合验收的施工图，所以必须包含机电设计。而室内设计公司接手后发现，原先规划设计院和建筑设计院所做的功能布局不大合理，特别是做的机电设计，起码点位要推倒重来。所以，室内设计师就根据投资人或是前期介入工程的酒店管理者的要求，重新进行功能布局，提供出新的水、强弱电、空调、消防等点位的图纸。机电的施工要先于装修，施工队伍的选择还要经过招标议标，而招标议标的工作量清单就不能依赖建筑设计时所出的机电部分的设计图纸，所以，机电要根据室内设计报审通过的施工图上所标的详细点位做二次设计，出来的施工图才能给建设单位进行招投标，才能满足施工队伍的施工要求。这种重复劳动，投资人势必要二次付费，如果钱付的不爽，机电设计师的积极性就不高。坦率地说，我经历过的这种项目的机电二次设计，其施工图质量真的是不敢恭维，这对于酒店工期以及与装修工程队伍的配合都是不利的，自然就给日后酒店经营管理埋下了隐患。

目前中国绝大多数酒店项目的设计工作，大致就是按照上述内容和步骤进行的，我想通过通俗易懂的语言让大家明白这样的设计程序是不合理的，不但让投资人多花了大量不该花的钱，还多走了许多冤枉路，到了酒店开业后，各种问题接踵而来，不合理的规划和设计想通过管理者来纠偏，在经营中搞什么降本增效，那都是杯水车薪，于事无补，就像一个生出来的婴儿是个痴呆，在成长的过程中哪怕请的是北大、清华著名的教授来教育，你说这个孩子能培养出来吗？

其实，政府在做规划方案时，不仅要考虑各种面积指标和项目用途，更重要的是接盘的开发商如何运作好这些项目，特别是综合体中的商业部分。对于商业部分中投资大回报慢的酒店，正确的规划设计做法是，由政府分管领导牵头，邀请建筑机电设计师和室内设计师提前介入，还要邀请真正懂得酒店建设的管理专家参与，共同讨论确定酒店档次、规模、功能布局，做好投资回报测算。设计首先由室内设计师按照政府审批的各项规划指标进行平面功能布局，然后交由建筑设计师进行诸如外观、建筑和机电的初步设计，最后，规划设计师根据酒店专家的意见，综合室内设计师的平面功能布局和建筑机电设计师的初步设计，水到渠成地做出比较合理科学的酒店规划方案。程序正确了，今后的诸项工作就顺了：政府审批了规划方案后，建筑设计师可以按照今后酒店实际使用的功能布局一次性设计到位；由于室内设计师提前进行了施工图设计，已把各种水电消防空调的点位在施工图上标明得清清楚楚，机电设计师拿到这样的点位图后再进行机电的施工图设计，就不会出现机电的二次设计。看到这里大家就会明了，酒店的降本增效主要体现在这一阶段，不但节约了大量的设计费用和设计时间，还降低了惊人的建设成本，为以后酒店良性经营发展打下了坚实的基础。

二、选择物业

现在的酒店过去称作旅游涉外饭店，除了政府外事主管部门，一般企业和个人是不能经营这种主要用来接待外宾的高档饭店的。随着时代的发展，高档酒店的消费已进入寻常百姓家，所以从 2003 年起，正式取消了"旅游涉外饭店"的称谓，被"旅游饭店"所取代。于是，投资酒店几乎没有什么门槛，只要有钱，不管物业是自己的还是租来的，什么人都能进入这个行业。越来越多的投资者更愿意租赁物业做酒店，那么，如何选择物业对于酒店承租人就显得非常重要，许多投资人就是在此阶段犯下了决策错误，导致了今后酒店的难以为继。

1. 位置

大凡我顾问过的以租赁物业做酒店的投资人，都喜欢把是否在城市中心、周围是否有机场、车站、学校、医院、政府部门等，作为判断物业位置好坏的唯一标准。诚然，如果在十几年前甚至更远，这个判断标准是有道理的，因为那时的道路状况差，交通不发达，通信手段落后，商旅客人如果不住在城市中心或交通比较顺畅的地方，会感觉费时费事，很不方便。现在消费者是如何去酒店的呢？许多客人是自己驾车去酒店，部分客人是坐出租车，部分客人是坐地铁乘公交。夜间，公共交通不能去的地方，网约车会提供全天候非常周到的服务。过去，如果酒店稍偏，我们都要在楼顶设一块醒目的店招，楼体还要制作泛光照明，在道路的拐弯处必须竖几块标明方向的标识牌，现在酒店还需要这些吗？GPS这个神奇的天使就像导盲犬一样把我们轻松精确地带到哪怕是深山密林中的酒店。如此说来，判断一个物业的位置是否适合做酒店，不一定是不是在城市中心或是周围有没有众多的政府机关企事业单位或是医院学校，因为这些地段的物业租赁费昂贵，就是想租个集中在一起的员工宿舍也很难，客人去酒店还会有堵车的烦恼，如果客人自驾去酒店，这些酒店的停车位往往还少。我认为，好的酒店位置应该是道路畅通，便于车辆进出，方便客人泊车。投资人应从综合因素全盘考虑物业位置，比如看周围三、五公里范围内有没有酒店，如果周围有各种档次的酒店，说明这里本来就有基础客源，就可以放心投资；如果没有什么酒店，那就要分析原因，谨慎决断，是因为这个地区本来就没有客源需求呢，还是因为投资人没有看到这种需求的潜力，如果是前者，就不能投资，如果是后者，就果断出手。总之，我们既不能因为可以吃独食而盲目乐观，也不可因为缺乏前瞻性而错失良机。一旦确定所在的位置可以投资酒店，那么，我不会去打听了解周围酒店的各种信息，因为那些信息对我而言毫无价值，我只会把所有的精力和目光都倾注在酒店的设计和建设上，专心致志把酒店打造成舒适度体验感远远优于周遭地区的其他酒店，让价廉物美的酒店成为消费者的刚需和首选，这样，酒店的客源不仅会来自三、五公里，而且三十、五十公里甚至三百公里之内的各种客源都会慕名而来。我坚信，酒香不怕巷子深，只要产品好，不愁没生意，现在的客人只要想住一家好酒店，常常会舍近求远，这是我多年酒店成功的实践得出来的真知灼见。

2. 租金

除了酒店位置外，投资人最关心的就是租金，按照投资人的话讲，少交的租金都是酒店的利润啊！这话没错，租金高了，投资人的风险就会加大，管理者的经营压力就会增大。但是，如果投资人过分关注租金，往往就会上当，便宜房租的不一定是好物业，价格高一些的说不定很适合投资做酒店。我经常对租赁物业做酒店的业主说，如果我们过分计较租金，就不要投资酒店，就像开车的人，如果天天关注油价，就不要买车。我想表达的是，一个物业的租金常常由市场决定，在那个地区有着相对固定的价格，不会上下浮动很大，通过各种理由和技巧能够把租金谈得低些当然好，但我的关注点不在租金，只要物业适合做酒店，我宁愿多出些租金，就怕那些问题物业，哪怕租金再便宜，我也不会建议投资人去承租。问题物业主要反映在这几方面：产权债务不明晰的物业，营业中的酒店，在设计方面先天不足的新物业，下面我就接着逐一分析。

3. 产权债务

我不想做这方面的科普，只想提请投资人在选择物业做酒店时应该注意到出租方的产权是否明晰，是否有债务纠纷。比如，我不大赞成投资人租赁产权式酒店物业，原因很简单，开发商多数因为资金不足而把项目物业的产权分成许多小单元出售给小业主，以定期付息的方式返给小业主，这样的产权式酒店常常是承租方与开发商签约，如果开发商挪用了这笔资金迟迟不返租给众多的小业主，那么承租人就会有被业主集体起诉停业的风险。再比如，有些物业存在大房东和二房东，大房东是产权拥有者，二房东是大房东委托帮忙代理出租物业的，市场上现在很多优质酒店物业是被二房东控制的，自然，大房东出的租金肯定要比二房东出的低，因为二房东要从中抽取服务费。酒店投入大回报慢利润低风险大，如果租金被二房东炒得很高，有什么必要选择这样的物业呢？有的物业股东比较多，原先酒店承租人是与大股东或主要股东谈判签约的，但过了一段时间，大股东由于种种原因变成了小股东或退出了所有股份，虽然法律层面上没有什么问题，但人事变动往往会给合作带来不快或隐患，选择这样的物业必须谨慎。这里重点提及的是，租赁开发商新建的物业做酒店是最好的选择，但是，由于多数开发商把楼建了起来，通过了综合验收，便可以对外出租了，不过现实情况是，许多开发商在开发过程中拖欠了工程款，导致一些工程承包商、材料商等在开发商那儿拿不到钱，便会来酒店讨款，阻碍酒店正常经营，虽然合同上写明这些债务与承租人无关，可现实中承租人吃亏的例子很多，故承租人在选择这种物业时，要设法摸清开发商的人品、实力和工程欠款情况。

4. 营业中酒店

俗话说，吃别人嚼过的馍没味道。我从事酒店四十多年，基本都是从酒店设计开始，因为按照使用者的要求建成的酒店，管理起来比较顺手，因而容易出效益。投资人能不能接手承租营业中的酒店呢？这里容我分两种情况汇报。

（1）开业不久的酒店

因为种种原因，别人经营了一段时间想转租，比如经营了一两年或三四年，这种酒店比较麻烦，哪怕地段再好，价钱多便宜，承租人都要慎之又慎。除少数原来承租人出现意外资金短缺需要转让酒店外，如果是经营上出现问题，那么，新的承租人就有能力扭转吗？管理酒店不是件难事，没有什么高深的学问，前面承租人管不好的酒店，别人来多半不会出现什么奇迹，我顾问过的这类酒店基本都存在产品问题，不是服务问题，而是在原先不合理的设计和投入上，这方面的问题只有下决心重新改造才能解决。可是，前面承租人已经装修完毕，而且把这笔投入转给了新承租人，硬件还是新的，尚未到改造之际，如果此时停业重新装修，没有几年合同又要到期，是否续签还是未知数，这样的投入划得来吗？新的承租人一定会处于两难境地，不改造不行，改造了心又不甘，所以，这种酒店我一般不赞成投资人去接手。

（2）开业已有十年左右的酒店

我一般会支持承租人接手这种酒店物业，虽然我主持设计管理的酒店常常要到 15 年才改造，但国内的大多数酒店经营了 10 年就会显得陈旧落伍，自然就要考虑彻底改造，那么，新承租人接手后，可以马上重新功能布局，让酒店浴火重生凤凰涅槃，把一个全新的舒适度体验感较好的酒店推向市场，这种酒店才可能健康地无忧无虑地活下去。

5. 新建物业

按理说，投资人租赁新开发的物业做酒店是最明智的选择，因为一张白纸可以画最新最美的图画。可是我发现，国内房地产开发商基本不懂酒店，所设计建设出来的物业多半先天不足，所以选择这样的物业做酒店同样要保持高度清醒，有时，新建酒店建筑的品质比位置和租金还重要！那么，承租人从哪些方面来发现新建酒店的缺陷呢？

（1）外形

异性建筑是不适合做酒店用途的，大凡承租人咨询，我一般都会持反对意见，因为异性的建筑土建成本高，装修费用高，公摊面积大，房子不好用，就说管理吧，前台的房态图就会比较复杂，房价也不好定，会议和团队客人经常会因为所住的房型闹矛盾，理想的酒店建筑是长方体。

（2）外墙

开发商往往重视外墙用材，比如喜用氟碳漆、铝板、石材，那么这些昂贵的外墙成本势必会转嫁到承租人身上。其实，有哪一位客人会关注酒店外墙用的什么材料呢？外墙不管使用什么材料，只要做到干净平整不掉色不掉漆就很好了，我做过多个酒店的外墙，如果把基层做好，整体外墙完全可以使用真石漆，交钥匙工程价约每平米 50 元，使用寿命 15 年以上。

（3）外窗

大凡采用玻璃幕墙的建筑，我是不赞成用作酒店的，因为安全隐患大，建造成本高，装修处理难，隔光隔音差，自然能耗高。用作酒店客房的外窗应该使用点式窗，就是外窗是镶嵌在上下两根梁和左右两根柱的中间，你看，一下子就克服了上述玻璃幕墙的所有缺点。

（4）塔楼每层楼面积

客房是酒店收入和利润的主要来源，而塔楼往往主要用作客房，因此，塔楼的每层楼面积的公摊是否合理，对于承租人就显得特别重要。根据消防规范，每个防火分区至少应设置一台消防电梯，每层建筑面积不大于 $1500m^2$ 设一台，每个防火分区至少有两个安全疏散楼梯，位于袋形走道两侧式尽端的房间距安全疏散楼梯的距离不能超过 15m。所以，选择每层面积 $1500m^2$ 的塔楼做酒店客房是公摊最小的，反之，如果每层楼面积是 $1000m^2$ 或 $700m^2$，那么仍然必须设计一部消防电梯和两个安全疏散楼梯，由此可见每层楼少于 $1500m^2$ 的酒店建筑，面积越小，公摊越大，承租这样的物业必须综合考虑清楚。

（5）塔楼层高

设计师都擅长设计高大上的建筑，政府领导、投资人和经营者也会盲目跟从，比如建筑师会把层高设计成 3.6m 至 3.8m，殊不知，这种高度的缺点很多：建筑成本高，自然开发商要把这种成本加算到承租人头上；装修费用高，因为装修面积增加了；营运费用高，因为体积增大了，所需的空调能量就会加大。我主持设计建设的酒店塔楼的层高都在 3.2m 左右，客房走道的吊顶标高都可满足 2.25m 以上，没有客人反映走道标高矮或感到空间压抑的。

（6）大堂层高

中国人喜欢搞面子工程，像酒店大堂一般都会设在一楼，而且为了阔气，多半采用与楼上空间共享，而且都会把上层或上面几层镂空共享的边缘部分采用栏杆精装，这种设计的缺点就是致命的：安全隐患大，一米左右高的栏杆如果有孩子在旁边玩耍怎么办？消防隐患大，因为楼层空间共享，破坏了防火分区，必须加装投资很大的防火卷帘，而且酒店开业后要定期开启测试；大堂的空调能耗高效果还差，大凡这种空间设计的冷热量是普通区域的几倍，夏天尚好，因为冷气是重的，虽然冷量消耗很大，但效果还可以，但冬天的暖气是轻的，如果用地暖还好些，若是用普通的风机盘管，其发出的热气都跑到了二层或以上的空间，特别是到了冬天的下半夜，一楼大堂既有客人也有员工在活动，但客人待不住，员工要穿羽绒服，甚至身边还要放上电热炉，二楼以上营业点早已下班，但空调效果好着呢。现在有个别酒店采用球形风口，可以基本解决这个问题，但能耗高啊！另外，凡是有这种共享空间的，你就会发现，二楼或以上被共享挖去的那部分空间，直接给那层的功能布局添堵，无论是自营还是外租，都不会产生效益。如果承租人碰上了这种建筑，我一般建议把共享空间与上面楼层的交接处用实墙封堵，当然，如果容积率允许，甚至我让开发商废掉共享空间，把空间用楼板填平。

（7）客房走廊

如果是长方形的酒店塔楼，通常有两种设计：板式建筑和回字形建筑。通俗地讲，板式建筑就是客房在两侧，走道在中间；回字形建筑是核心筒在中间，四周是客房，核心筒与客房之间是走道。做中高端酒店最好采用回字形建筑，房间客人互不干扰，因为走道只供一侧客人和服务员使用，所以宽度在 1.8m 或 2m 就够了。板式建筑优点是公摊面积少些，缺点是两侧的房间共用一个走道，加之服务员也要使用，所以宽度最好在 2.2m 至 2.4m，至少 2m。

（8）窗台高度

按照建筑规范，客房内窗的窗台高度应为 90cm，如果低于这个高度，要采取诸如加装防护栏这种防护措施。其实，这种规范早已过时，过去的窗户多为推拉窗或普通的平开窗，且不是中空玻璃，强度和安全系数都不够。但现在的窗户是铝合金加中空玻璃，而且窗户除了一扇限位的内开窗外，都是密封的，安全强度很高，即便用逃生锤也难以砸碎，许多酒店在装修时安装了防护栏，但综合验收完成后，又将其拆除，多浪费啊。窗台的高度最好为 30cm，这种窗户视野开阔，增加房间的亮度，扩大了空间感，有利于提升房间档次和房间售价。

以上八点是我多年选择新建筑做酒店关注的重点，如果缺陷超过一半，我就不建议投资人承租这种物业，如果只有其中两三个缺陷，或者其他优势明显，那么我就会支持投资人拿下物业。

三、建设阶段

中国酒店的投资人通常是建设者，经营者基本不参与前期的设计建设，这就造成了建设和经营之间的脱节，这种运作模式酒店怎么能赚钱呢？投资人认为建设酒店容易管理酒店难，所以，他们自告奋勇地揽下了这一阶段的活儿。由于经营者是后期介入，酒店设计和建设期间犯下的错与他们无关，因此他们自然也不会承担投资人的错误，只要经营有利润就是业绩。其实，设计和建设酒店技术含量是很高的，以后酒店能不能有效益就在这一阶段定调了，而经营管理酒店相比之下要简单得多。这种认识偏差就给投资人的决策带来了失误，要知道，投资阶段稍有不慎，造成的损失以后经营者费九牛二虎之力也是难以挽回的。下面分四个方面来论述。

1. 要用对人

在酒店建设阶段，投资人要面对形形色色的人和错综复杂的事，仅靠自己有限的时间精力知识怎么能应对？我打过交道的各种体制的投资人多半喜欢亲力亲为，主观武断长官意志表现得非常突出，专业人士的建议如良药苦口，能否被决策者采纳，完全取决于投资人的素质，这种状况非常危险。其实，专业的事应该由专业的人来做，投资人只要擅用人、用好人就可以了。顺便提及的是，中国有句俗语，"疑人不用，用人不疑"。可我不大同意这种说法，现实情况是，疑人要用，用人要疑，你去问问哪个领导不是这样，如果疑人不用，天下就没人可用了；但如果用人不疑，就会出轨翻车，那还要什么监督机构？

（1）选好筹建总指挥。投资人一般不懂酒店，所以在开始运作酒店前要物色一位懂酒店前期建设的总指挥，此人最好是酒店总经理出身，必须做过酒店开业前的筹备，至少全盘掌舵过一家同类型酒店的设计建设工作，资金由投资人控制审批，总指挥只负责技术操作。当然，这位总指挥若能过渡到开业后的总经理更好，工作起来其责任心更强，这样，各项工作就可通盘兼顾，交叉进行，衔接到位，自然有利于日后的酒店经营。

（2）选好预决算师

我经常讲，营业中的酒店财务总监的作用非常重要，建设中的酒店预决算师十分关键，预决算师主要负责工程的成本概算、商务报价以及工程项目的预算决算等工作。酒店建设分三部分：土建、机电和装修，懂得这三方面预决算工作的全才较少，通常来说，土建和装修性质相同，可由同一预决算师担当，机电则由另一预决算师承担。招聘这类预决算师不分年龄，也不忌性别，主要是考察应聘人是否具备酒店工程预决算经历，在以往的工作中有无劣迹。如果请对了预决算师，工程上节省下来的钱非常可观，投资人多开点工资是值得的。

（3）选好施工单位

酒店工程的施工单位很重要，选好了可以帮助甲方优化设计方案，懂得配合其他工种施工单位，保证工程进度和质量，免去今后酒店经营时诸多工程维护，一句话，省钱省时省心。招标无可厚非，但许多工程招标注重的是表面文章，招标文件中不切实际的要求逼着施工单位挂靠造假，李鬼冒充李逵的事频频发生，中间多了环节，成本水涨船高。我选择施工单位，是要考察其项目经理而非公司做过哪些同类酒店工程，查看这些工程合同的项目经理是否与本项目报的一致，坚决不用挂靠单位。签约之前，要按标书要求汇入一定数额的工程保证金，同时保留如果施工单位违约立即解除合同的权利。我做事喜欢丑话说在前面，合同条款必须严格严谨，但具体操作时可以放宽执行。

（4）选好材料设备供应商

祖国发展日新月异，由过去的物质极度匮乏到了现在的物质极大丰富甚至是过剩的时代，酒店人真是太幸福了。市场上材料设备供应商很多，绝大多数人品好产品佳，但这些材料设备的品牌价格是否适合自己的酒店，这点是关键。盲目追求品牌档次不可取，一味强调低价便宜也不对。投资人要广泛听取专业人士的意见，事先弄清楚应该采购什么档次价格的材料设备，要求专业人士写出招标文件，让适合的符合标准的供应商来参与投标，在同等质量同等服务上比价格，这样才能采购到好产品。

2. 决策要快

我常常只需三、四个月就可以装修完一家 3 万平米左右的酒店，和我差不多一起筹建甚至是比我提前一年半载筹建的酒店，我的酒店已开业多时，他们的酒店还在筹建呢。同行都惊叹我的神速，我也在分析他们那么缓慢的原因，经过多年的实践和研究，我发现除了资金因素外，几乎所有工程都耽误在了领导人的决策上。比如前期设计本已完成，但到了施工阶段，经常是领导人对效果图不满意，或是对某些设计突发奇想，或是犹豫彷徨，所以就有"边设计边修改边施工"的"三边工程"之说。一将无能累死三军，这种工程时间拖得久，质量自然好不到哪里去。酒店工程不同于其他建筑工程，项目复杂工种繁多，交叉配合十分重要，要由懂得前期建设和后期运营的人统一协调指挥，每天的事每天清，出现的问题须迅速回复，否则就会出现窝工现象，有的因为不能及时指错纠偏造成返工损失，比如砌错了一面墙，就可能多花几十万，要知道，酒店以后要挣出几十万的纯利该有多难啊！这里所说的决策要快，是在决策正确、决策有把握的前提下进行的，因为前面我讲了要选好工程总指挥，所以才有了决策要快这一说。

3. 切忌赶工

我和亲朋好友去餐馆吃饭，如果店家的菜上慢了些，我从不催菜，若同桌人要催，我会阻拦并道出个中缘由：因为烹饪需要合理时间，否则匆忙上来的菜品质就可能有问题。酒店工程也一样，我做了几十年的酒店基建工程，碰到的业主几乎都拼命要求各施工单位和材料设备供应商赶工，有的是因为要赶某个重大节日，有的是赶营业旺季，有的是因为前面耽误了工期，再不抓紧就无法向领导交代了。理由虽有千种，但酒店工程是不能赶工的。首先，赶工多花钱。抢工期必须要加人加班，过去晚上加班 4 小时要付一天工资，现在加 2 小时付一天工资还没人愿意干。其次，赶工质量差。按理说，一堵墙砌好抹完灰至少要放上 3 个月才能进行水电预埋和装修，否则墙体没有完全干燥，装修出来的酒店以后维修量大。再比如，涂料刷完一遍后，根据气候要晾上一段时间才能刷第二遍，若人为提前，以后很有可能起皮。装修时只有等到顶面墙面工程彻底完成后才能铺地毯，否则酒店未开业就要忙着清洗地毯上的污渍，说不定有些污渍还难以清除。特别是酒店家具，如果是赶工生产出来的，固定家具经常是尺寸合不上，活动家具油漆不到位。由此看来，赶工既花钱质量也不好，所以我强烈反对。

4. 甲乙供材

由建设方购买的材料称作甲供材，由施工单位购买的材料称作乙供材。绝大多数投资人都认为，自己亲自购买材料，价钱便宜，质量又好，才能堵住采购中的漏洞，理论上讲是对的，可是理论常常与实际脱节。就拿我自己的经历来说吧，我做过五个房地产开发公司的总经理，比如我主持的一个综合体项目，前任总经理在做土建时把什么材料都控制在自己手里，螺丝钉子全由甲方采购，最后投资预算严重超标。我接手后发现，工地上到处散放着钢梯，数数有一百多个，那都是用钢管焊起来的，其实用不了这么多钢梯，原因就在于反正是甲方购买，据说还好几次现场抓住乙方把钢梯偷出去当废品卖掉的事。所以对于工程项目，一定要在招标文件中确定好甲供和乙供的材料范围和名称，凡是不易控制的属消耗类的材料按照定额标准核算交给乙方购买，让乙方自己管理控制，你会发现这样操作自己既轻松又省钱。酒店装修工程比较复杂，不过如果你深谙其中精髓，掌握好方法，就可以化繁为简，做到事半功倍。比如，我们同样要在合同中明确规定哪些材料是甲供，哪些材料是乙供，哪些材料是甲方指定价格品牌由乙方采购。通常我把酒店装修工程的甲供材确定为瓷砖、地毯、装饰灯具、活动和固定家具、窗帘、电子门锁、卫浴、换气扇。甲方指定价格品牌由乙方购买的有石材、地漏、五金件（普通门锁、拉手、门碰、猫眼、挂衣杆、手纸盒）、开关插座面板、普通灯具。剩下的材料由乙方提供。这样，人数有限的甲方才能集中精力时间抓好自己材料设备的采购和跟踪到货时间，认真验收乙供材的品质，监管好材料设备的施工质量。实践证明，用这样的方法采购项目所需的材料设备，投资人是最省事最省钱的。

四、筹备阶段

好像已经成了不成文的习惯，酒店投资人负责把酒店设计建设好，然后就把筹备运营的事儿交给管理公司或职业经理人，他们总认为管理酒店特别是筹备酒店学问很深，要不然怎么这么多的投资人把酒店不是委托给酒管公司管理，就是加盟一个他们心目中的酒店品牌呢？其实，酒店建设工作结束，后面的活儿就很简单了，比如筹备工作说到底就是两个方面的内容：招人和采购。但是，许多酒店投资人在这一阶段犯下了致命性的错误。

1. 委托管理

1984年1月，北京丽都饭店有限公司与洲际酒店集团旗下的假日酒店签订经营管理协议，成为中国市场上首批国际酒店品牌，由此引入了委托管理的经营模式，后来随着大量国际酒店委托管理模式的进入，国内的酒管公司也随之效仿，这种模式便蓬勃发展起来。那个时候的酒店属阳春白雪，又是以综合性大型规模为主，一般企事业单位尤其是个人不允许开酒店，大家都不懂现代化酒店的运作，所以，当时引进这种模式，投资人交点学费是可以理解的。引进这种模式至今已有几十年的历史，酒店投资和酒店消费一起走进了百姓家，如此聪明勤奋的中国人还学不会这种简单的技能？要知道，酒店投资大利润薄，不要说将酒店交给国外品牌的酒管公司全权管理，其成本费用高得让人难以承受，就是委托给国内酒管公司管理，投资人有几个是赚钱的？看完我上面的寥寥数语，投资人还敢轻易地采用这种管理模式吗？

2. 特许加盟

连锁酒店的盟主拥有产品、服务、管理营销技术、商标等的特许权，盟主和加盟者以合同为主要联结纽带，加盟者对其酒店拥有所有权，酒店经营者是酒店的主人，加盟者必须完全按照盟主总部的一系列规定经营，自己没有经营自主权。加盟者要向盟主交付一定的费用，通常包括一次性加盟费，销售额或毛利提存等。由于目前有许多投资人倾向投资中小型规模的酒店，而那种成建制地引入管理团队的委托管理模式，成本费用太高，这种特许加盟，一样有个好看的名字，有设计标准、会员体系、管理人员，同时花的钱相比委托管理要少得多，所以，这种管理模式受到了部分投资人的关注和青睐。直白地讲，如果投资人完全不懂而又要亲力亲为，那么，加盟一个联号酒店情有可原，毕竟有专业人士能够把酒店开起来。但必须注意的是，投资人要选对选准这种联号酒店的盟主，因为这些盟主不管投资人的酒店是否赚钱亏本，他们的利益是必须要保证的，投资人完全没有经营话语权，但酒店亏本与否与盟主没有关系。说到底，盟主做的是无本买卖，全部风险都由投资人承担，再看看市场上特许加盟的酒店，有多少是赚钱的呢？我的建议是，投资人不懂酒店，切不可不懂装懂，你可以聘请懂的人呀！中国的酒店规模档次属世界第一，管理中小型酒店的人才遍地都是，一家酒店只要请几个专业人士，聘请的人只要正派敬业，只要前期的设计建设工作做得到位，我相信比加盟联号酒店强得多。这里顺便强调一句，现在市场上把特许加盟说成是品牌加盟，这种说法不合适，会误导投资人哦！

3. 特许经营

特许经营是授权人将其商号、商标、服务标志等在一定条件下许可给经营者，允许经营者在一定范围内从事与授权人相同的经营业务。特许商既可赚取合理利润，又无需承担加盟商的日常琐事，发展更快，赚钱轻松。而对于那些完全没有管理酒店经验的投资人来说，可以在较短时间内入行，利用特许商拥有的商标和管理技术，比起自己去摸索独创，无论是在时间上还是精神上都会减轻不少负担，而且自己拥有完全的经营话语权，况且，特许经营的收费要比前述两种管理模式少得多，所以那些不想多花钱又想攀高枝刷存在感的投资人多半会中招。其实，投资人完全没有酒店管理经验是正常的，我反复强调过，管理酒店并不难，何况特许经营还不提供管理人员和技术，只是空挂个联号酒店的名称，投资人还要为此付出一定的费用，再说挂了这个名又能得到什么好处呢？如果酒店产品硬件不好，管理服务又不到位，使用什么名称牌子都不行；相反，如果酒店能让客人睡个好觉、洗个好澡、吃个好早餐，那么，自己都有可能成为品牌酒店，其他酒店投资人还会找上门来要求加盟呢。

4. 招聘人员

都说酒店招人难，怪不得筹备酒店早早就开始招人，不但花了不少钱给网上平台或人才市场，而且招进来的员工要管吃喝拉撒睡，还要发工资、照顾好，多数酒店还把员工送到外面去学习培训。多数酒店的工期是一延再延，培训员工的日子漫长难熬，有些酒店未等到开业，人员已经换了几茬。我2005年在长沙筹备一家四星级酒店，筹备费用只花了一百多万，而同在长沙的另一家酒店规模与之相差无几，但他们的筹备费用花了九百多万，难怪那家酒店许多年前就关门了。其实我也没有什么招人秘诀，我只是把酒店设计和管理的人性化理念写在招聘简章里，印刷在宣传单上，当时还没有微信，我就和筹备处工作人员一起派送招聘宣传单到城市的社区，只是提前两个月就差不多招到所需人员，除少数工程和销售人员外，大多数员工只需在酒店开业前一个月到岗，边负责工程管理场地交接，边接受各级管理人员的培训，既不枯燥，又很实用，更是省了大把的钱。

5. 采购物资

现在各种商品琳琅满目，只有想不到的，没有买不到的。因此，只要有钱，还愁买不到东西？这里要说的是筹备物资的采购理念，而不是采购技巧和方式。中国酒店投资人多半有个通病，就是在建设酒店阶段舍得投资，到了筹备酒店时小气吝啬。酒店的建筑特别是装修，投资人就怕档次低了没有面子，砸下了与客人体验没有什么直接关系的冤枉钱，但到了筹备阶段，采购的物资多半是与客人体验有直接关系，直接影响到房价和出租率的，可投资人和管理者一再压价，尽量采购便宜的。所以，大家住的酒店，不是布草档次一般，就是用品质量低劣，他们把酒店当作了展览馆，完全被视觉所绑架，而没有真正理解酒店是客人吃饭住宿的地方，体验感舒适度才是客人首选之需，凡是对客人有直接体验的产品都必须选购优质的。

近几年来我顾问了不少筹备期和营业中的酒店，总体来看，档次高的酒店配备的床垫布草枕头一次性用品等质量虽然有待提高，但还说得过去，可那些常常卖价低且住客率不高的中低档酒店几乎都有一个共同特点，所用的床垫布草枕头一次性用品质量较差，问其原因，答案也几乎一样：酒店供应商是根据酒店的档次和房价设计配备这些物品的，好像已是约定俗成，那么结果呢，酒店是在这方面省了钱，但房价永远提不起来，住客率会随着酒店的陈旧越来越低。大凡诊治这种酒店，我会抛下装修不管，那个钱花不起也没必要，因为用品备货不会很多，我就让酒店调整一次性用品的质量，换掉袋泡茶，增加纯净水或矿泉水的品质数量，更换床垫或在原有床垫上加上一个舒适垫，用鹅绒枕芯替换晴纶棉枕芯，纱支低的布草到期后就换上纱支高的布草。就是用了这点雕虫小技，酒店卖价提了，住客率还高了，可能你投入了 20 元，但卖价多加了 50 元，看起来投入了许多，可那些布草床垫枕头只是一次性投入的呀，不信你试试。所以，采购筹备物资要改变传统做法，不要认为档次低的酒店就应该配那些档次低的上述物品，档次低可以少花钱在装修上，但关系到客人体验感的物品一定要配好，因为这些物品不需要花多少钱呀，以后房价和住客率不降反升，不是对你最好的回报吗？

五、经营阶段

一个酒店的成败在于决策是否正确，而上述的几个阶段则决定了酒店的基本命运，如果前面的工作做不好，那么酒店来到经营阶段，管理者再有本事也难以让酒店产生良好效益；反之，如果前面几个阶段的工作做好了，那么管理者只要做到锦上添花就能轻松把酒店经营得红火。实践还告诉我们，即使前期的设计和建设工作都得了满分，管理者也必须常怀敬畏之心，正派经营，兢兢业业，少玩技巧，踏实服务，才能把酒店做成品牌，让酒店健康长寿。

1. 不要用亲朋好友

多年的酒店经历让我得出一个结论，与其他行业相比，酒店业是使用亲朋好友最多的行业，为什么呢？因为什么人都能投资酒店，同理，也就什么人都可以管理酒店，所以，不管什么体制的酒店，凡是其亲朋好友找不到工作的，都可以介绍到酒店来；不管懂不懂酒店，只要是自己认为信得过的，就派到酒店来监督管理，这样的酒店能搞得好吗？就说采购经理这个岗位吧，投资人经常会任命自己的亲朋好友担任这个职务，但往往就是这些人做手脚搞名堂，或是因为不懂装懂耽误了采购的事。凡是投资人在酒店各个部门安插的亲朋好友越多，这个酒店的上下矛盾就越多，员工的凝聚力就越差，主要管理者很容易成为傀儡，一个好端端的酒店就这样衰败下去的例子屡见不鲜，我自己便经历不少。四十多年前我初入酒店作为主考招聘工作人员时，求职者云集，可谓百里挑一，那时的招聘必须按标准取人，亲朋好友必须回避，夫妻只能录用一人，这才有了后来酒店的声名鹊起、品牌建立和蓬勃发展。

2. 餐饮等项目尽量外包

现在大多数综合性酒店的餐饮生意难做，效益多半不好。其实，大酒店的餐饮多半做不好是与前期设计有关：追求高大上，投入不合理，不注重体验，只追求豪华。我做的酒店餐饮都赚钱，就是设法规避了以上这些致命缺点。但是，要求酒店人一下子转变固有思维和惯性做法，难上加难，所以我一般会建议投资人把餐饮承包给社会品牌餐饮，为了保证服务品质，酒店只留早餐厅。

一幢大楼，上面塔楼部分做了客房，下面几层裙楼除了做餐饮面积还会有多余，于是，剩下的面积会设计成足浴、KTV、健身等服务项目。由于这些项目专业性很强，且需要一定的规模经营方能支撑住成本，而这种规模是一家酒店不能具备的，只有形成连锁才能形成规模。所以，让足浴、KTV 和健身等营业项目的专业连锁公司承包，是酒店分摊风险又能为主营项目添光加彩的最佳选择。

3. 免查房免收押金

酒店为什么要查房、收押金呢？说到底就是对客人的信任度不够，放在几十年前这种做法情有可原，那时物质极度匮乏，现在我们管理者一定要与时俱进，千万不要因为可能会有个别客人故意或无意损坏了客房物品，就把这种不信任放大到所有无辜客人，让绝大多数客人感觉不到酒店对他们的尊重，其结果是损了人不利己。我在酒店业后半生的管理实践中都采用了免查房免收押金的管理方式，财务报表显示，客房物品没有额外的损失，相反，员工轻松了许多，客人还非常满意，住客率不降反升。所以，我要吁请那些仍然怀疑客人素质的投资人和管理者，解放思想，勇于创新，用胸怀格局去换取酒店的效益。

4. 退房时间

12点前退房是全世界酒店的统一规定，是经历了很长时间的讨论才确定的，从1954年开始，顾客享有22小时的住房时间，即从当天下午14点到第二天中午12点。我国从酒店出现后便正式开始使用这项规定，如果超过12点退房，酒店可以根据滞留时间的长短收取相应的费用。这种规定理由有二：首先，酒店入住的高峰一般在下午至傍晚，上一批客人在中午之前退房就能够保证房量充足，酒店收入就有一定保证，如果不采取收费制度，第二批客人来了之后可能会出现没有房间的情况，那么酒店损失就比较大。其次，第二批来的客人最早也要等到下午14点后才能入住，这样方便客房员工清理卫生，补换物品，也方便前台员工统筹房间信息，合理分配房间，调整房间价格。经过一段时间的实践，对客人入住时间作了调整，不再是非要到下午14点，如果房间状态允许，客人早晨入住也不再收取额外费用。客人退房时间，许多酒店也作了松动，比如可以延至下午14点，或是方便客人饭后退房，或是可让客人小憩，总之方便客人很多。我住过亚朵S酒店，退房时间明确写上下午16点前退房不收费。我管理的酒店规定，除非当日特殊情况，否则下午18点前退房不另收费。试想一下，晚来早走的客人占据大多数，根本不会超过22小时，那么，酒店给这些客人减免过什么费用吗？根据我的从业经历，即使酒店规定退房时间为下午18点，会有多少客人非要拖到那个时间退房呢？当然，遇到房间已经预订给其他顾客而酒店又实在无法调剂出空房时，前台就会向客人解释清楚，客人都会理解配合，而这样的情况少之又少。酒店稍稍的付出，换来了客人的口碑，这不比花钱做广告、用心思让客人写好评还值吗？

5. 客房保洁外包

网络的发展发达，促进了各行各业共享经济的繁荣，比如客房保洁，酒店就不一定需要招聘固定的服务人员，许多城市都有类似家政服务的公司，酒店只要每天晚上向服务公司提供第二天需要清扫的房间数量，服务公司就会按照要求派人来完成，酒店管理人员按照标准检查，费用可以周结，也可以月结。这种用工方式的优势很明显，首先，酒店招人难特别是客房服务员难招的问题解决了。其次，充分合理地使用人员，不会因为旺季而人员短缺，也不会因为淡季而嫌人多。第三，服务公司人员清扫的质量一般来说比客房服务员清扫的还要好。许多人会认为，客房服务员清扫的质量要更好一些，理论上似乎成立，但只要做过这种尝试的酒店就会同意我的观点，道理很简单，因为同样清扫房间，管理人员对于客房员工的工作质量检查的就马虎一些，而对外来人员的清扫结果检查的要严格许多。第四，用工成本低。看似使用服务公司清扫房间的费用高，其实，酒店节省了招聘费、培训费、服装费、交通费、工作餐，无需提供员工宿舍，更重要的是，无需缴纳各种保险费，算下来，酒店是省钱的。

6. 无人酒店

许多人会问，酒店没有人管理怎么行呢？无人酒店不是说一个管理人员都没有，而是说能够使用机器人的就尽量不要使用人。比如说客房保洁，由于目前机器人还无法识别处理障碍物，所以客房清扫还必须用人来完成，但上面我刚刚讲过可外包给服务公司，那么，酒店客房就无需用人了。还有人会说，酒店是个需要温度的行业，没有了服务人员，客人就感觉不到温度。除了少数一些档次较高的酒店外，现在多数酒店的服务差强人意，还不如无人酒店。最近，我接触到的苏州未来前台人工智能科技有限公司开发的无人自助机，它分为台式和立式两种，体积适中，安装简单，操作简便，价格实惠，住客反映好，管理特轻松，业主回报快，解决了酒店招人难成本高的问题，我认为这就是今后酒店发展的趋势。前两年我在深圳讲课，领着一批酒店业主住在乐易住酒店，房价170元/间天，手机号开大门，机器人登记入住，密码开房门，电动窗帘，乳胶枕头，桌上放了一个深圳麻小科技公司开发的满房宝，扫码便可满足基本消费需求，额外所需可以呼机器人送至客房。房间干净

走出中国酒店建设和管理的误区

舒适，退房开票一键完成，价廉物美，入住率自然很高，效益比周围卖两三百元一晚的酒店还好。什么叫温度？客人体验感好，花的钱又少，这是最暖人心的温度。遗憾的是这样的酒店不提供早餐，其实，随着科技的发展，早餐完全可以用机器人完成。2022 年冬奥会智慧餐厅的做饭机器人，不仅能做中餐的麻辣烫、宫保鸡丁、煲仔饭，还能做西餐的汉堡、意大利面，还可以煮饺子、煮馄饨、调鸡尾酒。在奥运试运营期间，做饭机器人每天需要接待 6000 名左右的摄影记者和转播商，从未出现失误，而且机器人做的各种美食味道，堪比酒店的星级大厨，因为做饭机器人可以精确把控 36 个火炉的火候，同时能根据食材不同调节合适的温度；做饭机器人还采用空中云轨传送菜品，让人享受到"空降美食"的意外惊喜。酒店的早餐品种基本固定，相比冬奥会的大餐要简单许多，只要客房具有一定的数量，酒店可以购买或与机器人厂家合作，一次性投入这种做饭机器人，既提高了酒店早餐的档次卖点，又解决了困扰酒店人早餐的各种难题。

7. 维保改造

我顾问过许多营业中的酒店，投资人和管理者往往把生意不好的原因归结到装修风格落伍或装饰材料破旧，于是就想换墙纸，换地毯，出新家具，其实这是一种错误的做法。就像一家餐厅生意做不起来，老板不应该考虑把钱投在装修上，而应该换掉厨师，改革菜品。酒店客房如果未到大改造期，就应把钱花在隔音、保温、隔光、防水、空调噪音、布草用品的质量等方面，也就是说，我们要把维保修缮的重点放在解决客人痛点的根源上，而不是做表面文章。如果客房墙纸墙布发霉了，许多酒店就采用换墙纸墙布的办法，发现效果不好就改用集成墙板或护墙板，但霉味依然，因为这种情况多半是防水出了问题，不解决防水问题无论用什么材料都掩盖清除不了霉味，有霉味的酒店效益还会好吗？

近些年来由于疫情频发经济滑坡，酒店人日子难熬，大量的存量酒店亟待改造，不改造经营难以为继，但改造又要花钱花时间，于是市场上应运而生了一些装饰贴膜企业，对酒店做局部出新，不过都不能提供一揽子解决方案。上海大师晶盾环境科技有限公司通过新材料、新技术和新工艺结合的方式，运用装配式手段推出存量酒店整体快速翻新模式，在酒店不停业情况下，分层施工，对酒店内饰面如石材、金属、玻璃、陶瓷、五金件和木饰面等进行翻新、修复及养护，15天就可以交付20间焕然一新的客房，而投入要远远少于传统方式的改造，酒店人可不可以尝尝这个新鲜呢？

8. 托管加盟

这里说的是自己的酒店做成功了，想对外输出管理，或是接受别家酒店的委托，成建制地派出团队全面接手管理，或是采用加盟的方式，派出关键岗位的经营管理者、以输出商标技术为主，用这种托管加盟的方式，既帮助投资人解决了经营管理的难题，自己也获得了酒店名气和可靠收入。不过，看似这种管理模式对于受托方或盟主没有什么风险，其实，如果运作不当，是既害了别人也拖累了自己。根据我多年的跟踪研究，酒店想要做托管加盟的事，首先，自己要具备一定的经济实力和人才资源，自己投资管理的直营店起码要达20家以上；其次，自己酒店的运作模式证明是成功的，是赚钱的，是便于发展的。具体来说，如果是自己开发的物业做酒店，必须在8年内回本；如果是租赁物业做酒店，必须在4年内回本。这种经营数据不仅仅产生于自己的一两家直营店，而是在20家左右的大多数直营店中基本保持这种回本效益，那么才可以向外拓展。换言之，不管是委托管理还是特许加盟，都必须有团队有人才，如果没有一定数量的酒店做支撑，临时招募外派的酒店高管，他们怎么能在短期内熟悉直营店自设计建设到经营管理这一全生命周期的成功模式呢？也许因为这些仓促聘请高管的水平经验，或者经常因为托管酒店业主某些方面的不满，这些外派高管被对方强行要求解聘更换，他们的退路在哪儿？如果把仅有几家直营店的优秀高管外派管理，就很容易降低原先的管理水准，影响直营店的发展。如果有了一定数量的直营店，这个问题就容易克服，因而也能保证输出管理人才的品质。另外，只有我们拿出实实在在的能让委托方加盟方心服口服的自己直营店经营的毛利和净利的数据，在确保不亏本的基础上，尽可能做到对方开发的酒店在8年内回本、对方租赁的酒店在4年内回本，如果是约定在期限内提前回本的如何奖励，在期限外推迟回本的如何扣罚，那么，我相信这种运作模式才有底气向外推广，起码对得起自己的良心。

此时我想起了伟大领袖毛泽东，因为他的英明决策，才能以极低的代价迅速取得了中国革命的胜利；我又想到了伟人邓小平，因为他改革开放的理念，祖国才脱贫致富。我们的酒店何尝不是这样，决策正确者，其兴也勃焉，决策失误者，其亡也忽焉，我们天天讲降本增效，原来，降低决策成本才是酒店降本的核心啊！

管理篇

management article

第一章　管理的最高境界是润物细无声

我喜欢春雨，它像绢丝一般，又轻又细，听不见淅淅沥沥的响声，也感受不到雨浇的淋漓，只觉得好似湿漉漉的烟雾，轻柔地滋润着大地和人们的心田。"沾衣欲湿杏花雨，吹面不寒杨柳风"，绵绵春雨一夜间把大地染绿，把江水熨暖。不知是哪一天，我坐在书房的窗边，在感受着这神奇春雨的同时，忽然间悟到，酒店管理不也应该像春雨一样，不用那么张扬喧嚣暴风骤雨，就可以把每天的矛盾困难悄然化解，让员工快乐工作快乐生活，让客人乘兴而来满意而归吗？其实这是一种高超的管理策略，可以达到事半功倍的管理结果，那么，如何才能达到这种境界呢？我想从以下三个方面作详细阐述。

完善自我

《师道》云："仁义礼智信，温良恭俭让，是以身正，可以为范。其身正，不令而行，其身不正，虽令不从。"这段古训是针对老师而言，我认为也非常适合酒店管理者，就是说，要想成为一名优秀的管理者，就必须事事处处做好示范；管理好自己，方能管理好别人。我发现，许多酒店管理得不好的原因是管理者把"管理"理解成了"管你"。

一、管理者应努力使自己成为一个有格局的人

格，指的是人的品格和气度；局，指的是人所做的事情。对内是一个人的修养与胆识，对外则是一个人的心胸和远见，人有胸襟，包含的

东西就越多，人有远见，行为就越大气磅礴，这便是格局。简而言之，所谓格局，就是您读过的书，走过的路，遇见的人，如果能够读万卷书，行万里路，阅人无数，那么就会塑造您大的格局。因为读书增加知识，知识决定了您的能力；阅历增长眼界，眼界决定了您的远见；人脉决定方向，方向决定了您的道路。

酒店就是一个小社会，管理者每天都要应对形形色色的人和错综复杂的事，要想把酒店管理得井井有条，就要具备尽可能大的格局，格局越大，胸怀越宽广，大事不糊涂，小事不计较，做事有担当，处理问题独立性就强。我年轻时便进入当时中国最现代化的酒店，因为起点比较高，所以有点心高气傲，结果呢，屡遭挫折，于是便心生抱怨，其实这都是缺乏格局的缘故。后来我辞去公职，走南闯北，在管理和顾问各种规模、各种档次、各种体制酒店的过程中，遇见了各种各样的人，便从他们身上学习优点，规避缺点；见识了各种各样的酒店，才能慢慢领悟到运作酒店的真谛，才能作为"酒店医生"给各类问题酒店把脉问诊。毛泽东同志曾说"不管风吹浪打，胜似闲庭信步"，并且要年轻人经风雨见世面，我是体会很深、受益很大的。

二、管理者应努力做到包容大度

古谚有云："海纳百川，有容乃大。"历史上最伟大的君王不是最能干的君王，而都是心胸宽广的君王。如果酒店管理者只是能力比别人强，即使他是酒店里面最优秀的，也并不足以成为称职的管理者，因为酒店管理者要能够容纳别人，要有一颗包容宽广的心。敢不敢用比自己强的人，这是酒店管理者在用人中对自己最大的考验，因为武大郎开店不允许伙计胜过老板的心态普遍存在于酒店管理者中。管理者还要学会容忍有缺点的人，因为自己也有诸多的不足，怎么能要求自己的下属完美无缺呢？管理者甚至要包容背叛过自己的人，别人会背叛您，首先要检查自己，如果自己有错在先，那么下属的背叛反而会警醒自己改正错误；如果是下属问题，那么就会让您在今后的用人方面积累经验，避免造成更大的损失。40多年的酒店从业生涯让我得出这样的结论：一是管理者的年龄越大，这种包容心就可能越强，就拿我来说吧，有时下属犯了错，我都不会太介意，我想他们的年龄和我孩子的年龄都差不多，如果是放在我孩子身上，可能犯的错比他们的还要大还要多呢。二是管理者经历的事越多，这种包容心也可能就越强，大概是因为见怪不怪，轻易不会计较了。这两点也许就应验了我前面讲的格局，如果一个人走了许多路，见过许多人，那么他的格局就会变大，格局大的人，自然就会包容别人，宽宏大量。所以，年轻一点、经历较少的管理者尤其要注意这方面的熏陶历练。

三、管理者应把自己培养成杂家，而不是专家

我最怕别人称我为酒店专家。我对别的行业不太熟悉，所以不敢妄加评论那些行业专家，但说到酒店，我认为不存在什么高精尖的技术，能把家管好的人多半就能把酒店管好。我发现，酒店专家有时专门害人，经常误事，虽然这不是他们的主观愿望；专家往往紧紧抱住自己的专业技术不放，常常站在自己专业的角度看问题和提出解决问题的方案。记得上小学时，语文老师说语文课最重要，数学老师说数学课最重要，而体育老师说学生没有好身体怎么行，所以体育课最重要，但校长认为每个学科都重要，学生应该德智体全面发展，这就是专家和管理者的区别。如果想成为一名优秀的酒店管理者，除了自己已经掌握的专业知识和技能外，还要努力学习其他相关的知识和技能，虽然知晓的不可能样样精通，但起码知道一些基本常识，懂得基本运作，这样才方便沟通，减少矛盾摩擦。酒店是个系统工程，后期经营管理出现的问题往往是前期设计施工引发的，如果管理者的知识面能延伸到前期的建设阶段，那么就很容易找寻并解决酒店经营管理的症结。

四、管理者应具备比较高的情商

智商是指一个人在认知、思维和解决问题方面的能力，可以通过一系列的测验来衡量一个人的智力水平，包括数学、语言、空间、逻辑和记忆等方面，它是一个人认知能力的指标，可以通过学习和训练得到提

高。情商是指一个人处理情感和社交方面的能力，可通过一系列的测验来衡量一个人在情感、社交和人际交往方面的能力，包括自我意识、自我调节、社交意识、人际交往和情感管理等方面，它是一个人情感和社交能力的指标，虽然专家们说可以通过学习和训练来提高，但依据我的实践经验，情商是很难通过学习和训练提高的。科学家、工程师、医生这些职业需要高度的思维能力和逻辑能力，智商高的人从事这些职业往往会容易成功。而管理者、销售员、教师这些职业需要高度的情感管理和人际交往能力，情商高的人从事这些职业往往会更易成功。因此，我们在选任酒店管理者时，一定要特别注意挑选那些善于管理情绪和交际能力较强的人。这个问题比较抽象，我用一个案例来说明。

我在长沙管理一家酒店时，有一天，人事总监递来一份领班的辞职报告要我签批，我看后没有马上签字，因为这位领班在客房部从事 PA 工作，印象中表现不错，我就让人事总监把这位领班请到我办公室来。原来是这位领班从邵阳老家休假回来，本来应该当天下午上班，可因为身体不适，便向主管请假再休半天。由于酒店生意好人手又少，主管就没同意，她只好又向客房部经理请假，经理仍旧以刚刚休完假不能再批假为由拒绝了她，故而她选择了辞职。经过交谈得知，她有晕车毛病，从邵阳老家坐着大巴回到长沙后感觉整个人晕乎乎的难受，但她向主管说明情况后，主管委婉地拒绝并让她去找经理，而经理认为她是借故请假，于是怎么说都不给假。于是，我找客房部经理谈心，说明该领班是由于晕车才要休息，可客房部经理回我说："坐车还会晕车，怎么我从来就不晕车呢？显然她是在找理由。"长话短说，结果是我允了这位领班的假，而且请她留了下来，客房部经理也还继续任职。过了几年我离开了那家酒店，那位经理没干多久也离职了，听说他离开了酒店行业，至今没再做管理工作。

五、管理者应勇于担当

我管理的都是中型以上的综合性酒店，部门较多，因而需要相互配合，特别是管理上的灰色地带，就是除了一些明确是本部门的职责所在

走出中国酒店建设和管理的误区

以外，还有一些事可能是责任模糊不清、可干可不干的，这就要求管理者有乐于挑担的精神，这样就可以自然化解很多管理工作中的矛盾。比如，办婚宴的客人常常会提前一天把酒水送到酒店，一般来说会送到前厅部行李处，因为不仅地方就近方便，也是因为送酒水的时候餐饮部还没有人上班。如果谈分工，前厅部完全可以推辞，但是，为了方便客人，也是为了解决餐饮部人员空档的难题，前厅部就要把酒水接收下来，还要主动将其送到餐饮部。

酒店是年轻人的世界，员工的思想比较单纯，他们眼中值得追随的好领导就是这样的人：能够罩得住下属，懂得为员工说话办事，在关键时候能够保护员工，并为他们争取应得的利益。他们会认为跟着这样的领导有好处有面子有前途，心里踏实舒服。有的管理者只知道为自己说话办事，在关键时候畏畏缩缩，生怕惹是生非，甚至为了保全自己，不惜让员工做替罪羊，员工就会感到跟着这样的领导憋屈窝囊，难有好的前程。我在沈阳管理一家酒店时发生了一件事，当时酒店开业不久，餐饮客房生意十分火爆，一天傍晚，整个大楼忽然停电，我接到报告，因为一楼大厅里的管道井失火，导致消防报警断电。我迅速跑至一楼，指挥将火扑灭，很快酒店恢复如常。事后，客房部经理主动承担责任，说是因为他们部门把笤帚放在强电井中引发了火灾。保安部说是因为他们巡检不力所致，经理要引咎辞职。而前厅部经理则说因为管道井位于他们部门的管理范围，理应他们受罚。最后，我写了一份检查给集团董事会，因为我是防火第一责任人，责任全部在我，所以要求集团给予处分，并自扣当月一半工资。酒店所有员工闻讯后非常感动，他们不仅在后来的工作中更加重视酒店的各项安全，对于其他各项工作也是主动积极，从不推诿，整个酒店的管理服务水平得以迅速提升。

六、管理者应勤奋工作

初入酒店行业的我还是总经理秘书的时候，总经理就告诫我，要想成为一名优秀的酒店管理者，工作时间应当每天在 16 个小时左右；作为总经理秘书，如果总经理办公室的灯没关，秘书是不能下班的。所以，从事酒店工作 40 多年来，我的作息时间基本是夜里一点睡觉早晨六点起床，从不午休。自从任职总经理后，基本是夜里两点就寝，现在我只要外出讲课或顾问酒店，夜里两点休息已是常态。我退休后偶然碰见过去在酒店工作的老同事，他们还笑着回忆说，当年他们上晚夜班，都知道每天我会在两点前来巡视，他们都不敢打个盹。其实，我在半夜重点查看的是酒店的设施设备和客人的安全，况且长期养成的生物钟，让我不到两点睡觉还真的难以入眠呢。

总结起来，酒店管理者要做到五勤，即嘴勤说、耳勤听、腿勤走、脑勤动、身勤练。管理者最主要的一项工作就是沟通，很多管理不到位就是由于信息不通畅，沟通不到位，有的事情要反复讲，讲话还要耐心和蔼、不厌其烦，特别是对待客人。管理者要学会善于倾听，既要听高层领导的指示，也需要听下属员工的建议，更要听客人的意见，"兼听则明，偏信则暗"这句话对酒店管理者尤为重要。酒店管理者必须对员工、客人和酒店的硬件状态尽量做到了如指掌，仅凭坐在办公室打打电话、发发微信聊聊天是不行的，客人活动和消费的地方是管理者必须时时跟踪服务的。酒店管理者还要学会勤思考，如何提升酒店的硬软件，如何提高酒店的效益，酒店如何进一步发展，这都是一名优秀的管理者常常必须思考的问题，不仅要带领大家埋头拉车，更要不时抬头看路。酒店管理者要每天在前后台奔波劳碌，没有一副好身体是很难承受巨大工作负荷的，所以要养成锻炼身体的好习惯，只有身体好才会心情好，心情好工作效率才会高，决策才能正确。

培育员工

有许多酒店管理者抱怨说，现在的员工是越来越难招，越来越难管了，员工动不动就辞职。我倒认为这是一种社会进步和发展的趋势，因为现在的员工学历越来越高，他们越来越有独立的思想，加之市场经济的成熟使得人才可以自由流动，酒店过去那种家长式的管理模式当然已经不合时宜。这正好倒逼管理者要与时俱进，及时转变传统的管理思维，彻底改变几十年都不作调整的酒店管理模式，把旧有的对待员工的"管你"真正地换作"培育"，就像学校老师对待学生、父母对待孩子一样，把员工培养强大到足以让他离开，对员工好，好到他只想留下来，那么，您就会惊奇地发现，员工会焕发出意想不到的工作热情，不经意间就获得了最好的管理成效。

一、培养员工正确的价值观

每个人都有自己的价值观，它是由各人的家庭、文化、环境和个人经历等多种因素塑造而成。一个人的价值观不仅影响着个人的思考、行为和决策，也对他人、酒店乃至整个社会产生重要的影响。因此，要想把酒店管理好，就必须培养员工树立正确的价值观，具体做法如下：

1. 培养大局观念。让每位员工时刻想着酒店的集体利益，认识到每个人都必须端正自己的言行，充分发挥自己的才干，酒店的品牌和效益才会蒸蒸日上。

2. 培养主人翁精神。要想酒店之所想，把酒店的整体目标当作自己的目标，努力在岗位上履行自己的职责；要想客人之所想，及时完善高效地服务好客人，使客人慕名而来，尽兴而去；要想客人之所未想，在充分履行自己职责的基础上，把那些酒店没有想到的、操作规范没有提及的、他人没有想到或考虑不周的、客人没有想到的，都要纳入自己的工作职责中。

3. 培养服务思维。员工不必把客人当作上帝，应该把客人当作亲人，因此要培养员工尽力向客人提供高质量的亲情服务，让客人获得满意。酒店产品包括有形和无形两个部分，特别是无形的那部分是酒店产品区别于其他行业的一个重要特征。所以要培养酒店员工特别重视对客服务，让客人有宾至如归的体验感。要让员工懂得，在服务客人的整个过程中，通过自己的付出使劳动得到增值，从客人的满意评价中获得成就感，而且也让酒店取得另一种特殊的无形收益，这就是让酒店声名传播的品牌。

二、培养员工成为复合型酒店人才

要想把酒店管理得井井有条，就必须依靠每个员工的辛勤劳动，而员工的素质越高，知识越丰富，酒店的服务管理水平就会让客人越满意，所以，酒店管理者应时时注意传授自己的知识技能。我发现，现在要想留住酒店员工，除了宽松的环境和优厚的薪资外，能否让员工在酒店工作的过程中学到真正有用的知识和技能显得非常重要。我在做酒店管理时，喜欢每个月在酒店搞一次讲座，不限人数，不定范围，自愿参加。每次听讲的人很多，而且很有兴趣，我所讲的内容涉猎广泛，听课中的许多人后来都成了酒店或其他行业之翘楚。那么，我讲的主要有哪些内容呢？

1. 酒店各部门的服务管理实操。我感到现在许多旅游院校毕业的学生来到酒店后，不仅专业知识不够，动手能力不强，就是所学的有关酒店的理论知识也与实际多半脱节。而我们现行的无论是国外还是国内的管理模式和操作流程基本是几十年不作改进，彼此模仿，重视了外表，忽视了内在。我就从客人和员工真正的需求入手，把各部门运作的核心告诉员工，特别是如何运用好酒店的设施设备配合服务来提升和展示酒店的管理水平，根据市场和客源的不同在各方面不断创新，给客人惊喜。通过这样的授课，员工的知识技能就不再局限于自己工作的部门，让他们有机会学习掌握其他部门的知识技能，也有利于各部门之间在平时工作中的协调配合，更为他们的职业发展奠定了扎实的基础。

2. 酒店设计、建设和筹备。我总结了一下，OTA上对酒店的表扬多半来自服务，而差评多数集中于酒店的硬件，如何把酒店的差评降至最低，其实，主要的任务就是想方设法改进硬件中的不足。正是因为我在几十年的酒店管理工作中发现了许多不是管理者能够修正的问题，所以我才追本溯源，提出在酒店前期就必须重视设计和建设工作。我深深地体会到，只有懂得酒店前期这方面的知识，才能真正管理经营好酒店。我会用通俗易懂的语言，将酒店的设计和建设知识传授给员工，特别是酒店所用的设施设备和各种材料用品，如何科学地使用保养、维修改造，一家新酒店如何用比较短的时间和比较合理的资金将其筹备完成直至开业，尽可能地让员工掌握这些基本知识。中国酒店不缺经营管理专家，最缺的是真正懂得前期设计建设和和筹备的通才，所以，与我共事过的许多酒店人常常受到新建酒店业主的青睐，他们的职务和薪水都获得了迅速提升。

3. 其他知识技能。与其他行业不同的是，酒店是服务行业，需要的知识技能不是专而是博，不是精而要杂，特别是管理者。我会开讲座与酒店同事分享如何讲话：如何与客人交流，如何向领导汇报工作，如何主持会议，如何在大会小会上发言。我会讲如何与人相处：与客人，与上司，与同事，与家人，与朋友。我会讲如何健康饮食，保持良好的生活习惯。我一般还会请消防、卫生监督所、环保等政府职能部门的专家普及相关知识技能，因为我深有体会，要想把酒店管理好，这方面的知识学习非常重要。

三、培养员工养成勤俭节约的习惯

崇俭戒奢是中华民族的传统美德，古语云："俭则约，约则百善俱兴；奢则肆，肆则百恶俱纵。"意为：节俭就会有节制，有节制则百善都会兴起；奢侈就会放肆，放肆则百恶都会爆发。我经常讲，酒店利润不是赚出来的，而是省出来的。我管理的酒店为什么效益都比较好，因为从源头设计开始就注意节省，随着酒店建设的深入，所有人都会感到，因为设计的正确和图纸的到位，建设工期合理，不走什么弯路，很少出现浪费。到了筹备阶段，尽量用最少的人花尽可能短的时间让酒店开业。然后把这种节约的精神传承到酒店的经营管理中，无论是用人还是用能源，该花的钱不吝啬，不该浪费的则一分钱也要看紧。我做表率作用，比如我的办公室一年四季不开空调，那么，酒店员工在打扫客房时，就会自觉地尽量不开空调和照明。餐饮服务员在客人离开后，总是在第一时间关掉空调和装饰灯。所以，我管理的酒店能源费一般只占收入的5%左右，而一般同类型的酒店能源费要占收入的10%左右。

我的很多节约习惯被同事悄悄仿效，比如我上完卫生间出来洗手，他们发现我从不使用擦手纸，先将满是水的双手在洗脸盆里甩三下，接着伸开五指在头发上梳理几次，这时手心的水差不多擦干，然后左右手背再轮番擦拭，这样，双手就完全没有水了。后来，我这种洗手方式就在员工中传开。我从不宣传这样做，因为这只是我的习惯，但渐渐地，这种节约的意识和习惯感染了大家，甚至影响了他们未来的生活和职业生涯。现在我外出顾问酒店，许多酒店业主也发现了我这个洗手方式，有时他们好奇地问我为什么洗完手不用擦手纸，我用幽默的方式笑着回答是为了给双手和头发补水。如果对方再问，我就会给出一笔账：假定一家酒店有 500 名员工，每位员工每天上 3 次卫生间，每次只用一张擦手纸，那么每天整个酒店就需 1500 张擦手纸，从购买到入库，再从仓库领出后放进卫生间厕纸盒，使用后扔进垃圾桶，再集中由垃圾清运公司拖走，这中间要花费多少精力多少时间多少钱。如果我们酒店人都能这样节约，该能省出多少利润；如果整个社会也能行动起来，每个人都能自觉地养成勤俭节约的好习惯，那么，这个世界将会变得更加美好。

四、通过正确的表扬批评方式培养员工

1. 如何表扬员工。美国著名心理学家玛格丽特通过一项研究发现，那些经常被表扬的员工不仅绩效更高，而且更有自信和成就感，其工作效率比其他人高 42%。不过，表扬是很有讲究的，如果用对了表扬的方式，效果往往会事半功倍。

公开表扬时要对事不对人。有时因为公开表扬了一个人，而得罪了一大片人，还会对被表扬的人造成负面影响，管理者也会招人反感。所以在进行公开表扬时，用赞扬事情来赞人，用赞团队来赞个人，以达到提升群体的能力和合作精神。私下表扬时要对人不对事，如果管理者欣赏某个人的突出表现，但在公共场合觉得这样做不合适，那么可以找这个人私下谈话给予表扬。另外，不用过分地公开表扬自己的亲信或身边的人，否则他们很容易被孤立。

2. 如何批评员工。著名教育家陶行知先生曾担任过一所小学的校长，有一天，他看到一位叫王友的男生用泥巴砸另一个男生，就上前制

止了他，并让他放学后到校长室去一下。陶校长通过调查，便去商店买了几颗糖果。他走进办公室，发现那名男生已在等他，便掏出一颗糖递给他："这是奖励你的，因为你比我先到了。"接着陶校长又掏出一颗糖："我不让你打人，你立刻就住手了，说明你很尊重我。"男生将信将疑地又接过了糖。然后，陶校长又掏出第三颗糖说："据我了解，你打同学，是因为他欺负女生，说明你有正义感。"这时男生已泣不成声："校长，我错了，不管怎么说，我用泥巴砸人是不对的。"校长笑着又掏出第四颗糖说："因为你正确地认识了错误，我再奖励你一颗糖，我的糖分完了，我们的谈话也结束了。"我做酒店管理每当遇事要批评员工时，都会想起陶校长这则故事，我都会平心静气，换位思考，旁敲侧击。正所谓滴水穿石，胜过暴雨；和颜悦色，让人信服。

管理者不要在公开场合批评员工，否则会让员工感到难堪尴尬。批评员工要强调具体事实，不要使用模糊的、泛泛而谈的词语，而要针对具体的事件、行为或结果进行批评。批评时切忌攻击员工的个人品质或性格特点，而是着眼于他们的表现和工作结果，让工感到是在帮助他们提高工作效率。批评员工时不要只关注问题和不足，而要给出肯定和鼓励。批评时不要只指出问题，还要给出具体的改进建议和解决方案，让员工知道如何改正缺点。

这里要强调的是，多数酒店管理者喜欢听人打小报告，而且经常因为听了那些小报告而批评员工。殊不知，来谈是非者，必是是非人，偏信了那些小报告，酒店经常被搞得鸡犬不宁，甚至能把酒店搅黄。

五、通过人性化的分配方式鼓励员工

我从事酒店管理和顾问 40 多年，发现管理不好的特别是效益不好的酒店除了硬件问题外，就是分配方式不合理，由此造成酒店招人难，或者即便招来了人才却留不住。酒店业一直流行的所谓激励员工的绩效考核，我是不大赞成的，因为弊远大于利。我的许多读者经常对我说，他们搞的许多套绩效考核方案非但不能调动员工的积极性，反而搞得矛盾重重，要我提供一套比较科学的绩效考核方案给他们。我总是回答他们说，你们花了那么长时间费了那么大精力搞了那么多套方案都觉得不行，那么我就能提供一套适合你们酒店的绩效考核方案吗？因为我也尝试这样做过，而且搞了很多花样，试验了许多酒店，但都失败了，所以，我提供不出。但是，要想真正激励员工，最好的办法就是废除你们现行的绩效考核。先说说酒店的绩效考核主要存在哪些弊端。

1. *考核方式单一*。酒店绩效考核普遍采用的是上级对下级进行审查式的考核，考核者作为员工的直接上司，其与员工私人关系的好坏、个人的偏见或喜好等非客观因素，在很大程度上影响绩效考核的客观性，作为考核者的领导由于一家之言是很难给出令人信服的考核意见的，因而常常会引发上下级关系紧张、优秀员工辞职的现象。要客观地全面评价一位员工，往往需要多方面的观察和判断，考核者一般应该包括考核者的上级、同事、下属、被考核者本人以及客人等多方面的意见。

2. *考核标准不统一*。在酒店内部建立一个统一的绩效考核系统，为同层次的员工提供一致的竞争标准，才能保证考核的公正性。然而，由于酒店各部门的工作性质、工作职能的不同，建立统一的绩效考核系统不符合各部门的实际情况，如果为不同部门设立不同的考核标准，有可能造成内部矛盾。

3. *考核实施起来有问题*。绩效考核面对的是全体员工，必须得到员工的支持和配合，然而，员工首先要求考核方案要合理公正，由于员工个人爱好、文化背景等方面的差异，每个员工的理解是不一样的。是强制员工使用统一的考核方案，还是提供多个备选方案，让员工自主选择？前者可以保证同一层次的员工绩效之间的可比性，为员工的晋升、加薪提供依据，却有可能抑制员工某些才能的发挥；而后者有助于激发全方位的才能，但同时破坏了员工绩效之间的可比性，从而形成不公正的酒店氛围。

我在拟定和使用绩效考核方案的过程中栽了许多跟头，于是不断探索实践，最后形成了一套简单易行的奖励员工的方案，而且通过多年的实践证明是成功的。首先，和一般酒店一样，按照职务级别的高低确定薪资，职务越高，担负的责任越重，定的级别就越高，薪资自然也就越高，这点员工都能理解和接受。根据酒店每月每年产生的效益以及与董事会签订的指标提存协议，酒店会对每个员工每月每年进行奖励，这种奖金不是按职务的高低、而是按照员工在店工作时间发放的，比如全酒店500名员工，当月应提奖金计5万元，那么每人平均可分得100元，只要出满勤就拿全奖，如果有缺勤，则按缺勤天数扣除，从总经理到普通员工一样。到了年终，如果超额完成董事会规定的营业额和利润指标，比如假定奖励全酒店100万，那么，每位员工平均可得2000元，如果员工全勤就拿2000元，如果有缺勤，则按实际缺勤天数扣除，总经理和员工一视同仁。比如员工是从当年元月来到酒店的，工作到了年底又是出满勤，就可分得2000元年终奖；如果总经理是3月初才来酒店任职，那么这位总经理就只能拿到10个月的年终奖，即1670元（167元×10个月）。平时员工犯了一般错误，以批评教育为主，不作奖金扣罚；如果是犯了原则性错误，酒店会在事发当时进行处理，所以错误无论大小，一律不重复处罚，因此不再在月度奖和年终奖中扣罚。所有奖金发放数额都会公布在职工食堂的宣传橱窗里。由于员工未出满勤或月份不足而扣除节余下来的奖金，就作为平日颁发给工作出色受到各种表扬的优秀员工的奖励。

许多酒店业主和总经理问我，这么分配奖金是不是对那些表现好贡献大的员工会不公平呢？我认为，一个人的能力是有大小的，但只要尽自己所能就是优秀员工。酒店工作由于分工的不同，许多情况下是难以量化或衡量贡献的大小。确实，很多时候我们都能判断谁做的工作多些好些，但我在酒店一贯倡导每位员工要树立"大度、大气、大方、包容"的格局，自己吃点亏大家都心知肚明，谁的心里没有一杆秤？我们每年的员工都有升职加薪、出外旅游、学习培训等机会，就是为那些能力更强、素质更好、贡献更大的员工时刻准备着的，而且我是采取员工无记名投票、充分体现自己意志的方式来决策这些机会，只有在极个别的情况下由人事部门复查、再由决策层集体讨论才能修正。我发现，员工做出的选择基本上是公正的，因而更能调动员工的积极性，激发大家的上进心。顺带说一句，管理者比一般员工承担的责任要大，之所以拿的奖金和大家一样，是因为这种承担付出已经在职务工资中得到了回报。

服务客人

看一家酒店管理得是否成功，主要看来消费的客人是否满意。做了那么多年的酒店管理，我发现中国酒店服务的模式化痕迹很浓，这是因为改革开放以来，酒店管理基本照搬国外的管理模式。起初我工作的饭店主要以接待外宾为主，所以，用西方人思维建立起来的酒店管理程序来对客服务比较适合，因而当时客人的满意度比较高。但随着中国人生活水平的迅速提高，现在各类酒店消费的绝大多数是中国人，他们更喜欢将中国传统文化植入服务中，除了刻板教条的程序外，最好要超值，即客人在得到标准化的服务内容基础上，还想在可能不合常规但可能合常理的前提下获得额外的附加服务。酒店人有必要认真重新审视那些主要模仿西方的管理程序是否适合当下的中国人，只有那些能够及时调整和改变服务理念的酒店，才能获得客人真正的青睐，才能在酒店业独领风骚。

一、让客人感到方便

1. 停车。酒店必须尽一切可能挖掘地面和地下停车位，一般酒店要配备保安人员在地面停车场服务，指挥倒车停车，帮助客人拿行李。有专用地下停车场的酒店要在车辆入口处设置停车场空余车位显示器，让车主在进入停车场前就知道还有多少空余车位，指引车主前往具有空车位的停车区，帮助车主快速找到空余车位，减少寻找车位的时间和燃油消耗。地下停车场除了设置清晰可辨的前往酒店大堂电梯和步行楼梯的标识外，还应有保安人员帮助服务。不管是地面还是地下停车场，一定要保证路面平整，道路通畅。

2. 礼宾。酒店无论大小，档次无论高低，都应设礼宾，其主要职

走出中国酒店建设和管理的误区

责为迎送客人，给到店的客人拉车门，帮助拿取行李至总台，待客人办理完入住手续后，要陪同送到客房，向客人介绍客房设施设备。有些酒店也可以由礼宾送到电梯口，由客人所住楼层的客房服务员在电梯口恭候客人，然后引领客人进入客房，向客人介绍房间设施设备。特别是那些设计复杂的酒店，比如有客控系统、加湿器、消毒柜等设备的房间，比如那些配有全自动智能马桶和洗澡龙头开关比较复杂的房间，更有必要提供这项服务。

3. 入住。要想让客人尽快入住，酒店可以考虑使用一种前台软件，团队或会议客人可以直接在大巴上、会议室或餐厅包厢办理入住，VIP客人无需到前台，可提前制好房卡，直接去客人房间办理入住。酒店可以在前台和地下停车场设置自助入住机，客人可以在入住机上自由挑选房型、房间朝向等，若客人不会操作，可由前台人员或地下停车场的保安人员帮助完成。所有酒店都应该向客人提供免押金免查房的服务。

4. Wi-Fi。因为客人对 Wi-Fi 的需求要远超电话、电视，所有酒店都必须重视 Wi-Fi 的建设。酒店要做到 Wi-Fi 信号全覆盖、无盲点，在酒店的各个区域包括地下室、电梯都要保证 Wi-Fi 可以流畅地使用。Wi-Fi 不能设置密码，也不能要求客人填写手机号和验证码。

5. 早餐。酒店应把早餐时间尽量延长，早餐品种尽量丰富。有少部分酒店不提供早餐，这是令人不可思议的，即便酒店不具备做早餐的硬件条件，也要设法确定几个套餐品种，客人在入住时就选好套餐及确定好就餐时间，由酒店选定签约的品牌早餐店负责按时送到总台，再由总台服务员或机器人送给住店客人，有条件的也可以在总台旁放上几张餐桌，创造出良好的早餐氛围，由专人服务。有些酒店对于网上订房的客人不提供早餐，除非是 VIP 会员，那么这类客人需要就餐就必须支付明显虚高的价钱，这既不合理也不近人情，酒店应该向每位住店客人提供免费早餐。

二、让客人感到卫生

1. 客房杯具。虽然各地的卫生监督所在颁发《卫生许可证》之前要求并会检查客房每层工作间里是否设置消毒柜，但我所知道的是，多半酒店都不会使用，房间里供客人使用的杯具的洗涤，服务员基本会在清洁房间时用卫生间面盆龙头的水清洗完成，因而卫生不可能达标。解决的办法是，在每个房间里配备消毒柜，无论是漱口杯还是茶杯，都放置在消毒柜里，客人随用随取；或者可在每个楼层的客梯厅设一个大的消毒柜，把漱口杯和茶杯放在里面保持消毒状态，在客人办理入住时就提前告知。

2. **客房拖鞋**。除了那些因设计不合理导致洗澡水喷洒在卫生间干区地面上的酒店外，所有酒店都不应该提供反复使用自己清洗的塑料拖鞋，因为无法向客人证明这种拖鞋干净卫生。如果政策允许，酒店应该向客人提供免费的一次性使用的棉拖，品质要好，要有防滑功能，否则是不能穿进卫生间的。为环保起见，可把棉拖装在一个无纺布袋子里，在袋上写有鼓励客人带走的一句话；如果客人没有带走，感觉客人使用后拖鞋还可以重复使用，那么酒店一定要请供应棉拖的商家回收洗涤并作消毒密封处理。为了倡导绿色环保的生活方式，部分省市出台规定，要求酒店不再主动提供一次性塑料用品，于是，像杭州杜尚美环保科技有限公司就推出了共享环保拖鞋租洗服务模式。它在全国许多城市建立了洗涤网点，住客拆包使用后，洗涤网点上门回收、洗涤、消毒、包装、配送，收取酒店的租洗服务费，这样，不仅节约了酒店成本，也保证了拖鞋的卫生。

3. **餐具**。中国感染幽门螺杆菌的人数高达 60%，相当于 5 个人中就有 3 个人感染，幽门螺杆菌有发生癌变的风险。因为患者的唾液中、胃液中和粪便中都会有幽门螺杆菌，所以，与感染者一同吃饭、未分餐且未使用公筷往往是传染的主要途径。要想改变中国人集体聚餐的习惯可能很难，虽然许多酒店采用洗碗机洗涤餐具，因其水温通常在 70℃左右，不能起到杀菌的作用，而要想杀灭大部分病毒，需温度 120℃并保持 15 分钟以上，所以，餐具还是必须经消毒柜杀菌。除了餐具消毒外，酒店应严格地向客人提供公筷，除了客人面前专用的放在筷架上筷子外，上桌的每道菜、汤都应配备分餐餐具，做到一菜一勺或一菜一筷，若菜品较多，建议 4—6 餐位的餐桌要摆放至少两套公筷，8—12 餐位的餐桌要摆放至少 4 套公筷。特别强调的是，现在摆放在客人面前专用的筷架上的筷子一般分为两种颜色，俗称"内外有别"，靠里的是自己吃饭用的私筷，长度为 22—24cm，靠外的那双公筷只能用于夹菜，不可以用于吃饭，长度为 27—30cm。但我发现，部分客人还是经常在使用时出错，特别是喝了酒或话说到兴头上，往往就将公筷和私筷混用。所以我建议，可以把公筷换成 5 英寸的分餐夹，将其放置在一个精致的长方形分餐夹盒里，餐夹用于夹菜，筷子用来吃饭。我发现，这样就大大降低了出错率，减少了客人出错的尴尬。火锅或必须在餐桌上烹制的菜品，应提供生料专用公筷。餐后剩余食物打包或分装时应使用公筷公勺。

三、让客人感到舒适

1. 空调。什么是酒店的档次？在寒冷的冬天走进酒店时，客人感觉温暖，在炎热的夏天步入酒店时，客人感觉凉爽。但使用空调不能盲目，为了节能环保的需要，也是为了人体的舒适，建议夏季设置 26℃，冬季设置 22℃。据生理学家研究，室内温度过高时，会影响人的体温调节功能，由于散热不良而引起体温升高、血管舒张、脉搏加快、心率加速，比如冬季，如果室内温度经常保持在 25℃ 以上，人就会神疲力乏、头晕脑胀、思维迟钝、记忆力差，同时，由于室内外温差悬殊，人体难以适应，容易伤风感冒。夏季，当室内温度调得过低时，比如 20℃ 以下，将容易引发人的多种不适，如下肢酸痛、全身乏力发冷、头痛咽喉痛、腰痛腰酸等症状。

2. 蚊虫。我为什么到处宣传酒店要尽量使用旋转门呢？就是因为凡是不装旋转门的酒店，基本上都会有蚊虫，客房里常常看见放着一个蚊香器。试想一下，如果夜里睡觉有蚊子来骚扰，那是什么感觉？客房玻璃面开了气窗，有许多酒店又没安装纱窗，蚊虫怎么会不进来呢？我管理酒店很少摆放盆栽绿植，因为大凡需要水培的植物都容易滋生蚊虫，植物本身不招蚊虫，但周身的土壤、温度和浇的水都是蚊虫喜爱的寄居和产卵的环境。另外，绝大多数酒店的客房卫生间里除了在淋浴间设置一个地漏外，还在面盆下和（或）马桶旁安装地漏，其实只要设计正确，淋浴间里的水是跑不出来的，所以，面盆下和马桶旁的地漏无需设置，否则，如果不按时向地漏注水，蚊虫也很容易从这两处的地漏爬上来。卫生间里的地漏必须使用四防地漏，这种地漏可以防住蚊虫。我住过广东一家刚刚开业的酒店，虽然房间窗户紧闭，但空气十分清新，没有任何异味，我诧异地询问，总经理告诉我，他们在客房里放置了一种草本除味宝，由东莞市新风飘逸空气净化科技有限公司研发，产品系纯天然多种草本植物提纯而成，驱蚊驱虫，除菌防霉，分解甲醛，消除人体味烟酒味等各种异味，这就给客人带来一种意想不到的舒适体验。

3. 噪声。酒店是一个非常需要安静的场所，因此必须高度重视降音降噪。酒店的噪音有客人活动噪声，包括客房内的谈话声、电视声、卫生间使用声等；前台服务的噪声，包括前台接待客人时的语音、通话噪声、电脑打印声等；楼道的噪声，包括客人进出房间时的关门声、走路声等；空调系统的噪声，包括空调风机的噪声，空气流动噪声；外界噪声，包括从大堂、客房、餐饮等区域的外面传进来的车流、人流等噪声。针对以上的噪声源必须采取降噪措施，比如对客房进行隔音处理，使用专业的隔音门、隔声窗等，可以有效地降低来自外部的噪声；在前台、楼道等公共区域采取隔声措施，安装隔音吊顶、墙面填充隔音棉、地面铺装地毯等，可以有效地降低人为噪声；对空调系统进行噪声治理，新建酒店必须选购低噪声的风机盘管，老酒店可以对风机盘管安装消声器，这样可以有效降低空调噪声；在酒店内部做好安静标识，提高客人的噪声知识，提醒客人不要打扰别人；在酒店内设置噪声在线监测系统，可以及时发现噪声问题并及时处理。

四、让客人感到超值

1. 前厅。给所有宾客在办理入住或离店手续时准备一份伴手礼，比如小饼干、果仁和巧克力，放进一个印上店名的纸袋中。如果随行客人中有孩子，酒店可以赠送一个小玩具。身份证登记后可以加上一个保护套。当酒店旺季房间未能及时清扫出来时，要热情安排客人去大堂吧喝茶或饮料，如果是早上客人还未及时吃早餐，要引领客人去餐厅免费用餐。酒店一定要做到迎来送往，不知大家注意到没有，我们在"迎来"方面一般做得比较好，但"送往"通常做得欠缺，酒店应该在每位或每批客人办理离店手续后，要把客人热情地送到门外或车旁。前厅可以放置一个万能服务箱，里面放些基本药品、办公用品、女性用品。比如有一家度假酒店在服务箱里放了一瓶泰国止痒膏，许多客人回到酒店后，身上多处被外面的蚊虫咬得奇痒无比，这时，服务员递上泰国止痒膏，涂抹后很快就止住了痒，客人非常满意。

2. 客房。配有消毒柜和加湿器，在高原地区的酒店客房里还需增配便携式氧气瓶和吸氧机，氧气瓶供住客外出使用，在客房里就使用吸氧机。酒店要提供给客人 6 瓶免费矿泉水或纯净水，因为许多客人是用这些瓶装水烧水饮用的。配有包装精美的品牌绿茶和红茶，酒店切忌提供袋泡茶，因为客人基本不会喝这种品质低劣的袋泡茶了。除了提供优质的牙刷外，还可以增配两把免费的电动牙刷。为了提升客人洗浴体验感，可以提供两把免费的洗澡刷。所有酒店都不建议使用塑料梳子，应使用木梳。凡是可以提供一次性棉拖的酒店，建议购买那种每双 4 元左右的脚感很好带防滑功能的棉拖。总之，酒店提供的一次性用品，客人一定多半会使用，而且多余的还舍不得丢下，这就是给了客人超值的惊喜。

3. 免费餐。酒店多半会向住店客人提供免费早餐，但为了给客人以一种超值的体验，酒店可以考虑向客人提供免费三餐或四餐，早餐尽量做到品种丰富，可吃性强，而中晚餐可以设定几个固定煲仔饭，比如香菇滑鸡、豆豉排骨、猪肝、烧鸭等饭，成本不高，备料方便、烹饪快捷，合多数人口味。如果提供免费夜宵，可以煮上一锅面，准备好十个左右的浇头，比如辣椒炒肉、番茄炒蛋、蒜苔炒肉等，配上羊肉就叫羊肉面，加块排骨就是排骨面。半夜时分，不管刮风下雨还是寒冬炎夏，住客不出酒店，径自来到餐厅就可享用夜宵，他们就会对酒店留下深刻而难忘的美好印象。我大概统计过，客人吃早餐的约占九成，吃第二顿的约为四分之一，吃三顿和四顿的几乎没有，也就是说，酒店用很低的成本就换来了客人的满意，换来了酒店的效益和声誉。为什么我们的投资人和管理者不可以试试呢？

写到这里，我的思想如大海一样波涛汹涌，真的还有许多话儿要倾吐，考虑到读者们的耐心，我只能择其重点汇报。以上讲的三个方面都是我风风雨雨几十年从业酒店的体会，半是经验，半是教训。总之，我们要把管理转变为服务，管理者要服务好员工，员工就会服务好客人，这样，员工才会热爱酒店，客人才会喜欢酒店，那么，管理就自然做到了和风细雨、润物无声了。

第二章　中国酒店与欧美酒店总经理的角色区别

要想说清楚这个话题，就必须了解中国酒店和欧美酒店的诞生过程，那些规模较小、档次较低的各类酒店不在本章讨论之内。

欧美国家的酒店是如何诞生的呢？它们的投资者主要有三种：个人、企业、基金会。基金会是非政府、非营利性的组织，资金主要来源于个人、企业或单位的捐赠或遗赠，由其受托人或董事会管理，并须妥善经营以达到保值升值，每年只使用其利息或红利收益部分开展活动，旨在资助教育、慈善、宗教等社会公益事业。无论是个人、企业或基金会，在投资时都会找寻投资顾问进行论证，若论证可以投资酒店，投资者就会召集有关方面的专家，如规划专家、投资顾问、法律顾问、财务顾问、酒店管理专家、市场策划推广人等进行讨论，确定项目的选址、酒店定位、投资规模、建设周期、回报率、管理形式等内容，投资是理性的，决策是有科学依据的。

接下来投资人就会聘请一家具有丰富酒店设计经验的建筑设计院来设计酒店，和我们国家的许多建筑设计院一样，他们会在做建筑设计的同时，机电所的专业设计师会对上下水、强弱电、消防、空调、泛光照明等进行设计。当然也有一些业主，建筑会找一家大牌设计公司设计，机电会找一家业内公认的名牌设计公司设计，用我们的话说是"强强联手"。但他们与我们不同的是，业主在选择建筑和机电设计院的同时，就会选定一家深谙酒店管理的室内设计公司同步进行室内设计，之所以称作室内设计而不叫装潢设计，是因为他们不是简单地给酒店建筑穿衣裳，这些室内设计师不仅仅有许多人毕业于酒店设计专业，还要经常去那些有特点、有效益的优秀酒店体验、实习甚至挂职。他们懂得什

247

么是酒店交通，什么是客人需要，应该如何设计既能满足业主的投资和回报要求，又能满足管理者的经营和使用需要。他们会很专业地将酒店功能布局提供给建筑设计师，也会细致地将水电、消防、空调等的点位准确地标给机电设计师。他们不会单独地闭门造车，而是会经常在一起讨论审图，经过多次反复地磨合探讨，最后这三张不同专业的图被有机巧妙地糅合在一张大的施工蓝图上，这样生产出来的酒店，一定是个优生儿。就像一个品牌设备一样，无论是一只开关按钮还是一个电动机，都来自世界最优秀的产品，你只需把它们用精湛的工艺组装起来，就会成为超越同类的卓越产品。

由于投资合理，管理费用相对廉价，酒店管理公司的社会运作体制的成熟和其较高的诚信度，欧美的多数业主会把酒店直接委托给相应档次的连锁酒店管理公司管理。有许多情况是，受委托的连锁酒店管理公司会向业主推荐经常与之合作的设计公司或设计师，而设计师也会向业主推荐酒店管理公司，这样的合作轻车熟路，设计师觉得有目标，管理者也感到靠谱，双方都觉得轻松。由于一大批懂行的人在酒店建设的前期投入了很大精力，酒店总经理早一点晚一点介入酒店的建设工作都无关紧要。往往等到建设后期需要管理团队进入酒店进行筹备开业工作时，总经理再进入角色也为时未晚。有时为了配合业主和设计师的工作，总经理会提前把酒店的工程总监派驻现场，其主要任务是对酒店开业后的工程部的运转提前负责。由此可见，这样的酒店建设是个交钥匙工程，总经理无须懂得多少酒店前期的工程知识，或者说即使懂也无用武之地。总经理作为真正的"专"家，只要懂得和掌握酒店的开业筹备和日后的经营管理，就是一名优秀的职业经理人了。

中国的酒店是如何诞生的呢？它们的投资者大体说来也主要有三种：政府、国企和私企，私企里又含外商独资或合资企业。他们因为各种不同的原因拿到了一块市场价值比较大的土地：比如说政府划拨，竞拍购得，过去还有为政府做项目而获得的土地回报；也因为各种不同的理由：比如说政府要搞接待，企业为了提升自己的形象，或者是政府规划中要求配套，或者是开发商要合理避税，甚至有的商人想转型资本积累，他们想建一个大酒店，于是一拍脑袋就聘请当地省市或诸如广东、上海、北京这些经济发达省份的建筑设计院做建筑设计，资金雄厚的投资者甚至会向国内外招标做方案设计。业主多半看重的是外形的新奇，建筑设计的招标成了外形方案的竞争，而外形的取舍完全取决于最高级别领导人的喜好，几十个专家的意见也抵不上一个权威领导的拍板。至于外形设计是否合理，功能布局是否符合酒店要求，机电设计如何进行，哪些地方需要降板，哪些消防管要预埋，领导是无暇顾及，也是绝不会想到的。出资人一声令下，建筑主体便拔地而起，建筑设计院的机电设计师们仓促上阵，把水电、消防、空调的主系统匆匆设计完成，至于与室内设计是否发生冲突，装修时是否会频繁改动，今后的酒店管理者是否好用，能源费、维修费、管理成本哪怕再高，机电设计师们是顾不了那么多的。待建筑主体即将完工或完工后，业主为了招标机电安装队伍并进场施工时才发现，水电（含弱电）、消防和空调的主系统设计虽然已经完成，但这些支系统的设计还没完成呢。业主在委托建筑设计院的机电所设计这些支系统时，就会发现设计工作根本无法进行，因为机电设计师会提出许许多多令业主无法回答的问题，诸如厨房的布局、每一层所需的电容量、洗衣房集水坑的大小、各个区域的开关插座的位置、房间的灯光控制方式等等。到了这个阶段，业主才会想到找一家装修公司来配合设计，稍微精明的业主会寻一家比较懂得酒店的专业设计公司，再精明些的业主还会想到同时请一家酒店管理公司或职业经理人。直到此时，酒店总经理才正式粉墨登场。

前期设计程序的不合理导致了整个设计和施工的时间滞后，此时总经理的出现对业主来说可谓是久旱逢甘雨，他们认为既然总经理是酒店专家，那么只要与酒店有关的，这个专家肯定都懂，既然整个建筑都是酒店，那么这个专家就应当无所不能。此时，从设计到施工，所有人员一筹莫展，正打乱仗，作为众人期待已久的总经理，必须拿主意，当裁判。若是功能布局有问题，牵涉到以后的经营管理，牵扯到以后的星评，你不得不提出改正的方案。但同时你又必须考虑到建筑规范、消防规范、卫生监督规范，必须寻思上下水是否畅通，空调水管是否好走。

建筑的外墙做了外保温，而业主为了节省投资把原先的氟碳漆改作了墙砖，如果服从了业主的决定，以后在酒店经营过程中发生墙砖脱落砸伤行人或车辆怎么办？客房与客房之间的隔墙不慎用了钢丝网嵌泡沫的材料，若是不做隔音处理，就必须改用夹气混凝土块砖，否则以后的酒店经营就会遭频频投诉，或者客人经常要求换房。餐饮包房、KTV包厢、足浴按摩房这类房间的空调，必须和客房一样，只能采用侧送风形式，绝不能做成下送风。许多酒店的大堂空调效果差，客人进来感觉不舒服，服务员穿着制服冬天嫌冷、夏天又热，为了防止这种问题的产生，总经理有责任提醒业主注意两点，一是是否安装了旋转门，二是大堂的共享空间是否很高，所做的空调系统就必须保证夏天的冷气，特别是冬天的暖气不要散失在一楼以上的空间里。许多建筑设计院在设计供水系统时，喜欢采用民用建筑的变频供水方式，这种方式对酒店是不适用的，总经理必须作出决定并给出充分的理由。客房控制系统是个时髦产品，到底该不该用，投资是否恰当，总经理必须给出答案。酒店的客房工作间、洗衣房、厨房、酒店的后勤保障区域如办公室、培训教室、员工活动室、员工宿舍、员工餐厅、员工更衣室等，许多设计院是没有能力设计或者是设计得不合使用要求的，那么业主就会要求总经理拿出具体的图纸和方案。

在酒店的装修过程中，多功能厅、西餐厅或中餐大厅的桌椅数量，设计师在设计时按理论计算往往会少三分之一，那么总经理就要提醒对方。多功能厅的活动隔断若做得不好，不但拉合困难而且隔音效果差，总经理必须亲自把关。甚至是前厅的总台，是设计坐式还是站式服务，问询、开房、结账、行李等台面的具体结构如何设计，这是所有设计师都设计不好而需要总经理给出详细建议的。客房里灯光如何控制，床的高度多少为宜，家具采取何种样式，衣柜门是否用木质门，电视机是嵌在墙上还是套在木箱里放在电视机柜上，卫生间花洒龙头究竟高度多少为宜，配什么品牌和样式的恭桶既节水又省投资，这类问题每天会向总经理扑面而来。

在酒店用品的采购中，作为酒店的当事人，总经理必须了解和熟悉酒店用品市场，及时掌握产品和价格的更新和变化，在诸如门锁、保险箱、彩电、电脑、棉纺品、前台软件等等用品的采购中，掌握符合酒店标准的技术参数，学会撰写招标文件，熟练开标议标定标的技术操作。整个过程是一种知识和经验的积累，非一朝一夕练就，这就需要总经理平时的刻苦勤奋和聪慧领悟。

在酒店的建设和管理期间，中国酒店的总经理还必须擅长与政府及其有关职能部门打交道。欧美发达国家采取的是小政府管理方式，而中国政府大、机构多，建设一个大酒店少不了要与政府的各级职能部门联系。酒店建筑比较复杂，与别类建筑有很多不同，但政府制订的各种政策规范有的在酒店建筑中会有矛盾，符合了一个规范就影响违反了另一个规范，若要全部符合规范，酒店的经营管理又受到影响。如何选走第三条道路，如何在不影响原则的情况下打点擦边球，只有娴熟酒店建设和管理套路的总经理去有关部门解释协调，协助有关部门拿出一个方方面面都能兼顾的最佳方案。

中国一些较有名气的自己管理的酒店，由于多半是请外国设计公司做的方案设计，其功能比较符合酒店的使用要求，许多设计、建设和管理上的问题都在设计阶段顺利解决了。所以，酒店虽大，但总经理的担子轻多了，其主要精力可以集中在酒店的筹建和日后的经营管理的谋划上，而不需每天忙于应付各种繁杂的其他技术层面的问题。这样的大酒店在自身经营管理上不存在太多的问题，但是它们或是为了自身规模的扩张和急功近利，或是因为许多酒店业主仰慕其管理规范和品牌效应，主动邀其管理这些外行业主投资的酒店，有的管了与自己酒店规模和档次相似的酒店，有的管了低于自己酒店规模和档次很多的酒店。据中国旅游饭店协会的资料统计，中国的品牌大酒店和酒店集团中，绝大多数为国有企业，在 30 家最具规模的酒店管理公司中，没有一家管理公司的成员酒店全部用的是统一的品牌称谓，甚至许多酒店或酒店集团用一个品牌的称谓去套各种档次、各种星级、各种类型的酒店。所以，国内的酒店集团只要是输出管理的，基本上都会出现许多问题。就说管理与自己规模档次相类似的酒店吧，由于派出的总经理很多没搞过基建，有的连筹建都没经历过，到了人家酒店那里只能生搬硬套地模仿，比如自己的酒店楼顶有旋转餐厅，就要人家业主也设计一个旋转餐厅；自己的酒店在一楼有个美食街，也要人家酒店建一个美食街；自己酒店的中餐厅放一艘船，也要人家酒店的中餐厅放一艘船。这些设计是否符合酒店的建筑布局、符合业主的投资、符合当地消费者的需要，总经理若不全盘考虑，业主能接受你吗？有的业主不禁产生怀疑，这个总经理把他自己的酒店管得那么好，怎么到了我这儿就不行了呢？其实原因很简单，总经理自己管的那家酒店，设计得比较合理，经过很长一段时间的经营管理的经验积累，打造了一个比较成熟过硬的酒店管理团队，而单独由这个总经理率领七八个部门负责人去管理人家一个大酒店，许多致命的弱点就暴露无遗了。那些与自己规模档次相差许多的酒店呢，由于大酒店本身的心高气傲和轻视藐视，或者由于急速扩张和抢占市场的缘故，酒店集团派不出什么综合素质较高的总经理，纷纷把部门经理甚至主管级的管理人员滥竽充数地推到总经理位置上，殊不知酒店无论大小，所要求的素质和能力是差不多的，如果派一个没有全盘管理经验、没有筹建经验、没有基建经验的人去任总经理，时间一长，业主就会看出破绽，你还能管得下去吗？况且不同规模档次的酒店，其客源市场、基本规范、程序标准等都是不一样的，一个能力平平的外派总经理还要临时适应不同的环境，仓促编制一套不同的政策程序，谈何容易。

中国酒店的总经理本来不该这么累，这样的合格人才其实很难培养，所以也很难找，因此绝大多数业主对所请的总经理很少有满意的。要想改变这种状况，首先要建立一套酒店建设和管理的综合服务体系。其次要在高等学府设立酒店设计专业，从建筑、机电到室内设计，设计院要为酒店设计师去国内外考察学习并挂职体验创造条件。再次要培育规范和成熟的酒店管理公司和酒店职业经理人的市场机制。另外，总经理和职业经理人必须利用各种机会多学习些除了酒店经营管理以外的其他知识，努力提高自己的综合素质和能力。作为酒店总经理，我们仅仅是一个"专"家还远远不能适应市场的需要，我们要把自己捶打成一个"杂"家，愈博愈深愈好，才能永远立于不败之地。

第三章 总经理如何处理好与业主的关系

不管是国外酒店集团、国内酒店管理公司外派的总经理，还是以职业经理人身份被业主直接聘请的总经理，能否与业主搞好关系，对建设和管理好酒店至关重要。但现实情况是，能够得到业主信任、让业主满意的少之又少，多数业主埋怨找不到自己中意的总经理，因而总经理常常被频繁更换；而许多总经理认为业主素质不高，过于精明，不可理喻，有的被迫辞职，有的愤而离去。其实，在中国的经济转型期，特别是在中国旅游饭店人才市场和管理机制先天不足的情况下，这都属于正常现象。但是，若总经理与业主关系处理不当，损失在双方，往往损失最大的还是业主方，因为总经理做的是无本生意，而业主往往在冒很大的投资风险。所以，总经理们不要鸣冤叫屈，有句老话套用在此很适宜："不是业主太狡猾，而是自己太无能"。我经常用这句话去提醒那些想不通的总经理，现在的业主在挑剔所聘的对象，在挑选市场，这证明中国的酒店业在发展进步，在激励和呼唤更多、更优秀的酒店管理人才的出现，在推动酒店人才市场和管理机制走向成熟。

总经理与业主的关系处理得不好，主要责任多半应该在总经理，因为许多业主是第一次搞酒店，对酒店的运作比较陌生，而总经理熟悉酒店，如何引导业主向自己的思路靠拢，这就是水平的体现。另外，许多总经理去管理酒店的出发点不对、动机不纯、态度不端正，谈何与业主相处关系？过去无论是酒店集团还是职业经理人，他们对总经理的岗位要求理解有误，对业主的认识不足，究竟如何和业主处理好关系，我想说几点意见。

一、时刻站在业主的角度思考处理问题

1. 总经理是业主的代言人，要处处维护业主的利益

少数总经理和业主能够把关系处理得如鱼得水，是因为他们把自己和业主鬼斧神工地融合在了一起。他们之所以能做到这一点，是因为他们把自己看作和业主是一家人，甚至自己就是业主。可现在的问题是，绝大多数的总经理，特别是管理公司外派的总经理，总喜欢把自己和业主的关系分得清清楚楚，认为你是业主，我是总经理；你是老板，我是帮你打工的。所以，老板喜欢听的话就说，不喜欢听的就不说；老板投资失误、决策失误与我无关，反正我没风险，大不了拍拍屁股走人。他们不能取得业主的信任，主要是由于他们没让业主感受到，他们和业主的命运是紧紧联系在一起的。总经理要学会换位思考，完全站在业主的角度去思考问题、处理问题，要想业主所想，急业主所急，而且要用你的经验和知识帮助业主出许多意想不到的主意，用你的关系和人格魅力摆平许多业主解决不了的事情，让业主深切地感受到，用了总经理后，他自己能减轻负担，省去烦恼，而且能提升企业形象，创造更多利润，最大限度地维护业主的利益，这是总经理们须切记的。

比如说，许多业主在设计、建设和经营管理酒店方面是外行，他们聘请总经理的目的是恳切地盼其能够帮助他们解决在建设酒店过程中的一系列问题，而不仅仅是筹建和管理酒店。而我们有的总经理对酒店的设计和施工漠不关心，能推则推，认为所签合同无其义务责任，或者认为多干了就会多犯错误，干多了反而吃力不讨好。有许多总经理对酒店的前期建设工作是门外汉，若如此可以向业主坦率承认，不要不懂装懂，瞎说一通，业主是可以理解的；若总经理或由其率领的团队能看出一些问题，自己没把握可以主动联系有关专家，帮助业主把建设期间的失误提前解决，那么，不但业主会更加信任总经理及其领导的团队，而且方便管理者以后经营管理，酒店就更容易出效益，这样业主与总经理的关系就会走向良性循环。

比如说，许多酒店集团外派或业主单聘的总经理，往往是酒店的前

期建设工作自己不懂行，或者懂一些但又不想去做，又怕业主对自己无所事事有想法，所以，他们不管酒店的建设进度，而提前许多时间对社会招聘酒店各类人员。这些人员招进酒店之后，酒店的主要管理者要忙于张罗如此庞大队伍的吃喝拉撒睡，还要花时间、精力去备课培训，还要想方设法不时搞些娱乐活动来留住这些 90 后、00 后的员工；而业主不但要每天付钱在酒店的建设项目上，而且要花费许多资金在这些学员身上。有些酒店招聘员工培训折腾了两三年，人员换了一茬又一茬，还不见酒店开业。若你是业主，对这样的总经理能满意吗？

2. 总经理不是"一把手"，要学会多向业主汇报

中国的一些酒店是政府所办或是国有企业，这些总经理是政府任命或企业委派的，他们系土生土长，他们就是业主，所以这样的总经理在酒店是说话算数的。但酒店管理公司输出管理而外派的总经理或职业经理人担任总经理的，业主是"一把手"，是企业的决策者和拍板人，而总经理是由业主聘请的技术层面的操作者，是酒店的大管家，大事小事必须知会业主。其方式可以多种多样，比如可以口头汇报，通过知会业主代表汇报，或者通过酒店建立的程序让业主审批。有的你认为是小事，可是业主不一定认为是小事；有的你认为无须汇报，自己可以做主，但业主偏不这么认为。若这样的局面时间一长，问题越积越多，业主就会对你产生怀疑或不满。业主就会想，你是老板还是我是老板，别拿"村长"不当干部。若是业主此时身边有人嚼舌，耳朵根就会特别地软，那么你的处境就会每况愈下，其结果就可想而知了。

经常有业主和我聊天说到，他们所聘的总经理（有酒店集团外派，也有业主单聘的）喜欢独断专行，什么事都不想请示，喜欢自己决定，他们对此意见很大。我认为有些事业主确实管得太细，管得太琐碎，业主怎么有时间去思考一些大事呢？但是有些事总经理们不该做主，比如定什么施工队伍、定部门经理人选或特殊岗位人员的工资、定酒店营业项目价格，自己要出差办事，最好多向业主汇报，得到首肯后再执行。有些事是属于信不信任人的问题，有些事是属于尊不尊重人的问题，这两个方面都很重要。你想想，如果你是业主，花了这么多钱找一个酒店

总经理，许多事情他都帮你承包了，你能放心吗？

我与业主多年打交道的经验是，当开始处理每件事时，不管事大事小，不管合同里的权限如何规定，我都会向业主汇报。过了一阶段时间后，业主在认可你处理问题的水平、了解你的人品后，就会对你决策的权限作出真正的规定，或者有一种无言的默契，这时候是业主非要你行使更多的权力，你不拍板业主反倒不高兴了。

3. 业主是事业上的成功者，经济上比总经理有钱，政治上比总经理有身份

大凡投资建设一个高档次、有规模酒店的业主，都具有一定的经济实力，往往头上罩有一层鲜亮的政治光环，不是人大代表，就是政协委员，不是什么优秀企业家，就是什么明星慈善家。有些政府或国有大企业办的酒店，其业主本身就是政府高官或国有企业的董事局主席。他们在事业上的成功是总经理们根本无可比拟的，不管总经理是外籍人还是中国人，你有这样的经济实力和政治光环吗？所以，这类业主一方面是尊重和使用你的专业知识，但另一方面又会在建设酒店的过程中把他们成功的经验无形中强加给你，就是说，你在传授酒店专业知识的同时，业主也会向你灌输他对酒店的理解和标准。比如说，你在向业主解释酒店功能布局的重要性时，业主会向你介绍他们在中国乃至世界各地看到的酒店的装修是多么豪华，多么显档次；当你向业主强调客房应注重舒适度和实用性时，业主会向你吹嘘自己住过比你多得多的高档酒店。你所传授专业知识的对象有一种比你大得多的气场，这就会给你的关系协调带来很大困难。试想一下，如果业主聘请的管理者是美国的比尔·盖茨，是香港的李嘉诚，是中国的张瑞敏，那么即使他们懂的酒店知识不多，但业主们也会尊重他们的每一个意见，因为这些名人的成就和光环盖过了他们，名人的气场比他们大得多。而现实问题是，给这些酒店业主打工的怎么会是这些名人呢？因此，要想说服业主接受我们酒店管理人的观点，我们除了自己要具备各种过得硬的专业知识外，还要有一套循循善诱的说服技巧，要充分地理解业主有时的自以为是和主观武断，要用你在酒店建设过程中的一个个得到印证的成功结果来打动对方，让

对方心服口服。渐渐地，双方悬殊的身份就会淡化，双方的心理距离就会缩短，彼此的关系会在互相尊重和互相钦佩中潜移默化地融洽起来。

二、体现出高于业主的综合素质

1. 态度谦虚

我五十岁开始研读《易经》，才知易经的八八六十四卦中，六十三卦里都有凶，唯独"谦"卦只有吉没有凶。这个卦就明白无误地提醒世人要尊重他人，做人谦虚永远是正确的处世之道，而对受人所聘的总经理来说就更为至关重要了。我常常见到一些所谓品牌酒店集团外派的总经理，对业主盛气凌人，动不动就拿什么"模式"或者"品牌标准"压人，打扮得油头粉面，说起话故作斯文，有的明明是中国人，还故意时不时从嘴里蹦出两个英语单词，可是一来二往几次交流后，才知一身笔挺西服裹的是没有多少文化内涵的躯壳。若是专业知识不够，或是文化底蕴不深，都无碍大事，只要你态度谦虚，实事求是，不要虚张声势，都能获得业主的理解。若是态度傲慢，自以为是，纵使是满腹经纶，酒店知识和经验过人，业主也不会买你的账。特别是有些业主，脾气暴躁，唯我独尊，作为总经理，你就更加需要心平气和、谦虚礼貌地与其相处，久而久之，业主的棱角会渐渐地被你的韧劲磨平，因为这样的业主就像是一堆柴火，用硬的树枝是捆不住柴火的，你只有做一根软软的绳，才能把硬硬的柴火捆得服服帖帖。

2. 良好习惯

俗话说：江山易改，本性难移。往往性格决定命运，所以一个人具有良好的性格是极其重要的。但是，有时习惯比性格还要重要，一个人的性格有时可能会随着时间的变迁、阅历的增长而改变，但一个人的习惯有时却很难改变。请读者谨记，什么东西难以改变或改变不了的，是最可怕的，是人们需要高度关注和重视的。记得一位著名的婚恋专家说过，男女青年寻觅对象，首先要注意观察对方的习惯而不是性格，性格不好的可以与其交往，习惯不好的决不能与其结婚成家。作为一个天天出现在公共场合、处处要为人表率的总经理，如果不在各个方面养成良好的习惯，其后果是不堪设想的。你在和业主相处的过程中，自己的各种习惯要优于业主，或与业主的良好习惯对等。习惯成自然，习惯是装不出来的，要养成良好的习惯亦非一日之功，是一个人各种素质的行为体现。许多业主辞退总经理，不是因其专业知识不够，也不是因为敬业精神不强，或人品不正，有时就是因为一些不良的习惯。

比如说有一个业主向我抱怨，他所聘用的总经理把办公室搞得杂乱无章，秘书送去的本来整齐有序的报纸，只要这位总经理看过，便是身首分离，桌上地下全是散乱的报纸，多次找他谈话也不改，业主非常郁闷。还有一位业主对我说，他请的总经理有一个不好的习惯，不管何时何地，他的嘴里都嚼着槟榔，开会也嚼，会客也嚼，很不雅观，业主越来越不能容忍。还有一个业主要我帮助找一个总经理，原来他所聘的总经理喜欢打麻将，经常是玩麻将到凌晨或早上，上起班来无精打采、哈欠连天，有时只要朋友相邀，上班时间也搓麻将，这位业主最终将其请出酒店。

我们服务的业主形形色色，他们的习惯也就因人而异，其中有良好的一面，也有许多不好的习惯。作为酒店的管理者，总经理必须规避业主的不好习惯，还要正确地以适当的方式去引导业主改变不良习惯，让业主从心底敬佩和尊重你。比如有的业主喜爱吸烟，你非但不能吸烟，而且要规劝业主少抽或不抽；有的业主吃一餐饭要用一大包餐巾纸，你就不能学习这种浪费习惯；有的业主离开办公室不喜欢关掉照明或空调开关，你就必须帮助检查，并常常提醒。

3. 敬业精神

绝大多数业主在成功的道路上充满了荆棘和艰辛，有的冒了巨大的风险，他们对事业的执着和投入，是我们这些职业经理人远远不及的。他们起早贪黑，没有休息日，少了许多平常人的天伦之乐。这些业主在建设和经营酒店期间，也希望所聘请的总经理及其团队能够像他们一样，不计较时间，不计较待遇，不怕困难，不惧挫折。而我们酒店总经理，特别是品牌酒店集团外派和国资企业任命的总经理，往往不是喜欢拘泥于合同的内容，就是没把自己的命运和企业拴在一起，缺乏一种坚韧不拔、顽强拼搏而又孜孜不倦的努力，表现形式是业主说什么我就做什么，做一天和尚撞一天钟。我听过许多业主在抱怨所聘请的总经理没把酒店当作自己的家，八小时工作制准时上下班，这能适应酒店这个特殊行业吗？

我认为，作为一名受人高薪聘请的总经理，应该具有一种比业主还要勤奋的敬业精神。首先是勤于思考，凡事尽量多用脑筋，要设法想在业主前面，想到业主遗漏疏忽之处，还要想员工所想，急员工所急。其次，你要学会比业主来得早走得晚，在工作时间内满怀激情地投入你的智慧和精力，在上司和下属最需要你的时候，你就会及时地出现，为他们排忧解难。酒店的服务对象是来自五湖四海的宾客，你要设法替客人解决好每一个问题，尽量满足客人的每一个要求。你哪怕能力差些、智商低些，但只要你每天忙忙碌碌、尽心尽力，多数业主都会认可而喜欢上你的。

4. 廉洁诚正

业主最忌讳的是什么？总经理拿着业主的高薪，还站在施工方或供货商一边，千方百计地搞业主的经济名堂。试想一下，业主把一个上亿元、几亿元的资产交给你这个大管家，你却把人家的部分财物从后门悄悄地搬出去，换作你是业主，能喜欢这样的大管家吗？许多总经理倒下的主要原因是经不住金钱美女的诱惑，他们往往一进入酒店，想的不是如何帮助业主搞好酒店的建设和管理，而是要大力介绍施工队伍，竭力推荐供应商，经常与乙方火热地打成一片，有的甚至任用一个管理人员或聘请一个厨师班子，都要设法抽头以赚点外快。有了钱就出去包二奶三奶，有的吃起窝边草来，搞得酒店乌烟瘴气，这样的总经理还有什么脸面继续在酒店待下去？总经理若能把握住戒贪戒色这两条，你和业主的关系就成功了一半。

"若要人不知，除非己莫为。"有些总经理在赚外快时是掩耳盗铃，总觉得别人不知道，不干白不干，侥幸心理占据了这些人自私的大脑空间。其实，只要你稍有动作，业主和所有人都立刻会有感觉，因为你的言行举止就会有所暴露，"常在河边走，没有不湿鞋"，用在此处十分贴切。所以，作为一名总经理，为人坦荡，做事正派，不说假话，戒贪戒色，有些业主的人品就会在你面前黯然失色，心中自愧不如，业主就会充分地信任你能把酒店这个团队带入正轨，那么，即使你的专业水平略显不足，业主也会忽略不计了。

5. 身体素质

一个人的身体残疾，往往心理就会受影响。总经理的身体素质不好，就容易发脾气，心胸狭隘，思维有可能出现偏差，决策有可能失误。总经理没有健康的身体，就会适应不了复杂繁多的工作，跟不上业主的工作节奏，就会影响工作的效果。在酒店建设期间，总经理常常要跑工地，业主可以随便穿着，可你必须西装革履，那就要抗高温、耐严寒，不怕灰尘，不烦噪声。有的总经理患有糖尿病，就会影响对外公关；有的总经理患有肾脏病，每周需要血液透析几次，就会影响对内的管理；有的总经理患有传染性疾病，按规定就不能从事服务业工作；有的总经理患有高血压病，就容易动怒，且不易集中精力工作，或工作量一多就易疲劳。所以，没有健康的身体，最好主动让辞总经理职务，否则既害自己也害别人。如果你的身体素质好，业主把酒店托付给你，就会感到更加踏实。

三、具备高超的协调能力和有效的执行力

总经理不需要铺床叠被、端菜开房，其主要工作就是协调和执行，这两个方面能力的高低，是衡量一个总经理是否称职的重要标准。

1. 协调好与业主的关系

无论是管理公司外派的总经理，还是受业主单聘的总经理，无论是在酒店建设期，还是在酒店开业后，只要一进入业主的酒店，就会面对和业主处理关系的问题，通过每天发生的大小事件的处理，来体现你的协调能力。总经理对业主不能一味巴结，有的为了达到讨好业主的目的，不择手段，背后说自己管理公司的坏话，诋毁中伤同行好友，通过损人利己来赢得业主的好感和信任。经验证明，这样的总经理迟早要被业主看穿的。总经理对业主也不能盲目服从，不管业主所说的正确与

走出中国酒店建设和管理的误区

否，都是唯唯诺诺、一概听从，可能业主对你有一时好感，但时间一长，经过时间与事实的验证，发现你既没什么能力，对酒店也不忠心，有些错的决策因为你的不坚持不提醒而酿成重大损失，业主能对你满意吗？总经理对业主更不能为了一些分歧而争论得面红脖子粗，在以理服人的同时，要注意言语和风细雨，方式的礼貌谦虚，举止的庄重典雅，在与业主尚未建立互信之前，有时对业主的错误坚持暂作撤退，待适当时机再与其交流。总之，在与业主相处的过程中要拿捏好分寸，切不可疏远，也不宜过密，你是业主的雇员，他是你的老板，雇佣关系才是总经理和业主之间的真正关系。

2. 协调好与业主周围人的关系

有的总经理喜欢眼睛往上看，只注重与起决定管理公司和自己命运的业主搞好关系，而往往忽视业主周围的人。国有酒店的业主身边总会有一批心腹，他们跟随老板多年，深得老板的信任，哪怕是一般职工，都会以业主自居。而私人投资的酒店，往往会在一些敏感部门安排自己的亲戚，在业主看来，这些亲戚是自己人，而所聘的总经理及其团队是外人，迟早有一天自己人会替代外人来管理酒店的。这些心腹亲戚职务上是你的部属，但他们在老板那儿常常说话比你这个总经理还有分量，若是平时说话不当心，或是办事考虑得不周到，不知道是什么时候什么事情得罪了这些非同寻常的小人物，那么业主和你的关系就会莫名其妙地疏远甚至紧张。我有一个朋友在一家五星级酒店任总经理，能力很强，做事勤奋，老板对他非常赏识，他因为一件小事惹得老板司机不高兴，结果这位司机成天在老板耳朵边嘀咕总经理的不是，老板从不相信到似信非信到完全相信，最终我的这位朋友灰溜溜地走人了。

3. 协调好部门和部门、员工和员工之间的关系

一个稍大的酒店，部门有八九个，员工有几百人，服务项目多，工种繁杂，服务的客人形形色色，要求不一，虽然酒店各部门既有严格的分工，又有明确的工作程序，但在具体运作时还是会出现管理上的"灰色地带"，即有些工作可以划归 A 部门，也可划归 B 部门，于是扯皮推诿成了许多酒店部门的家常便饭。另外，现在酒店的员工多数是由

90后、00后的年轻员工组成，他们在家是独生子女，有些从不会做家务事，又没有经济压力，不在乎或不满足于现有的服务岗位真是大有人在，只要稍不如意，便会找个借口辞职不干。这种不如意也许是工资待遇不高，也许是人际关系未处理好，或是个人发展的前景暗淡。为了保证酒店的正常运转，保持酒店的服务标准，让员工们在一起愉快地相处，总经理必须及时发现和解决好部门之间发生的问题，艺术地处理好员工之间出现的矛盾。如果总经理连这些问题都捂不住，都不能大事化小、小事化了的话，那么即使你把业主的马屁拍得再好，业主对你也是不会满意的。

4. 协调好酒店与政府部门、新闻媒体和企事业单位的关系

一个好的总经理，不仅是个能干的内当家，把酒店内部管理得井井有条，而且是个阿庆嫂式的"外交部长"，把对外关系处理得人人称道。这其中蕴含着总经理的个人修养、人格魅力、人际关系技巧、口才水平以及知识面的广博等等。因此，当好一个总经理的难度不亚于当好一个县长或市长。酒店的客人来自天南地北，酒店的生存必须得到外界方方面面的支持，正确地处理好与政府部门、新闻媒体和有关企事业单位的关系，酒店就能取得社会效益和经济效益的双丰收。有些人在酒店业干了若干年，掌握了一些酒店的经营管理知识，就以为自己可以独闯天下，做一个酒店的老总了，殊不知业主多半需要的是一个能"上得厅堂，下得厨房"的全才，他们把酒店全权交给你管理，若是还要他们操心对外关系，那么你就是一个残疾总经理。

5. 让有效的执行力保持常态

"没有任何借口"是美国西点军校奉行的最重要的行为准则，它要求学员想尽办法去完成任何一项任务，而不是为没有完成任务去寻找借口，哪怕看似合理的借口，其核心是敬业、责任、服从和诚实。酒店秉承军事化管理的方式，无论是开业前还是开业后的酒店，计划方案再好，若是得不到很好的贯彻执行，也是竹篮打水。作为酒店的领头人，总经理首先要有强烈的执行意识，对业主交代的事情要迅速办理，对客人的要求和投诉要迅速解决，对员工的建议和报告要迅速回复，对政府

部门的指示通知要迅速地传达落实，对未完成的计划要催促跟办。总经理的性格不能磨磨叽叽，办事作风不能拖拖拉拉，不能把今天必须完成的工作留待明日去做。总经理必须给每位员工树立榜样，每天要鞭策自己，遇到困难不找借口，不投机取巧，抱着对酒店、对业主、对社会负责任的态度去迎接每个挑战，这样带出的团队才是战无不胜的，这样的总经理才能得到业主的青睐。

四、用尽可能博而深的知识主动积极地为业主服务

作为一名受人高薪聘请的职业经理人，总经理愿不愿意把自己所掌握的知识经验奉献给业主，愿不愿意多做些分外工作，能够贡献自己多少知识经验给业主，这些都直接会影响到与业主的关系。

1. 建设酒店期间

中国的大多数酒店都是"交钥匙"工程，即建设者和未来的管理者截然脱节，建设者把酒店建成，再由另外一批人接手管理；建设者由于不懂酒店的经营管理，搞出的酒店往往不好使用，影响到以后酒店的社会效益和经济效益，而管理者虽然懂得一些酒店专业标准知识，但对于建造酒店的过程往往又是门外汉，有的管理者即使懂一些基建运作，可又觉得是分外工作不愿多干。试想一下，如果总经理能够多具备些酒店建设期间的运作知识，在业主非常渴望你帮助他们排忧解难时伸出援助之手，特别是事后证明你帮助业主挽回了成千万上亿元的损失的时候，业主对你产生的不仅仅是好感和感谢，而且是感激之情、报恩之心。再说，总经理是要对以后的经营指标负责的，如果设计时功能布局不对，建设的投入过多，施工的质量不好，水电空调设计得不合理，装饰设计的没有什么亮点卖点，那么，就会给以后的经营管理带来隐患，给总经理及其团队带来无尽的烦恼。酒店建设交给总经理后，所有建设时期的失误都会自然转嫁到总经理及其团队身上。倒不如我们用平常所学的基建知识，结合我们平时在酒店经营管理碰到的诸多经验和教训，帮助建设者预先诊治好刚刚冒头的疾病，理清建设者的思路，把握住正确建设酒店的方向。

不过，总经理向业主主动请缨做分外工作，一定要具备这个实力，不要不懂装懂，不能"以其昏昏，使人昭昭"。我见过许多国内外所谓的大牌总经理，到了酒店的工地现场，净说些让人莫名其妙的话，发表的所谓权威言论事后证明祸害了酒店的日后发展，业主每每提起往事都会悔之不已。

2. 酒店筹备期间

许多投资酒店的业主，特别是那些房地产开发公司等具有一定建设经验的老板，他们几乎有一种共识：自己建成一个酒店没什么问题，管理一个现成的酒店也没多大问题，他们头疼的是酒店的开业筹备。其实，这是一种误区，也是许多酒店管理公司或总经理能够忽悠一些业主的撒手锏。说到底，酒店的开业筹备工作主要分为两大方面，人员的招聘培训和开业物资的采购。只要人员到位了，就会很快制定出适合本酒店的人事构架图和工资福利政策，编写出各部门的政策和程序，编制出酒店的营业预算，做出营销政策和宣传推广计划。而物资采购计划，懂行的人两三天就可拿出一个整个酒店的采购清单。可以这么说，酒店的筹备工作和建设工作相比要简单许多倍。总经理及其筹备开业的重要团队，要把剩余的精力用在帮助业主上。比如酒店开业必须办理的各种证照，道理上是业主分内的事，但在运作过程中，由于许多业主是初次涉足酒店，对到底需要哪些证照、证照的办理程序不如我们熟悉，我们必须主动地过问。总经理在进入酒店筹备期时发现，有的酒店还未预名注册，甚至连名称都未敲定。在注册酒店的过程中，就需要得到政府有关部门的批示才能进行，比如消防、人防、卫生、环保等。由于酒店的一些功能布局不能完全满足上述部门的规范要求，若总经理帮助协调，对于顺利地完成开业所需的各种证照是很有作用的。

由于酒店建设和日后管理的脱节，业主率领的一批建设人员和总经理领导的管理团队在各自的工作领域奋战，当酒店建设临近收尾，酒店建设者会有一种怅然有所失的感觉，因为酒店已渐行渐远，他们即将与结下深厚感情的酒店告别。而业主若没有新的项目开发，如何安排这些建设者的以后岗位，对这些鞍前马后立下汗马功劳的心腹亲戚有所交代，往往是此时业主们最焦心的事，如果总经理善解人意，就会在确定岗位编制、招聘人员时主动与业主沟通，把酒店建设班底人员尽量妥当地安排在开业后的酒店岗位上，就是说，总经理应该在一进入酒店现场的那一刻起，就要认真观察业主周围的人员，尽早与业主达成人员安排共识，在酒店建设的同时，主动让他们介入酒店的筹备工作，教会他们以后可能从事岗位的工作程序，设法让他们自然地融入酒店的服务团队中。也许会有总经理问，如果把这些业主周围那么多的人弄进来，会不会"引狼入室"，早早地替代了自己。我多年与各类业主合作的经验证明，只要你素质高、修养深，只要你具备过得硬的专业技能，那些业主的心腹亲戚就都会为你唱赞歌，你的生命力就会持久不衰。话又说回来，如果你早一点把业主周围的人培养起来，尽量地本土化管理，然后再为别的酒店号脉治病，为社会多做些贡献，又何乐而不为呢？

3. 其他分外工作

中国的酒店业是引进欧美先进管理模式最早也是范围最广的行业，其服务意识和管理理念往往领先于其他领域的企事业单位。所以，酒店总经理在帮助业主管理酒店的同时，应该主动地帮助业主所从事的其他行业的公司，灌输先进的管理理念，制定更科学严谨的管理体系，培训管理人员和服务人员的服务意识。如果总经理对业主公司其他产品的业务比较熟悉，还可以在产品研发和市场推广上助一臂之力，那么业主就会感到聘请的总经理"物超所值"。我在东北一家五星级酒店做开业前的酒店建设和开业筹备期间，业主逐渐感受到我的"剩余价值"，于是就把整个集团管理的重担压在了我肩上，给我充分的空间和权力让我从改革用人制度开始，重新建立新的财务体系和预决算工作程序，改进办公秩序和会议制度。在完成了一系列的改革后，董事会又赋予了我所属工程项目的指挥权，因而我又主持设计和施工了大型电影院、东北最大的单体地下商城、当地最高层的住宅大厦，与法国合作的大型品牌超市等系列工程，得到了公司上下和当地政府百姓的认可，在为公司和社会作出贡献的同时，也考验了我的能力，丰富了我的阅历，更融洽了我与业主之间的关系和感情。

关于总经理如何与业主相处，以上说了四个方面，大凡在处理关系上遇到困扰的总经理，不妨用此对照实践，看看会不会出现一些神奇效果。不过我还想强调的是，作为总经理，我们没有必要刻意去和业主搞什么关系，我们做酒店管理，不仅仅为了自己的生存，不仅仅为了替业主赚钱，也不是为了图取一些名利，而是感到曾经为了祖国的旅游事业贡献过自己的一份智慧和力量，没有白白在世界上走一遭。只要我们时刻心系人民、胸怀世界，树立起远大的理想和目标，我们和业主间就真的会产生一种令人意想不到的和谐关系。

第四章　如何培养员工的主人翁精神

我过去管理的一家酒店员工流动率比较低，能源费是同类酒店的一半，酒店生意比较红火，客人认可度较高，所以，这家酒店的董事长曾经找我，希望我回去讲一讲为什么我离开后，酒店员工流动频繁，生意滑坡，且能源消耗控制得不好。我婉言谢绝了他的盛情之邀，因为有些话不好讲，或者说即使讲了出来别人也根本不愿意听，有耐心听也听不懂，听懂了也不愿去做。上述问题都是表面现象，根子在员工（包括总经理）的脑海里没有主人翁精神。如何培养员工的主人翁精神是个时髦而不朽的话题，网上在爆炒热议，专家在高谈阔论，结果谁也说不到点子上，但企业员工的归属感确实越来越淡，可谓薄如蝉翼。不仅酒店业的员工这样，整个中国企业的员工有几个具有主人翁精神的？有人埋怨，现在的人，尤其是年轻人真如九斤老太所说——一代不如一代。有人分析，现在的企业以私营居多，既然企业归了私人老板，打工一族怎么会变成主人，那主人翁精神从何谈起呢？有人谴责，现在的教育失误，道德风气江河日下，拜金主义思想越来越浓，多给钱多干，少给钱少干，不给钱则不干，什么精神与他何干？这些说法毫无道理。

我认为，现在企业员工流动频繁还算是件好事，起码员工由于各种不满和抱怨而通过辞职离开排解发泄了，你看有个规模蛮大的台资企业，搞得一个个年轻鲜活的生命通过自绝方式而去，在这种血淋淋场景下谁还会敢去想、敢去奢求这里的员工会有主人翁精神呢？有人把这种悲剧归罪于军人出身管理者的军事化管理，有的归罪于员工每天的十二小时的上班时间，有的归罪于员工的薪资很低，甚至有的专家归罪于整条流水线的生产流程，若是使用由日本佳能创造的细胞式生产流程，员工就不会感到枯燥无味而自杀了。这些分析都显偏颇。

问题的关键在哪儿呢？解决问题的良方又在何处呢？我首先要说的是，员工缺乏主人翁精神，没有归属感，90%的责任在领导。只有企业的各级领导把自身的缺点错误解决掉，员工的主人翁精神才会自然回归。本处所指的企业，涵盖了所有性质和所有行当的企业。

纵观那些员工富有强烈归属感和主人翁精神的企业，都有一批优秀的管理者。孔子说："修己以安人"，意即管理者先把自己修养好了，再去安定员工，使他们身安心乐，而又安居乐业，安居就是归属感，乐业才能有主人翁精神。这样的管理，看似简单，实际上并不容易。正因为不容易，所以，中国的大部分企业的员工缺乏主人翁精神。要衡量企业中管理者的优劣，最好的准绳就是企业负责人在员工和社会大众心里的分量，因为员工人人心里都有一杆秤。针对我国酒店领导可能会产生的这样那样的问题，笔者特开出良方如下：

一、尊重员工

首先是语言上的尊重。俗话说：要想得到别人的尊重，首先要尊重别人。反映在语言上，就是礼貌用语，谦恭说话。作为酒店领导，早晨上班遇到员工要热情微笑地主动打招呼，而不要非等到员工和你打招呼后再被动地和对方打招呼；下午下班或在店外碰到员工，都要主动热情地打打招呼，或简单地聊上几句，就是毛主席说的"干部要和群众打成一片"。大家不要小看这种礼貌招呼、和蔼的聊天，这不仅让对方感到了你的素质修养，感到了你对他的尊重，还拉近了彼此间的距离，员工今后有什么心里话都会愿意和你讲，哪天他要辞职，起码他会把真实的原因告诉你。说个例子，我离开一家酒店不久，就有一位主管辞职，他的辞职理由非常简单，他告诉我："我每次遇见总经理时总是我先打招呼，而且他还从不搭理我，我招呼他三次不理后，以后我碰到他再也不愿和他打招呼了；不像您，每次看到我们总是主动打招呼，就凭这点我辞职了。"

其次是人格上的尊重。很多领导有句口头禅常常挂在嘴边：我们虽然职务有高低，但人没有贵贱之分，人格上我们是平等的。话是说得冠冕堂皇，但心里想的、实际做的往往和说的完全两样。比如酒店员工在工作中犯了错，作为领导你可以批评教育，但不能大声训斥，更不能恶语相伤，用粗话骂人。另外，有的酒店人事部会不定期地突击搜查员工更衣室，酒店保安部会每天站在大门出入口处查看员工的背包手提袋，其他酒店来的员工只要提及此事便牢骚满腹。不谈这样做法律上是否有侵犯人的隐私权之嫌，我感到这是对员工人格上的不尊重。我管理的酒店决不允许检查员工更衣室，更不允许保安部去翻看员工的提包。我们酒店的一个女孩子，来自深圳的一家服装厂，我问她为什么辞职不干而来做酒店，她就告诉我，原来服装厂老板在她们工作的车间里安装了几只监控探头，因为是计件工资，谁也不想偷懒，但她们姐妹总感到芒刺在背，人格丧失殆尽，钱挣得再多也没意思。而本章前面提及的那家台资企业，为了保证样机不被偷窃，明令员工身上不准携带任何含铁的物品，搜到的手机没收，牛仔裤的铁扣必须剪掉，内衣包括胸罩等有铁扣的全部剪掉，员工每天都得被搜身，这样的企业不死人才怪呢？

二、关爱员工

首先，要关心员工的工资待遇。酒店常常打出"员工至上，客人第一"的口号，许多老板、总经理自己拿着高高的工资，享受着各种特权阶层的待遇，而对员工尽量压低工资，减少休息时间，马列主义电筒专照别人。我服务过的一个酒店董事长对员工训话说："你们不要因为别的酒店多给了50元就被别人挖走了，这是职业道德问题。"真是站着说话不腰疼，有的员工一个月的手机费只有50元，跳槽就是没有职业道德吗？你有钱去年买了宝马，今年又买了宾利，为什么舍不得给员工加点工资呢？我曾在一个国有企业的酒店里兼任工会主席，经常为员工的待遇和董事会争得面红脖子粗，虽然老板不喜欢我，但我在员工中很有号召力，我只要想干的事，员工会不加怀疑去百倍地努力。

其次，要关心员工的生活福利。酒店的食堂是员工投诉最多的地方，几百人、近千人同吃一锅饭，领导必须高度重视。我每天起码在食

第四章　如何培养员工的主人翁精神

堂吃一餐饭，每个星期要穿起厨师服为员工打一次餐，每个月要组织召开一次员工代表对职工餐厅的意见会。员工宿舍是最难管理的地方，年轻男女几百人同住一个屋檐下，每天难免发生磕磕碰碰的事。管好员工宿舍比管好一个酒店难，我们不是说"没有一流的员工就没有一流的客人"吗？员工睡不好觉，第二天怎么有足够的精力为客人提供优质服务呢？所以我们的领导要像抓前台服务那样，抓宿舍的硬件是否达标，抓环境是否卫生，抓寝室是否安全，抓寝室是否安静。酒店要创造条件为员工的业余生活提供活动场所，比如设立专门的电视室、洗衣间、图书室、棋牌室、乒乓球室、篮球场、羽毛球场。酒店要经常组织员工进行各项活动，如奖励旅游、生日聚会、球类比赛、学习参观。酒店要关心帮助家庭有困难的员工，让每位员工感受到大家庭的温暖。

再次，要关心员工的职业发展。酒店的员工多半是年轻后生，他们除了需要一个关爱自己的环境，还盼望有一个发展自己的平台，这样员工才会有归属感。员工感到在酒店里能学到很多知识，学到一套先进的酒店管理程序。领导要千方百计地为员工创造学习环境和学习机会，积极地引导、培训员工，帮助他们设计职业规划，一方面为他们提供公正平等的竞争向上的机会，提拔重用忠诚能干的优秀员工，让员工感到领导在关注培养他们；另一方面当其他酒店向你的员工伸出橄榄枝，要挖走你的员工时，你要像对待自己的孩子和亲人一样，对员工的另攀高枝发自内心积极地支持，而当员工在其他企业事业发展受阻，想要回到原来的酒店岗位时，领导要热情地欢迎并尽可能地满足员工的岗位要求。员工在施展自己才华的舞台上不慎犯下错误，领导要宽宏大量，学会包容，鼓励他们不断尝试，大胆创新。

三、以身作则

俗话说："榜样的力量是无穷的"。还有一句话是："上梁不正下梁歪"。管理者自身做事正当，即使不用命令，员工自然照样去做；管理者自身做事不正当，虽然一再命令，员工也未必肯服从。要员工做到的，自己首先要做到。

比如考勤。中国的酒店是最早学会使用打卡机考勤的行业，我最早接触它是在 1983 年，这是从香港和欧美学来的。我不主张酒店员工上下班打卡，要求员工打卡上下班，那为什么部门经理、总经理就可以不打卡呢？他们不是酒店员工吗？他们是酒店的特权阶层吗？我所管理的酒店没有打卡机，人力资源部核发工资的依据是各个部门报来的考勤表。我曾做过比较和试验，相邻的一家酒店用打卡作为考勤手段，结果人力资源部常常和其他部门吵架，为了员工的出勤与否争个没完，迟到早退现象并没减少，特别是有些享受不打卡待遇的部门经理级别的管理者经常迟到早退。我这家酒店干脆取消打卡，由各部门自己考勤，不但省去了和人力资源部对考勤表的矛盾，而且员工很少迟到早退。原因是什么？因为我每天早早到岗，巡视一遍，那么副总经理和各部门经理怎么好意思迟到呢？以此类推，员工就不会轻易地迟到了。而相邻的那家酒店，员工经常半个月看不到总经理，所以，管理者自己不带头，即使用了打卡机也是白搭。

比如节约。中国有个有趣现象，领导要群众节约，自己却带头浪费；老板要员工节约，自己的消费却是分文不省。要养成节约的氛围，必须从领导做起。不知是因为曾经历过物质严重匮乏时代，还是因为严格的家教和自小养成的习惯，我对自己一直节约得近乎刻薄，与我共过事的员工都很了解我，所以他们也渐渐养成了节约的习惯，这也是我所管理的酒店能源费是同类酒店一半的原因所在。而本章开头提及的那家酒店，我走后换了一批管理人员，他们是大手大脚、铺张浪费，员工无力扭转形势，渐渐地浪费蔚然成风，所以我怎么给他们介绍经验呢？

四、让员工自己决定

如果酒店里大事小事都由董事长、总经理决定，那么培养员工的主人翁精神就是一句空话。但是，我们中国的企业，特别是那些合资独资企业，员工哪有说话的权利。就说我们酒店业，老板和总经理们口口声声说要实行民主管理，但做决定的还是他们，而且在做决定前真正让员工参与决策的真是少之又少，他们经常是盲目而轻易地否定下面的意见，员工说多了还会引来非议甚至报复。由此我忽然想起了美国 1991 年的海湾战争，这场战争被战史学家称之为"机械化战争"的巅峰之作，美军在这场战争中表现出高素质，不仅指战役战术方面，还包括战前动员、战前准备等，最终其消灭或重创伊拉克 38 个师，6.2 万人被俘，而美军只阵亡 74 人，300 余人受伤。令我感到十分意外的是，这次著名的"沙漠盾牌"行动计划和"沙漠风暴"打击计划，竟出自美国军事学院的一帮研究生。

哪些事可以让员工自己决定呢？这里只举两个例子。

制定制度：我所管理的酒店的绝大部分制度都是由员工自己制定的，比如上下班制度、加班制度、员工餐厅管理规定、员工宿舍管理条例、各个岗位的操作程序等等。我发现员工积极参与，热情很高，也很认真，而且制定出来的规章制度都比较合理，因为是他们自己想出来的，所以记得牢，愿意去执行。反观许多酒店，看起来规章制度、政策程序有厚厚一本，其实多半是抄袭模仿而来，员工是否记得住，是否去执行，这些规章制度实用性有多少，谁知道？

装修改造：酒店要装修改造，我就把这个想法贴在员工餐厅的公告栏里，要求需要装修改造的前台部门拿出计划和要求，工程部拿出工程方案，财务部拿出工程概算，最后我发现拼凑起来就是一个比较完美的工程改造项目的方案书，起码比我们任何一个董事长、总经理或者一个设计师苦思冥想的方案高明许多。

登上井冈山后，我才真正懂得，得民心者得天下。我们每一个企业的领导人，若是真的把员工当作自己的家人，把员工时刻放在心窝窝上，那么员工就会把企业当作自己的家，你的企业就能无为而治，就能打败任何对手。

第五章　是谁拿走了中国酒店的多半利润

　　根据历年国家旅游局发布的全国星级饭店统计公报所发布的数据，全国一万多家星级酒店，从年利润来看，五星级酒店收入突出，四星级酒店效益平平，三星级酒店亏损严重。根据笔者多年来的统计大概得出一个结论，欧洲特别是美国的一些品牌酒店管理公司占据了中国近四成的高端酒店的管理市场，攫取了近六成的利润。反过来，由于酒店业的竞争激烈，由于经营管理的能力不足，更由于许多业主的盲目无知，中国人自己投资的酒店有80%左右处于微利或亏损的状态。有趣的是，欧美这些品牌酒店管理公司一般不投资酒店，它们只是输出管理，签上一个委托酒店管理公司经营的合同，便可从中国业主口袋里掏走大把大把的钞票。它们的输出管理的核心说到底就是输出品牌。而五星级酒店虽然表面上业绩不错，但是中国业主多半拿不到利润，许多业主还要给酒店不断输血以维持表面上的繁荣。

　　输出品牌说得比较委婉，其实就是卖品牌，而品牌是什么东西呢？品牌就是一种符号，符号是一个虚拟的看不见摸不着的东西，奇怪的是，这个虚拟的东西很值钱，它可以让人们着了魔似的心甘情愿地用很多真金白银去换它。比如欧美在中国经营着许多虚拟化的品牌，从化妆品到鞋包、服装，从汽车、电脑到电冰箱、电视机，从技术专利到消费宗教，都在用虚拟的品牌疯狂地剥削着中国人。一个上万元甚至数十万元的路易威登小皮包，可能成本只有几百元；一双耐克鞋售价假定1000元人民币，在东莞的生产厂家裕元工业只能拿到100元，负责运输和销售的中间商要拿走450元，而美国的品牌所有者耐克总公司也拿走了450元。这是一种多么残酷的剥削，是在马克思的《资本论》中所没有读到过的一种血腥的剥削，是世人特别是中国人还没有认识到的一种杀人不见血的剥削。品牌的剥削是可以百分之一千的利润率，而马克思笔下的资本家的剥削率很少超过百分之百。

不可否认，欧美各国一些品牌酒店及其管理集团确实对中国的酒店业发展起了不可估量的促进和借鉴作用。20 世纪 80 年代改革开放初期，国人纷纷走出去学习西方先进的技术和管理理念，特别是酒店业，中国彻底颠覆了以往的招待所模式，酒店无论是在建筑结构、设施设备，还是在装修风格、管理方式以及服务意识上，都发生了革命性的变化。而到了 90 年代，国外品牌酒店管理集团纷纷抢滩中国市场，迄今为止，西方几乎所有知名品牌的酒店管理公司都在中国有其联号酒店。原先国外的品牌酒店主要是在中国的一线城市安营扎寨，近些年来由于这些品牌酒店集团之间竞争的激烈，它们为了抢食中国酒店这块颇具吸引力的蛋糕，又把触角伸向了中国的不发达地区和二、三线城市。只要冷静地稍作观察，我们就会惊讶地发现，中国的哪一个行业也没有像酒店业这样对外开放得如此之早，对外引进的品牌如此之多，外国人把持着高端酒店管理大权的人数之多、阵势规模之大，令人咋舌。试想一下，中国的各级政府引进了多少国外的管理人才？你见过几个市长、省长是由外国人担当的吗？中国的高等院校、研究所、各类企事业单位，有多少头头脑脑是由外国人说了算的？如果说改革开放初期我们必须花些学费去向人家讨教如何设计、建设和经营酒店的话，那么几十年后我们还有没有这个必要再去请那么多洋鬼子来管理我们应该自己可以管理得好的酒店呢？如果说那些外国人自己在中国投资酒店，靠自己的经济实力和诚意来和我们竞争而分得一羹，我们是欢迎而又鼓励的话，那么我们中国人投资的那许多酒店，就让外国品牌酒店集团不花一分钱成本就赚得盆满钵满的，我是大为疑惑不解的。如果说我们为了引进世界先进的管理水平和管理理念，而在一些一线城市规模较大、业主实力较强的酒店有选择性地输入外国品牌酒店集团，是无可厚非的话，那么，我们许多酒店业主一哄而上，赶时髦地互相仿效，不考虑自己的经济实力，不核算自己的成本回报，不研究所请的管理公司是否适合自己的酒店，就盲目地把自己的酒店委托给外国酒店集团管理，这是我不赞成的。

那么，国外品牌酒店集团通过和我们业主签订的委托管理合同赚了哪些钱呢？

第一笔是品牌费。什么是品牌费呢？前面笔者提及，品牌就是符号，就是一个名称，就是在你中国人投资的酒店名字后面挂上所委托管理的那家国外酒店集团的名称，为了满足中国人的虚荣心理，外国人把自己的名称放在后面，把你的名称放在前面，不管前面后面，外国人只要能赚到钱就行。为了牢牢地把你拴住，除了名称，你必须要用他们酒店集团的统一标志，英文叫"Logo"，他们美其名曰，这是为了酒店集团的品牌标准化，便于世界消费者的辨认识别。其实哪一天你业主感到上当了，不愿意委托他们管理了，那么你就必须拿掉 Logo，更换酒店名称。你会发现去掉名称很容易，因为起码自己原来有个名字，但是 Logo 只有一个，你要自己重新设计。不但要去工商局修改注册，酒店的所有产品印上去的名称 Logo 包括酒店招牌都要更换，不但费大事而且花大钱，有时我们中国业主往往怕麻烦，想想算了，还是继续合作吧。好，要他们管理酒店，就必须挂他们的名称和 Logo，就必须交费，有的是明收，有的是暗含在管理费中，少则几十万，多则一二百万，你要知道，买的就是一个符号啊！

第二笔是基本管理费。这是国外酒店集团收取的一笔天经地义的费用。什么叫作管理费？顾名思义，就是公司为了劳务输出而产生的管理人员的费用，这些管理人员要对派出的人员进行技术支持，因而发生办公费用、差旅费、管理的智慧费等等。国外酒店集团之所以收取基本管理费，是因为酒店集团派驻管理人员进驻托管的酒店后，集团管理机构要对这些管理人员进行技术支持，与业主之间沟通，为维护集团的标准化管理和服务进行指导培训和检查。基本管理费对于各个酒店的委托管理合同的标准是不同的，它是按酒店当年营业收入的比例提取的。中国改革开放初期，由于我们急于引进西方的酒店管理模式，而国外酒店集团进入中国市场的凤毛麟角，所以当时收取业主的基本管理费一般是在

8%—10%，少数合同超过了10%。20世纪90年代开始，大量的国外酒店集团涌入中国，由于竞争的激烈，中国业主的渐趋成熟，委托管理合同中的基本管理费降到3%—5%，近年来基本维持在3%左右。请读者注意的是，不管业主投资的酒店是否赚钱，只要酒店开门营业，只要酒店有收入，业主每个月必须按照合同约定的比例将管理费划拨到管理公司账户上。读者不要小看这个比例，就我常年跟踪的数据来看，许多五星级酒店的利润还不到收入的10%，若按营业收入的5%提取基本管理费，那么管理公司就要拿走全酒店的一半利润，要知道，这仅仅是其中一笔费用！为了挣得基本管理费，有的国际豪华品牌的酒店管理公司在中国的联号酒店开业时往往打出很低的房价，对业主解释说是为了抢占当地酒店的客源市场，是一种集团的销售战略技巧，但其实是通过低价促销，迅速地提高酒店的住客率，也就是迅速增加了酒店的营业收入，有了收入，管理公司才有提成，至于低价销售是否扰乱市场，是否给业主带来经济上的损失，管理公司是不考虑的。

第三笔是奖励管理费。除了稳稳赚取的基本管理费外，国外酒店集团在签署的委托管理合同里还要规定，若是管理有方，酒店有了盈利，业主还必须付给一笔奖励管理费，其提取比例一般为酒店利润的8%—10%。大凡初次接触这类合同的业主，对这种费用的收取都没有什么意见，你想，人家外国人不远万里、不辞辛苦地来到中国，为你服务，替你酒店还赚了利润，人家只提出拿走8%—10%的份额，难道不近人情吗？但是，等到酒店年终结账，管理公司从账上划拨走奖励管理费时，业主才如梦初醒地发现，利润的概念在业主和管理公司之间存在着多么大的差距。管理公司所谓的利润概念是：酒店收入−费用−成本−税金＝利润；而业主头脑中的利润概念是：酒店收入−费用−成本−税金−X＝利润，这里的X可能是折旧，可能是银行贷款利息，可能是租金，也可能是产权式业主回报（产权式酒店的返租支出）。作为业主你也许会大叫大嚷地争辩说，这样的利润只能叫毛利润，只要不考虑X费用，这样的生意大家都会做，这种买卖十有八九都会赚钱，投资酒店的风险几乎是零了。而那些被委托的外国酒店集团也会理直气壮地辩解道，你看看世界上哪个管理公司不是这样收取奖励管理费的？要是按照你们业主那样的利润算法，那我们管理公司到猴年马月才能拿到这种奖励管理费？在这里，管理公司偷换了利润的概念，他们所说的利润其实是酒店的毛利润，而我们业主所说的利润是酒店的净利润，净利润才是真正的资本利润概念。打个比方来说，你租借了他人的房屋开了一家超市，每年年终盘点超市利润时你会怎么计算呢？把超市一年来的经营收入，扣除人员工资、水电、维修费、差旅费等费用，减去进货成本，再扣减税金，这就是毛利润。但是，还有一笔大的开支没有计算，这就是房租，你必须从收入中再扣去房租，才是你真正的一年所得。我们中国许多委托外国酒店集团管理的高档酒店，其净利润为负数，但是，业主还得按照所签订的合同以毛利润提取奖励管理费的算法，付给管理公司一大笔钱，没有道理可讲，谁让你被人忽悠、傻乎乎地跟人家签了合同呢？

第四笔是外聘管理人员的工资福利待遇费用。委托管理合同关于这点一般是这样写的："管理公司派驻酒店工作的管理人员均受酒店雇佣，其住宿、交通（包括市内交通）均由酒店负责；工资、奖金、休假、医疗、人身意外保险等均按与业主所签合同执行；每年享受二次有薪探亲假，每次假期 15 天（在途时间另计），其交通费实报实销。"这是一笔不小的开销，小点规模的酒店业主会被压得喘不过气来。一般国外酒店集团的管理合同会写上八个左右的外派人员，大概由以下管理人员组成：总经理、驻店经理、财务总监、客务总监、餐饮总监、行政总厨、工程总监、人力资源总监。我们来简单估算一下，四星级总经理的年薪约 80 万元，五星级总经理的年薪约为 150 万元。所有外聘人员的年薪加起来，四星级酒店这八个人的工资总额约为 270 万元/年，五星级酒店这八个人的工资总额约为 450 万元/年。请读者谨记，所有外聘人员的工资是税后收入，而且这是世界各个管理公司的通用条款，酒店业主必须为这些工资所得税埋单。另外，每人每年的奖金、医疗、交通等费用，无论是四星还是五星级酒店，其管理团队在这方面的支出约为几十万元。加之总经理的住宿需要酒店专门安排一个套房，其余管理人员须为各人安排一个单间客房，酒店开业之前业主需花费近百万元/年为他们在其他酒店提供住宿，酒店开业后业主在自己店内安排客房，若计算费用也应在百万元/年左右。另外，管理人员的餐饮费、洗涤费、办公用品等开支，大约又需要几十万元/年。根据历年度全国星级饭店统计公报的数据显示的利润计算，五星级酒店的年利润正好与管理公司的所得（品牌费、基本管理费、奖励管理费）以及外聘人员的工资福利待遇相抵。而四星级酒店呢，用所得的区区利润减去管理公司的所得加上外聘人员的各项收入开支，业主还要倒贴几百万元。需要说明的是，《统计公报》中的利润已经是计算过管理公司上述费用的数字，而统计的五星级酒店有许多并非国外酒店集团管理，我之所以做一次简单的算术，是为了提醒我们中国的业主，这笔费用你愿意承担而且能够承担得起吗？

第五笔是虚拟收入。读者对此名称可能不大理解，这是我的创造，读者听我说完这段话自会明了。委托管理合同中常常有明确规定，业主在接受管理方的同时必须服从酒店管理集团的统一管理标准，否则会造成管理难度或是品牌质量标准的下降。比如像前台接待软件，几乎所有的欧美酒店管理公司都会采用 OPERA 系统，它是美国 Micros Fidelio 公司旗下的一款多功能用途的酒店管理软件，其功能几乎可以覆盖酒店任何部门，而且漏洞较少，唯一的缺点是太贵，每年的维护费就要近 30 万元，而且还有昂贵的升级培训费。20 年前，由于我们自主研发的酒店管理软件比较落后，许多高星级酒店只能购买国外产品，那时购买一个酒店的 OPERA 系统大约需要花费 100 万元。近些年来，酒店管理软件市场竞争激烈，优速、绿云、西软、中软、罗盘等品牌的管理软件渐趋成熟，它们以其价廉的优势冲击着 OPERA 的市场，迫使 OPERA 价格急落，跌至 30 万—40 万元。但是，OPERA 与只有几万元的国内品牌相比，无论是价格还是维护费、升级培训费，都是令许多中国酒店业主望而生畏的。不过，由于业主在所签委托管理合同中的疏忽，由于外方管理团队的坚持，业主只好屈服掏钱购买昂贵的 OPERA 系统。这是美国通过技术垄断在全球范围内进行的一种专利剥削，这种剥削就是抢钱行为。技术专利费不能永无止境地收下去，否则，这群美国人不用干活就可以长期占有别国人民（主要是像中国这样的发展中国家）的劳动成果，但现实情况是，Fidelio 公司在各个酒店集团的密切配合下，绑架了无知的中国酒店业主，在业主将钱汇进 Fidelio 在中国分公司的账户时，该分公司是否会将一定比例的费用奖励给推荐产品的酒店集团或该集团派驻酒店的管理团队，只有它们双方知道。据历年度全国星级饭店统计公报发布的数据，近些年三星级酒店的利润均为负数，二星级和一星级酒店的利润为 1 万—5 万元/家，也就是说，中国三星级以下的酒店若是购买了这种价格虚拟的 OPERA 系统，就会永远背上亏损的包袱。

国外品牌的酒店集团还通过推荐欧美的一些设计公司，给我们的许多高星级酒店进行概念设计（它们没有出施工图的资质），而我们的许多业主对它们顶礼膜拜，趋之若鹜，殊不知一些大牌设计师从我们可怜的业主口袋里掏走了多少真金白银。另外，更让人不可思议的是，以美国为首的外国酒店集团推出了一种"特许经营"的输出管理方式，轻松地从高星级到经济型酒店的业主那儿赚取了大量的所谓品牌加盟费，这是比前面提及的委托管理方式还要登峰造极的剥削手段，酒店管理集团只负责做广告和酒店产品设计，在全球推广品牌符号，不断增加知名度和美誉度，从中国这样的发展中国家搜刮民脂民膏。这些细节会在以后的文章中提及。

中国酒店业的当务之急是必须创立发展自己的品牌，中国酒店业不应该各自为政或单打独斗。由于中国的体制有其优越的一面，政府可以整合各方面的资源，逐级成立一个强有力的领导集团来指导酒店的建设和经营管理。中国能够成为世界工厂，中国制造红遍天下，中国创造的步伐也在迈出国门，那么我们为什么不能汇聚各方面精英，憋足了劲，创立起自己的民族品牌，不再受欧美酒店集团欺负剥削了呢？

第六章　中国能搞产权式酒店吗

　　我提笔写下文章标题时，产权式酒店诞生后走过的一幕幕艰辛的场景闪现在我的脑海里，从 20 世纪 90 年代的亚洲金融危机开始，到美国2008 年的次贷危机，到 2012 年的愈演愈烈的欧债危机，美股和全球股市数度暴跌，接着就是许多年的经济大萧条，至今世界经济仍处于低迷状态，当然也毫无疑问地影响着亚洲和中国经济。这些年来，央行利用金融杠杆多次加息、数次调整银行准备金率，政府更是多次出击重拳对房地产市场进行调控以打压房价上涨，我国许多房地产开发商时时遭遇到资金链断裂的寒潮威胁。因为要生存，因为要让到手的项目和在建的工程活下去，房地产商势必要去民间筹集资金，因此，产权式酒店又会在这些开发商的青睐下而引发新一轮的建设高峰，这是我最为担心的。

　　中国能不能搞产权式酒店呢？我们还是先从产权式酒店的由来说起吧。

　　瑞士企业家亚历山大·耐首先提出"时权酒店"（Timeshare Hotel）的概念，即出售转让或者交换。1976 年，法国阿尔卑斯山地区的旅游酒店首次进行了真正意义上的时权经营，向旅客出售了在指定时间内享有旅馆住宿和娱乐设施的权利。时权酒店兴起，立即在瑞士和欧洲传播开来，之后的 20 年中逐渐向北美加勒比海地区以及太平洋地区发展，并演变为现在的产权式酒店。20 世纪 90 年代中期，产权式酒店开始在我国出现，并获得了较快发展。目前，在中国的许多城市，已投入运营和正在建设中的产权式酒店已近 1500 家。

一、时权酒店和产权式酒店的区别

由于欧美国家经济较为发达，一年中出外旅游度假的人数和次数较多，所以许多人喜欢在世界一些旅游或度假胜地购买以住宿为目的的酒店使用时段权，而经营者发现这些投资者一年中真正使用这些客房的时间并不多，于是就寻思帮他们出售这些闲暇时的客房，互相谋取收益。后来，这些经营者在外地开发旅店，或与其他各地有着相同经营业务的旅游公司共同联手，为这些酒店产权人在其他地方旅游度假时获得免费换取居住的权利。这样就能更加充分地利用这种闲暇资源，求得经营者和投资人的双赢。

而产权式酒店则是买断产权而不仅是买断时段，即酒店将每间客房分割成独立产权出售给投资者，投资者一般并不在酒店居住，而是将客房委托给酒店经营以获取投资回报，同时还可获得酒店赠送的一定期限的免费入住权。现在产权式酒店已经成为发达国家和地区最受中产阶级和企业集团青睐的投资方式。

综上所述，国外时权酒店的投资者是以居住为目的，购买的是时段；国内产权式酒店的投资者是以投资为目的，购买的是产权。国外时权酒店的开发者本身就是酒店经营者，而我国率先进入产权式酒店经营领域的都是房地产开发商，目前这一行业的开发者以房地产开发商为主，因此，我们的产权式酒店往往形成开发商、酒店管理方和投资人三个利益主体。错综复杂的利益关系，带来的往往是剪不断理还乱的无限烦恼。

二、我国产权式酒店的法律模糊

我国房地产业和酒店业的发展虽然正处蓬勃期，但尚不规范，产权式酒店作为二者的结合产物更是处于不成熟阶段。迄今为止，我国政府还未出台一部真正意义上的有关产权式酒店运作的法律法规，也就是说，一旦投资人、开发商和酒店经营者发生了矛盾，大家只能心平气和地坐下来谈判，谈判得利最多的往往是始终掌握主动权的房地产开发商。在这里，开发商的良心、责任、经济实力是解决这类矛盾的良药，一些分歧争端若是诉诸法律则会苍白无力，有时是两败俱伤。

比如说开发商售出酒店产权后所得收入的使用限制。产权式酒店开发商有许多是项目仓促上马，发现资金实力不足，便想到请专业销售公司来卖房。负责任的开发商会认真盘算，在卖房收入满足了项目资金缺口后便停止销售，尽量不给未来的酒店经营和业主回报带来很大负担。有一些开发商则把这种产权式酒店销售作为解决开发新项目、还贷老项目的融资手段，卖方的所得除了把酒店项目搞上去外，剩下的收入又拿去盖屋修路，甚至是投资期货股票。有的开发商干脆不搞酒店，因而酒店成了半拉子工程，不能按期投入经营，极大地影响了投资者的回报利益。

比如产权的回收。产权式酒店出售的产权一般都有时间限制，基本来说是8—12年为开发商回收期。直截了当地说，开发商在建设酒店时缺乏资金，向投资人借钱，用房屋作为抵押，每月给予利息。到了约定还债的日子，开发商就把原先的本金还上，再把抵押出去的房子赎回来，就这么简单的一件事。但现实的情况是，有一些对产权式酒店经营前景不看好的开发商，或者一些不大负责任的开发商，它们在与投资人签订产权式酒店合同时，就根本没有到期回购这一条款；或者在一个产权式酒店的销售过程中，有的与投资人规定到期回购，有的与投资人明确写上产权永远归投资人，开发商不回购。这些都会给产权式酒店今后的经营和出路带来非常可怕的后果，而法律对此没有任何约束的条文。

再比如产权式酒店的返利。出售酒店客房一般是给投资人每年每间12—15张的免费入住券，那么，当开发商出售诸如酒店的大堂、餐饮、娱乐等面积时，是否给投资人一定的客房免住券呢？若给，是按出售的面积还是以出售的价格与客房相比给予客房免住券呢？产权式酒店一般都是以高星级酒店为主，居住的客人酒店通常是免费提供早餐，接下来的问题是，开发商返给投资人的免费入住券是否会含早餐？当投资人将免费入住券在前台以略低价格卖给来店住房的陌生旅客算不算违法？这些都无法找到法律法规的依据。

三、我国产权式酒店现行运作模式

作为一种新型的房产投资和旅游消费模式，产权式酒店在中国出现并初具规模后，备受投资者关注，成为继证券、房地产后又一重要的风险投资领域。房地产开发商采取售后包租、返租返利的模式打开市场。我国产权式酒店现行运作模式的具体步骤如下：

（1）聘请房地产销售公司销售酒店产权。由于产销必须分离，房地产开发商只有请一家有资质的房地产销售公司对产权式酒店进行包装宣传，利用其销售策略、销售手段和固有销售资源，以尽可能短的时间将酒店出售，为开发商解资金燃眉之急，销售公司也赚回了许多佣金。

（2）聘请品牌管理公司管理。为了达到让投资人信服购买、迅速回笼资金的目的，房地产销售公司会向开发商建议聘请一家品牌管理公司来管理该产权式酒店，根据酒店的规模可推荐相应的国内甚至是国外的品牌管理公司。这类管理公司的加入经常给投资人一种误导，以为这家管理公司像经济担保人一样，能够保证给投资人带来品牌和管理效益。有许多投资人甚至以为开发商若不能兑现回报诺言，他们还可以找这家品牌管理公司。湖南当地有一家民族品牌大酒店，在省内闻名遐迩，老百姓多半不知"香格里拉""希尔顿"，但提到该酒店人人皆知。只要产权式酒店挂上该酒店品牌，销售场面就会极其火爆。后来，只要有业主聘请该酒店品牌加入售房，该酒店就必须收取其品牌销售费，而且必须在销售合同中连带签上委托管理合同，甚至是室内设计合同。这里要提及的是，一般的酒店管理方是由业主确定，但产权式酒店比较特殊，因为是开发商以包租形式给业主返利，所以，由开发商来选择管理公司，这就为到期能否回购埋下了苦果。

（3）确定酒店销售价格、面积，确定投资人回报率和开发商回购期限。此时轮到工作重点了，先要制定销售面积和价格，根据当地市场情况和开发商资金回笼预期，房地产销售公司会向开发商给出其方案，一般是从酒店的客房起售，投资人一般愿意购买独立的可单独居住使用的产权。投资人的回报率必须比银行利息高上一倍，通常在税前为

9%，有少数开发商给出税后 9% 的年回报率。所有这些回报是按每个月划给投资人账户的。除此资金回报外，开发商必须承诺给予投资人每年每间房 12—15 张的客房免住券，该券有效使用时间为当年年度。开发商回购期限一般是在 10 年，有部分是 8 年，也有的在 12 年。

四、我国产权式酒店可能产生的弊端

1. 夸大宣传

为吸引投资人购买、迅速筹集资金，房地产销售公司会协同酒店开发商一起，用一些虚假不实的内容、比较夸张的溢美之词为项目包装宣传。待酒店开业或一段时间后，投资人发现问题而对质开发商时，开发商会把宣传责任推给销售公司，而此时的销售公司已拿完佣金早已溜之大吉了。

2. 管理费高

越是品牌管理公司，开发商所付的前期品牌费、顾问费、后期的管理费就越高，而且往往这些费用是捆绑式的，单付其中的品牌费管理公司往往不会满足，也不会答应的，所以，开发商在为自己能聪明地从投资人处轻而易举地筹得大量资金而扬扬得意的同时，也被品牌管理公司的种种陷阱套牢了。

3. 售价和回报率偏高

据笔者统计，国内产权式酒店标准间一般价格在 30 万元左右，首付相当于人民币 6 万元。而国际市场的分时度假产品的平均价格在 8000 美元左右。从国内的高档酒店来看，经营较好的酒店利润也只占酒店总收入的 10% 左右。开发商因为当时的一时心急，而草率地募集了如此多的资金，给自己企业以后的发展添了很重的负担，酒店所赚利润能支付得起业主的每月返租吗？

4. 产权回购

开发商承诺的回购期一般在 8—12 年，也就是说，到了合同约定的回购期限，开发商必须拿出原先投资人借给你那么多的钱，你能一次性地拿出来吗？平时开发商是不会让资金闲置的，有了资金，开发商就会

去投资，投资成功了便罢，万一投资失败了，或者短期内没有回报，而产权式酒店正好又到了回购时候，那么你怎么办呢？我听过许多开发商说，反正产权已属投资人，到那时拿不出钱就干脆不回购了。更麻烦的是，有的开发商在销售产权时，同样一个酒店，有的在销售合同中注明若干年收回产权，有的则未说明是否回购。那么部分产权到期后，投资人要求开发商回购了，但有部分产权开发商不愿回购，或愿意回购而投资人不愿卖，因为若干年后的房产价值也许会升值好几倍，要卖投资人也不愿按原价卖给开发商，反正合同中没有一定要卖给开发商的约定。那么接下来的问题是，由于酒店的结构和管理模式与写字楼、住宅和公寓都完全不同，酒店里的单个房间若没有统一管理和服务，其生存就有问题。比如一层楼当中有两间房是投资人自己经营或居住，那么谁给你供水电空调，电梯使用维护费如何分摊，若作为酒店客房出租，谁帮你卖房和打扫房间，若你个人居住，是否给整个酒店的规范服务带来麻烦，高档酒店还有那个味道了吗？

那些不准备回购的产权式酒店，开发商到了规定的返租期满后，就甩手走人，那少则几十个、多至几百个的大大小小业主，如何面对、如何管理这样一个产权式酒店呢？是否要沿用原来的管理团队，若要换，又由谁来决定呢？特别是开发商在经营酒店时都粗略计算好了酒店的改造期，不管是 8 年还是 12 年，开发商可能只对整个酒店改造一至二次，待酒店交还给这些真正业主时，酒店已到了改造期，那么，由谁来决定改造、由谁来投资改造、由谁来操作整个改造过程呢？

五、如何正确操作产权式酒店

笔者通过二十几年来对产权式酒店的跟踪研究，并且分别于 2005 年、2009 年和 2016 年成功运作和管理过三家产权式酒店，认为我国不是不能搞产权式酒店，而是要慎重运作，其主要经验详述如下。

1. 必须回购

房地产开发商必须抱着对社会、对购房业主负责任的态度，在出售产权时必须在售房合同中写明回购时限，而且在回购期限快到时，开发商必须准备好足够的回购资金，守时守信地将房产从购房业主手里收回。因此，开发商在最初出售产权时，不要把价格卖得太高，不要把所售的资金挪用到其他项目，要根据资金缺口的实际需求来出售房产，一句话，不要给自己的每月返租和到期回购增加很重的包袱。另外，业主在购买产权式酒店时，一定要在合同中注明回购时限和违约法律责任，凡开发商不能回购的产权式酒店，投资者决不能冒险购买。

2. 合理投入

产权式酒店每月给业主的返租和客房免费居住券，回报率近10%，这是许多高档酒店的年利润都达不到的数字。所以，为了保证酒店开业后返给业主比银行利息高许多的租金，还要保证回购到期时必须拿出一大笔回购资金，开发商在建设酒店期间必须精打细算，谨慎投入，用设计的特色代之以装修的奢华，设计的经营项目尽量以营利为主旨，设计的系统尽量考虑节能减排、降低能耗，千万不可贪大求洋，大手大脚，不该花的钱多一分也不花。开发商一旦凑够了建设资金，就必须迅速将酒店建成。谨记：产权式酒店是拖不起的，因为开发商与业主们在售房合同中都有一个返租日期，到期后若酒店不开业，开发商必须按时付给业主租金，还要付给相应的免费入住客房的对等费用。

3. 不能请管理公司管理

由于产权式酒店每月背负着沉重的返租包袱，而高档酒店的利润率还不到10%，所以，开发商在开发产权式酒店时，必须最大限度地降低各种费用。据笔者对多个自营产权式酒店的跟踪调查，经营较好的酒店把业主返租开支完后，其利润差不多为零。那么，如果这些酒店聘请了国内或国外的管理公司，开发商就必须多支出总收入7%—10%的工资福利费和管理费用，经营得好的酒店一定赚不了多少钱，经营得差的酒店肯定要亏本。如果一家酒店开业后还要长期依赖开发商"输血"，那么业主返租就会时刻遭遇"断粮"的危险，而到期的开发商回购就更难有保证了。

4. 细节的操作

产权式酒店在具体操作过程中还会遇到一些细节上的麻烦，比如说一般的酒店是必须向顾客提供免费早餐的，那么，产权式酒店的免费入住券是不是含免费早餐呢？我的理解是这种免费入住券只是给产权业主免费入住的体验，不能将免费早餐包含在内。再比如这样的免费入住券能否以同等价格在餐厅或其他消费区域消费？我认为免费入住券只能住房，不能作他用，因为房间的成本比餐饮低得多。有的业主将免费入住券在前台变相地以优惠价向其他陌生旅客出售，这也是不允许的，因为入住券是免费的，所以不能等同有价证券使用，开发商可以在这样的入住券背面明确注明不得出售。另外，为了避免业主在某个月份特别是在年终集中消费，影响整个酒店经营，管理者就必须规定每个业主每个月必须使用多少免费入住券，同时，酒店营销部也可以定期向每个业主发布客房出租信息，在不影响酒店整体经营的情况下，尽可能满足业主的消费要求。总之，酒店管理方要让业主信服，这样的规定是为了保证酒店的经营业绩，从而也是为了确保业主的回报得以实现。当然，所有这些规定最好在开发商出售产权之前就与业主在买卖合同中约定好，不要"事后诸葛亮"，以免引起双方的争执和不快。

综上所述，我们恳切地盼望政府能在许多年来产权式酒店运作经验基础之上尽快出台一部产权式酒店的法规，在此法规出台之前，我想，开发商的低成本运作和对社会的责任感是运作产权式酒店的成功条件。

第七章　酒店业主如何选择管理形式

　　我常常感到纳闷的是，许多聪明过人的业主花费巨资建造了一座座精雕细刻、工艺复杂的灿烂酒店，可他们却对如何管理这样的庞然大物心中没底，往往是仓促之中做出了一些草率鲁莽的决策，给酒店的前途带来了不利甚至是灾难性的后果。与建设酒店相比，管理酒店要轻松容易得多，学问和难度都没那么复杂，大概是长期以来酒店对国人来说充满了神秘，或者是由于国内外酒店管理公司故作夸大的宣传，许多业主盲目地认为高档酒店特别是大型豪华酒店，最好聘请外国品牌酒店集团管理，哪怕是挂上一个品牌的名称也好，或者至少也要找一家国内品牌酒店管理公司管理。也有许多业主过分相信自己的能力，认为既然自己有本事建成了酒店，那么自己就有把握管理好酒店。有的业主不知是遇上了高人，还是因为正巧摸到了门道儿，他们还真是把酒店搞得有声有色、红红火火，因而也招来一大批酒店投资人跟风效仿。不幸的是，有许多效仿者的命运就不那么好了，是因为此一时非彼一时呢，还是因为真的是模仿了皮毛而未得其成功的真谛呢，这些业主对自己的失败懵懂困惑，百思不得其解。

　　其实，不同规模、不同档次、不同类型的酒店，究竟如何选择其管理形式，就像医生针对不同的病人必须开出不同的药方一样，既要切中病因，也要药量适中。如果一个大酒店由外行业主自己盲目管理，那么成功的可能性就很小；但若是一个小型酒店聘请了一家需要付出很大代价的品牌酒店管理公司，那么便是杀鸡用牛刀，酒店很可能从此走上不归路。这并非是耸人听闻，因为中国80％以上的酒店都处于微利或亏损的状态。那么，业主们该如何正确地选准管理形式呢？下面就请读者了解有哪些管理形式以及选择建议。

一、特许经营

国务院于 2007 年 4 月初通过的《商业特许经营管理办法》规定，商业特许经营要拥有注册商标、企业标志、专利、专有技术等经营资源，特许人从事特许经营活动应至少拥有 2 个直营店，并且经营时间超过 1 年。2009 年底美国权威酒店业杂志《酒店》的一篇文章称，品牌酒店缺乏的中国和印度已为市场发展提供了巨大的机遇并拥有灿烂的前景，品牌特许经营者遇到了十分利好的机会，其中美国品牌特许经营占了绝大部分的份额。

特许经营的合同内容主要有：（1）甲方（特许人）将拥有的"×××"商标、经营模式、经营理念以特许经营加盟协议的形式授予乙方（受许人）使用。（2）甲方提供《特许经营管理手册》。（3）甲方提供订房网络与营销系统。（4）甲方提供技术顾问、培训及服务标准督导。（5）合同订立前，乙方须向甲方一次性缴纳特许经营加盟费若干万元。（6）在合同有效期内，乙方应按特许酒店总营业收入的百分之几向甲方交纳特许经营权使用费，或按酒店客房数量比例关系交纳固定的特许经营费。（7）合同订立前，乙方须向甲方缴纳若干万元保证金，合同期满后甲方将保证金退还乙方。若乙方拖延缴纳特许经营权使用费，甲方有权用保证金冲抵。（8）自酒店开业之日起，乙方应在每月结束后的一周内，将该月的特许经营使用费汇至甲方账户。

由于特许人不需要像委托管理那样组织庞大管理队伍，没有寻找优秀管理人才的负担，所以这种管理形式的扩张特别迅猛。许多国际酒店集团在中国的扩张也采用了特许经营模式，获得了迅速发展，如温德姆旗下的华美达，近年来以特许经营的方式在中国攻城略地，在武汉、大连、苏州、广州、杭州等地都发展了加盟店，并以每年 10—20 家新加盟店的速度扩张。天天集团、豪生和最佳西方等集团每年也以 5—10 家的速度扩张。

特许经营之所以有如此扩张速度，是因为特许人抓住了中国人性的弱点。一是和委托管理相比，投资人无须向酒店管理集团缴纳高额的管理费和付给管理团队大笔的人员工资福利费，从表面上说能够节约下来一大笔费用。二是酒店的管理权仍在自己手中，满足了中国人喜欢自己说了算的虚荣心理。三是能让酒店披上一件光彩夺目的外衣，为提高企业形象、提升酒店知名度走了捷径。实际上只要细嚼一下特许经营的主要合同内容，真正对受许人有帮助的实质性条款没有一条，而受许人对特许人应当缴纳的各种费用的条款倒是写得清清楚楚。比如说《特许经营管理手册》，这样的管理手册在中国酒店业到处可见；提供的订房网络与营销系统到底能给加盟的酒店带来百分之几的客源，特许人对于受许人又能提供多少技术支持、人员培训和服务标准的督导，我们的业主冷静地思考过吗？

我想说的是，酒店特许经营不适合那些经营不善，尤其是现金流不足的弱势酒店，而那些经营效益良好的酒店，就更没有理由再戴上一顶好看却不中用的特许经营帽子。从加盟酒店方面看，实行特许经营以后，酒店的一切经营活动均受到限制，其只能按照酒店集团总部授予的经营模式进行经营，从而限制自己的创造力，更谈不上创立自己的品牌。酒店集团总部的政策和决策万一失误，还会影响加盟酒店的经营。

我更想提醒中国的酒店业主，特许经营只是一种品牌的输出，而品牌只是一种符号，不管是经营得好还是经营不善的酒店，我们根本没有必要花许多冤枉钱去买一个没有多少实际意义而价格不菲的符号。

二、委托管理

酒店委托管理是非股权式的一种酒店经营方式，通过酒店业主与酒店管理公司签署酒店管理合同来约定双方的权利、义务和责任。酒店业主雇佣酒店管理公司作为自己的代理人，承担酒店经营管理职责。作为代理人，酒店管理公司以酒店业主的名义，拥有酒店的经营自主权，负责酒店日常经营管理，定期向酒店业主上交财务报表和酒店经营现金流，并根据合同约定获得管理酬金。作为委托人，酒店业主提供酒店土地使用权、建筑、家具、设备设施、运营资本等，并承担相应的法律与财务责任。酒店委托管理的核心是酒店管理合同，它是双方权利与义务得以实现的保证。

无可否认，在酒店投资者没有酒店管理经验和其他资源储备的情况下，选择专业的管理公司管理酒店不失为一种较好的选择。我国改革开放后，招待所模式渐渐淡出酒店业舞台，一批批规模不同、档次不一的现代化酒店在国内和国外品牌酒店管理公司的委托管理下，其管理理念、经营模式和管理水平已渐渐接近欧美发达国家的酒店业水平，委托管理可谓是功不可没，特别在改革开放初期，国人对现代化酒店的管理模式还很生疏，采取"走出去、引进来"的走捷径方式，交些昂贵的学费给别人，酒店投资者的这笔费用花得还是值得的。但是，这种管理形式的缺点首先在于投资者必须将酒店的管理权交给管理公司，因而对酒店经营管理的控制大大降低。而且，聘请专业的酒店管理公司往往需要支付高昂的管理费用和管理人员的开支，使酒店的经营利润受到严重侵蚀。什么样的酒店选择什么样的管理公司，酒店投资者在管理公司的合同谈判中如何把握好内容和主动权，这是业主选择委托管理酒店的关键。

（1）少数规模很大、档次很高的酒店可选用国外一线品牌的酒店管理集团。

因为中国当代酒店业的形成和发展在总体上还比较稚嫩，与世界酒店强国还有着很大的距离，所以，我们的一些大中型城市特别是省会城市的极少数豪华大型酒店，有必要聘请国外著名品牌的酒店管理公司来管理，甚至有必要聘请国外一流的酒店设计大师来设计酒店，帮助我们在酒店建设和管理方面积累先进经验，为创立和发展我国自己的酒店品牌提供借鉴和帮助。但是，这类酒店的投资者必须具备较强的经济实力，且酒店的预期效益能支撑住高额的管理费和外聘人员的工资福利待遇。和我们投资科技一样，我们聘请的国外人才一定是一流的，购买的设备一定是尖端的，所花的钱必须用在刀刃上。同理，我们要请的一定是那些货真价实、对我们的酒店业有着重要借鉴作用的国外酒店集团，那些二、三流的国外管理公司，我认为毫无聘请的意义。请业主注意的是，我们在与这些大牌管理公司签订合同之前，一定要睁大眼睛认真反复地审研合同内容。为了麻痹中国业主，分散投资者的注意力，一些国外大牌的管理公司开始拿给业主的是一份全英文的合同，待业主催促再三，它们才会递交一份繁体中文且翻译得晦涩难懂的合同，内容繁杂，文本很厚，往往有百页之多。真正的核心内容夹杂在那些看似套话的条款之中，业主看得不耐烦的同时也就忽略了其中的陷阱，特别是有的项目迫使业主急于敲定管理公司，读秒阶段作出的决定往往给对方钻了空子，后来的醒悟会为时已晚，因为单方毁约不是必须赔偿对方一大笔违约金，就是会引来一场涉及两国政治经济关系的知识版权官司。所以，奉劝那些规模不大、档次一般的酒店业主，不要聘请国外品牌酒店管理集团，那些日子过得紧巴巴的业主，就更不要打肿脸充胖子、好大喜功地攀龙附凤了。

（2）四星和一般五星及其类似档次规模的酒店可选用对等的国内酒店管理公司。

这种选择必须具备两个条件，一是酒店投资人必须具备一定的经济实力，即能付得起管理费，养得起管理团队；二是该酒店管理公司必须要有酒店实体，且拥有的酒店要在业内有良好的业绩和品牌。除此之外，业主要寻找与自己要托管出去的酒店档次规模相对等的酒店管理公司，即如果自己的酒店是四星级标准，你就找一家经营业绩和品牌较好、收费也较合理的拥有四星级旗舰店的管理公司来管理；如果自己要托管的酒店是五星级标准，那么你就必须找一家经营业绩和口碑较好、拥有五星级旗舰店的管理公司来管理。档次规模不对等的酒店委托管理是不明智的选择，试想一下，如果让一家拥有四星级旗舰店的管理公司去管理一家五星级酒店，那么管理的程序、服务的标准、人才的配置甚至包括订房网络系统都势必会造成混乱。但现实的情况是，中国的多数酒店业主往往喜欢用高于自己酒店规模档次的酒店管理公司，比如业主自己的酒店是一个四星级，总喜欢用一家拥有五星级旗舰店的管理公司来管理，其实，那些熟知五星级标准的管理者们，若用自己平时操作的管理程序和服务标准来管理别人的四星级酒店，一定会处处碰壁，反而管不好人家的酒店。而我国几乎所有酒店集团都用一个品牌的称谓去套各种档次、各种星级、各种类型的酒店，五星级的叫××，四星级的也叫××，三星的也叫××，真正的品牌不是把自己成员酒店的标识统一起来这么简单，其中成功品牌的运作有三个要素，即品牌定位、品牌标准以及保障标准正确实施的系统。品牌定位必须明确，不要随便用五星级的品牌去管理三、四星级的酒店；基本的规范是业内统一的品牌标准，但不是某个酒店的品牌标准，品牌标准应该是针对不同客源市场做出的极具特色化、个性化、反映出产品特征的标准；标准确定下来，品牌定位以后，就要设法执行这个标准。像国外著名酒店集团，管理不同档次的酒店使用的品牌就不同，标准也不一样。所以，找对找准酒店管理公司是业主选择这种管理形式的关键。

（3）不要使用那些没有酒店实体的酒店管理公司。

迄今为止，我国有大大小小的酒店管理公司1600多家，规模不同，体制也不一样，除了一部分拥有自己的酒店品牌和酒店实体外，大多数酒店管理公司没有自己的品牌，没有酒店实体，且没有经济实力，人才匮乏。这样的酒店管理公司在与业主签订了一份委托管理合同后，便匆匆地以各种形式招兵买马，这些临时拼凑的散兵游勇，其人品如何、素质怎样、专业水平能否胜任所聘职务，常常连管理公司自己都不清楚。由于管理公司对业主不需承担经营的经济风险，而且管理团队的工资福利待遇是由业主方开支，所以，管理公司在为酒店选聘管理人员时，往往是急功近利，为了迅速挖到人才，不惜开出本来不应该那么高的工资待遇，或者虚报被推荐人原先的职务和工资，"赶鸭子上架"，这样的管理能出好结果吗？现在有些人抓住中国酒店业主崇洋媚外的心理弱点，明明是中国人，花点小钱去新加坡等地注册一个公司，摇身一变就成了一家境外酒店管理公司，其操作模式与国内那些皮包酒店管理公司一样，只不过这种公司的策划者往往会推荐一些外籍人士作为管理团队的门面给业主。据笔者经验，这种管理团队的外籍人士多数水平欠缺，名不副实，时间一长，整个管理团队就会在业主面前露出破绽，所以，这类管理公司的委托管理多半是短命的，常常合同没到期就遭解约。但是，这类酒店管理公司欺骗性强，国内一些五星级酒店的业主，请不起那些国外大牌酒店集团，但又想挂一个洋气一些的招牌，好像这样就能提升自己企业形象，就容易带火开发的房地产业，业主情愿多掏这笔冤枉钱。随着时间的推移，待业主清醒过来，后悔晚矣。请业主们不要贪慕虚荣，不要贪小便宜，看清楚哪些酒店管理公司是皮包公司，哪些是挂羊头卖狗肉忽悠人的公司。

三、合作经营

这种管理形式的特点是，让受委托管理方成为酒店的股东，简称带资管理。选择带资管理合同，意味着酒店管理公司参股酒店，和酒店业主成为联合投资人。带资管理是管理咨询界很常用的方式，就是资本和管理同时进行，这种带资管理的方式主要体现在国际或国内的品牌酒店管理公司。其中最典型的是香格里拉集团，在国内管理的 28 家酒店都是带资管理。国内的锦江集团、华天集团的扩张很大程度上依赖于这种带资管理的方式。带资管理的方式严格地说不是国际上的通行方式，但却是现在中国市场上比较时髦的产物，通过控股或参股或间接投资方式来获取酒店经营管理权，并对其下属系列酒店实行相同品牌标识、相同服务程序、相同预订网络、相同采购系统、相同组织结构、相同财务制度、相同政策标准、相同企业文化以及相同经营理念。这种管理方式的优点是，管理公司和酒店业主的利益捆绑到了一起，防止管理公司做出不利于业主的决策。上面所述的特许经营和委托管理，酒店管理公司始终是"旱涝保收"，酒店的盈利与管理公司关联不大，当投资者想要多些参与和过问时，又顾忌有"干预管理""外行指挥内行"之嫌。那么，酒店管理公司参股后，就会在经营管理方面更加尽心，在用人用钱方面会更加用心，在制定政策和决策时会更加细心和小心。同时，管理公司通过对酒店的参股或控股，可以提高对被托管酒店的控制力，加强在制定酒店战略计划和设计经营管理方面的话语权，促进管理公司平稳健康地发展。

因此，对于那些资金不足而又缺乏管理经验和管理资源的酒店业主，合作经营不失为一种较好的选择，往往能达到双赢的良好效果。但是，由于参股的酒店管理方在管理着酒店，而另一方业主虽然多数还控股，不过只能派少数代表监督管理，所以，未参加主要经营管理的一方总会担心参股的酒店管理方在做手脚，让自己的应得利益受损。事实上，有些酒店管理方确实也做过一些令合作方不太愉快的事情。我想要说的是，酒店业主若是资金充裕，自己又有管理酒店的人才，这种管理方式还是最好不要用。

四、自主经营

自主经营，就是酒店投资者采用自己经营管理的方式运营酒店，也就是选择单体酒店（Independent Hotel）的存在方式。这种单体酒店的经营方式在我国最为常见，目前大量的国有酒店和房地产商开发的酒店都采用了这种方式。在国外，随着各种形式的酒店集团的发展，大型品牌酒店集团凭借其强大的品牌及营销优势、管理费用的相对廉价、酒店管理公司社会运作体制的成熟和其较高的诚信度，对单体酒店形成了巨大压力，大量自己经营的单体酒店纷纷加入某个酒店集团的系统，因此，在欧美等酒店业十分发达的国家，自主经营的单体酒店在酒店业的比重是逐年降低的。

自主经营的优点在于酒店投资者可以从所有权、管理权、营销权等各个方面对酒店进行严格的控制，如果酒店投资者拥有良好的管理人才，酒店就可以获得良好的发展。更为重要的是，这种方式可以使酒店投资者得到酒店经营所产生的所有利润。

我国改革开放四十多年来，酒店业是引进国外先进管理模式最早、引进外国管理人才最多、引进管理时间最久的行业，因而培养了一批批优秀的酒店管理人才，建设了一座座与世界发达国家相接近的豪华样板酒店，成熟了各种档次、各种类型酒店的管理模式。许多人会说，我国酒店业的发展如此迅猛，以致酒店管理人才变得奇货可居。其实，我们优秀的酒店管理人才并不缺乏，缺的是发现、论证和引荐人才的社会机制，造成人才市场良莠不辨、鱼目混珠。许多酒店投资人拥有良好的企业知名度，虽然自己不拥有优秀的酒店管理人才，但市场如此之大，投资者完全可以用企业的美誉、丰厚的薪水、人性化的环境等吸引到一个优秀的酒店管理团队，这样的团队完全有能力担当各种规模、各种档次、各种类型酒店的管理重任，丝毫不会逊色于国外或国内的品牌酒店集团输出的管理团队，只要投资人给予管理团队的环境像给予那些国外或国内的品牌酒店集团的一样，那么自主管理酒店的结果肯定不亚于酒店管理集团委托管理的结果。说到底，任何酒店管理集团输出管理的人才来源于市场，今天在某一家酒店管理集团效力的高管，明日可能摇身一变成了另一家酒店管理集团的高管，人才是在不断流动的。那么为什么酒店投资人不能像酒店管理集团那样自己招聘所需的管理人才呢？只要招聘到合适的人才，他们就会为所管理的酒店制定出最合适、最具个性化管理和服务的政策和程序；只要投资人给予管理团队宽松的环境，这些管理人才就会表现出对酒店较高的忠诚度；因为这样组合的管理团队以当地人为主，所以管理的稳定性较强，不会像一些委托管理的酒店，只要管理公司撤出，酒店的管理就会出现断档，效益严重滑坡，酒店从此一蹶不振的不乏其例。自主经营的最大优点在于酒店投资人节约了高昂的管理费，并且拥有对酒店的管理权和控制权，减少了许多投资人和管理集团之间的矛盾摩擦甚至法律纠纷。

　　自主经营的缺点在于这种单体酒店不能通过网络化经营实现规模效益，在提高酒店品牌知名度和扩大营销渠道方面存在一定的困难。在欧美等酒店业发达的国家，住客无论是旅游或外出公干，主要依赖于网上订房，那么酒店品牌及网络化经营就显得十分重要。在我国，出外旅游是由旅行社安排妥当，而旅行社对酒店的选择主要不是看品牌，也不是靠网络信息来确定的，而是通过对所候选的酒店各种情况实地考察而定。而那些外出公干的人，往往由对方接待单位安排住宿，因为只有当地接待单位熟悉酒店，能够享受到国外酒店没有的协议价，出差者很少依据网上订房来选择酒店。就拿我国那些大牌外国品牌酒店集团管理的酒店来说吧，有多少住客是通过网络订房系统来选择酒店的呢？

　　自主经营的酒店，投资人只要抓好酒店设计、酒店的建设，只要聘请到合适的管理人才，就一样能创出品牌，哪怕营销工作平平，相信酒店也会宾客盈门。对于投资风险较大、投资回报率较慢、盈利较少的酒店业来说，酒店投资人当下最务实、最聪明的管理形式的选择是自主经营、自己招聘管理团队管理酒店。

五、租赁经营

把酒店租赁给他人经营，其原因是多种多样的，或是因为自有建设资金不足，或是因为没有管理酒店的人才和经验，或是因为需筹集资金建设其他项目，或是因为自己经营亏本。

1. 建筑主体租赁，机电安装和室内装修由承租人负责；有些建筑建设方已将机电安装做完，那么承租人只需投入室内装修

这种租赁期限应在 10 年或 10 年以上，若是期限过短，承租人一般不会租赁，因为酒店的回报并不高，要收回投入的建设成本，还要有利可图，所以这种租赁方式的期限一般在 10—15 年，且考虑到物价上涨因素，在租赁的第二年起或第四年起有个租金上涨幅度。若是租赁期为10 年，承租人一般会在中间时段对酒店改造一次，若租赁期为 15 年，承租人一般会对酒店改造两次。另外，出租人应考虑到酒店的设计和建设周期，给予承租人合理的安装和装修时间，在此期间不收租金。

这种租赁方式优点很多，比较可取。首先，由于承租人需带资建设，投入较多，避免了租赁经营中常会出现的短期行为。其次，承租人可以按照自己的使用要求进行设计和建设，方便日后的经营和管理，酒店易于产生效益，出租人就不会有多少收不到租金之虞。再次，由于这种方式的租赁期较长，所以承租人会尽心尽力设法经营好酒店，无形中使整个物业保值增值，为出租方创造财富。

2. 酒店装修完成出租，或者正在经营中的酒店打包出租

有些业主本来想自己经营，把酒店建成后，发现找不到合适的管理人才，又担心自己经营不好；或是因为其他项目缺乏资金，于是决定把酒店租赁出去。有些业主原本自己经营，但年年亏损，又找不到扭亏转盈的人才或办法，所以无奈之下把酒店打包出租。

投资人在采用这种租赁方式时要特别谨慎。首先，租赁期不宜长，一般应在3—5年。其次，要看承租人的经济实力如何，合同中应写明一定数额的抵押金和起码提前半年租金预付。再次，承租人经营口碑较好，有同类酒店管理经验者为宜。最后，承租人最好有自己的酒店品牌。

总之，酒店投资人在出租自己酒店物业时，不要一味追求租金的多少，重点考察承租人的口碑、经济实力、有无同类酒店成功经营管理的经验。这种方式可用于较小规模、较低档次的酒店，那些规模较大、档次较高的酒店不宜采用这种经营方式。

六、顾问管理

酒店顾问管理可分为酒店投资顾问、酒店设计顾问、酒店建设顾问、酒店融资顾问和酒店管理顾问等，现就常见的顾问管理内容分述如下：

1. 酒店设计顾问

在酒店建设项目中，设计是整个工作的重中之重，设计的成功与否，是酒店能否取得成功的关键。设计中涵盖了外形、建筑、机电安装、室内装饰、景观、经营管理等诸多内容，涉及面广，专业性强，不仅关系到酒店的造价，还关系到酒店今后的经营管理结果，关系到整个酒店的品质和生命力。能够成为投资人称职的酒店设计顾问，就必须深谙酒店设计之道，为投资人选准选对建筑设计院和室内设计公司，从酒店经营管理的角度向设计师们提供自己的设计见解和理念，帮助审查和修改设计公司设计成果，协调投资人、酒店管理者和设计师之间的矛盾。其实，设计无处不在，一个优秀的设计顾问会在酒店的每个细节设计上贡献自己的智慧，除了像功能布局、水电空调系统和室内装饰风格这些大的方面以外，诸如隔墙的材料、水泵阀门的选用、强弱电的点位以及花洒龙头的高度等等，都是设计顾问应该关注的内容。

2. 酒店建设顾问

从某种意义上说，酒店的建设比其管理要复杂得多，若投资人在建设期间没把握好，出现了一些原则性的失误，那么酒店的管理者就会在经营中遇到很大麻烦，甚至有时再有本事的职业经理人也无力扭转酒店的不利局面。因此，优秀的酒店建设顾问在项目中扮演了重要角色，其主要任务是对施工队伍的选择、施工质量的管理和材料设备的采购提出建设性的意见和操作手段。该顾问应首先对酒店投资人组织的基建班子进行审查，帮助建立一支高效敬业、作风正派且专业知识较强的队伍。其次，帮助投资人选准能力较强、素质较高、搞过同档次同规模酒店建设的施工队伍，不必讲究什么大公司，着重考察投标的项目经理和其率领的技术管理队伍，考察该项目经理做过的酒店项目的质量和工期完成情况。再次，帮助投资人制定一套科学的适于该项目运作的采购程序，确定甲乙供材的范围，编制好各种材料设备的招标文件，确定评标方法和评标人选，把好合同关。最后，帮助投资人科学规范地管理好工程，按酒店的标准对施工工艺和质量进行全程跟踪和监督检查，确保达到酒店的硬件服务标准。

3. 酒店管理顾问

这一阶段的顾问工作是针对酒店开业后而言的，至于筹建期的顾问，会在下文中单独论及。一些经济实力不强、自己具有管理团队的酒店，为了提升管理水平，注入新的管理理念，在酒店开业后聘请一个顾问团队，不失为一种明智的选择。其顾问的主要职责是：针对酒店在经营管理及服务中出现的问题，为酒店管理方在创新管理制度、优化服务流程、完善岗位职责、提升执行力、强化协调力等方面提供帮助。具体来说，第一，针对酒店的经营数据进行专业分析，并与同行的经营参数作比较研究，寻找酒店经营中的不足，提供解决方案。第二，针对某部门在经营管理和服务质量上的差距进行分析，并提出整改建议。第三，制定团队建设与和谐力打造的提升方案。第四，根据需求为酒店制定内部培训方案。第五，为酒店提供顾问所做的服务质量访查、宾客满意度调查、员工满意度调查等，提供评估报告和管理建议。第六，编制或完善酒店的标准服务手册，并提供相关的培训、检查与跟踪服务。第七，提供酒店经营预算制定的专业指导服务，并提供相关市场的经营数据分析。第八，为酒店网络营销及推广进行策划及辅导。

七、开业服务

对于许多酒店投资人而言，建设和管理一个酒店都不是难事，但筹建酒店往往令他们望而生畏，在这种情况下，投资人聘请一个管理团队在建设的后期阶段让其介入开业服务工作，不失为一个良策。投资人与管理公司签订了开业服务合同后，便安排总经理、市场总监、人力资源总监、工程总监和经营性部门总监，为酒店开业提供半年或更长一些时间的成建制开业支持，并培训投资人的管理团队。具体来说，开业服务的工作内容是：第一，酒店管理团队组建及组织机构设计。第二，酒店管理政策与程序的建立。第三，酒店产品的设计和规划。第四，酒店市场调研报告及营销策划。第五，提供开业物资的采购清单。第六，建立酒店财务运行系统。第七，酒店信息系统功能的评估与建立。第八，员工系统培训与酒店模拟开业。

以上所述七种管理形式，相信所有酒店业主都能对号入座，找到管理自己酒店的良方。

第八章　星级评定应与时俱进（一）

我国改革开放前的宾馆饭店是为接待政府领导和外宾服务的，寻常百姓是不能随便进入的，因此对其充满了神秘感。中国饭店业真正的发展得益于党中央的改革开放政策，1978 年党的十一届三中全会后，国务院就将饭店业列为首批对外开放利用外资的行业，有力推动了中国饭店业的发展，第一批十多家符合国际标准的现代化饭店应运而生。1988年，国家旅游局借鉴欧美国家饭店业的先进经验起草出台了《旅游涉外饭店星级标准》（以下简称《星级评定》），规范了饭店的硬件建设及软件服务的标准，不仅使全社会有了科学认知饭店档次的客观标准和依据，也使全行业人士将目光移向如何通过达到相关标准而取得相应的星级，从而最终达到提升饭店建设和管理质量的目的。从此，星级作为中国饭店业一张闪亮的名片，成为国人和外宾对饭店品质认可的标杆，如此说来，星级评定在中国饭店业的发展史上起到了举足轻重的作用。

随着时代的发展，《星级评定》也经历了四次修订，"旅游涉外饭店"早已改成了"旅游饭店"，标准的内容也渐趋合理和实际。但是，由于中国的幅员辽阔，南北区域地理位置和经济发展的巨大差别；由于饭店体制的多元化，经营管理方式的多元化；由于饭店类型的定位不同，有商务型饭店、度假型饭店，还有会议型饭店；由于拟定《星级评定》的多半为学院派的专家学者而很少有来自各个类型、各种档次饭店的一线管理者，这诸多因素造成了《星级评定》的局限性，在某些方面阻碍了饭店业的发展。长期以来，因为受到星级评定的影响，在中国的饭店业和消费者头脑中形成了一个误区，饭店的硬件档次越奢华越好，饭店的星级越高越好。因此，许多饭店投资人和经营管理者成了追"星"族，二星级的饭店想通过更新改造荣升为三星级，三星级饭店也想通过增加服务项目和硬件投入，拼命挤进高星级饭店的行列。一些经济不发达、消费水平较低的地区，许多投资人竞相建造五星级饭店，其规模和豪华令人咋舌。这些饭店在投入了大量的财力物力后，真正能够赚钱的有多少呢？由于受到星级评定标准的误导，投资人不考虑自己建设的饭店类型和饭店档次，也不斟酌饭店所处的地理位置和客源结构，就盲目按照星级标准的刻板内容而配置一些适用性不强的功能，投入了不该投入的钱财，导致了许多饭店长期经营效益不佳甚至亏损。

星级饭店的经营效益下降已成为趋势。根据国家旅游局发布的历年《中国星级饭店统计公报分析表》来看，自 1998 年以来，中国饭店业受亚洲金融危机的影响，开始了持续 6 年的全行业亏损，累计亏损高达 183 亿元，这一局面在 2004 年以全行业零利润的结果而告终，到了 2005 年饭店行业终于产生了超过 10 亿元的利润。以后，由于中国经济的良好运行，饭店业也呈现出一派蓬勃发展的美好景象。自 2005 年开始直至 2012 年，除了 2009 年饭店全行业亏损 12 亿元外，其余年份还是赚钱的。但自 2013 年起，饭店全行业出现大面积亏损，至今没有出现盈利的年份，而且其中最大的亏损额一年有近 70 亿元。我查阅了 20 年来《中国星级饭店统计公报分析表》的有关数据，惊喜地发现了一些数据的趋势和规律性。因为不想用许多枯燥无味的数字耽误读者的时间，我把这些规律用简洁而易懂的话语归纳如下：

（1）饭店规模：五星级饭店的客房数增幅约 5%。四星级饭店的客房数增幅约 8%。三星级饭店的客房数增幅约 1.3%。二星级饭店的客房数减幅约 11%。一星级饭店的客房数减幅约 1.4%。这说明全国的饭店规模在这 20 年中，高档饭店即四、五星级的饭店在如火如荼地茁壮成长，三星级的饭店基本停滞不前，而二星和一星级的饭店无论是在饭店数量上还是在客房数量上都在逐年地大幅度地萎缩。

（2）客房出租率：一方面五星级饭店至一星级饭店的客房出租率呈坡形下降，另一方面从平均客房出租率来讲，四、五星级饭店要高于平均出租率，三星级基本持平，而二星级和一星级则低于平均出租率。

（3）平均营业收入和平均利润总额：从统计数据中可以看到，一、二星级饭店的收入微薄，而六千多家三星级饭店的总收入与七百多家五星级饭店的总收入相当。再看平均利润总额，有趣的是中间（三星级）亏本，两头（五星级、四星级、二星级和一星级）赢利，而五星级业绩辉煌，四星级成绩平平，二星级接近零利润，一星级利润虽然平均每家饭店有近五万元，但要知道，全国的一星级饭店也只有总共不到90家呀。也就是说撇开可以忽略不计的一星级饭店不谈，全国一万三千家饭店中，二、三星级饭店占了近一万家，而且就是这占绝大多数的二、三星级饭店不是亏本，就是近乎零利润，这个数据令人痛心，也值得人们深思。

投资者投资饭店，最终目的是要赚钱，如果一个饭店靠"输血"度日，那么这个饭店是不健康或是没有生命力的。作为政府有关部门和行业学者，我们能把饭店全行业亏损的责任简单地推给亚洲金融危机、"非典"、美国次贷危机或是国内经济政策的调整吗？我们的饭店就这么弱不禁风、不具备一点点抗风险能力吗？我们应该更多地从自身找问题，找出问题后自然会有解决的良方。

回过头来我们再看《旅游涉外饭店星级标准》，现称《旅游饭店星级的划分与评定》，它始于对外开放之初，明显地打上了时代的烙印，当时的饭店市场定位是为境外旅游团服务，所以在设备及服务的标准上也是针对这种客源来制定的。例如，当时三星级饭店的标准，对娱乐设施的要求需要有网球场、游泳池等；对客房的标准，也是比较呆板的"标准房"；记得当时评定第一批四星级饭店，对客房数量的要求是800间。星级评定的标准也就从此在中国扎根，延续了二十多年，深入到中国饭店业的骨髓中。后来虽然一改再改，但一些不合时宜、不切实际的条条框框仍在制约着饭店业的健康发展，无论是行业领导、星评专家，还是饭店投资人和经营管理者，对《星级评定》里许多不合理的标准已麻木不仁，习以为常。那么我们该怎样正确地操作《星级评定》呢？

首先，要反思现有的《星级评定》一至三星级饭店的标准，停止对一至三星级饭店的评定。

进入 21 世纪，我国经济运行良好，各方面发展迅速，但我国旅游饭店中的一至三星级饭店，规模在缩减，客房出租率低于平均出租水平，更重要的是三星级饭店全面亏损，二星级饭店近乎零利润，而寥寥无几的一星级饭店也不赚什么钱，只要国际或国内一有什么经济风波，那么这些饭店就会更难支撑下去。从这个层面上讲，我们的行业领导和饭店投资人是不是要反思，这一类的饭店还有必要这样活下去吗？这一类的饭店能不能换个活法呢？

随着国人生活水平的大幅度提高，居住的档次条件都有了根本性的变化，人们本来是抱着享受的心理去宾馆饭店消费的，但不说现在的一星级和二星级饭店，就是挂着牌儿的三星级饭店，其硬件设施还跟不上一些百姓人家的装修档次。有许多三星级饭店，不仅基本服务跟不上，而且常常是家具陈旧，房间有异味，上下水不畅，空调效果差，设施设备保养维修不到位，管理方式老套，其标准已远远落后于时代的发展。有许多消费者宁愿住经济型饭店，也不愿住三星级饭店，奇怪的是三星级饭店的收费一般来说都高于经济型饭店，这样的状况能维持多久呢？眼下的消费者越来越理性，如果我们三星以下的饭店不彻底脱胎换骨，迟早有一天，我们的消费者就会抛弃它们。

其次，要细化现有《星级评定》星级饭店的标准，调整其功能配置。

好规范从来都是成体系出现的，指望一部粗略的规范包打天下是危险的，《星级评定》同样需要其细化标准来支撑和配合。不论是一至三星级的有限服务型饭店，还是四至五星级的完全服务型饭店，都必须根据其市场客源的细分来合理设计其功能布局。比如，我们的饭店可分为度假、会议和商务三种类型，那么就针对这些客源结构不同的饭店，制定细化的评定标准，在满足客人要求，特别是满足客人舒适度的情况下，把那些不切实际的功能配置尽可能删去，增加有区域特色性的评星项目和内容，让我国的饭店业更加绚丽多姿，以此更加吸引客人去消费，从而让我们的各类饭店达到利益最大化的目的。为了满足评星标准，许多饭店投资人、设计师和经营管理者首先想到的是如何凑够星评所需的项目，特别是高星级饭店，不管项目配置有没有用，只要在星级评定时能够加分就行。我看到许多五星级饭店的行政酒廊设置了早餐就餐区，但就餐客人比服务人员还要少；健身房面积挺大，运动器材种类齐全，甚至还配有专业形体教练，可住店的健身者往往很少，常常靠社会上的消费者来苦苦支撑着经营。有许多四星级饭店，咖啡厅只是开一顿早餐，其余时间闲置不用；设计的一两间乒乓球室和台球室，由于缺乏运动氛围，经常是无人问津。饭店的美发项目，只要不成规模，便很少不亏本。不合理的功能配置，占据着饭店的资源，给饭店的经营管理带来了危险。我们的行业管理者是否应该对此做一番反思呢？

我认为，一个星级饭店的功能配置可以用周边星级饭店或社会服务设施来补充。改革开放初期，我国的星级饭店，特别是三星以上的饭店，必须有严格和齐全的配套服务设施，才能满足顾客、主要是外宾的需要，因为社会不具备这样档次的服务项目。现在的情况就完全不同了，社会上的一些服务项目有的比高星级饭店的规模要大、档次要高，更富专业化和特色化，而价格又具很大优势。许多饭店既然周围有档次不低的餐饮娱乐、休闲健身服务场所，为什么自己为了评星而硬要上这些项目呢？要知道，自己经营这些项目往往不赚钱，弄不好还要亏本呢。因此，那些周围配套服务设施比较齐全的饭店，星评人员在评星时可以考虑把邻家的项目也算上去，这样可以鼓励饭店经营者集中精力把自己擅长项目努力做好，既扶持了邻里的生意，所评的饭店也可以经营得红红火火，发挥其长处，规避其短处。这样的饭店才会有生命力。

再次，《星级评定》要鼓励合理投入，鼓励重点投入经营的项目。

我国许多高星级饭店，装修档次奢华，功能齐全，服务项目繁多，但奇怪的是，投入和产出不成比例，有的饭店投入的多，亏本的也多，有的高星级饭店项目是齐全，但多数项目特别是饭店的核心产品，不讲究客人的舒适度和适用性，结果客人常常是乘"星"而来，扫兴而归。究其原因，是我们的《星级评定》误导了饭店的投资者，以为星级饭店必须用高档材料装修，必须用进口或高端的设备和产品。比如说五星级饭店，公共区域甚至客房的卫生间墙地面必须用进口大理石，恭桶和龙头一定是德国杜拉维特或高仪、汉斯格雅品牌，弄得一些县城里投资四星级饭店的老板，也以为必须如此才能顺利拿到星牌，结果建起了一座饭店，有的搞垮了自己的公司，有的成了烂尾楼。究其原因，是我们的《星级评定》驱使着饭店投资者明知亏本也要上一些项目，这种没有重点的投入，导致星评时拿足了项目分数，但核心产品没有受到重点关注，结果在客人的需要方面大打折扣，降低了饭店的原有品质，削弱了饭店的竞争能力。

　　饭店业的主管部门，应该在《星级评定》中积极鼓励投资人合理地投入，倡导用特色代替奢华，倡导绿色环保节能，以设计的巧妙和个性化来彰显硬件档次，烘托经营卖点。在功能配套项目上要删繁就简，去除掉与自己饭店客人需要不相适宜的服务功能，在核心产品的设计和建设上舍得投入精力和钱财，尽可能地在舒适度方面下功夫，在视觉冲击力上使客人过目不忘，在身心体验方面让客人流连忘返。

　　最后，经济型升级版饭店可纳入《星级评定》三星级饭店的行列。

　　《星级评定》中把一至三星级饭店定义为有限服务型饭店，而新兴的经济型升级版饭店就是典型的有限服务型饭店。笔者建议文旅部要停止对现有一至三星级饭店的评定，但是，起步虽晚、发展迅速且方兴未艾的经济型升级版饭店，完全够资格代替现有的三星级饭店进入星评的范围，因为绝大多数的经济型升级版饭店经营得很有特色、很有效益，受到消费者的青睐，展示了其旺盛的生命力。总结一下经济型升级版饭店的成功经验，第一，它具有国外品牌饭店那样的饭店品牌，使这种类型的饭店有了标准店的可复制性和可依托性，为自己快速的发展奠定了基础。第二，它的经营权和管理权两权合一，运营效率很高，且这种经营权多数是通过租借废弃楼宇、厂房或学校等来获得的，相比投资建造一座完整的饭店成本要低廉得多。第三，其经营管理机制和用人机制完全市场化，整个连锁饭店公司是完全按照现代企业制度来运作的，即完全按市场规律办事，按照饭店品牌连锁的发展规律办事。因此，这样一个新兴体迟早一天要完全取代现有的一至三星级饭店，那么，《星级评定》把它们纳入自己的星评范畴，应是水到渠成的事。

走出中国酒店建设和管理的误区

这里要强调的是，经济型升级版饭店作为三星级饭店的替代产品，其配置的功能也是可以随着市场的需要而灵活变通的，但其住宿和提供早餐的基本功能不能变。比如，以度假为主的经济型升级版饭店可增设诸如游泳、温泉、泥浴等特色性功能；以会议为主的经济型升级版饭店可设大型会议室等会议功能；以商务为主的经济型升级版饭店可设商务中心、小型会议室、茶吧或酒吧等功能。无论怎样，经济型升级版饭店要想评上三星，还必须要重视现有项目的自身建设，包括硬件的客人舒适度、软件的客人满意度。

随着社会的进步、经济的发展以及人们对生活品质的追求，逐渐淘汰掉那些已经落伍的三星级饭店已是大势所趋，那些卫生较差、规模很小、管理较差的相当于社会旅馆的一、二星级饭店，更没有发展和评星的必要。笔者建议《星级评定》中取消对一、二星级饭店的评定，将现有的三星级饭店渐渐向经济型升级版饭店模式靠拢，今后由地级市的文旅局负责对经济型升级版饭店的三星级评定和复核；由省文旅厅负责四星和五星级饭店的评定和复核；由国家文旅部负责白金五星级饭店的评定和复核。

第九章　星级评定应与时俱进（二）

由国家旅游局组织起草的 2010 版《旅游饭店星级的划分与评定》（以下简称《星级评定》），所制定的星级划分条件分为三方面内容：必备条件、设施设备和饭店运营质量。由于饭店运营质量的内容弹性比较大，本章不便论述，而因为篇幅有限，笔者只好从《星级评定》中择取四星级的"必备条件"和"设施设备"内容入手，用实事求是的方法剖析其评判标准，对《星级评定》提出改进和修订的建议，促进星评标准更切合实际、更正确地引导中国饭店业的健康发展。

一、必备条件

在《星级评定》"表 A.4　四星级必备项目检查表"中，我择取其以下条款与标准起草人商榷：

原文：1.2 内外装修应采用高档材料，符合环保要求。

分析：这一内容误导了许多饭店投资人多花了大量的冤枉钱，他们为了满足"高档"的要求，便领着设计师去发达国家或地区的高档饭店考察参观，回来后就照搬模仿，比如在自己饭店的外墙上使用或玻璃幕，或铝板，或石材，在公共区域大量使用大理石和进口木材，在客房区域使用昂贵的材料和复杂的工艺。投资人投入了大量资金，全然不顾后续资金能否跟上，也不认真核算多少年能收回投资，有的不知不觉中陷入了长期亏本的泥潭，而更重要的是，凡是使用了大量高档材料的饭店，因为石材的放射性、木材工艺的甲醛释放、玻璃幕的不节能、高档灯具的光污染等等，怎么能"符合环保要求"呢，岂不自相矛盾？我们星级标准的制定人应该认识到，盲目的模仿、粗制滥造的复制，与我们的星评导向有关。我们应鼓励采用简洁的工艺、环保的材料和特色的装修风格，避免使用复杂的工艺、观赏性虽强但不环保的材料以及靠大量金钱堆砌起来的装修效果。

原文：1.3 各种指示用和服务用文字应至少用规范的中英文同时表示。

分析：星评的这一要求对于当下的服务趋于国际化来说尤其重要，但问题是，许多饭店的客房在取消了床头控制板、代之以大面板开关后，就没有各种文字说明，客人使用起来极不方便。有些空调开关只有英文而没有中文，星评员往往忽视这一点。特别要说明的是，这一条应是针对客人活动区域而言，在饭店员工活动区域，只需用中文标注即可。星评人员在检查所有指示用和服务用文字是否使用中英文的同时，更应注意饭店的哪些区域、包括后台区域是否缺少了应该具有的指示用和服务用的文字，这对提升饭店整体服务质量、节能减排是十分必要的。

原文：1.10 员工训练有素，能用普通话和英语提供服务，必要时可用第二种外国语服务。

分析：这一要求应是针对饭店前台对客服人员而言，不应对所有员工提出这种要求，比如像工程部、保安部、客房部的洗衣房和 PA，这种要求显然是不现实的。目前中国饭店业从业人员的文化水平较低，工资水平在所有行业平均工资水平之下，况且人员难招、员工流动频繁，《星级评定》提出这种标准，相信中国的大多数饭店是做不到的。如果制定出一个大多数饭店都做不到的标准，那么这样的标准还有什么意义呢？饭店员工的服务意识和专业技能才是我们星评人员检查的重点，至于语言工具，对那些外宾客源很少的饭店来说，这一条可不必列入必备项目的检查内容，即便对那些外宾客源较多的饭店，也只是对那些重点区域和重点接待岗位提出这种要求。

原文：3.1 应有至少 40 间（套）可供出租的客房。

分析：对于一个四星级饭店来说，真正的利润点在客房。中国许多四星级饭店的餐饮，盈利的不多，而保本甚至处于亏损状态的倒占多数。一些配套服务项目诸如休闲健身娱乐，更是亏多赚少。那么全国的四星级饭店之所以平均能赚九万元之多，靠的就是利润率较高的客房；客房的用人成本及物耗成本较之于休闲健身娱乐都要低许多，客房数多的饭店赚钱就多，反之就易亏损，饭店理应重视以丰（客房）补歉（配套项目）的经营思路。所以，《星级评定》的这一条标准容易误导饭店投资人作出错误的决定，若一个四星级饭店真的只设计了一百间以内的客房，除非其餐饮或娱乐项目有规模有特色且生意火爆，否则这个饭店多半会亏损。再看《星级评定》对三星级和五星级饭店的客房数量要求，三星级"应有至少 30 间（套）可供出租的客房"，五星级"应有至少 50 间（套）可供出租的客房"，且不说如此少的客房如何贴补其他配套项目，这么小规模的饭店也有损于相应星级饭店的形象。笔者经多年研究和不断实践，认为三星级饭店应至少具有 150 间（套）房，四星级饭店应至少具有 250 间（套）房，五星级饭店应至少具有 400 间（套）房，少数特色饭店应另行制定评定标准。

原文：3.5 客房门能自动闭合。

分析：因为《星级评定》的这个强制性要求，许多饭店设计师在设计客房入户门时，都采用了闭门器装置，有许多高星级饭店为了美观而使用了价格昂贵的进口隐形闭门器，而多半饭店则用的是价廉质次需在使用中不断调节其压力的闭门器。大凡使用闭门器的入户门，或多或少地都会变形，因为木门在生产厂家加工时，必须遵守内外材料和结构严格对称的原则，这样生产出来的门才不会变形。而入户门一旦使用了闭门器，就自然改变了这种对称性，所以许多饭店的入户门变形就是这个原因。另外，由于闭门器的拉力较大，安装在踢脚线上的门吸常常容易损坏，维修量较大。一些气力小的女子在拉门时非常吃力，很不方便。《星级评定》在这条规定中应明确入户门不要使用闭门器，但可以使用液压合页，这种合页在门开启 80° 后可以自动停住，不会关闭，但在小于 80°时门就会慢慢自动关闭，解决了闭门器的诸多缺点，又起到了自动闭合、保证客人安全的作用。

原文：3.6 客房卫生间"采用高档建筑材料装修地面、墙面和天花"。

分析：设计师和投资人是怎么理解"高档"这个词的呢？我建设和顾问过的一些四星级饭店，设计师和投资人的回答都非常一致：卫生间墙地面必须用石材，而且必须是大理石。就是因为《星级评定》这一要求的导向，就是因为设计师和投资人的竞相模仿，许多高星级饭店在客房卫生间墙地面上大做文章，其结果非但花了投资人许多冤枉钱，也给饭店管理者日后的保养带来很多费用和麻烦。我认为，四星级饭店客房卫生间的墙地面完全可以用玻化砖，特别是一些国内一线品牌的仿石材玻化砖，与真正的石材几乎一模一样，达到乱真的地步，投资既少，工艺又简单，在后期管理中少了许多像石材须经常做晶面处理的苦恼。所以，建议《星级评定》对这一标准做些修改，不要主张和倡导设计师和投资人竞相使用高档石材。

原文：3.8 客房电视"播放频道不少于16个"。

分析：随着我国电视科技的进步和卫星技术的发展，普通人家收看的电视频道都会在50个频道左右，那么，一个四星级饭店的要求还仅仅只有不少于16个频道，这个标准未免显得不合时宜了。四星级饭店属高星级饭店之列，一般来说都会开通境外节目3个以上，而国内的有线闭路电视节目起码应在60个左右，所以，我认为这个标准的要求应改为"播放频道不少于60个"比较合乎现实。个别偏远地区因电视信号无法覆盖，不能接收如此多频道，那么，星评人员可以酌情考虑特殊处理。

原文：5.2 厨房与餐厅之间……进出门自动闭合。

分析：因为《星级评定》的这一要求，所有申请评星的饭店只好在建设期间或星评期间在厨房与餐厅之间设计安装了一扇弹簧门，其实在实际操作过程中，有几家饭店在传菜时间不把这扇弹簧门长期打开的呢？《星级评定》起草人若是去饭店做一两天传菜员，就会发现这个要求可操作性不强，建议取消这一条内容。那么又如何采取隔音、隔热和隔气味措施呢？我想解决的办法是：一是在厨房和餐厅的传菜口加设一扇屏风，不让厨房直接面对餐厅，传菜人员从屏风两侧分方向进出；二是设计好厨房的排风系统，使厨房始终保持负压状态，这样厨房的声

第九章　星级评定应与时俱进（二）

音、热量和气味差不多随着排风系统消失掉。建议把这两种解决办法写进《星级评定》这条要求中。

原文：5.4 厨房"冷菜间内有……二次更衣设施"。

分析：四星级饭店都会有员工更衣室，且厨师的服装帽子每天必须更换，冷菜间的厨师在员工更衣室更衣后，通过厨房的员工电梯径直进入冷菜间，我认为没有必要进行二次更衣，在实际操作中，我也很少见到哪个四星级饭店甚至是五星级饭店的冷菜间厨师会在工作场所进行二次更衣。我倒认为冷菜间有必要加装分体空调、装有方便厨师冲洗的冷热水感应龙头以及所有冷菜必须加盖防蝇罩，这些要求可以作为必备条件写入标准中。

二、设施设备

在《星级评定》"表 B.1　设施设备评分表"中，我也择取部分条款与标准起草人商榷：

原文：1.1.1 地理位置

位于城市中心或商务区，旅游景区或度假区，机场、火车站、长途汽车站、码头等交通便利地带，可进入性好。　　　（计分：3分）

靠近城市中心或商务区，旅游景区或度假区，机场、火车站、长途汽车站、码头等交通便利地带，可进入性较好。　　　（计分：2分）

可进入性一般。　　　　　　　　　　　　　　　（计分：1分）

分析：由于现代中国交通业的发达，城市道路及高速公路的发展，家庭轿车的普及，原先讲究的饭店地理位置的几大要素已被彻底颠覆。因此，饭店是否在城市中心或是否位于机场、车站、码头附近，已经不再作为地理位置的优势而感到自豪了，那么，《星级评定》自然也不该因为这种地理位置而予其加分，同理，有些饭店也不应该因为不在这些区域而得不到分。我认为，本标准提及的"可进入性"十分重要，这种可进入性的好与不好，是指车辆进出饭店是否方便，这就涉及通往饭店的道路是否宽敞，是否有多条进出饭店的道路，饭店是在大路旁还是在居民小区或商务区里面，进入饭店是否有单行线，是否因为饭店前的街道交通繁忙而有左拐弯进入的时间限制，饭店前是否有高架桥，饭店是否有足够的前场位置和地面停车场，等等，这些因素才是评判一个星级饭店地理位置的重要条件。《星级评定》的以上内容倒很合适经济型饭店的地理位置评判标准，可惜的是经济型饭店又不在星评的范畴中。这里需重点提及的是，凡是城市中心、车站和码头所在地，一般来说交通都很拥挤，饭店前场的面积往往捉襟见肘，所以笔者认为，我们不应鼓励高星级饭店建在这些地段。高星级饭店应具有充足的前场和地面停车场，因为大凡去高星级饭店消费的客人，多半是驾车前往，即便是饭店地下停车场拥有足够的停车位，饭店也会因为许多客人不愿将车停放在地下层而失去很多客源。

原文：1.3.6 饭店配套设施不在主体建筑内又没有封闭通道相连（度假型饭店除外） （计分：-5分）

分析：这个问题要从两方面来说，首先，一些非度假型的饭店中有洗浴桑拿、KTV、电影院等配套服务项目，其规模较大，且由于建筑结构的局限必须独立于主楼之外，如果用了封闭通道相连，不仅造价高，而且要常年使用空调，这样管理费用就高，有的因为建设了封闭长廊而破坏了整个庭院的美观或交通。这样的规定有没有必要，我认为不必一刀切，可做封闭通道，也可不做，不会降低对客服务水准。其次，我要说的是，星级饭店周围不远处有品牌有规模的社会服务项目，如KTV、电影院、洗浴桑拿、餐饮店、美容美发、酒吧等，为什么不能把它们也考虑在饭店的配套项目范围之内，而在星评中给予适当加分呢？我们的星级饭店和社会已有的服务资源可以整合共用，不恶性竞争，不重复建设，不浪费资源，达到双赢的目的。我们可以给饭店附近的这些服务项目规定一个距离，在哪些距离之内的店子可以视为饭店的项目补充，哪些与饭店的标准和档次相匹配的店子可以纳入饭店的加分范畴，这是《星级评定》标准应该考虑的。

原文：2.7.1 有建筑节能设计（如自然采光、新型墙体材料、环保装饰材料等） （计分：2分）

分析：最新版的《星级评定》在"倡导绿色设计、清洁生产、节能减排、绿色消费的理念"，但纵观设施设备评分，笔者认为这方面重视的程度还很不够，欧美等发达国家的饭店是十分注重建筑节能设计的。饭店是回报期很长的行业，能源费又是饭店运行中比例很大的一块费用，不论是从节约费用角度，还是从节能减排这个角度，我们饭店人都必须高度重视每个细节的节能设计。所以，笔者建议有关环保节能的设计能够进一步细化，比如像《星级评定》标准2.7.5、2.7.6条那样，有具体的项目，有明确的打分，虽然这些评分明显偏低。像"2.7.2采用有新能源的设计与运用（如太阳能、生物能、风能、地热等）""2.7.3采用环保设备和用品（使用溴化锂吸收式等环保型冷水机组、使用无磷洗衣粉、使用环保型冰箱、不使用哈龙灭火器等）""2.7.4采用节能产品（如节能灯、感应式灯光、水龙头控制等），采取节能及环境保护的有效措施（客房内环保提示牌，不以野生保护动物为食品原料等）"，每一条总共只给2分，而投资人和管理者就会感到操作上的疑惑，到底是采用了某一项就加2分呢，还是采用了几项才加分呢？若是采用几项才得到2分，这就不能起到积极倡导和鼓励投资人和管理者努力节能环保的目的。我建议，《星级评定》在这方面的给分不要小气吝啬，"重奖之下，必有勇夫"，将2.7.1—2.7.4的内容细分，比如采用了什么设计给2分，采用了什么材料给2分，采用了什么节能环保措施给几分，大力引导饭店投资人、设计师和经营管理者共同做好节能减排的工作。

原文：3.2（前厅）墙面装饰

采用高档花岗岩、大理石或其他高档材料（材质高档、色泽均匀、拼接整齐、工艺精致、装饰性强，与整体氛围相协调）

（计分：6分）

采用优质木材或高档墙纸（布）（立面有线条变化，高档墙纸包括丝质及其他天然原料墙纸）（计分：4分）

采用普通花岗岩、大理石或木材（计分：2分）

采用墙纸或喷涂材料（计分：1分）

分析：高档花岗岩、大理石基本来自进口，特别是高档大理石，由

走出中国酒店建设和管理的误区

于世界上的大理石矿的资源渐少，那种色泽均匀的高档大理石难寻且价格昂贵，保护和保养费用较大，况且凡是花岗岩和大理石，其放射性对人体都有害。而墙面装饰不会像前厅地面那样，没有人双脚的践踏摩擦，所以可用玻化砖或微晶石（人造）来替代，许多现代化工艺制成的仿石材玻化砖或微晶石，色泽均匀，仿石材的工艺逼真，无须做保护和保养。有些大厅墙面还可用布艺软包或仿皮材料进行装饰，效果胜于墙纸（布）或木材。采用立面有线条变化的墙纸或丝质墙纸，自洁功能不强，清洁打理的任务较重。而采用高档木材装饰，费用较大，工艺要求较高，也不环保。《星级评定》的这一条内容应该有所修改，一些当地盛产或特产的材料，一些看似便宜简单的材料，只要有特色，工艺做得精致，未必不可用来装饰前厅的墙面。

原文：4.5（客房）彩色电视机

　　　4.5.1 平板电视，不少于25英寸　　　　（计分：3分）

　　　　　普通电视，不少于25英寸　　　　（计分：2分）

　　　　　普通电视，不少于21英寸　　　　（计分：1分）

分析：因为是星级饭店，我们实行标准的时间又是在2011年，那么上述标准是否过于宽松和不合时宜了呢？考虑到各个饭店更换新一代电视机的时间可能会滞后一段时间，但是，星级饭店如果再使用低于29英寸的普通电视机，我认为就不应该得分。试想一下，客人进了房间，主要的时间和娱乐活动就花在了看电视节目上，除了床上用品外，电视机屏幕的大小和收视质量是客人体会饭店客房服务质量和硬件档次的重要因素，而当下市场的电视机价格比较便宜，我们在客房装修上哪怕少花些任何客人都感觉不到的费用，来贴补到每个客人都能直观感受到的电视机上，都会给饭店的经营带来意想不到的惊喜。笔者建议，LED液晶电视机45—50英寸的得1分，LED液晶电视机55—60英寸的得2分，LED液晶电视机65英寸以上的得3分。

原文：4.6.2（客房电话）有语音信箱及留言指示灯

　　　　　　　　　　　　　　　　　　（计分：1分）

分析：留言指示灯容易理解，什么是语音信箱呢？语言信箱业务是电信部门向用户提供存储、转发和提取语音信息的服务项目，它必须与呼叫转移和短信息配合使用。呼叫转移可把来电转移到客人的语音信箱，而短消息将通知客人语音信箱内有新留言。在使用语音信箱业务之前必须确认客户手机已开通"呼叫转移"和"短消息"两项功能。我这样解释后，读者就会明白，这样的电话功能对于饭店客人已经没什么意义，中国乃至世界的通信技术越来越发达，E-mail、QQ 和手机给人们的交往沟通和日常生活带来了极大方便和好处，我在近些年来的饭店管理实践中，经过对住店客人的跟踪调查，几乎无人使用语音信箱和留言指示灯，甚至绝大多数住客都不知电话还有语音信箱这个功能。那么上述的评分要求还有存在的必要吗？

原文：4.8.11 针线包 （计分：1分）

分析：针线包的主要作用是供住店客人缝钉纽扣之用，试想一下，若是客人的衣扣丢掉了，针线包还有什么作用呢？而客人的衣扣松动了，客人一般会在房间里自己用针线包加固松动的衣扣吗？我也曾对住店客人进行过多年的访查，结果是基本没有客人用过针线包，甚至是许多客人干脆坦言自己不会使用针线。作为一个星级饭店，特别是高星级饭店，应该在客房中心或者洗衣房存有品种比较繁多的纽扣，只要客人提出需要钉补已经掉丢的衣扣，客房部的缝纫工就会免费为其配好衣扣并钉上；若客房部找不到适合的纽扣，就要设法照样去外面商店购买（平时就联系好挂钩服务的纽扣商店）。若是客人的衣扣松动，客人寻求饭店帮助，那么客房部缝纫工或会缝钉纽扣的员工会热情提供这方面的服务。所以，客房的服务夹中没有必要放置针线包，《星级评定》也没有必要将此条作为打分的要求写进标准中。

原文：4.10.3 不少于50%的客房卫生间有浴缸。 （计分：1分）

分析：这是一个争论已久的话题，我是不主张这种硬性规定的。我们知道，随着全世界艾滋病、性病及各种莫名其妙传染疾病的流行，越来越多的旅行者都不愿在饭店的卫生间浴缸里泡澡，特别是那些档次较低、卫生明显较差的低星级饭店，客人很少使用浴缸。过去的老式饭店，浴缸和冲淋连为一体，浴缸与浴帘配合只起到一种淋浴间隔断和下水的作用，客人用这种设施冲淋，上下浴缸不太方便，而且弄不好易滑倒摔跤。现在淋浴间从浴缸中分离出来，客人感到进出十分方便，由于其封闭性较好，淋浴间的水不会流向外面，排风扇也会将水蒸气不断排出，客人的舒适度和安全性明显提高了。我认为，饭店要根据客源结构和客人的需求来设计浴缸，如果说客人有这方面的需求，比如像湖南的张家界，其饭店主要接待的是来自韩国的游客，而韩国人就非常喜欢泡澡，韩国当地旅行社的老板要求接待饭店的卫生间有泡澡设施，那么像这类地区的饭店就必须在卫生间内全部设计浴缸。但是，如果投资者在建设饭店之前对当地其他饭店做一调查，结果是绝大多数客人都没有在卫生间泡澡的习惯，那么，设计师在设计饭店时就不必把浴缸考虑进去。因为星评时对五星级饭店的客房卫生间要求百分之百地配设浴缸，所以，那些卫生间面积捉襟见肘的五星级饭店，硬是强行塞进一只长1.5m或1.3m甚至是1.1m的浴缸，除非是孩子泡澡，否则，那些浴缸除了应付星评外，纯粹是一种摆设。那些本来就不宽敞的卫生间，放上了一只浴缸，客人就会感到不舒适；那些本来经济实力不强的投资人，花了许多钱在浴缸上，就会在饭店的建设过程中雪上加霜。凡此种种，《星级评定》的这个要求到底意义何在呢？

原文：8.1.1 行政楼层

8.1.1.4 有餐饮区域（行政酒廊，提供早餐、欢乐时光、下午茶），面积与行政楼层客房数相匹配，应设置备餐间。

（计分：4分）

分析：我是反对《星级评定》给予行政楼层评分的，因为行政楼层共计14分，分数如此之高，难怪投资人、设计师和饭店管理者对此趋之若鹜。至于绝大多数饭店花了很多资金建起了功能齐全的行政楼层，到底卖价如何，住客率怎样，有多少客人在行政酒廊消费和使用，整个行政楼层的效益怎样，《星级评定》标准的起草人思考过或调查过吗？比如说行政楼层专设接待台就无此必要，因为饭店可在总台接待和结账处设一绿色通道专门办理行政楼层的客人入住和离店手续。比如说提供电脑上网、复印、传真等服务，行政楼层的客房里可配置电脑，而复印、传真等服务可由行政楼层管家帮其拿到商务中心解决。再比如行政楼层没有必要专设小会议室或洽谈室，饭店应根据客源结构设计各类大小会议室或洽谈室若干，供商务客人选择。行政楼层客人可凭房卡在饭店的酒吧或茶吧享有何种免费服务项目，不必专设行政酒廊来为寥寥无几的客人提供如此服务。这里要专门提及的是，行政酒廊根本没有必要向行政楼层的住客提供早餐，因为客人不多，一般来说，行政酒廊的早餐品种比咖啡厅要少很多，本来行政楼层的客人应该享有比普通楼层住客待遇好很多的早餐，但事实是，在行政楼层客人办理入住手续时，接待人员常常都会向客人推荐去咖啡厅吃早餐，而提醒客人行政酒廊的早餐质量和品种远远不抵咖啡厅的自助餐。但是，笔者也不是反对所有饭店配设行政楼层和行政酒廊，一些经济发达地区，一些外宾客源较多，一些行政楼层和行政酒廊成规模的饭店，可以根据实际情况来决定是否设立行政楼层和行政酒廊，但建议《星级评定》不要将其作为一项评分的项目，特别是一项达 14 分的重要项目写在标准中。

原文：8.1.2.8 大宴会厅或多功能厅"配设衣帽间"

（计分：1 分）

分析：笔者观察过星级饭店的大宴会厅或多功能厅，配设的衣帽间基本是名存实亡，有的改作了家具倒换库，有的改作了酒水库，有的则成了员工休息室。由于时代的发展，无论是南方还是北方，来星级饭店特别是高星级饭店消费的客人，很少穿着长长的大衣、戴着厚厚的棉帽，起码我在南北方工作过的高星级饭店，没有一处衣帽间能够派上用场。若是个别饭店有此特别需求，可以设计衣帽间，但《星级评定》不宜将个别需求写在评分标准中，否则就会误导投资人和设计师在建设饭店时，不管饭店是否需要，死板硬套地把衣帽间设计进去，造成不必要的浪费。

原文：8.2.5 客房阳台

不少于50%的客房有阳台　　　　（计分：2 分）

不少于30%的客房有阳台　　　　（计分：1 分）

分析：《星级评定》将此内容作为"特色类别"列出是有其道理

的，但是客房设计阳台应该是特指度假饭店，而且这种饭店楼层不宜高，若是以退层形式出现则更好，或者说若是退层阳台还可加分。城市饭店特别是高层饭店不能设计客房阳台，首先是不安全，大凡客房带阳台的高层城市饭店，管理者都会因为考虑到安全因素而把阳台和客房之间的门锁上；其次，因为外置阳台容易沉积灰尘和脏物，给客房服务员的清理带来压力；另外，每逢需要清洗饭店外墙时，在高空作业的清洗公司工作人员就会因为外置阳台碍事而难于清洗。当然，外置阳台的土建造价和装修费用也是一笔不小的开支。所以，笔者建议《星级评定》需特别说明，非度假饭店不宜设计客房阳台，若是城市饭店即使客房有阳台，星评人员也不予给分。

原文：8.3.1.4 健身房面积

不小于 $200m^2$ （计分：4分）

不小于 $100m^2$ （计分：2分）

不小于 $50m^2$ （计分：1分）

8.3.1.5 健身房器械

专业健身器械，不少于 10 种 （计分：2分）

不少于 5 种 （计分：1分）

分析：许多三、四星级饭店为了星评的需要而设置了 $50m^2$ 或 $100m^2$ 的健身房，所配的器械也正好够评分之用，其主要功能只是为了供住店客人免费锻炼。由于客源的单一，健身房面积的狭小和健身氛围的缺乏，其健身房多半门可罗雀，少人问津，因而作为饭店的服务配套项目，健身房基本是亏本经营。我认为，饭店设立的配套服务功能应尽可能扩大服务对象，不但对饭店住客提供服务，而且设法吸引社会消费者前来消费，这样，不仅使饭店减少了亏本项目，而且增添了项目的人气，营造了消费氛围，充分地利用了健身资源。因此，我建议《星级评定》能否修改本条内容，不鼓励那些规模较小的饭店纯粹为了星评而盲目地设置健身房，或者要设置就必须在 $300m^2$ 以上，购置比较齐全的健身器械，设计形体房，配备专业健身教练，且需对社会开放。

原文：8.3.11 委托专业饭店管理公司管理。 （计分：2分）

品牌特许经营方式，国内同一品牌加盟店20家以上。

（计分：1分）

分析：笔者在前面所写的《酒店业主如何选择管理形式》和《是谁拿走了中国酒店的多半利润》两篇文章中，已经就饭店管理公司和品牌特许经营方式进行了详细剖析，提出在现阶段中国饭店管理市场还很不成熟的情况下，不能鼓励采用饭店管理公司管理的形式，更不主张用品牌特许经营的方式来管理饭店。如果《星级评定》给予所有饭店同样公平公正的评分标准，让采用各种管理形式的饭店都站在星评的同一起跑线上，那么，星评标准就应该主要考评饭店的硬件设施和软件服务，而不应在竞赛之前就人为地偏袒竞技的一方，因为中国饭店的管理现状是，一些专业饭店管理公司管理的饭店，其管理水平和质量还不如非饭店管理公司管理的饭店；许多品牌特许经营的饭店，其管理水平和质量更加不敢恭维，所以我认为这一项内容应该在《星级评定》中删去。

原文：8.3.14 饭店在前期设计或改造工程的决策中

采纳相应星级评定机构的意见 （计分：3分）

征询相应星级评定机构的意见 （计分：1分）

分析：无论是在我自己参与建设的饭店，还是顾问过的饭店，我深深地体会到饭店前期的设计和建设是多么重要！饭店的成功与失败，多半在其设计和建设阶段已经命中注定了，所以，《星级评定》的这一条内容从给分的力度看，我认为重视程度不够。为了让投资人和建设者少走弯路，为了让日后的饭店经营者方便使用，为了避免新开张的饭店一年后为了星评就要做大量的改造，那么，在饭店建设期、最好在饭店立项后进行总规设计前就征询相应星级评定机构的意见，以后在建筑设计图和室内设计图出来后，必须再次听取星级评定机构的意见。而星级评定机构在收到饭店投资人这方面的邀请后，必须认真组织有关专家对饭店设计方案进行诊治，甚至在饭店的建设过程中包括如何筹建和管理饭店都提出中肯的指导意见。因此，为了鼓励投资人积极地求援于星级评定机构，这样的给分至少应该在 10 分以上。

　　文章就此赶快打住，担心读者因篇幅过长，看了太累。其实关于《星级评定》，笔者要说的东西很多，比如，为了保证前厅里适合的温度湿度、卫生和无噪声，不管是高星级还是低星级饭店，都必须使用旋转门，这种旋转门可以是 2 翼、3 翼或 4 翼，可以是直径 3.6m 至 4.8m，可以是手推的，也可是自动的，《星级评定》应将此写进必备项目中。比如说饭店的外形，那些圆形、椭圆形或其他异形饭店，浪费建设资金，客房还不周正，这样的饭店必须扣分。再比如前厅总台内部设计是否合理，客房、餐饮、KTV 包厢等房间是否形成负压，客房卫生间的下水是否通畅，冲淋花洒龙头和台面盆的高度是否适宜客人使用，等等细节，都应该在《星级评定》中有所体现。总之，《星级评定》应根据时代发展的需要，扩展评分内容，细化评分标准，目的只有一个，让中国的饭店具有旺盛的生命力。

第十章　酒店管理模式之辨

　　酒店管理模式历来是中国酒店业津津乐道的话题，但也许绝大多数人不清楚，他们脑中的这个概念是模糊的，甚至对这个命题的认识也是错误的。为了用通俗易懂的语言阐释明白，我就用抽丝剥茧的方式一层层地向读者娓娓道来。

　　模式是某种事物的标准性形式或固定格式。管理模式就是从特定的管理理念出发，在管理过程中固化下来的一套操作系统，用公式表述为：管理模式＝管理理念＋系统结构＋操作方法。酒店管理模式，通俗地说就是一个酒店在管理制度上与其他酒店不同的地方，而酒店的管理制度包括正式制度和非正式制度两个方面，也就是酒店在管理规章制度和酒店文化上的不同特征。一般来说，不同国家的酒店有不同的管理模式，而且同一酒店在不同时期也会有不同的管理模式。

　　中国企业在满是荆棘的道路上艰辛地探索着管理模式，并将其规律总结为五种模式，而中国的酒店不仅过去，而且现在和未来也在不知不觉中按照这五种管理模式佝偻前行着。具体分述如下：

　　（1）亲情化管理模式，俗称家族式管理。改革开放以后，个人或民营创办的酒店越来越多，因为我国的信用及法律体制还很不完善，酒店业主不敢把自己的酒店资产交给与自己没有血缘关系的人管理和经营，他们习惯在主要管理岗位上安排自己的亲人或亲戚，特别是在财务和采购两个部门多半由自己最信任的直系亲属重点把守。这种管理模式在酒店运作和经营过程中确实能减少许多猫腻和漏洞，也能提高决策的速度和执行力，但缺点是业主的亲戚不可能都是酒店管理经营的行家里手，很有可能是外行领导内行，有能人进不来或留不住，正确的建议得不到采纳，而且亲戚越多，争风吃醋、互相猜忌的事会日盛；酒店的规模如果扩大，这种缺点就会愈显突出，因为没有外来理念的导入，没有外来人才的加入，酒店要想发展是不可能的。

（2）友情化管理模式。酒店是个投入大、回报慢的行业，特别是规模较大的高档次酒店，有时一个人的财力难以为继，只好联系几个拜把子兄弟一起合作投资。开始阶段还行，大家齐心协力将酒店建成，然后一起管理，但时间一久，特别是酒店有了利润后，彼此间就会为利益分配产生矛盾，加之在酒店的经营管理中，各自的理念和操作方式都会有不同，这种分歧日积月累迟早就会爆发，最后不欢而散。笔者发现，中国的东北人较之于南方人来说，这种友情化的酒店管理模式生命力更短暂。

（3）温情化管理模式。有人又将其称作人性化管理模式，这种说法是错误的，因为它们两者之间貌合神离，根本不是一码事。酒店属服务行业，每天面对的是许多不同面孔、不同要求的客人，这就要求酒店的员工像军人一样，必须具有严格的纪律，过于讲求人情味就会降低服务质量，导致客源下降、利润降低，酒店因此会衰败亏本。酒店需要人性化的管理，需要调动人的主观能动作用，倡导主人翁精神，但同时因为人的本性又具有自私和懒惰的一面，所以还要用各种制度来规范和约束人的某些行为，这样才能让员工的服务达到基本符合客人要求的一致标准。过于碍于面子、用感情代替制度的管理，酒店迟早会出大问题。

（4）随意化管理模式。现在的酒店业主大致分为两类：国有或国有控股、私企；这两类酒店往往都具备同一个现象：所有权和经营权合二为一。正是因为中国酒店的这种特色，随意化的管理行为在大大小小的各类酒店中到处可见，这也是中国80%以上的酒店都处于微利或亏损状态的原因所在。政府干预、老板独裁、长官意志代替了科学计划、民主决策、专家管理，领导指鹿为马，部下也不敢吭声，纵有制订完善的制度和程序，任意改变或视而不见，也是白搭。

（5）制度化管理模式。酒店业是中国最早"走出去、引进来"的行业之一。我们花了大量的人力物力学来了西方一整套酒店操作规范和程序，这就是制度化管理模式。应该承认，这是一种比上述四种管理模式都更为先进、更为科学的酒店管理模式。由于这种管理体系的科学性，组织内部的责权利关系明确，各层次的管理人员角色清晰，行为规范确立，监控机制健全，考核制度合理，激励机制完善，无论酒店的管理者如何变动，整个管理体系和服务程序是不会有任何变化的，而由不同渠道进入酒店的，无论是管理人员和普通员工，都必须执行酒店的管理体系和服务标准。但是，这种模式的缺点在于，由于管理的主要对象是人，而人具有复杂的思维和主观能动性，完全讲制度化管理，就会限制员工的创造和发展机会。另外，为了保证这套制度的贯彻落实，酒店必须花大量时间精力坚持不懈地培训员工。

以上这五种酒店管理模式是通俗式的分法，近些年来，在中国的学术界活跃着一批辛勤耕耘的研究企业管理模式的学者，他们分别推出了"A 管理模式"、"B 管理模式"以及"C 管理模式"，这些管理模式都是在西方或日本先进的现代管理学的基础上，融入了一套适合中国国情的管理模式，笔者经研究发现，这些模式都在或多或少地影响着中国酒店业的管理和经营。

1. A 管理模式

20 世纪 80 年代初，西方跨国企业集团闯入了中国这块神秘的土地，为了在管理上站住脚，它们花了上千万美元，请西方的咨询公司和中国学者一起，研究出一套适于中国企业之用的管理模式，经过在大型合资企业实验十几年之久，证明这种管理模式高效实用。这种模式为金字塔型组织机构，呈立体的三角锥体，等级森严，高层、中层、基层是逐层分级管理，是一种在传统生产企业中最常见的一种组织形式。在计划经济时代，该结构在稳定的环境下，在生产力相对落后的阶段，在信息相对闭塞的时代，不失为一种较好的组织形态，因为这种模式结构简单、权责分明、组织稳定，并且决策迅速、命令统一。但在市场经济条件下的今天，信息技术非常发达，这种金字塔形的组织机构由于缺乏组织弹性，缺乏民主意识，过于依赖高层决策，高层领导对外部环境的变化反应缓慢，而凸显出刻板生硬、不懂得应变的机械弊端。纵观中国的酒店，基本上都采用的是这种金字塔型的管理模式，在 20 世纪 80 年代至 20 世纪末的 20 年里，我国的酒店从招待所体制过渡到现代化酒店体制，这种管理模式在这期间酒店的转型中起到了关键性的作用，无论是我们从外引进的酒店"政策和程序"，还是自己编写的"操作手册"，都和 A 管理模式中的"三篇九大系统"不谋而合，当时的酒店人觉得耳目一新，如沐春风。可是进入 21 世纪后，随着国人民主意识的加强，随着媒体信息的高度发展，酒店从业人员已越来越不满于这种带有浓重的家长制作风的金字塔型管理模式，他们不但想对高层决策提出质疑，更多的是要参与酒店各项工作的决策，赢取上司对自己的尊重，以实现自己的人生价值。因此，酒店成了中国所有行业中人员流动最快的行业，实际上这是从业人员对管理模式哀怨不满的思想折射。为了寻求新的发展环境，换一个展示自己才能的舞台，许多酒店从业人员纷纷涌向国外品牌酒店集团在中国管理的酒店，时间一长，他们发现这些酒店的管理氛围并不比原先在国有酒店的氛围好多少，甚至国外酒店集团的管理等级更加森严，更没有人情味，工作作风更加呆板僵硬。殊不知，这些国外品牌酒店集团基本来自欧美，而 A 管理模式的精华就是出自这些国家的企业管理模式，这些酒店集团所用的管理模式自然脱不开 A 管理模式的核心内容，所以，酒店从业人员不管换多少家酒店，因为管理模式的差不多，要想根本改变自己的工作环境怕是很难。

2. B 管理模式

这种模式为扁平化的圆锥形组织结构，金字塔式的棱角和等级没有了，管理者与被管理者的界限变得不再清晰，权力分层和等级差别的弱化，使个人或部门在一定程度上有了相对自由的空间，能有效地解决企业内部沟通的问题，因而该模式让企业对外部的变化不再是机械和僵硬的，决策变得更加民主化。所以自 20 世纪 90 年代以来，西方企业逐渐将已显笨重迟缓、缺乏灵活性和人情味的传统金字塔型组织改为更灵活、更富人性化的扁平化组织，这一根本性改变通过减少管理层次、压缩职能机构、裁减冗余人员，建立起企业纵横向都比较紧凑的扁平化结构，使得组织变得更加灵活敏捷、快速高效。中国的绝大多数酒店很少采用这种管理模式，虽然有些酒店在悄然模仿或试验这种模式。比如有些酒店将部门"经理—主管—领班"的三级管理人员压缩为"经理—领班"或"经理—主管"的二级管理人员；将传统的"销售""客房""前厅"三个部门压缩为"房务部"一个部门；将"人事部"和"总办"合并为"人力资源部"。由于手机的普及，固定电话作用的弱化，酒店的总机房被合并到客房中心或监控室；由于酒店对客服务的复杂性和快捷要求，统一指挥原则经常无法实现，而灵活指挥成为酒店控制过程的灵魂。这种管理模式用在酒店意味着所有员工将更多的精力集中在做事上，降低了人管人和人管事的工作，大大降低了酒店的人事内耗。不过，由于中国酒店现有从业人员的整体素质尚未达到一定的水准，所以在酒店的管理过程中，会出现管理不到位或管理太随意这样的问题。值得注意的是，国外酒店已越来越重视和推广这种管理模式。

3. C 管理模式

这是继金字塔型机械式组织（A 管理模式）、学习型扁平式组织（B 管理模式）之后出现的第三种组织模式，并且是在西方先进的现代管理学的基础上，融入了中国国学之大智慧的组织类型，因而研发者取"CHINA"的第一个字母"C"为这一组织模式命名为"C 管理模式"。这是一种智慧型的组织，其整体为球形，其任何一个截面都是一个和谐而灵动的圆形，这个圆由众多的圈和线构成，大圈代表基层，中间的圈代表中层，中心代表高层。高层管理着中层，中层管理着基层，然而它们各层之间横向、纵向又相互联通，基层可以畅通无阻地联通高层，高层对基层的反馈也会迅速做出决策。可以说，智慧型组织的球型结构，其每个截面都因具有这种高效的沟通机制而拥有完整的组织功能，这正是智慧型组织的"智慧"所在。在这种人为核心的智慧型组织中，企业整体就是一个圆，"天—地—人"组织结构是一种最为美满、最为和谐、最为生态的构架。在这个球型结构中，企业高层、中层、基层之间通过诸多和谐的圆形结构相互沟通协调配合，甚至任何一个部门或员工在发现或遇到外界变化时，都能够进行迅速而有效的沟通和强有力的决策，既可作为灵活应对的个体，又可通过完整统一的整体灵活迅速地做出反应，而且每个基层子系统是相对独立运作的，一旦遇到超出子系统本身职权范围之事，便能迅速反映到子系统的板块系统和中央指挥系统，在什么状况下各部门在自己的区域内各尽其责，在什么状况下基层直接联通高层，它们都配合得非常默契、充满智慧和能动。该模式为企业智慧型组织建立了不断修身养性的机制以及"以人为本"的自我调理机制，以预防或及时发现企业的病症，让企业保持旺盛的生命力。值得注意的是，C管理模式虽然对西方现代企业管理模式进行了深刻的反思，从而引发对资本主义完全自由市场经济的反思，聚焦了世界对中国特色社会主义市场经济模式的更多思考，可是由于该模式的诞生只有短短十几年时间，还只是停留在理论阶段，所以，包括酒店业在内的所有中国企业至今尚未有一家进行这种模式的试验，该模式能否在实践中运用成功并普及推广，看似有很长的路要走。

中国经济的发展之快令世人瞩目，但企业的管理模式在某种意义上又不适应这种经济的高速发展。中国的酒店业效益整体不好，愈来愈多的业主纷纷求援于国外品牌酒店集团，他们除了希望借力于其品牌影响外，更多地想学到一种先进的管理模式，最终求得丰厚的经济回报。结果是钱被外国人赚去了不少，我们只是学到了一些经营服务理念和酒店操作程序，至于系统的酒店管理模式，我们还是学不到真谛，或者说也不愿照搬那种不适合国情的模式。虽然国外品牌酒店集团管理的酒店待遇普遍较高，但酒店的员工出出进进，照样留不住员工。既然笔者上述的管理模式都不是现代中国酒店最佳的运行模式，那么我们只好再把目光转向世界上理论界和企业界都广为流行和应用的美国管理模式和日本管理模式，看看能否从中找到一些对我们的酒店管理有用的启示。

1. 美国管理模式

美国式管理是一种管理科学，它在20世纪50年代发展到了鼎盛阶段，这种模式的产生和发展，都是以其传统思想和教育体制为基础形成的。美国人继承了欧洲人的传统，在性格方面表现开朗，有责任心，办事果断，并且敢于冒险，但不乏冲动，个性化较强。由于美国人喜欢寻求生活上的刺激，他们不安现状，所以造成很大的流动性和不稳定性。

在教育制度方面，美国人实行的是开放式管理，他们可以把孩子独自一人留在大无边际的草原上让其自己寻路回家，即使遇到河流高山，也须自己寻找穿越的路径。老师只教给学生如何获取所需要的更多知识，而不是给他们灌输固定的东西，所以孩子从小就养成坚强的性格和强烈的责任心。但由于家长很少给孩子们帮助，所以家庭关系相当冷漠，只能靠自己解决困难，形成了思想上极具个性的人。渐渐地在美国社会中形成了个人主义至上的管理思想，他们崇尚的是个人英雄，由此理念建立的企业形成和完善了一系列奖罚制度、人事制度和法律制度。由于传统上的责任心和思想上的独立性，员工在自己的岗位上尽心尽力，努力独自完成分内的工作，所以工作效率很高，同时他们在自己的工作中尽可能地表现自己，施展自己的才华，因而个人很容易出成果，这也是美国人频频获诺贝尔奖的原因所在。但由于缺乏集体观念，他们很少关心同事工作和企业的整体利益，又由于企业多数为股东资本主义，要求利润最大化，所以企业在退休职工安排、医疗保险制度及员工培训方面很少投资，造成彼此收入差距悬殊，福利待遇差，员工忠诚度低，流动性大，企业的凝聚力差。但企业减少了对社会成本的承担，无形中增加了企业的活力和竞争力。另外，美国人注重现实和法律事实，从不感情用事，银行根据企业现在的经营状况决定是否给予贷款，而不是考察企业是否有发展潜力而给予资金扶持，但这种操作方式减少了坏账死账，提高了金融保险率。美国的管理模式是处处以制度为前提，因而美国人的法律意识特别的强，可谓"法治代替了人治"。

2. 日本管理模式

日本自二战战败以后，经济却奇迹般地崛起，令世人刮目相看，于是出现了研究日本经济成功奥秘的热潮。经过一番研究，欧美学者发现日本经济的奇迹来自于旺盛的企业活力，企业活力又源于成功的企业管理，而企业管理成功的秘诀则在于强大的企业文化。企业文化是一种文化现象，又是一种管理思想，日本的企业文化来自中国传统文化，它是由中国的儒家思想与日本传统文化和民族心理相结合形成的，因此，儒家思想是日本企业管理成功的动力因素。日本企业的终身雇佣制、年功序列工资制度和企业工会制度，被称为经营管理的三大法宝。从企业方面来说，日本的大企业都非常重视对员工的职业培训，为员工的技术教育付出巨大投资，因此，企业在收回教育投资之前并不希望员工离开，企业注重人才，在经营管理上以人为本；从员工来说，正因为有了终身雇佣的保障，所以对企业忠心耿耿。日本的年功序列工资制度会使多数员工从一而终，"跳槽的员工不是好员工"已成为企业的一种基本理念。正因为员工不愿流动，所以对企业的工作是全身心投入，与企业同呼吸共命运，也正因为员工具有这种爱企业为家的精神，所以在工作中才能相互配合，形成一种团队精神，这就是有别于美国管理模式"个人主义"的"集体主义"。可以说，员工的归属心、忠诚心和责任心是日本产品取得高质量、使日本迅速崛起的重要因素。除此之外，日本的企业管理还将美国等西方国家的理性与日本的民族历史、传统文化融合在一体，形成了独特的日本式现代化企业管理模式，并取得了巨大的成功。日本人曾自豪地说："我们的管理是把美国的管理科学和东方的儒家思想结合起来的。"但是，随着 20 世纪 80 年代后日本经济增长的明显趋缓，日本的管理模式也受到了质疑，许多权威人士认为，这种模式存在着僵化和要素流动缓慢的局限性，比如在人事和工资制度上，日本企业实行终身雇佣制和年功序列制，虽有利于员工的稳定和长期发展，却妨碍了员工能力的发挥，不利于大规模的技术创新。另外，在经济衰退时期，终身雇佣制的传统经营思想妨碍了企业通过裁员等手段进行财务改善和机构重组，降低了企业抗风险能力。在决策和意见交流方面，日本企业强调集体决策和意见一致，决策过程缓慢，虽然决策一旦确定，执行起来较顺利，但却难以适应新经济下瞬息万变的市场情况。

日本人深受中国传统文化和思想的影响，在教育方面希望孩子出人头地，要求孩子按照自己的意愿和设想，朝着自己规划好的人生方向前进；当他们偏离轨道时，便将其引入正确的航向，同时给予他们全身心的支持和帮助，因此从小培养孩子很强的亲情感、人情观和集体主义思想，总想在别人的帮助下实现自己的目标，这就是日本人"集体主义"精神的由来。虽然中国的教育方式与日本有许多相似之处，但反映到企业管理上，我们员工的合作精神和集体主义观念和他们相比差距甚远。

从以上对美日企业两种管理模式的探讨来看，中国和美国在其传统文化和思想、教育体制之间存在着很大差异，那么中国和美国的管理思想一定有许多冲突之处，也就根本不可能照搬美国的企业管理模式。日本的企业文化虽然深受我国儒家思想的影响，其传统文化和思想、教育方式与我们有许多相同之处，但日本人在企业中实行的终生雇佣制、年功序列工资制和工会制度，我们的企业是做不到的，这又是我们不能完全仿效日本管理模式的原因所在。那么，究竟有没有适合我们中国国情、让我国的经济以又好又快方式迅速发展的中国管理模式呢？

3. 中国管理模式之探索

当今时代，美、日两国的企业管理模式仍然一统天下，它们既各有所长，又各有欠缺。20世纪80年代，日式管理模式占据世界管理领域的宝座，到了90年代，由于受到泡沫经济和亚洲金融危机的影响，日本经济受到重创，于是人们又将目光转向美国管理模式。2009年以来，全球金融风暴持续蔓延，一大批美国知名企业纷纷破产倒闭，引发了我国许多管理专家学者和企业界人士对美国管理模式的反思。我认为，一个国家要实现管理现代化，必须虚心学习研究并引进外来的先进管理模式，还要结合本国的优秀传统文化和思想，开发出适合本国国情的企业文化，创造出自己的管理模式，这才是我们的管理出路。

首先，我们要借鉴美国制度化管事的管理模式。管理内容包括两个方面：管人和管物。我们要用管理哲学去管人，要用管理科学来管物。管理哲学的真谛，美国人还在向我们学习，而我们为什么要照搬美国的管理模式呢？我们要向美国学习，是要学习中国人没有的东西，中国没有的东西是管理科学，也就是如何管物管事的方法。日本管理之所以非常成功，是因为他们十分清楚一个道理：管理物的方法，可以学美国；管理人的方法决不能完全学美国。日本人并不讳言，他们一直孜孜不倦地学习美国的管理，然而他们却能结合中国的管理哲学，采纳美国先进的管理工具与方法，创造了具有日本式管理特色的管理模式。几千年以来，中国社会的民情风俗和美国的大不相同，中国社会既然和美国不一样，所以管理方式自然和美国也不能相同，比如美国的电灯无论在中国的什么房屋都可以装设使用，但美国的风土人情和中国的大不一样，如果不管中国自己的风土人情，而像对待美国的电灯一样，把美国的管理方法硬搬过来，那便大错特错。在这里，美国的制度化管理模式是一种管理科学，我们可以拿来使用，但那种如何管人的管理哲学，是不适合我们中国国情的。例如，中国员工对"不景气即裁员"的美式管理感到愤愤不平，若干外资工厂从不景气中恢复过来重新招募员工时，常常受到意料之外的困扰，一些对于美国人来说非常合情合理的制度，我们却非常难以接受。所以，我们借鉴美国管理模式中的制度化内容，是要借鉴其中一些管物管事的科学方法，而摒弃一些不合时宜的如何管人用人的管理原则。一句话，我们要用美国管理模式中的制度化、法制化的管理作为中国管理模式的基础，而不能作为中国管理模式的全部内容。因为 A 管理模式吸收了美国管理模式中制度方面的许多内容，所以我们还可以在创建中国管理模式时将其作为参考蓝本。

其次，我们要借鉴日本人性化管人的管理模式。日本式管理的特色在于团体意识特别浓厚，他们想方设法使企业中滋生家族式的共同意识，培养出员工之间的信任、微妙与亲密的关系，这是日本为保存并发扬他们固有传统文化思想所形成的独特管理风格，是美国管理模式中独独缺乏的重要元素。日本推行全面质量管理体系，价格低质量好的产品风靡世界。追根寻源日本企业管理成功的原因，在于其实行的终身雇佣制、年功序列工资制和企业工会制度，这种极具人性化的管人方式，造就了日本员工对企业的忠诚心、责任心和归属感，创造了闻名世界的日本团队精神。我们要学习日本管理模式，这三个制度就难以实行。终身雇佣是不可能的，说不定哪天员工自己就要走人，国有企业的员工甚至是董事会领导可随时换人，私有企业的员工除老板外，更是没有职业安全感，观察近些年企业员工的流动率是越来越高，而且员工炒老板鱿鱼的比例也在逐年增加，现在老板和员工都没有安全感和稳定感。中国的企业对于员工的投资都很有限，因为老板担心把员工培训好后，员工更有跳槽的资本，反而成为自己的竞争对手。中国实行年功序列工资制也很难，员工的贡献大小往往是老板或领导确定的，特别是在国有企业，有许多员工干了很多年工资不见涨多少，因为在法律许可范围内，企业有员工薪酬待遇的决定权。再说工会制度，由于我国企业工会的领导都是中高层管理人员，实际上都由企业的领导指定，工会领导不听话，企业领导可以找个碴将其撤换，这样的工会领导敢于真正为员工维护正当合理的权益吗？不过，笔者也并不赞成照搬日本的管理模式，因为任何全盘模仿的做法都是不理智的，我们只能采取借鉴的方法。比如，我们政府要立法，对于那些为员工提供各种培训的企业给予资金补贴，也可以根据企业对于培训投入的多少给予一定的税收减免；而企业也应出台一些制度，加大对老员工的工资增长和福利待遇方面的投入，让优秀员工、骨干员工舍不得离开企业。如何解决企业工会制度问题呢？企业必须按工会法真正地赋予工会领导实权，工会领导必须真正地脱离企业法人的行政领导和行政干预，总之，工会领导是员工自己选出来的深受大家信任的能维护员工权益的代表，是企业领导不能撤换的官员。中国企业需要培养的是社会主义的团队协作精神。因为 B 管理模式吸取了日本管理模式中人性化方面的一些内容，所以我们还可以在创建中国管理模式时借用其为参考蓝本。

再次，中道管理是中国管理模式的灵魂。为了创建中国管理模式，就自然地要引入中国的传统文化和思想，要引入传统的管理哲学。"中道"就是管理界共同追求的"合理化"，就是要避免过错和不当，就是最好的管理哲学。中国人最讲道理，只要管得有道理，就是管得合理，被管者也就心悦诚服，所以中国管理的核心在于管理合理化。中国的管理者在说话做事之前往往会自问："这样做是否符合我的身份？"（人）"是否合乎时机？"（时）"在这种场合说此话、做此事是否妥当？"（地）这些反省都是管理者在设法寻求管理合理化的具体表现。中道思想使中国人深信，真理不在两相对立的观点之一，却在两个观点之中，比如美国式管理的基础是"个人主义"，认为个人才是最真实、最有力的，所有组织不过是个人的结合；日本式管理的基础是"集体主义"，认为团体才最真实、最有力，个人只是抽象名词。按中道思想推论，这

332

两种观点都存在偏颇，都不合理，为什么这样说呢？中国式管理的传统意义便是"修己安人"的历程，管理的活动，始于"修己"的功夫，而终于"安人"的行为，不论管理者或者被管理者，都应该注重把自己养成健全的人格，这样，管理者自身做事正当，即使不用命令，员工自然照样去做；管理者自身做事不当，虽然一再命令，员工也未必肯服从。换言之，环境的力量可以塑造和感染人性，只要先改善员工所处的环境，则员工不正而自正，组织也就不治而自治了。修己安人的管理过程说明，倡导"个人主义"或"集体主义"都不正确，有失管理的和谐，我们应该一方面要实现自我，所以必须殚精竭虑，发挥最大潜能，实现自己人生的最大价值，另一方面又要仁以安人，热爱广大人类，对所有事物友善，务求天人和谐，人与人感应，人与物协调。这种管理方式，不但能显示人性的伟大，而且表现了中国人的聪明智慧。通俗地说，中国的管理是个人主义中有集体主义，集体主义中有个人主义，二者管理理念融合为一，才是企业生生不息的发展动力。

如何才能实现中道管理的目标呢？具体来说，中道管理的最佳操作方式是人性化、合理化和制度化。管理者要以珍惜、关怀的爱心来消减员工内心的不安，使员工在安居乐业的情境中努力做好自己分内的工作，这是管理的人性化。任何管理措施，如果用的合理就可以，如果用的不合理就不行，管理没有灵丹妙药，必须随时随地调整，到底合不合适，是看合不合乎情理，这就是管理的合理化。制度化是管理的基础，企业的规章制度是员工必须共同遵守的法则，没有规矩就不成方圆。中道管理的最高境界是"无为而治"，其具体表现是企业内的所有人员都能够自发自动地去努力完成工作目标，这个过程是以法治为基础，以人治为辅助，最终实现自治。

近些年来，我在酒店的管理中用以上方法进行了尝试，吸收了美日两种管理模式的优点，采取"人性化、合理化和制度化"的管理手段，尊重员工，尽量让员工自由自在地工作，结果是无论在社会效益还是经济效益方面都获得了令同行瞩目的成功，而且管理者轻松，员工们快乐，酒店的凝聚力强，员工的流动率低。我想，这样的管理模式是否可以推及中国的其他行业呢?

在本章结束之前,笔者需要附带说明的是,现在中国的许多酒店,特别是有些名气的大酒店,动辄标榜自己是"××酒店管理模式",其实这是十分幼稚的说法。我们有许多酒店编制了一些操作手册和规章制度,那是行业的一些基本规范,不是某个酒店独有的管理模式。要知道,管理模式是个大的概念,看完拙作后相信大家就会明白"××酒店管理模式"的提法有何不妥了。

第十一章 低碳运作是酒店健康发展的根本

每当我看到一片片干旱开裂的土地和村人没水饮用的场景，每当我听到矿难发生、家人为失去亲人而绝望痛哭的新闻时，我就立誓要节约每一度电、每一滴水、每一立方气，并潜心思索，希望把节约的意识贯穿在酒店管理中，于是我频频受邀走上讲台，向酒店同行传达我在管理实践中多年积累的心得。

一、改革管理方式，合理安排人事

（1）管理本土化：尽可能用本地人管理酒店，不要轻易采用委托管理公司管理的方式。

（2）总办并入人力资源部，总办秘书可兼做人事管理。稍小规模酒店，部门不必设秘书，可由管理人员兼做。

（3）尽可能招聘本地员工，减少住宿和节假日探亲的交通负担；尽量招聘多技能人员：如工程部的万能工，餐饮客房都懂的服务员。

（4）减少管理人员编制。比如一般酒店可不设副总，部门不设副经理，只设一名助理；不设领班，管理趋扁平化模式。

（5）总办秘书、采购人员要自己驾车，减少用人，减少酒店汽车配备数量。总经理不必配专车，购小排量的车，且供酒店统一调度使用，提高车的使用率。

（6）不要设专门的总机房，可将其合并到消防监控室，若酒店没有消防监控室，可将总机设在客房中心；内部通话通过号码簿直拨，严格规定不能经总机转接。

（7）取消电脑房操作或值班人员，在酒店开业初期，可聘请一名不坐班的电脑工程师做顾问，待电脑系统稳定后可取消该顾问。

（8）将配电间值班室和工程部值班室合并在一间办公室里，既可满足配电间值班人数要求，也方便实际运作。

（9）设计时将锅炉房、水泵房和空调机房放在相邻位置，可由一人兼管。

（10）酒店员工上下班可不打卡，这样可促进管理人员的管理水平和人员素质，又可节约因打卡带来的各项浪费，还可充分发挥员工的主人翁精神。

（11）客房楼层服务员和洗衣房员工：每天可在完成工作任务后随时下班，激励员工积极工作，又可节约能源。

（12）员工宿舍的门锁可用电子门锁，门卡也可用于食堂刷卡及其他用途，虽然一次性投入大些，但由于钥匙易丢失，员工流动性大，这样可减少常常换锁的费用和麻烦。

（13）前厅总台采用坐式来对客服务，这样比站式服务更加人性化，员工队伍更加稳定，减少因人员流动频繁导致的培训费用。

二、加大管理力度，人人节能减排

（1）后台办公区域不摆放绿色植物，其他公共区域和客房层少放绿色植物。

（2）员工特别是办公室人员减少洗涤工作服次数。

（3）为减少浪费，又达到人性化要求，员工食堂可采用自助餐形式。

（4）办公室使用纸张、复印机和打印机：除"环保纸"通用做法外，办公室要向无纸化办公过渡，能不发文的不发文，能不复印的不复印，能不打印的不打印。

（5）员工食堂使用开水器，后台办公不购外送桶装水，使用自己加水、可自动过滤的饮水机，可减少送水人员进出酒店污染地面、乘坐电梯的浪费。

（6）有许多人养成了滥用餐巾纸的怪毛病，吃顿饭要用去许多张抽纸，通过教育和管理培养员工少用餐巾纸的好习惯。

（7）除员工食堂专辟吸烟区外，酒店其他任何区域不得吸烟、吃槟榔，不得吃零食、放置零食，这样可防止发生安全事故，减少清洗人员的卫生工作，减少灭鼠费用。

（8）办公、餐饮、客房等酒店区域的所有开水器、电脑、复印机、传真机、空调、灯光等一切电器照明，必须按时按需开关，不仅能节省能源，且能防止事故的发生。

（9）尽量少打电话，打短时间电话，改掉打电话啰啰唆唆、无事用电话聊天的习惯。

（10）出差能坐火车或大巴的就不乘飞机，能使用公共交通工具的就不开专车；能不出差就能办成的事就不出差，能用微信文字或语音电话的就不要打外线电话。

（11）教会每个员工如何定期清洗风机盘管，每个部门负责定期清洗所辖区域的风机盘管，既省电又能提高空调效果，还不会污染出风口周围墙面，减少工程部粉刷维修工作。

（12）员工尽可能少乘电梯，培养每位员工"上三下四"的好习惯，保安部和管理人员巡楼都必须走消防楼梯，因为电梯的不断启停浪费能源，其启动电流是运行中电流量的8倍。

（13）办公室的家具、会议桌椅和客房家具，一般情况下不要用清洁剂进行清洁。

（14）酒店所购恭桶必须是6升以下节水型恭桶，所有恭桶使用时必须调整到最佳冲水位置，有的可进行反复试验后在水箱中放置大小适中的矿泉水瓶。客房服务员在清洗恭桶时，一般不要使用清洁剂，否则既浪费清洁剂，也会污染地下水。

（15）客房卫生间要配备罐装沐浴液和洗发液，不仅客人使用方便，减少包装物污染，也可降低一次性易耗品成本。

（16）客房卫生间要配备质地较好的牙刷，可立一提示牌，要求客人使用完牙刷后连同未使用的牙膏一起带走继续使用。因为绝大多数酒店提供的是小支牙膏，居住两天以上的客人经常会因为牙膏不够用而打开另一只牙刷牙膏套装，浪费了牙刷，最好将牙刷牙膏分开包装。

（17）客房中的拖鞋要选用质地较好的，鼓励客人带走继续使用；若客人使用完未带走，酒店可选择清洗消毒封包后继续使用。

（18）客房的服务夹中可不放信纸信封、针线包，可将这些物品放在楼层服务间和客房中心，若客人需要，可随时提供。

（19）在清理客房、餐饮及其他客人消费区域时，只要客人离开，就要求员工关掉不必要的灯，且在清理工作结束前半小时关掉空调。

（20）培训餐饮部员工收拾、洗涤餐具的能力，将餐具破损率降到最低限度，减少垃圾给社会带来的负担。培训管事部员工用最经济的办法每天打理厨房，将冷热水和清洁剂的用量降到最低限度。

（21）在大厅放置自助入住机，鼓励客人自己办理入住手续，节约前台人工成本，提高工作效率。

（22）前厅入口处取消"衣履不整谢绝入内"的立牌，因其不合时宜，又不尊重客人，取消此牌还可节省投资。

（23）工程部必须每天定时对水电气抄表，若发现用量不正常，要及时查找原因，防止跑冒滴漏，且能阻止连带事故的发生。

三、正确合理设计，恰到好处使用

（1）一般城市酒店停车场地面积捉襟见肘，因此这样的酒店少栽绿色植物，少做景观，更不能做成园林，尽量挖掘停车面积，担负起酒店和社会停车的责任，同时也可大大减少绿色植物和景观的维护费用。

（2）除一层大堂外，酒店的裙楼特别是主楼的客房层一定要用点式窗，不要使用幕墙做法，这样既可节省投资，又可省去装修上的许多麻烦，达到保温隔音的节能效果。酒店所有外窗不能使用左右推拉窗，必须采用平开窗。

（3）酒店的墙体材料要使用得当。外墙可用空心红砖，既能保温隔音，防水性能也好；客房隔墙可用夹气混凝土砌块，KTV隔墙除用夹气混凝土砌块外再加隔音材料；客房卫生间或餐饮包间隔墙可采用轻质墙体材料。酒店所有隔墙不能使用钢丝网抹灰墙体形式，更不能使用水泥空心砖。

（4）客房层的建筑层高不宜过高，五星级酒店以 3.4m 为宜，四星级酒店以 3.2m 为宜，三星级以下或经济型酒店以 3m 为宜，楼层过高的客房土建成本大，且空调运行费用高。

（5）所有超过 50m 高的酒店必须在客房层设布草通道，用直径 60cm 的不锈钢管道加工而成，这样可节约人力，减少服务电梯的使用次数。

（6）不要把会议室、多功能厅、餐饮娱乐健身项目设在酒店高层或顶层，否则不但会影响服务质量，而且浪费能源。

（7）酒店前坪通向主入口的坡道不宜陡，台阶不宜多，否则汽车就要加油门爬坡进入酒店，增加油耗，汽车尾部排出的废气就多。

（8）不管是什么档次的酒店，一定要用自动或手推旋转门，这样既可保温隔音，节省能源，又能让大堂的服务达标。

（9）大堂的共享空间原则上要封堵，否则冷热空气会大量往上散失，特别是冬天热空气往上走，酒店大堂较冷。若为了美观不作封堵，则须在侧送风的情况下增加圈棚下送风设计。

（10）大堂区域尽可能少开后门或边门，否则穿堂风会较大地破坏大堂的温度和湿度，招来灰尘和蚊蝇，这样会增加管理点，加大能源消耗，增加灭蚊蝇的费用，且降低服务质量。

（11）厨房要先降板，否则会影响厨房高度，且增加传菜和收碟难度，增加瓷器破损率。

（12）停车场、办公室、仓库等后台区域，要减少照明灯的数量，合理调整灯的位置及高度，增加控制回路，合理经济地使用照度。大堂、雨棚及泛光照明（含酒店店名招牌）的灯光，要多回路控制设计，分时段选择性地开关，达到既满足服务标准又节能之目的。

（13）一般酒店的生活热水水温设得较高，浪费能耗，夏天可设在 45℃，冬天可设在 50℃。

（14）空调水温：为使夏天出水温度比规范要求提高 4℃，冬天水温比正常值降 4℃，而不影响空调效果，就必须适当增大冷却塔容量，增大风机盘管的风量，达到节能之目的。

（15）大凡使用中央空调的酒店都必须安装电磁二通阀，当房间不再使用空调或已经满足使用温度时，电磁二通阀会自动切断循环的冷热水，达到节能之目的。

（16）空调主机的开启时间：根据酒店各功能区域客人活动情况以及室内外温度及时调整开启时间，特别注意的是换季时候，往往室外乍热时不要马上开制冷主机，室外乍冷时不要马上启动采暖锅炉。

（17）酒店要使用屋顶水箱，不要使用变频系统，不但可以保证在市政停水时有水使用，还可省去经常启停加压水泵的能耗。

（18）一般酒店的变压器配置过大，根据使用经验，可在电力设计院容量设计的基础上再打七折左右，这样既可节省购买变压器的费用，少花增容费，又可节约每月的线路变损费，少占用电力资源。

（19）水泵、阀门、管线要选用质量好的品牌产品，初始投资看似多些，但从长期营运考虑，既节约了维修成本，又防止了跑冒滴漏的浪费。

（20）为减少能源的浪费，防止冷凝水对装饰面的破坏，必须对所有外露的空调管、热水管进行保温。

（21）在洗衣房和锅炉房设废热回收装置，将废热用于生活热水，既可解决洗衣房和锅炉房的环境温度，延长设备使用寿命，又可节约能源，稳定员工队伍。

（22）改革惯用的监控室电视墙做法，用几台多幅小画面的彩色显示器来替代十几台或二十几台价格昂贵的监控器，省投资，省地方，又省能源，监控人员的眼睛不易疲劳，真正达到监控之目的。

（23）一般酒店不宜使用客控系统，不要使用磁卡门锁，该锁一次性投入大，磁卡因重复使用率不高而成为污染性很强的垃圾。

（24）酒店一般不宜使用楼宇自控系统，投资大又无实际使用价值。

（25）酒店一般不宜使用观光电梯，投资大，许多客人不愿乘坐。

（26）餐饮厨房用的传菜梯（食梯），无论是步入式还是窗口式，都必须将电路板部分用塑料密封，因为按规范传菜梯井道必须密封，所以菜品散发的热气转发的水蒸气常常使传菜梯电路板出现故障，不但影响运作，且大大增加维修费用。

（27）电梯一定要有司机功能。许多酒店电梯常出故障是由于使用不当所致，像 PA 保养电梯地面石材时长时间占用电梯，只用一块硬物挡住光幕，导致电梯门不断开合，最后死机或出现故障；若用专用钥匙将电梯运行指示关闭再行清洁，就可大大降低故障率，节约维修费用。电梯轿厢顶部的排风扇要根据季节和客人活动时间开启，以达到节能之目的。电梯轿厢里的灯光应分回路控制，在午夜至早晨七时可关掉部分照明，降低照度，以节约能源。

（28）电梯机房的空调在夏季频繁使用时应根据气候灵活开关，不必昼夜运转不停。

（29）餐饮规模不大的酒店厨房可不设高低温冷库，只需使用冰柜，以便节约能源。

（30）整个酒店要始终处于良好的保温状态，凡保温不好的地方要设法改造，因为保温不好，防噪声就不好，空调能耗就大。

（31）酒店装饰能用中密度板的就不用实木，能用墙布、墙纸装饰的就不要用木板、石材或瓷砖。所有装饰用的木材、石材和瓷砖能不做线条的尽量不做线条。

（32）许多装饰面可用仿石材纹理瓷砖来代替石材。普通客房的窗台板、卫生间的止水板和面盆台面均可用人造大理石。客房小走廊不宜用大理石。三星级以下的酒店客房地面可用强化复合地板。

（33）酒店客房要使用顶灯或槽灯，一般不宜使用射灯、落地灯、台灯、镜前灯和壁灯；卫生间淋浴室内不必装灯和排风扇，排风扇安装在淋浴室外可减少故障率，增加其使用寿命。客房内一般可不使用抽屉和柜门，不要使用床头控制板，更不能使用触摸控制屏，要使用大开关面板，并标上中英文，便于客人有目的地使用。有的灯如书桌上方顶灯、沙发上方顶灯采用就近控制的方式，引导客人用什么灯就开什么灯。

牢固树立低碳意识，培养节能减排习惯，不仅酒店管理者应予以高度重视，不仅关系到酒店能否持续发展，而且是我们每个公民的责任，是关系到子孙后代生死存亡的大事。笔者殷切盼望每位酒店人行动起来，为构筑绿色地球、共享低碳生活而贡献自己的力量。

第十二章　酒店筹备期的新思路

　　一个新酒店的诞生需要经过两个阶段的工作：酒店的前期建设和后期筹备。开业后的酒店能否取得成功主要取决于开业前的这两方面工作，比较来看，筹备工作要比建设工作容易得多。中国酒店的业主往往把最难做的前期基建的活儿揽在了自己怀里，"初生牛犊不怕虎"，不知道就不晓得害怕，所以中国的酒店有多少被贻害在这些自以为是、不懂装懂的外行业主手里；而后期的酒店筹备工作呢，业主倒常常认为其中奥妙无穷，许多投资人把建成后的酒店委托给中外酒店管理公司或职业经理人管理，而其中一些所谓的管理专家故弄玄虚，把一件本来十分简单的活儿硬是搞得非常复杂，本来可以走的捷径却非要绕着道儿走，结果多半情况是既浪费了时间又耗费了资金，还收效甚微。这其中有管理团队故意找活儿消磨筹备时间的原因，也有管理团队确实水平不够，盲目地争相模仿其他酒店筹备的因素，自己不敢随意创新，故而跳不出前人一贯操作的模式。笔者在过去负责的近十家高星级酒店的筹备中，习惯于向老套路挑战，坚持走改革创新的道路，不仅大大节约了业主在酒店筹备期的资金和精力方面的投入，而且顺应了参加筹备的所有员工的意愿，获得了事半功倍的良好效果。

　　酒店筹备工作看似繁杂，其实对于真正做过这方面工作的人来说并不难，总结起来就是招人和采购，招对了人、招对了时间，一切问题就迎刃而解，所以这里撇开采购不谈，专门说说关于前期筹备中有关招聘人员和经营管理决策方面的新思路、新做法。

一、懂得工程的酒店总经理和工程部经理应尽早介入前期建设

中国乃至世界的酒店经营管理者，真正懂得酒店工程建设的可谓是寥若晨星，这也难怪他们，因为他们的专业是酒店经营管理，他们很少有机会在酒店前期建设的舞台上展示自己。由于欧美发达国家酒店设计和工程人员的专业化程度很高，他们无须承担前期建设中本不该由他们承担的任务。但是我国的情况就大相径庭，因为酒店设计人员的不专业，施工管理人员的外行，往往会给日后的经营管理带来致命伤，所以如果总经理或工程部经理真正熟悉和了解酒店的建设知识，就必须在和业主所谈的酒店管理合同中，把尽早介入前期工程作为主要条款内容写进去，尽可能地避免日后经营管理方面的麻烦。

话要说回来，是业主硬要一厢情愿地把酒店总经理或工程部经理当作工程专家拉进来作为顾问呢，还是这些总经理和工程部经理怕业主发现自己是外行而自告奋勇揽活儿呢，绝大多数的酒店管理团队不懂得酒店工程，但他们打肿脸充胖子，在项目上乱说话瞎指挥，结果是耽误了工程上的许多大事，真是让人哭笑不得。笔者给酒店人提个醒，不懂就是不懂，切忌以讹传讹误人子弟。

二、酒店筹备工作的开始时间应恰到好处

在酒店业主不需要管理公司或职业经理人顾问酒店工程建设的情况下，那么，酒店管理团队进入筹备工作的最佳时间是在开业前的五个月。我们有许多业主对酒店管理是外行，对工程建设进度把握不够，因此常常早早地把管理团队请进来，有提前一年的，也有的提前两年甚至是三年的，高官厚禄而又无所事事，给几个职业经理人发点工资还算凑合，若长年花巨资养一个大牌的酒店管理集团派驻的团队，业主有此必要、能不心痛吗？这些不必要发生的费用摊到日后的经营中，酒店能赚钱吗？

三、筹备期招聘培训员工应遵循实事求是的原则

随着时代的发展，人的观念在发生变化，那么我们在新酒店招聘和培训员工的任务中，也应该与时俱进，讲求实效，这样才能适应新形势的需要。

（1）筹备期招聘员工要提前多长时间？既然筹备工作的最佳时间是在开业前的五个月，那么酒店的总经理就是这个时候到岗。总经理（决策层）在拟定组织架构图和所需职工人数并报董事会批准后，在计划开业时间倒推三个月时将部门经理（管理层）人员招聘到位，然后倒推两个月到职各部门主管级、工程部、前厅部和销售部全部人员，最后在倒推一个月时到职酒店其余员工。部门经理到职后的主要任务是，制定本部门的政策和程序，编制采购清单，写出员工培训计划和讲义，因为采购物资需要时间，所以要在开业前三个月部门经理到职。因为酒店是交钥匙工程，为了保证设备的正常运转和工程衔接，工程部所有人员必须提前两个月到岗接受有关厂家的培训并接手设备管理。前厅部的人员需要接受前台接待软件和外语的培训，所以必须比普通员工提前一个月到岗。销售部的人员需要提前宣传酒店，外出与客户联络客源并签消费协议，工作不走在前面也是不行的。所有的主管级人员要先于一般员工一个月进店，是因为他们一方面要接受酒店和部门的培训，一方面还要准备培训各自分管的员工。有许多酒店在开业前半年就把员工招了进来，殊不知有许多员工还未等到酒店开业就已离去，甚至是员工走了一批又一批，而酒店开张还遥遥无期。也许有人会很担心时间来不及，笔者曾经主持筹备过两家酒店的开业工作，都是率领团队在倒计时两个月时进入酒店，招聘人员、采购物资等等工作有条不紊地进行，最终成功地准时开业，所以请读者放心。

（2）尽量招收本地员工。无论是酒店基层管理还是服务工作，专业化知识化程度要求不高，有些管理公司故作高深莫测，从外地招聘管理人员，有的则因为想要寻找更廉价的劳动力，从二、三线城市或从农村招聘服务人员。其实从低碳角度来说，从维护劳动者的利益来说，我们有一千个理由从当地吸纳员工，只要有几个真正懂得酒店管理的核心

人物在掌控着酒店，其余基层管理者和服务生都可以经过一段时间的严格培训和言传身教培养而成。目前国内酒店的一般服务人员工资较低，待遇较差，受到的关爱太少，若业主少花些冤枉钱在建设酒店的失误上、在聘请酒店的管理团队上，拿出其中一小部分来提高员工的工资待遇，多尊重和关心些员工，那么一定能招收到许多本地的员工。

（3）客房部不一定非要招聘合同制服务员，客房清洁多半可由家政服务公司完成。一般酒店的客房是由与酒店签上固定期限合同的服务生来完成清洁工作的，不管住客率怎样，都要按照编制招聘和培训酒店自己的服务员。由于客房服务工作的劳动强度较大，而客房服务员的工资往往在酒店中偏低，所以客房工作人员的流动率常常居高不下，酒店的服务质量得不到保证，使用部门和人事部门为了补充人员常常发愁。社会生产力的进步在于生产的规模化和分工的专业化，近些年来，各地的家政服务公司管理渐趋正规，服务比较规范，收费也比较合理，酒店的客房清洁工作完全可以交给它们打理，酒店可以先期考察，选择好一家合适的家政公司签署合同，根据酒店客情和不同时期的客源统计提前给对方下任务，每月末按照完成的清洁客房数和对方结账，家政公司负责员工的所有薪酬待遇和各项保险，酒店只需负责派管理人员跟踪检查工作质量，必要时可对家政公司的服务人员进行酒店客房服务标准的培训，这样就可以收到事半功倍的效果。

（4）保安部不一定非要招聘年轻人或退伍军人。许多酒店保安部在招聘时总喜欢选择年轻人或退伍军人，不愿接收四五十岁的年长男子，其实这是一个用人误区。一个酒店老中青结合应该是最佳搭配的年龄结构，而一个部门也不应该由清一色的年轻人员所组成，因为各个年龄阶段的人会发挥不同的作用，年轻人有闯劲，朝气蓬勃，但年长者有经验，做事踏实，稳定性更强。从担负社会责任来讲，许多四五十岁的男子下岗在家，给他们一个工作机会，他们会更加珍惜，社会因而更加和谐。从酒店保安部岗位来说，有些更适合四五十岁的男子来担当。

（5）新员工不一定要送到其他酒店培训，以自己培训为宜。有些筹建期的酒店喜欢把新招员工送到本地营业中的酒店培训，甚至联系一家外地酒店全部送去培训，我是不大赞成这种做法的。别的酒店是否与自己酒店的规模档次相仿，服务流程和操作模式是否相似，另外，送去别的酒店花了一大笔费用值不值，效果好不好，这都是酒店领导应该慎重考虑的。其实，结合自己酒店的实际情况，让有水平的各部门管理者踏踏实实地上好每一堂培训课，要比送去别的酒店虚度时光好得多。

（6）新员工的培训以多长时间为宜？前面说过，在计划开业时间倒推一个月时将所有新员工招聘到位，也就是说新员工的培训时间以一个月为宜。在这一个月中，专业培训可以时间长些，定在半个月，剩下半个月可以进行其他方面的训练，内容可以千变万化，甚至可以与酒店服务没有直接关系，但培训宗旨不变：提高员工素质，培养团队精神，激发对酒店工作的热爱和兴趣。有很多酒店人会担心，培训时间如此之短，员工能达到服务标准吗？据笔者筹备酒店经验，培训时间再长，哪怕是在其他营业中的酒店实操半年，真正到了自己酒店后也还是笨手笨脚，总要有个适应过程，培训是不可能一步到位的。所以，建议新酒店开业留几天作为试运转期，新员工在此期间适应场地、熟悉客人、熟练技能，服务客人只收成本价。过了试运转期后再有一个试营业期，短为一个月，长可为三个月，让酒店的硬软件在此期间得到充分的磨合，达到一定标准后，酒店再进入正式营业期，这样对客人标准收费才算合情合理。我认为，宁愿缩短新员工的培训时间，把实操课程放在酒店试运转和试营业期，也不要把费用花在华而不实的去其他酒店的培训上。况且，培训时间越长，新员工就越耐不住寂寞，就会因培训生活单调乏味而另谋他职。

四、筹备期员工工资不应打折

好像是一种不成文的规矩，筹备期的工作人员除了总经理和少数核心骨干管理者外，许多酒店的筹备人员工资都打了折，只有熬到酒店开业才能拿到满额工资。其实，酒店的筹备工作往往比开业后工作还要繁杂辛苦，除了那些未从事过酒店的新手外，参加筹备工作的都应该是在其他酒店锻炼过、有一定专业技能和经验的人员，让这些技术骨干拿着打了折的工资在默默奉献似有不合理之嫌。酒店的筹备期短还好，有的酒店基建拖上一两年，这些筹备人员可能就会人心不稳。所有新入职的员工要经过一个月的试用期，在此期间拿试用期工资都无可非议，但只要过了试用期，就必须给予新员工转正，转正后的工资就不该打折。其实，只要酒店筹备领导人正确估计好开业时间，掌握好招聘员工的时间，也不应在乎打折的那一点工资费用。

五、开业前的卫生工作应由谁来完成

酒店开业前的整体卫生工作量大、活苦，所以称之为"开荒"，许多酒店"开荒"中就会流失一部分员工，有些员工累倒在"开荒"现场，有些员工在回家途中熟睡在公交车里。许多经历过"开荒"的员工一谈及其中的紧张辛劳还会心有余悸。如何顺利地完成酒店的"开荒"任务，是我们酒店领导必须面对而又要解决好的问题。笔者认为，"开荒"工作可分为三个阶段，由三部分人员来完成：装潢公司将各自承包的施工范围的基本卫生做完，交由家政公司将卫生工作彻底做好，再由酒店服务员对后续不断出现的卫生问题进行跟踪处理，直至顺利过渡到酒店对外迎接客人。这种方法责任明确，各尽所能，"开荒"时间短，工作质量高，还节约资金。

六、餐饮、娱乐休闲项目的经营方式

当今时代，社会餐饮和娱乐休闲项目日益规模化和高档化，有的完全可以与五星级酒店相媲美，所以对于酒店来说，应该在凸显住的功能上下功夫，至于餐饮和娱乐休闲等配套服务项目，可以自营，也可外包。具体来说，五星级酒店可以自营，四星级酒店可自营可外包，但三星级以下的酒店最好将这些项目外包。四星级以上的酒店尚能借助硬软件的优势创出自己的特色和品牌，而三星级以下的酒店既没规模优势，也没有软硬件的条件，还不如承包给社会上经营业绩较好的品牌店。若酒店把这些项目对外发包，最好是让承租人自己完成水电空调和装修工程，一是承租人可以完全按照自己理想的功能布局和装修风格进行设计规划，

二是可以避免承租人可能会出现的短期行为。这里要提及的是，若餐饮自营，最好不要采用包厨形式，以酒店自己逐个单聘厨师方式为宜。

七、合理设置岗位

酒店在制定人事构架图时要打破传统的岗位设置的思路，本着与时俱进的原则，合理地安排人事。比如不要设专门的总机房，可将总机接线员合并到消防监控室，接电话和看监控由一个人完成，内部通话一律不通过总机转接；除非酒店规模小没有消防监控室，否则切忌将总机放在总台或客房中心。酒店可以取消电脑房操作人员，在酒店开业初期，可外聘一个电脑工程师做顾问，待电脑系统稳定后可取消该顾问。酒店可将配电间值班室与工程部值班室合并在一间办公室里，既可满足配电间值班要求，也方便实际运行。酒店可将总办并入人力资源部，总办秘书可兼做人事管理；稍小规模的酒店，部门不必设秘书，可由部门管理人员兼做。酒店各部门组织架构中可不设领班，减少管理层人员，使管理更加扁平化。

八、筹备期费用的建议

正确的算法是，酒店的筹备费用应该在开业后的利润中摊销，所以，筹备期费用的花费多少将直接影响到日后酒店经营的业绩，该花的则花，不该花的则不花，这是每个筹备工作者必须遵守的原则。就笔者经验，若不算物资采购费用，采取单聘职业经理人的方式，那么三星级酒店的筹备费用约为 80 万—100 万元，四星级酒店的筹备费用约为120 万—150万元，五星级酒店的筹备费用约为 200 万—250 万元。当然，若是聘请酒店管理公司进行委托管理，因为管理合同中管理费用的差别，人员工资费用的悬殊，其筹备期费用要远远超过上述数字。

我国每年都要诞生许多家规模不同、档次不一的酒店，笔者只能根据多年筹备酒店的工作经验提出以上新思路，供酒店业主和经营管理者思辨，关键是要根据各自酒店的具体情况而灵活运用，正确与否还请在实践中检验。

第十三章　二星半投入，三星半卖价，五星级体验

人类进步事业的取得往往需要经过大量的摸索和实践的反复失败，我们酒店业也是如此。纵观世界发达国家的酒店，在管理模式、管理理念等方面已不能与时俱进，与时代的发展严重脱节，中国酒店业一直是在跌跌撞撞中前行，目前绝大多数酒店仍处于亏本经营的尴尬境地。原因何在？我们能不能早点扭转这种局面？

一、中国酒店搞不好的原因

搞不好的原因就是我们都在模仿，几乎所有的酒店人都在模仿国外那些已经错误或者说已经落后的建设和管理酒店的模式和理念，因为我们的政府领导、行业领导没有真正投资或建设过酒店，业主不懂建设和管理酒店，设计师不懂酒店管理和消费者需求、不懂投资人的甘苦，而管理者又不懂酒店的设计和建设。再者，缺乏酒店行业的理论和实践人才培养机制，中国迄今没有真正的酒店研究机构，高等院校没有酒店建筑设计、机电设计、室内设计专业，没有真正培养酒店高级管理人员的院校。理论工作者不能给我们提供有价值的帮助，而我们酒店人日夜辛劳，每天只顾埋头拉车，哪有时间抬头看路，去不断总结创新呢？大家只能走模仿的道路：一线二线城市模仿国外酒店，三四线城市又去模仿沿海或省会城市的酒店。一家酒店搞错了，就会复制出许许多多的错误酒店。其实，酒店是一项系统工程，只要一个环节做不好、一些细节做得不到位，就会损害酒店健康。我在酒店业摔打了四十多年，研究摸索实验了 20 多年，做出了一个令业界轰动、修正了经典的"管理出效益"论断的发现：酒店 70% 的效益来自设计，而管理最多只占 30%！

欣喜的是，我提出的这个论点已经得到了学术界的认可和热捧，得到了政府领导、酒店投资人的认可，得到了酒店设计师的认可，得到了酒店经营管理者的认可，而如此设计的酒店由于性价比高更是得到了消费者的喜爱。那么，我们究竟要做一个什么样的酒店，才能得到政府领导、酒店投资人、酒店设计师、经营管理者特别是消费者的喜爱和欢迎呢？

二、二星半投入，三星半卖价，五星级体验

欧美发达国家的酒店也好，第三世界的酒店也好，包括我国3万多家像样一点的酒店（含星级酒店一万一千多家），酒店整体呈现两极分化：要么是硬件好、舒适度高，但价格比较贵；要么是硬件差、舒适度差，不过价格比较便宜。结果怎么样呢？绝大多数这种投资大、价格贵的酒店，投资人是亏损的，而绝大多数投资少、价格低的酒店，投资人也是不赚钱的。更重要的是，这两种酒店都得不到大多数消费者的认可和欢迎，经营管理者也感到困难重重。因此，我们酒店人就在另辟蹊径寻找第三条道路，最后搞出了一种精品酒店，又称时尚酒店；有的还炒作一种新物种酒店、共享酒店、跨界酒店；还有诸如度假民宿、养老养生酒店、亲子酒店、生活方式酒店、目的地酒店，等等，眼花缭乱，都是在炒作概念，有几个是赚钱的呢？有几家酒店可持续发展的呢？比如目前市场上比较流行的精品酒店，主要靠加盟的酒店赚钱，然后进行资本运作。大家知道"桔子水晶"的老板吴海夜宿马路的故事吧？如果老板赚钱，吴海为什么要痛苦地卖掉酒店所有股份，酩酊大醉在马路上过夜呢？我接触过的酒店投资人多数都很任性啊！说到底，这种中档精品酒店注意到了酒店硬件的投入，关注到了客人的舒适度，但由于投入仍然过大，舒适度并没有提升很多，而且投资与回报不成比例，所以，虽然有许多客人认可了，但投资者发现难以持续发展。因此，这种创新方向是否正确，是否能解决根本难题，是否能够形成可复制、可盈利的模式，在创新中能否坚持活下来，我持悲观态度。

那么大家听到这里也许急了，您这样说酒店就没有什么路可走了吗？向大家汇报，我从2012年起开始做实验，发现完全可以用二星半

的投资，卖三星半的价格，让客人获得五星级酒店的舒适度和体验感。建造这样的酒店，投资人很快回收投资成本，经营管理者操作轻松，而消费者愿意掏钱（因为付出的是三星半的价格，住的是五星级舒适度的酒店）。请大家想一想，这样的酒店不赚钱才怪呢！我主持建设的长沙金麓国际大酒店、合肥君宇国际大酒店，都做到了。我们在长沙实验的租赁物业经营的 100 间左右客房的酒店，最快的回报期只有 9 个月！那么，这样的酒店具体怎么操作呢？这里我只讲一些精髓和与现在所有酒店操作不一样的地方，这里主要讲的就是总体设计。

　　《孙子兵法》的第一篇就是告诉大家要建立设计思维，总共 13 篇，就是以《始计第一》为核心开头，提纲挈领，开启了其后 12 篇大文。大家都读过的《三十六计》中的第六计"走为上策"，走古汉语就是跑，毛主席的核心军事思想就是跑，他的经典作品四渡赤水、撤离延安就是"打得赢就打，打不赢就跑"！这里的跑叫战略转移，不是逃跑。我们酒店业主多半死要面子，不实事求是，明明没有那么多钱，非要和别人比豪华高档；明明知道请了管理公司要花高额的各种费用，但就是要模仿别人请大牌，他们不知道识时务者为俊杰，其实，跑是一种策略，有什么难看的呢？总比丢了性命好吧！所以，酒店也是一样，不能硬打硬拼，应该集中优势打歼灭战，该投入的必须投入，不该花费的就一分钱不花！毛主席是中国革命的伟大设计师，没有毛主席，就没有新中国；邓小平是改革开放的总设计师，没有邓先生，就没有今天的新生活，设计是多么重要啊！话头打住，我现在所说的设计是酒店总体设计，设计院的工作只是其中一小部分，从投资规划、选址开始，到建筑设计、机电设计、室内设计、经营管理设计，还有诸如园林、亮化、雨棚、布草通道、洗衣房、店招、灯具、洁具、家具、地毯、门锁、旋转门、电梯、窗帘、接待软件等，应该说有一万多个细节的设计。如果指挥者娴熟酒店这个系统工程大大小小这些细节，并且让这些细节标准在具体的操作过程中落地，那么这个酒店就会取得巨大成功。大致计算，如果我们在操作酒店的过程中，正确完成了 30% 的主要细节，那么这个酒店就可以依靠自己活下去；如果正确完成了 40% 的主要细节，酒店就会确保盈利；如果正确做到了 50% 的主要细节，酒店就会有许多盈利；如果正确完成了 60% 以上的主要细节，酒店就会健康长寿地活下去，成为真正的品牌酒店。

三、酒店选址

酒店之父斯特勒说过选址有三要素：地点，地点，还是地点！这句话意思没错，但随着交通道路以及通信手段的高度发达，其含义已经发生了颠覆性的变化。我认为，闹市区对于酒店来说不一定是好位置，因为地价高导致成本高，如果是承包经营，那么每年的租金成本就会比较高，投资人经营者压力就会大。我是怎么判断和选择酒店的地理位置的呢？我是看这个地区三五公里范围内有没有酒店，加在一起的房间数是多少，如果加在一起有 500 间，那我就可以搞起码 300 间房的酒店，因为这些现成的客源以后都会成为我们酒店的客户。如果这个地区根本就没有酒店，本来就没有客源需求，这样的位置就要谨慎了。一旦确认可以做酒店，那么，我从不考虑其他酒店的任何数据和因素，我只把所有的目光和精力都倾注在酒店的设计和建设上，而且我对酒店的光明未来有充分的把握。

四、酒店外形

对于酒店建筑体，请放弃任何异形建筑的设计，如圆形、椭圆形、多角形，也不要使用正方形，最好采用中规中矩的矩形做酒店建筑外形。

五、酒店外墙、外窗及外墙色彩

外墙真石漆（酒店建筑底下 1 层或整个裙楼部分可用瓷片真石漆）。外窗：采用点式窗，不能用玻璃幕墙。外墙色彩不宜采用冷色调，应该使用暖色调。

六、酒店的交通及地面停车

酒店的交通规划要做到：进出酒店方便，停车方便，我们的一切设计应该围绕着方便客人进出，方便客人停车。

七、酒店的功能布局

要正确地把握市场，不是刚需、不是性价比高、不是消费者欢迎的服务功能一定要毫不犹豫地取消。

八、酒店的层高及每层楼面积

酒店塔楼即客房层层高：3 星级及经济型 3m，四星级 3.2m，五星级 3.4m；裙楼层高：一层 4.5m，二层和二层以上 3.8m，设多功能厅的最好采用网架结构，净高在 6 米以上为宜。以筒子楼酒店来说，每层楼塔楼面积 $1500m^2$，裙楼 $4500m^2$，地下室 $6000m^2$。

九、酒店的雨棚和广场台阶

雨棚跨度为柱距 3 跨为宜，比如 8.4m 的柱距，雨棚就是 25m 宽，进深为 7m 左右。广场台阶三四级为宜。

十、酒店的裙楼

提供大型宴会和会议服务的酒店一定要设置裙楼；海鲜池、新风机组冷却塔等要加大荷载设计；高层酒店要设计贯穿上下的布草通道。

十一、水

最好是冷热水箱并建，设在屋顶或裙楼的屋面上，这样可以节能，保证冷热水的平衡，且在市政停水时保证酒店的正常运转。

十二、强电

需要注意的是电的总容量的设计，各地设计院一般在取量时配的负荷过多，不但给酒店加大了许多初始增容费，每月还必须多付变损费，而且还占用了国家的电力设施资源。在计算总负荷前要确定酒店功能布局，然后才能详细算准每层楼的用电量，再排布好每层楼各用电区域的使用时段，这样计算出的总负荷才是科学的。高星级酒店及电力不发达、非真正意义上的双回路供电或电力不足地区的酒店，都应配置发电机，而且其容量不仅能满足消防需要，还要能带动客梯、照明、部分负荷的动力和空调，满足停电时基本经营需求。

十三、弱电

客控系统不能使用。一般酒店不要使用电动窗帘、感应照明和感应温控、手机开门的门锁系统。

十四、消防

建筑设计时尽量用足消防对每层的疏散通道和消防电梯设置数量的要求，比如消防规范要求 $1500m^2$/层设一部消防电梯，那么设计时就把每层楼的面积控制在 $1500m^2$ 之内，这样，每间房分摊的公共面积就比较少。

十五、空调

针对不同的酒店选用正确形式的空调是非常重要的。为了保证酒店的服务品质，一般不要使用外挂式分体空调。超过 4 万 m^2 的酒店，可以考虑离心机和螺杆机制冷、锅炉采暖的空调方式。1.5 万至 4 万 m^2 的酒店可用螺杆机制冷加锅炉采暖的空调方式。1 万 m^2 左右的酒店可用风冷模块制冷和采暖的空调方式。再小的酒店可用管道机进行制冷和采暖。

十六、洗衣房

拥有 300 以上房间的酒店应设洗衣房，少数度假酒店或周围没有洗衣厂的 200 间左右客房的酒店，也可设置洗衣房。洗衣房的设计难点在不使用空调降温的情况下，要设法在夏季把室内温度控制在35度以下，那么设计时要注意室内送排风、热管道保温、熨烫机加罩抽热等细节，这样不仅有利于延长设备的使用寿命，也能改善洗衣房环境，稳定员工队伍。为了彻底解决洗衣房室内温度，建议加装废热回收设备。

十七、电梯

万万不能把酒店消防电梯和客梯设计在一起。另外，电梯不宜使用楼层限制卡。大凡写字楼和酒店混在一起设计的建筑，不宜将客梯分作写字楼和酒店专用梯，因为客梯混合使用可以提高电梯使用效率，方便客人交通，节省投资。

十八、室内设计

1. 大堂：一定要用旋转门，有条件的最好使用4.2m直径的两翼旋转门。大堂的共享空间：不必追求非要有共享空间，共享空间不必很高，为了空调效果和消防防火分区的要求，尽可能地将二层以上的共享空间作实墙或防火玻璃隔断封堵。前厅可以采用坐式服务总台；大堂墙面不需要使用石材，可用价廉物美的冰火板；西餐厅与茶吧结合，提高餐厅利用率，早餐开完后可以作为茶餐厅营业，而且西餐厅兼茶吧如果是在一楼总台附近就可以不设收银台。

酒店无需设置电话间。一般酒店可以不设商务中心。小型酒店、商务散客酒店可不设行李房。

2. 餐饮：酒店尽量不自营大餐饮；酒店餐饮一般情况下宜外包给社会品牌餐饮；如果自营，以宴会为主，并且大小不一的餐厅都设计成多功能厅使用；要改掉酒店餐饮豪华高档装修的惯常做法，代之以接地气的特色文化装修。

3. 客房：要把环保要求作为酒店设计的第一任务，客房主要抓住3种材料：大芯板，最好用E0级，至少用E1级，万万不能使用E2级；涂料，一定要使用品牌产品，如大宝、立邦、华润等；尽量少用石材，因为石材具有对人体有害的放射线。大凡刺鼻辣眼有严重气味的酒店哪怕装修再豪华，生意是不会好的。设计时要高度重视防水、隔音、遮光、上下水。酒店客房不宜采用墙纸，可用环保性能极好的糯米胶粘贴的墙布。不宜做电视机背景墙，不宜做床靠的背景墙。家具：整个家具没有抽屉，没有柜门，这样客人不会落下东西，而且员工查房快捷。入户门可以不设闭门器、防盗链。入户门和卫生间门可用实木夹板门，注意制作时材料工艺必须完全对称，内加方钢。衣柜厚 30cm，宽 1.5m，没有柜门，一半贴一面镜子，另一半设置可以横着挂 3 个衣架的挂杆。行李凳 2 个，两边带扣手，高 45cm，可以当凳子坐；没有电视机条柜，不设写字桌和写字椅；窗户旁摆放一个多功能方桌，76cm 高，80cm 见方，两张扶手沙发椅对放，可以写字、上网、打牌、吃饭，聊天喝茶等。床头柜：悬挑，没有底座，底下没有层板；床高 55cm，底座高 30cm，床垫高 25cm，床垫一定要加舒适垫。床背板不宜高，人坐在床上 65cm 高左右，软包，制作时由上及下呈 15 度斜坡，让人坐在床上头可以舒适靠在背板上沿，背部舒适地抵在背板上。灯具：2 只廊灯，一个风机盘管侧设置 3 根 12 瓦 T5 灯管组成的槽灯，吧台上方一只 3 瓦节能灯，多功能方桌上方一只 8 瓦小吊灯。卫生间：马桶和洗面台上方各设计一只 5 瓦节能灯，一个排风扇。整个卧室没有落地灯、台灯、壁灯、筒灯、夜灯、背景灯。地毯或地板：一直铺设到入户门，小走道不要铺石材或地砖。窗帘：轨道质地要好，两个轨道必须交叉 5cm，布和纱的品质一般即可。电视机尺寸必须在 50 英寸左右。布草：舒适度要非常好，达到五星级标准。一次性易耗品品质要好，要达到五星级标准。沐浴露、洗发液要用品牌原装非一次性用品。酒吧台：只有两个茶杯，一个精美的茶叶罐，一个电热水壶。取消保险柜、冰箱，在每层楼电梯旁设自动售货机，由自动售货机提供更加丰富便宜新鲜的食品和用品，支持支付宝和微信甚至是房卡消费。卫生间布置：不设电话副机，长形抽纸架（上面可以放手机）能够放两卷质地好的抽纸。马桶：一线品牌，旋涡喷射虹吸式，房价超过 400 元的可用卫洗丽智能马桶。淋浴间设置顶喷侧喷花洒。卫生间最好设计成玻璃卫生间：必须使用平开门，淋浴间门里面的挡水石必须磨成 45 度角，这样就不会在门边积水，门外不会有水，不用放地巾。卫生间必须使用四防地漏，而且只在淋浴间设一只地漏就可以。

客房过道：灯不宜亮，最好在每个门头设一只5瓦节能灯，在每个管道井门上挂一幅画，画上可以设置一只3瓦节能灯，这样作为走道的辅助照明；门头灯和画灯分两个回路。墙面宜用墙布，不宜采用软包或木制墙裙。过道地面：不宜采用带地胶垫的地毯，因为普通威尔顿地毯洗后会变形，阿克明斯特地毯价格昂贵，而且用了地毯后，客人拖行李以及服务员推工作车都费劲，这叫吃力不讨好。最好使用中间为块毯、两侧用地砖的设计，既方便客人拖行李、行走没有噪音，员工推工作车也轻松，投资少，便于打理，方便维修。

十九、酒店景观和照明设计

首先考虑停车位，可以在两个停车位的底部结合处种植一棵树，但不影响停车，夏天还可以遮阴。一般酒店可以不设楼体点光源或轮廓照明，更不宜设计滚动光源，可以在楼顶一圈设计不宜过亮的如梦如幻的暖光照明，这样，投资少，使用成本低，维修方便。

二十、酒店管理形式

酒店品牌可以自创，一般酒店不宜用管理公司特别是国外酒店管理公司。只要把设计工作抓到位，选准职业经理人，就可以创出自己的品牌，让别人向你学习，或把酒店委托给你管理，或加盟你酒店的品牌。

二十一、OTA 和酒店订房网络系统

OTA（Online Travel Agency），中文译为"在线旅行社"，顾客可通过网络向旅游服务供应商预定旅游产品或服务，并通过网上支持或线下付费。随着用户群体从 PC 端向智能手机的大量转移，移动互联时代下的在线旅游市场极大改善了用户的消费体验，移动互联在 OTA 模式中占据了重要位置。应该说，OTA 改变了酒店传统的销售和服务模式，对于酒店的发展起到了积极的推动和变革作用。许多国外和国内品牌酒

店管理集团声称他们的酒店预订网络系统有多么强大，其实这种网络系统预订的客源占比很少，纯属夸大宣传，就像他们一样，OTA 也放大了其实际销售作用。我认为 OTA 的出现也是仿造了酒店管理公司迄今为止的订房网络系统，只不过是把这些订房系统集中到一个平台运作；盈利手段也原始纯朴和如出一辙，即通过出售产品取得一定比例的佣金，其佣金比例如果说在 OTA 创立之初的一段时间内高些尚可理解，因为平台运作需要费用，研发成本要摊销收回，就像高速公路收费一样，投入有个成本回收期，收费不能一成不变。OTA 平台应该考虑到消费者的苦痛和感受，要换位思考，要秉承薄利多销的商业法则，就算扶贫吧！现在酒店业日子难过，多数酒店仍亏损经营，那么 OTA 是否可以洒几滴同情的眼泪，把佣金比例下调一点呢？这样做可以减少民怨。

事实证明，我所主持设计筹建管理的酒店，位置无论多偏，生意都很红火。我汇报大家一个秘诀：只要酒店投资合理、设计到位、员工有凝聚力，这样的酒店还需要依赖 OTA、什么酒店品牌、什么品牌酒店的订房网络系统等等吗？如果一部分中小型酒店，地段不够好，本身没有什么卖点亮点，那么依靠 OTA 也解决不了问题，因为这样的酒店看起来客房是多卖了一点，但份额很小，且佣金交完以后就会发现所剩无几。这些酒店的根本出路是，赶紧停业改造，抓好酒店总体设计；如果业主不想或没钱改造，就停业，就转包转售，一锅粥馊了，只有倒掉重煮，改良是没有出路的，越早去除病根越好，丢掉幻想！

二十二、客人第一

我们常常说，客人是上帝，是衣食父母，其实在操作时有几个人心里是这样想的？我们不应该把客人当上帝。而应该把客人当做亲人来服务，亲人来了还要交押金、还要查房吗？所以我管理的酒店对客人免查房、免收押金，结果是比收押金、查房的损失还要小，有的客人拿着打坏的杯具到总台来非要赔偿，这样做，赢得了客人的口碑，客人的回头率就很高，酒店效益自然不愁了。

二十三、员工第一

我们常常说，员工是主人，教育员工要有主人翁精神，但现在有几个企业的员工有主人翁精神的呢？这不能怪员工，应该怪企业老板和负责人。动不动处罚员工，老板和领导做错了谁处罚？我管理的酒店员工上下班不打卡，不查包，不查员工更衣室。结果是员工上班比我早，下班比我晚，酒店里没有什么偷窃事件发生，反而拾金不昧的事经常出现。作为老板和管理者，事事处处要起模范带头作用，把利益看淡些，多为员工着想，员工开心，管理者轻松，员工就会为酒店创造高效益。

二十四、开业前筹备工作

1. 酒店总经理和工程部经理应提前介入前期建设：前提是要懂得前期建设，如果不懂，还不如迟一点到岗。

2. 酒店筹备工作的开始时间应恰到好处：有许多业主对酒店管理是外行，对工程建设进度把握不够，早早地把管理团队请进来，有的提前一年，有的甚至提前两三年，一般来说，提前半年各部门负责人到岗就可以了。

3. 筹备期招聘培训员工应遵循实事求是的原则。

（1）筹备期招聘员工要提前多长时间：主管级、工程部、前厅部和销售部全部人员提前 3 个月到岗，其余员工提前一个月到岗。

（2）尽量招收本地员工。

（3）客房部不必招聘合同制服务员。

（4）新员工不必送外培训。

（5）新员工的培训以多长时间为宜：一个月。培训方式：理论结合开荒工作的实操培训，穿插少量时间的军训。

4. 筹备期员工工资不应打折。

5. 开业前的卫生工作应由谁来完成？装修大卫生由装饰工程单位完成，细节大卫生由家政公司完成，细节小卫生由员工完成。这样做既快又节约费用又专业，又不会发生员工大量流失现象。

6. 合理设置岗位：比如人事部无需设置质检员。

二十五、酒店销售

因为我经营管理的酒店住客率都在 90% 左右，而且关键的是平均房价在同类酒店中都是偏高的，所以，常常会有人向我咨询酒店销售工作的秘方。其实，销售的最高境界是没有销售！首先是酒店产品的质量要好，不是酒店的豪华高档，不是外表好看，而是客人的体验感好，要物超所值。再者是实事求是，不能夸大宣传，甚至是少做宣传，让客人住过酒店后有一种惊喜。第三是向客人宣传时要讲出自己酒店的真正特色，自己的超值服务有哪些，别人有的东西、酒店习惯上应该有的东西就不要说，不要浪费消费者的时间。第四是说的要少、做的要多，重点在客人来到酒店后要专注地把客人服务好，除了销售人员要做好服务外，我们每个人都是最好的销售人员，做好服务就是做好了销售。我在酒店开业前期是怎么做销售的呢？从来不做广告，也不需要 OTA，也从不给销售部和全酒店下销售任务，我提前 3 个月招聘销售人员，他们只有一个任务，就是尽可能多地和客户签协议。为了给销售部签协议的时间，我会在开业后前三个月给予全社会优惠价，比如房间协议价是 400 元，那么酒店开业的当月房价就是 100 元，第二个月是 200 元，第三个月是 300 元，第四个月执行正式协议价。我销售的核心理念就是把所有利益奉献给真正的消费者，让客人迅速走进并认识酒店，同时给销售部赢得了时间！我们酒店所有员工的头脑里没有指标的压力，我只希望他们快乐工作，做好服务，而董事会给我下达的指标只会锁在我的抽屉里，因为我也从来不看那些指标的。结果呢？我做过的酒店没有一家不是超额完成董事会下达的指标，而遗憾的是，几乎没有一家酒店老板和我兑现协议中应该给的奖金，几乎没有一个老板说话算数，要知道，这不是兑现给我的呀，是兑现给辛辛苦苦忙了一年盼了一年的全体员工的啊！

以上讲了 25 个方面的问题，实际上就是 25 个方面的设计。请大家注意，要想做到二星半的投入，必须删繁就简，需要的设备和用品在质量上必须把好关，因为我设计的酒店改造期大约在 12 年；但与客人没有什么关系的设备和用品就坚决砍掉，比如大家看到的上述房间的设计就很简洁，一间房的所有投入加到一起不到 6 万元，而且要达到五星级酒店的舒适度，服务员清理房间的时间约 20 分钟，比正常清理房间的时间要节约一半。所以，节约投入要从设计源头抓起，一直延伸到酒店经营管理之中，每个细节都要贯彻这个理念。投入少了，卖价适中，既好卖又能赚到钱。而客人呢，付中等的价钱获得了五星级酒店的舒适度和体验感，客人有面子也得了实惠，这样的酒店才是我们运作酒店的模板和方向。

第十四章　合理投入是酒店成功的关键

最近一些年来，我走遍了国内每个省份，顾问了逾百家酒店，接触过不同规模、不同类型、不同体制的投资人、设计师和经营者，我惊奇地发现，他们制造出的酒店没几个是赚钱的。如果说生意不好、住客率不高、平均房价较低，酒店亏损是情有可原的话，那么，一些生意兴隆、住客率较高、平均房价不低的酒店也入不敷出，这就让我不得不开动脑筋做深度思考。我渐渐地悟出，我们酒店人多半喜欢高大上的产品，以为豪华高档的酒店就能获得客人的青睐，就可以卖得起价。于是，他们几乎都在追求夺人眼球的外形，都在攀比材料设备的品牌档次，都喜欢用贴膏药的方式将文化主题机械式地贴在酒店的外形和内部的空间里。总之，他们被视觉效果所绑架。其实，客人的要求很简单，睡个好觉、洗个好澡、吃个舒心餐是酒店永恒的主题，客人渴望的是舒适体验，而非视觉效果。这里我要着重强调的是，投资人若追求视觉效果，将会付出很大的代价，但若在舒适体验上做好文章，就可以事半功倍、投资少且能赢得客人的惊喜。无论是我主持建设和管理的酒店，还是顾问他人的酒店，只要是对客人舒适度、体验感有作用的，就加大投入；反之，与客人舒适度、体验感没有直接关系的就做减法，尽可能把钱花在刀刃上。我用这种理念去指导酒店的系统工程，都取得了骄人的业绩。

一、建筑

现在大家越来越认识到，酒店是个重资产。那么，如何才能让这个重资产轻装上阵呢？首先我们必须在源头上控制住，即在设计建筑时就要考虑到如何节省造价，而且为酒店后期的机电、装修和经营管理省钱好用打下良好的基础。我认为，酒店建筑的投入大约在 1600 元/m² 为宜。

1. 外形

看一个酒店是否健康、是否赚钱，往往不要进酒店，只需站在外面看一下酒店外形就能得出基本结论。做酒店要像做人一样必须规规矩矩，在设计酒店外形时最好采用俗称"火柴盒"式的矩形。酒店是靠面积赚钱的，如果设计成异性建筑，虽然外形有特色，甚至有主题，但里面的公摊面积就大，在做酒店功能布局时就会感到棘手，房型比较多，建筑成本高。有些异性建筑还不得不用钢结构，在接下来的空调、水电、消防和装修施工中就会加大难度和投入。酒店开业后，管理人员就会感到经营难度大，管理成本高，而客人花的钱多，可体验感还不好。近些年来我国开始陆续出现一些真正意义上的主题酒店，比如帆船形的酒店，但这样的酒店哪一个不亏本、甚至是严重亏本的呢？有些业主和设计师对我说，人家美国拉斯维加斯的金字塔酒店设计成金字塔形及人面狮身像，还有威尼斯人酒店设计成意大利威尼斯水城的风光，复制了圣马可广场，到处是特色拱桥、小运河及石板路，那些酒店不照样大把赚钱吗？我和这些酒店的经营者交流过，如果单靠客房、餐饮，酒店基本都会亏钱，所以，拉斯维加斯酒店的首层都设计成赌场，酒店的盈利点是来自赌场。

2. 外墙

酒店外墙的装饰材料主要有铝板、氟碳漆、花岗岩等，这些材料不仅造价高，而且人工费也贵，所以，我常常建议业主和设计师使用真石漆，顶多为了美观在裙楼或底部使用瓷片真石漆。从使用寿命上看，只要把基层做好，用上 20 年没问题；从使用效果上看，和别的材料相比没有什么差别。我曾经在多个酒店做过客人问卷调查，客人对酒店外墙、甚至是裙楼或底层用的什么材料根本就没注意过。所以，设计师或业主花那么多心思和资金在外墙上，有这个必要吗？请看造价，若用真石漆，含人工 45 元/m²；如果用氟碳漆、铝板或花岗岩，含人工应该在 160 元/m² 至 500 元/m² 之间。

3. 外窗

我国的建筑、特别是比较高档的酒店，其设计师或业主都喜欢用玻璃幕墙。其实，玻璃幕墙的缺点太多了，不仅造价高，建设难度大，而且后续的内装成本高，上下层之间要做防火封堵，相邻房间的隔音问题难以解决，使用起来能源费高，由于设计时考虑到了外观，在内装时就会发现室内的窗户往往歪斜不正，有碍观瞻。更重要的是，大约 20 年后，这些玻璃幕墙就进入了危险期，如果哪块玻璃坏了，更换一扇玻璃连吊机带人工材料要 7000 元左右。酒店建筑甚至其他建筑最好使用点式窗，就是将窗户镶嵌在建筑上下梁和左右两根柱的中间，为满足保温隔音的效果，在中空玻璃符合厚度规范"5+12+5"的前提下，可采用略厚的"6+12+6"的中空玻璃，并且使用断桥铝型材，一次性投入没有增加多少，但客人的体验感会更好、更节能、更耐用。大家想象一下就知道，使用点式窗就克服了上述玻璃幕的所有缺点。我去欧美考察酒店，很少看到玻璃幕外观的建筑，难得一见一幢外墙是玻璃幕的高楼，结果楼顶还是挂的中资企业的招牌。

4. 广场

许多酒店的前坪广场往往设计有假山、水景、旗杆、绿植，效果图好看，像一幅画一样，但不利于酒店经营，建设成本高，运行维护费高，水景安全隐患大，还是滋生蚊虫的地方。现在客人多半是驾车来酒店消费，前坪广场的设计应以方便客人进出、方便客人停车为目的，特别是城市酒店，本来前坪面积就捉襟见肘，如果我们利用一切面积为停车服务，不仅解决了客人前来酒店消费的痛点，而且可以彰显酒店生意，无形中做了最好的营销，还避开了以上繁琐设计的所有弊端。另外，酒店的前坪广场切忌用石材铺贴，宜用透水沥青，造价低，施工快，且不易积水。设计时在不减少停车位的前提下，可在单排停车位的顶端或在双排停车位的中间横向连接处间隔地栽种绿植，整个前坪便绿意盎然，冬天可以遮雪、夏日可以避阳。

5. 雨棚

酒店的雨棚可以采用悬拉索的无柱结构，一些接待大型团队和会议的酒店也可以使用有柱的雨棚，这种有柱雨棚最好在建筑施工时和主体一次性浇筑完成。在满足消防扑救面即高层消防登高面的前提下，尽可能地将雨棚设计得长一些宽一些。宽大的雨棚对于酒店建筑有着十分重要的意义，虽然一次性投入稍作增加，但大大提升了酒店档次和服务品质，除了能更好地替客人遮阳挡雨外，还可以起到保温隔音、扩大酒店大堂面积的功效。所以，多花点钱在雨棚上是值得的。

二、机电

业主投资建设酒店时往往在与施工方签订的合同中将建筑工程采取总包干的方式，这就说明建筑工程的材料比较单一，工程量比较固定，按施工图施工变动很少。但到了机电施工阶段，与住宅、写字楼、公寓和普通商业如商场、电影院等截然不同的是，酒店需要的机电设备比较复杂，进口与国产的设备价差很大。一些聘请国外管理公司管理的酒店，往往有个机电顾问团队，他们不仅顾问费用高，要求的所谓机电标准也高，因为花的不是他们自己的钱，出资买单的是什么也不懂只是盲目崇拜国外管理公司的业主。如果说十几年前我国的机电设备与世界先进国家相比还有差距的话，那么时至今日，我国的机电设备已远销世界各国，其质量可与任何发达国家的同类产品媲美。我所主持设计建设和现在顾问的酒店，基本采用国产或合资品牌的机电产品，所以机电造价可控制在大约 800 元/m^2。

1. 空调

空调是酒店的脸面，空调效果的好坏决定了酒店服务的质量，所以我一直强调，超过 50 间客房的酒店必须用中央空调，少于 50 间房的酒店即便用分体空调，也要采用风管机。因为如果采用普通的分体空调，其室内机一定是安装在靠窗的一侧，吹出的冷热风会直接吹在床上，人体的感觉就不舒适。而风管机就避免了这个缺点，它将室内机以风机盘管形式安装在中央空调通常所在的客房小走廊的上方，看不到任何管路和室内机，冷暖风直接吹向窗户，然后折回到床的上方，柔和舒适。

当然，从舒适度和体验感来说，中央空调是酒店的首选，中型大型酒店可采用冬季用锅炉采暖、夏季用螺杆机制冷或螺杆机加离心机制冷的空调方式，而稍小型酒店可采用风冷模块制冷和采暖的空调方式。较高档次的酒店业主喜用日本的大金、美国的特灵、开利或麦克维尔，还有意大利的克莱门特，这些品牌我都在自己管理过的酒店用过，它们之间的价差很大，比如克莱门特的报价要比特灵低三分之一，而制冷效果和使用寿命并不比特灵逊色。近些年来，以格力、美的和海尔为代表的国内中央空调主机和末端设备都进入了世界先进行列，其研发的螺杆机和离心机渐趋成熟，磁悬浮空调虽然价格稍高，但更加高效节能。总之，国产的中央空调价廉物美，售后服务好，能够满足各类酒店的需求。

2. 电梯

许多酒店业主喜欢购买蒂森、三菱、富士达、奥的斯等进口品牌电梯，这也无可厚非，但我更倾向于购买这些品牌的合资产品。原装和合资的区别就在于是在原产国生产还是授权在中国生产，根据我使用电梯的经验来看，和进口电梯相比，合资品牌电梯安全质量有保证，舒适性差不多，零配件方便购买，售后服务较好，而价格实惠很多。对于使用频率较高、服务要求也比较高的酒店来说，采用合资品牌的电梯完全可以满足使用需求。

其实，不管是采用进口还是合资品牌的电梯，技术本身已经过关，产品质量区别不大，关键在于安装。我常常说，电梯和旋转门是属于同一运行原理的产品，"三分质量，七分安装"，电梯的质量再好，如果建筑的井道不垂直、不平整，安装工人不用心、技术不娴熟，都会给日后的运行和维保带来麻烦，就会大大影响电梯的使用寿命。

3. 旋转门

酒店的门面太重要了，而旋转门就是酒店的门面，其作用巨大，我已在书中其他章节专门论述。那么，如何采购到价廉物美的旋转门呢？我反复强调，只要结构和空间允许的酒店，最好使用直径 4.2 米的两翼旋转门。1998 年我在沈阳，我们是东北第一家使用瑞典 Besam 直径 4.2

米两翼旋转门的酒店，价格不到一百万元。2012 年我在长沙买的同样是 Besam 直径 4.2 米的两翼旋转门，价格 45 万元。虽然价格降下许多，但仍然较贵。我发现，随着我国工业技术的突飞猛进，国产旋转门的质量越来越好，在舒适度和安全性方面可以代替进口或合资产品。比如我在 2018 年顾问的合肥君宇国际大酒店时采购的当地品牌旋转门，使用至今未发生过故障，但价格只有 11.8 万元。我顾问过两家酒店，使用的都是价格不菲的进口名牌旋转门，结果都因故障频发而不得已改换成了感应门，我察看后发现，旋转门其实没有毛病，主要是由于建筑设计师在放置旋转门的那根底梁没有作加大荷载处理，因为直径 4.2 米的两翼旋转门自重就有 3.5 吨，建筑设计师在设计时并不知道酒店会用这种门，也不知道在哪个建筑轴距放这扇门，随着时间的推移，旋转门下的这根梁被压变了形，门自然就不能使用了。因此，只要提前做好荷载处理，安装工人认真作业，国产品牌旋转门完全可以放心使用。

4. 洗衣设备

小型酒店用不着建洗衣房，而具有一定规模的中大型酒店有必要设洗衣房，毕竟外洗服务良莠不齐，洗涤的品质不能保证，布草的使用寿命会缩短。但是，我常常看到 3 万平米的酒店，洗衣房设备都在 300 万元至 500 万元之间，这样的投入是否合理呢？首先，大凡设洗衣房的多半是有规模的高端酒店，业主往往喜欢选用进口品牌的洗衣房设备，价格高，售后不一定及时，零配件费用高且周期长，有些设备还没有国内产品好用，花了大价钱建成的洗衣房常会生出许多烦心的事。比如说，进口产品的烫平机肯定是槽烫，一般人认为槽烫高档效果好，其实，使用过槽烫和辊烫的人就知道，熨平的效果没有多大差别，但价格相差悬殊，且辊烫的设备维护和使用费更低廉；槽烫每年都要更换进口烫毡，使用中还要加蜡粉，维护和使用费很高。另外，我发现几乎所有洗衣房设备厂家的报价清单中配置都有问题，该配的烘干机往往不够，那些平时不大使用的烫台、人像机、夹机等倒是配了许多。综上所述，国产品牌洗衣设备完全可以满足任何档次酒店的使用需求，而价格大约只有进口设备的一半，售后服务好，配件费用低，一个 3 万平米的酒店正常参考投资为 180 万元左右。品牌可选用：海狮、航星、颂德、UCC、海锋、尼萨福、用心惠子、多尼士、乔力雅、世纪泰锋。

5. 楼体照明

我去美国夏威夷，发现那儿的建筑外墙都不设照明，询问才知是政府为了环保做的规定，因为光也是一种污染。当然，一般城市也不要因噎废食，特别是酒店可以对楼体饰以简洁明快的照明。我记得顾问过一家酒店，除了楼顶、楼体、雨棚以及地面石头上醒目的灯光店招外，还设计了楼体轮廓照明，间断滚动的点光源，还有从建筑底部打向楼体的洗墙灯，总共花了四百多万元。不仅建设成本高，使用费用也高，所以酒店开业后，管理人员除了节假日外只开灯光店招，其余灯基本不开。我粗略统计，酒店业主花在楼体照明上的资金少则十几万，多则几十万甚或几百万。投了钱还没完，什么时候照明出了问题，酒店工程人员又没有买高空作业保险，只能花钱请外面专业人员维修。再则，如果在外墙上安装照明，便需要打支架，就容易破坏外墙防水，一些酒店客房内有异味就与此有关。现在我顾问的酒店，就不主张设计师和业主做楼体照明，只是在楼顶的一圈满做或做半圈的灯带，呈半隐半现状，若海市蜃楼。店招则做在两个方向道路上人可以看得见的外墙上，还有一个店招做在雨棚上。这些灯光用得起，好更换，投入的资金大约 5 万元。

三、装修

行业内有一种说法，酒店装修的投资标准大约是，三星级为 1800 元/m²，四星级为 2500 元/m²，五星级为 3500 元/m²，豪华五星级 5000 元/m²。最近几年，我顾问的豪华五星级酒店的装修投资都大约在 1 万元/m²，造价高的令人咋舌。人们多半会说装修豪华漂亮的酒店能够卖得起价，能招客人喜欢，但事实是这样吗？依我从事酒店业 40 年的经验，房价是有天花板的，酒店只要进入市场就要遵循市场规律，就须顺应消费者的需求，中国酒店多半亏损，其主要原因就来自投资人这个错误的理念，因此，投资人应把主要精力放在如何控制住装修投入上。大体说来，一般酒店的装修投入大约在 1500 元/m² 为宜。

1. 大堂

大堂的位置一般位于酒店的一层，如果是租赁经营，一楼的租金是最贵的；若是自己的物业，如此商业价值的面积不生钱真是可惜。况且，几乎所有酒店大堂装修投入奢侈、能源费用最高、管理成本最大，要靠其他部门的收入贴补。因此，我们在满足酒店基本服务功能的前提下，最好不设计共享空间，尽可能地缩小自用区域面积，将大堂主要用于经营生意或外租。大堂的装修一定要做减法，比如大堂地面采用优质大理石，这样，客人在上面行走产生的划痕可以通过晶面抛光处理，但对于远远多于地面面积的大堂墙面和柱子，因为人不可能踩踏到，所以可使用冰火板或木塑板，其材质美观大气，比优质大理石还逼真高档，价格大约在 110 元/m^2，人工费也便宜许多。大堂不一定非要使用水晶吊灯，水晶吊灯不仅造价高，安装难，清洗也很麻烦。如果采用普通特色造型灯具替代，价格大大降低，视觉效果并不差。

要特别说明的是，大堂过于奢华，就会容易让进店客人产生一种店大欺客、担心被宰的感觉；若客房装修档次平平，客人从大堂的豪华视觉中还没转过弯来，强烈的反差就会让客人对客房的预期大打折扣。

2. 餐饮

除了大堂，餐饮的装修投入经常是排在第二位的。曾听人这样说过："如果和谁有仇，就让谁做酒店餐饮。"为什么都说酒店餐饮难做？为什么酒店餐饮多半亏损呢？我认为过度装修是其主要原因。无论是餐饮包房、散台大厅，还是宴会厅、多功能厅，设计师和业主挖空心思地用石材、木作、不锈钢、装饰灯具等隆重包装，大量投入让业主花了许多冤枉钱，无奈只有提高菜价；而豪华装修反而让客人转移了对菜品的兴趣和食欲，加之过度装修或多或少的甲醛和苯充斥在空气中，吞噬了菜品的本来香味，难怪许多客人反映大酒店菜的口味还不如社会餐馆地道正宗，来大酒店吃饭是吃装修，这样的餐饮会有生命力、能不亏本吗？我去绍兴一家社会餐馆"绍兴宴"吃饭，其装修不豪华但很有特色，走廊每逢拐角处栽着绿竹，地灯照得如梦如幻，包房的墙上挂着王羲之的字或绍兴的风景画，菜价适中，口味极好，餐馆里座无虚席，我们大酒店餐饮的专家们为什么不能放下架子去这样的餐馆体验研究一把呢？

3. 客房

由于客房是酒店主要的盈利来源，业主和设计师就千方百计地在装修上大做文章，就一间房的投资来说，经济型酒店在 6 万元至 8 万元，精品酒店在 13 万元至 18 万元，高档酒店在 30 万元左右，豪华五星级要接近 50 万元。有许多酒店生意很好，平均房价也不低，为什么还不赚钱甚至亏本呢？原因就在投入和产出不成比例。有许多看似漂亮的客房住起来还不舒适，就是说金子没有贴在脸上，而是贴在了屁股上。酒店其实就是客人睡觉吃饭的地方，房子是用来住的，不是用来观赏的，如果设计师和业主把钱砸在了装修的视觉上，而忽略客人居住的体验感，那么，所投资的酒店一定会失误。拿我顾问的合肥君宇国际大酒店来说，每间房的总投资只有 8 万元，但达到了五星级的体验感和舒适度，平均房价近 300 元，酒店生意一直很好。我们把装修改造期定在 10 年，这就要求我们要花少钱办好事，凡是与客人没有直接体验的就做减法，凡是设计上保留下来的必需项目则加大投入。

4. 后台

没有满意的员工就没有满意的客人。所以，我对酒店后台区域的装修是高度重视的。我不会请室内设计师给后台区域做设计，因为没有一个设计师懂得酒店各个部门的运作，花了钱给他们也设计不好。我会召集各部门出装修方案，然后由我修改定稿，再请装修单位落实到施工图上。我所用在后台区域的设备材料如地砖、地板、石材、墙布、乳胶漆、木饰面、门锁、卫浴、五金件等，质量品牌全部与客房里的一样，比如马桶，我就会在客房、员工卫生间及宿舍使用把手式半自动智能马桶，过去这样的一只马桶工程价至少也要 3000 元以上，而广东佛山图兰朵卫浴厂家给我的价格是 1288 元，什么档次的酒店都可以买得起，为什么我们后台区域的卫生间不能用呢？员工只有使用了这种马桶，才知道如何向客人、向家人和朋友宣传使用这种马桶的重要性。中国人是十男九痔、十女九痔，用上这种马桶，就可以防止痔疮，治疗痔疮，它给人带来卫生，带来健康。我们只要在客区的装修投入上稍微合理一点，把节省下来钱的一部分花在后台区域，马上装修档次就会提高很多；由于后台区域使用频率比较高，因此，提高了装修质量，改造期就会后延。

酒店的装修工程比较复杂，以上我只挑选四个区域来阐述我的投资理念，表达如何花最少的钱营造最佳的效果，减轻以后经营者的压力，让业主有丰厚的回报。

四、筹备

几乎所有酒店业主都会犯一个相同的错误：虎头蛇尾。从酒店投资的初始阶段直到装修完成，业主、设计师、经营者以及供应商都在盲目追求豪华档次，都舍得砸钱，但到了筹备阶段，是前期的资金花超了预算呢，还是认知和理念问题呢，总之，在选购筹备物资时斤斤计较，非常抠门。其实，筹备物资总价不高，但其中很大一部分都是与客人体验有直接关系的，这方面的物资若配置不好，哪怕装修得再高大上，客人也不会买账。根据经验，筹备物资按大约 700 元/m² 做预算，下面我们就用如何选购客房配置的案例来说明酒店筹备物资的投入理念。

1. 枕头

不能用腈纶棉枕，可使用羽绒枕、记忆棉枕、乳胶枕，以上都要选择上好材质，比如羽绒枕要用含绒量高的鹅绒枕。

2. 布草

床单、被套和枕套最好用 80S×80S 的面料，至少用 60S×80S 的面料。

3. 床垫

软硬适中，独立袋弹簧，加舒适垫，省优以上品牌。

4. 床箱

最好由床垫供应厂家统一制作，实木框架，上面铺板，四周饰以仿皮或布艺，底部两个长边分别于前、中、后部安装 3 只轮子，这样方便服务员移动床体进行铺床。

5. 电视机

以 50 英寸为宜，不要使用机顶盒。

6. 电冰箱

客房无需放电冰箱，代之以自动售货机，放在楼层电梯厅和大堂，品种多，价格合理。

7. 保险箱

客房无需放保险箱，可在总台设置保险柜，客人需要可将物品寄放总台保险柜里。

8. 茶叶

切忌使用袋泡茶，提供当地名牌茶叶，置于精美的茶叶罐中。

9. 矿泉水或纯净水

普通房价的至少用怡宝或农夫山泉，较高档次的酒店要用依云或冰岛。至少放 4 瓶，客人需要，可免费补加。

10. 一次性易耗品（若地区政策允许提供）

拖鞋 5 元左右一双；牙刷 1.5 元左右一把，用品牌中管牙膏，房价较高的酒店或民宿可用大管品牌牙膏，还可加放一把电动牙刷。切忌使用塑料梳子，可用木梳或牛角梳。淋浴帽质地要好。沐浴露、洗发液、护发素、润肤露切忌用小瓶劣质产品，用中瓶的品牌产品如飘柔、拉芳、霸王等，较高房价的可用日本 Pola、意大利 Accakappa 或英国欧舒丹。可增加提供丝瓜络沐浴擦，较高房价的还可提供洗澡刷，方便客人洗浴。可不提供棉签、指甲剪、剃须刀、卫生袋。

11. 面盆

面盆上不放小肥皂，取消皂碟，改用洗手液。为方便客人洗衣服，可增加一瓶洗衣液。

12. 卫生纸

选用优质大卷卫生纸两卷。

13. 房间可不提供浴袍、鞋拔、衣刷、熨衣架、铅笔盒、服务夹、时钟

看到这里，读者们就渐渐明白，酒店在建筑、机电和装修方面要通过科学设计做到合理投入，用省下资金的利息把上述对客用品做好做到

位，因为这些用品对客人的舒适度和体验感是至关重要的，如果理解了这一点，也就理解了我的"二星半投入、三星半卖价、五星级体验"的运作秘诀了。

这里要顺带说两个问题：一是开业前的新员工培训。许多新开酒店喜欢把员工送到外面培训，其实，酒店在基建快要结束向开业过渡的时候，急需大量人员参与成品保护、场地交接、筹备物资进货以及卫生清理等工作，这些工作本身就是最直接最有效的培训，根据我多年筹备经验，新员工在其他酒店培训的再熟练，回到自己酒店还是要再次培训，花了钱收效甚微。二是员工制服的采购。不管是什么档次的酒店，员工制服一定要多花些钱，布料质地要好，款式要新颖，这样员工穿在身上才有自信，才能显出酒店的档次。所有酒店都应该给员工统一发放衬衫鞋袜、领带领结，给女员工发放化妆品，这些小钱不能省。我们宁可把计划开业前送员工出外培训的资金节省下来，也要满足员工的基本福利和配置。

五、经营管理

合理投入不仅贯穿在酒店的设计、建设和筹备工作中，也要体现在经营管理的方方面面。酒店是个时间产品，如何利用好有限的时间和空间，把生意做到极致，是我们酒店人应该努力思考并付诸行动的。

1. 早餐厅

之所以不称咖啡厅或西餐厅，是因为时代已经变了。我当初入行时所在的酒店接待的全是外宾，所以早餐必须适合外宾口味。40年过去了，外宾住客占比越来越少，酒店几乎成了寻常百姓消费的地方，还有必要做西餐吗？还有必要请高工资的西餐厨师吗？还有必要置办复杂的西餐厨具吗？我认为，除了个别以接待外宾为主的酒店，其余酒店要一门心思做好中式早餐，向社会品牌早餐店借鉴学习，品种要多些，可吃性要强。

酒店的早餐厅通常只开一餐，早餐开完就闲置起来，利用率很低。我经营或顾问的酒店都设法将早餐厅放在一楼，早餐开完接着喝茶，供应简餐或自助餐，让早餐厅变成多功能餐厅。我还尝试向住客提供一日免三餐的服务，菜单上固定几个品种的简餐，住店客人可以凭房卡享用一份免费的午餐和晚餐。既然餐厅是现成的，厨师闲着工资还要照发，不如向住客提供超值服务，这样就可以提升房价和住客率。我统计过，只有四分之一左右的客人会吃两餐，很少住客吃全三餐，餐厅的生意可以通过这些住客带动起来，而餐厅成本一点也没有增加。

2. 中晚餐

我常常在琢磨，为什么酒店餐饮投入大，效益还比不上社会餐饮？"大而全"是其主要原因。稍微有点规模的酒店就想搞大餐饮，早餐要做成西式早餐，中晚餐粤菜是标配，本地菜是必需的，还要设湘菜、川菜等几帮菜，面点师要做各式面点。面对的客人有散台，有包房，还要对付各类宴席。这样的设计势必人员多，工资高，成本大，菜价高，战线拉的长，上菜速度慢。我认为，酒店的餐饮要放下架子，主打本帮菜，穿插其他菜系的特色菜，拿手的就做，不擅长的就不做，切忌像传统酒店餐饮那样因菜设人，而要因人设菜。比如我在南京顾问过一家酒店，聘请了一位会烧狗肉的厨师，就让他做红烧狗肉这道菜，结果这道招牌菜吸引了众多吃客。我在长沙一家酒店聘请了一位厨师，他做的老面馒头和萝卜皮深受食客欢迎，吃了还要加份打包带走，由此促进了整个餐饮生意。酒店餐饮重点抓口味，抓菜价，如果客人感觉味道好，菜价又适中，那么这种生意才能长久。

3. 客房

不管什么档次的酒店，设计师和业主都喜欢搞几间套房，稍大的酒店还要搞什么总统套房，请问会有总统来住吗？以前我管理的酒店每天最难卖的就是各式套房，到了晚上怕空着，无奈只好当单间卖给客人，还美其名曰"升级入住"。所以我就发誓，以后设计酒店就再不做套房了。我顾问的合肥君宇国际大酒店在我的一再坚持下没设计一间套房，每天单双间很快卖完，网上也没看见一条有关没有套房的差评。

再说浴缸。很多酒店卫生间的面积本来就不宽敞，塞进了一只浴缸后，客人活动最多的马桶、面盆和淋浴这三个区域，使用起来就不舒畅。有几个客人会使用浴缸呢？真正喜欢泡澡的是不会在客房浴缸里泡的。如果一个酒店有固定客源喜欢泡澡，那么就干脆设计一个专门泡澡的公区，提供系列专业服务。总之，我不赞成一般酒店在客房里摆放浴缸。

4. KTV

一般酒店不要设 KTV，因为酒店建筑的结构往往不能让 KTV 形成规模，没有规模的 KTV 是很难有效益的；况且，由于 KTV 的噪音比较大，极易通过柱梁将声音上下传导，影响酒店其他业态的经营。现在流行的量贩式 KTV，顾名思义要有一定的量，我多年来对一些案例进行跟踪调查，发现量贩式 KTV 的最佳盈利点的设计在 80 间包厢，要有一个共享的挑高大厅，除了有电梯方便运输客人外，还要有一个宽敞明亮装饰豪华的景观楼梯供客人步行上下，所以，量贩式 KTV 不宜设在酒店主楼里，可以设在酒店的裙楼或与裙楼相邻的建筑中。

5. 足浴

淡旺季比较明显的度假酒店在引进足浴项目时要谨慎，因为足浴技师的工资较高，常常设保底工资，如果酒店客源不稳定，就不容易招聘到技师，足浴就难以为继。城市酒店要设足浴项目，一般应外租给专业品牌团队，他们会有技师培训学校，可以依据酒店生意灵活调配技师，为酒店带来品牌效应，促进客房餐饮生意。但是，城市酒店在考虑外包足浴项目时，一定要预留恰当的面积，一般来说，预留的足浴面积在1500 平米至 1800 平米为宜，而且须在同一层楼面，这样的足浴面积才便于经营。

综上所述，如果投资一家达到五星级体验感的 3 万平米的酒店，合理的投入应该在 1.4 亿元左右（建筑 1600 元/m²+机电 800 元/m²+装修 1500 元/m²+筹备 700 元/m²），根据我的统计，过去这样酒店的投资一般至少在 3 个亿。请读者们想想，如果按照贷款成本计算，1.4 亿的 10% 就是 1400 万元，5% 还需要 700 万元，大家知道，3 万平米的酒店要做到 1400 万的毛利是不容易的，如果是 700 万元就轻松许多，但业主能拿到这么优惠的贷款吗？如果投资翻了一番，酒店投入了 3 个亿，靠自己赚来的毛利可能永远付不起贷款利息。如果酒店投资大于 3 个亿呢？我真的不敢往下想了。为什么中国酒店多半亏损，我终于找到了原因，并且找到了解决的答案，因而我写下了这篇文章。我要向看完此文的读者再啰嗦一句：合理投入对酒店是多么的重要！

如果说过去时代的酒店业竞争只是平面二维的、同行业的竞争，那么当今酒店业的竞争则是三维乃至更高维度的跨界竞争，酒店人迫切需要学习掌握跨界知识。我们每个人心中都横亘着一堵墙，这就是故步自封，惯性思维，如果我们能勇于推翻这堵墙，三省吾身，不断创新，酒店还那么难做吗？

第十五章　睡个好觉，洗个好澡，吃个好早餐

我毕业于中文专业，当时老师就告诉我们，要想学好现代文学，就必须攻读古典文学，而要想学好古典文学，就必须深刻理解古汉语中字词的本义，这番教导对我日后的写作受益良多，而且影响了我未来的工作和生活。本篇不论文学，容我转入正题。做酒店和做文学原理相通，酒店人要想做好酒店，就必须了解酒店从何而来，酒店的本质是什么，看似简单的话题，但往往就是解决问题的关键。

古代的酒店称作驿站，简单讲是古代接待传递公文的差役和来访官员途中休息、换马的处所，由于人要歇脚，马要换骑，所以驿站之间相距不能太远，比如汉代一般每隔三十里设一驿站。随着时代的变迁和人们出行的需要，驿站便逐渐演变为客栈，但无论是驿站还是客栈，其服务内容无非就是把客官的吃住管好，如果客官是骑马或者坐马车而来，店小二还得把马喂好，有的还要检修车辆。客官鞍马劳顿一天后，还会需要洗浴服务，渐渐地沐浴业合并到了后来旅馆的功能中。这样看来，客人的吃、住、行是古时客人对驿站或客栈的刚性需求。

时代在发展，科技在进步，自从人类有了互联网后，人们的工作和生活方式发生了颠覆性的改变，过去的客栈旅馆现在成了美轮美奂的宾馆酒店，规模越来越大，功能越来越多，装修越来越豪华，服务越来越好。酒店甚至还被赋予了各种概念，比如新物种酒店、共享酒店、智能酒店、无人酒店、跨界酒店、电竞酒店、电影酒店，还有什么养老养生酒店、亲子酒店、生活方式酒店、目的地酒店等等，用功不少，眼花缭乱。如果我们穿越时光隧道把现代酒店和古代客栈同时摆放到我们面前，你就会发现一个有趣的事实：古代客栈基本赚钱，因为如果赔钱，

客栈就会开不下去；但现代酒店多半亏本，因为按照酒店人的理论，酒店很难靠经营生利，主要靠物业自身来保值增值。让我们先走进古代客栈，虽然房间陈设简陋，但要远比当时的普通人家舒适高档；虽然饭菜品种简单，但同样远比当时百姓家里的粗茶淡饭要强许多。我们再来参观现代酒店，虽然装修比古代客栈豪华高档，但和现代普通人家住宅相比，无论是装修档次还是舒适度体验感，都不及一般百姓家庭；虽然酒店早餐貌似丰富好看，其口味和品种还不及社会品牌早餐店。经过这样具象的对比，我的心中才产生了许多疑问：酒店的经营理念是否有误？投资方向是否有错？酒店人虽然十分努力，但是否把气力用错了地方？我们的政府领导、行业领导在规划酒店时，我们的投资人在运作酒店时，我们的各类设计师在设计酒店时，我们的经营者在筹备管理酒店时，有没有换位思考，站在消费者的角度去生产酒店产品？总之，要反思消费者来酒店到底需要什么。某一天我由古代客栈突发灵感，觉得现代酒店同样应该回到产品的本质，酒店人永远不能忘记初心，这就是：睡个好觉，洗个好澡，吃个好早餐。下面我就从这三点展开向读者细说。

一、睡个好觉

我们常说，一个人三分之一的时间是在床上度过的。所以，睡个好觉对于我们每个人是多么的重要啊！通俗地讲，客人住酒店的主要需求就是睡觉，那么，解决好客人这个基本需求也是核心需求就能保证酒店的收入，创造酒店的利润。

1. 环保

新开的酒店往往客人投诉最多、也是酒店经营者最头痛的就是客房散发出的异味，其中多半来自装修产生的有害气味。纵观我们的酒店，无论是投资人还是设计师，在建设酒店时都喜欢看效果图，以装修是否豪华复杂来定义酒店的档次卖价，于是就诞生了一批批层出不穷的过度装修的酒店，而这种过度装修给客人的身体造成了极大伤害，具有讽刺意味的是，客人还要为这种伤害买单。如果客人呆在刺鼻辣眼气味的房间中，怎么能睡个好觉呢？

（1）板材

为了客房的视觉效果，投资人和设计师都喜欢大面积使用板材装饰，而这种板材本身的材料和粘接剂都或多或少地含有甲醛和苯，所以我们在设计房间时，首先要尽可能地少用板材。其次，要使用甲醛释放量少的板材，如果甲醛释放量小于等于每升 0.5mg，符合 E0 级的标准，可以直接用在室内；如果甲醛释放量小于等于每升 1.5mg，符合 E1 级的标准，也是可以用于客房的；如果甲醛的释放量小于等于每升 5.0mg，符合 E2 级的标准，是不能用在室内的。住宅房间的设计一般来说是南北通透的，如果说住宅装修可以使用 E1 级板材的话，那么，因为酒店客房的建筑设计基本不通风，因此，建议客房装修最好使用 E0 级标准的板材，这笔钱是一次性投入，价格只是略高，但客人的体验感就大不一样了。

（2）涂料和墙布

涂料，传统名称为油漆。客房装修中应尽量少用油漆，因为油漆气味难闻，内含许多有害物质，因此建议使用乳胶漆这种水漆，它含苯少甚至可以说不含苯，既没气味，也不会危害我们的身体健康。有些酒店人认为乳胶漆刷墙档次不高，那么也可以贴非常环保的墙布，因为墙布的胶合剂为糯米胶，是用天然糯米为原材料，经过多道工序制作而成，不含任何有害物质；如果你不放心，可以要求供应商当着你的面吃几口吞下去。

（3）家具和地板

客房无论是固定家具还是活动家具，都必须在专业工厂制作，所用的面漆必须用品牌产品，这样的家具一般来说是不会散发有害气体的。有些酒店客房的地面是用地板的，其板材最好使用 E0 级材料，面漆使用品牌产品。

经过许多家酒店的实验，只要在以上三方面严格按照环保标准操作，那么，酒店建设完成后便可开业，而且房间不会有什么异味。

2. 隔音

对于大多数人来说，房间隔音不好，睡眠效果就会大打折扣。

（1）外窗

酒店客房的外窗一定不能使用玻璃幕墙，你看世界上有哪幢住宅是用玻璃幕墙作为外窗的呢，造价高维保难安全隐患大还是其次，主要的是隔音问题难以解决，不仅纵向的与上下相连的房间隔音难处理，横向的与左右两边相邻的房间隔音就更难处理。解决这个问题很简单，就是使用点式窗，即把玻璃窗嵌在上下两根梁和左右两根柱的中间。另外，点式窗切忌使用推拉窗，一定要使用平开窗，因为推拉窗隔音效果差。客房外窗一定要使用中空玻璃，虽然节能规范标准要求是 5+12+5 的中空玻璃，但我建议使用还要厚一些的断桥铝 6+12+6 的中空玻璃，这笔钱不能省。

（2）房间与房间的隔墙

切忌使用钢丝网抹灰的隔墙，也不要使用空心或实心红砖墙，一定要使用 20 公分厚的加气混凝土砌块。为了保证隔音效果，这种隔墙一定要砌在梁上，而且一直从外窗处砌到客房入户门旁的立柱上。许多酒店为了不影响客房小走廊的宽度，又要保证大衣柜 60 公分的宽度，只好互借相邻房间的面积来摆放大衣柜，因此隔墙在此处断开，由此产生了隔音问题。解决办法是将大衣柜厚度缩减为 45 公分，取消大衣柜门，让隔墙可以砌到客房外走廊的立柱上，使大衣柜背靠这扇墙，既不影响小走廊的宽度，也不妨碍正常挂衣。

（3）入户门

许多酒店客房隔音不好，与入户门质量不合格有关。绝大多数酒店客房的门都变形，这样不仅影响了隔音效果，而且客人在进出房间关门时会带来比较大的响声，影响周围住客的休息。为了让门不变形，在设计生产时要做到门主要两面工艺材料的严格对称，而且无论门有多高，都必须加两根方钢。由于装修队伍在做客房地面自流平时不可能将标高做得毫厘不差，而家具厂也无法按照每间客房地面不同的标高制作每扇门，鉴于此，我们许多酒店人认为门的隔音不好主要来自门下漏出的缝隙。其实，声音是向四面八方传播的，如果客房走廊和客房里都铺的是地毯，那么这种透过门下的缝隙钻进来的声音是可以基本忽略的，而常常这种声音恰恰是从客房门的上方传进来的。因为在施工时消防空调等管道从门的过梁上方穿过，而装修施工单位在封堵时往往在里外两面做简单抹灰处理，声音就从这儿传进房间小走廊的吊顶里。正确的办法是在管道穿墙的地方使用发泡胶填缝，然后再用水泥砂浆封盖，这样处理就能保证不串音。

3. 隔光

大凡外墙使用玻璃幕的酒店，其客房的隔光处理难度是较大的，弄不好就透光。我顾问过许多酒店，其建筑师为了外形的线条，经常在客房窗户中间加了一根构造柱，只要可能，我都会让投资人在装修酒店时拆掉这根柱子，因为它不仅把大好的窗景拦中遮挡，而且在制作窗帘盒时就会出现漏光问题。除此之外，必须安装标准的双轨窗帘轨道，即窗帘轨道应在中间处断开，断开处煨弯错开，煨弯应平缓曲线，搭接长度不小于 30 公分，这样两扇窗帘在中间重合，从而达到最佳遮光效果。过去客房窗帘通常会使用纱帘、布帘和遮光帘三层帘，现在一般把布帘和遮光帘合而为一，在满足装饰性的窗帘面料下加一层遮光里衬。遮光里衬也分为带涂层的化学遮光里衬和带黑丝的物理遮光里衬，我建议客房不能使用物理遮光里衬，因为这种材料的遮光率只能达到 80% 左右，如果选择带橡胶涂层的遮光面料，国产的遮光率可达到 97% 左右，进口的甚至可达 100%。

和普通住宅不同的是，酒店属商业建筑，必须在客房安装烟雾报警器，到了晚上关灯睡觉时就会发出一闪一闪的红点，确实有点恼人，但这是为了安全而做的法律要求。可是，只要客人插卡取电，绝大多数的客房电视机就会自动通电，有些开机还会出现画面声音，晚上客人休息时，电视机仍然通电发出红色亮点，有时想拔掉电视机后的电源插头都很难，我住酒店常常是用枕头衣服将其遮住。我主持设计的酒店会在床头专门安装一个电视开关，客人想看电视才打开这个开关，这样问题就解决了。部分酒店采用感应夜灯，这种方式还好，但有些酒店的客房夜灯是长明的，虽然功率不大，可到了房间漆黑时，那看似不亮的夜灯就很刺眼，这种夜灯不是方便客人，反而是打扰客人休息了。所以，我现在顾问的酒店一律不用夜灯，也没有客人投诉，因为你想想，家里有这种夜灯吗？家里没有，为什么酒店里要有呢？另外，许多酒店在大衣柜里安装了一盏灯，使用了门碰开关，这种开关必须质量过关，而且必须和家具配合安装到位，否则大衣柜的门是关上了，但里面的灯还亮着，一样扰客休息。我在乌鲁木齐住过一家当地最好的五星级酒店，房间里套在小冰箱外面的木门里的门碰开关出了故障，整夜都发着光亮，想关还找不到机关，醒目的光线让我难以入眠。所以，最好的办法是不要在大衣柜里装任何灯，冰箱外面也不要用一个木盒子套起来。顺便提及的是，绝大多数酒店喜欢使用楼体照明，这里不谈如何花钱安装，耗费能源，增加维保，就说到了晚上，如果不在22点前关闭，就会打扰到客人的休息，现在还设计安装这种泛光照明有什么意义呢？反正这种劳而无功的事我是不干的。

4. 防水

这里只论影响到客人休息的防水问题。比如为什么要做好酒店建筑外墙的防水呢？因为外墙防水出了问题，客房里就会散发出异味或霉味。我为什么不赞成做楼体照明呢？往往在安装外墙灯管时，很有可能破坏外墙的防水。如果卫生间防水没做好，就有可能侵蚀到客房小走道和与卧室相邻的墙面上，发出阵阵霉味。加之多半酒店客房地面铺设的是带地胶垫的地毯，吸味能力很强，如果房间里有了霉味，就会被地毯慷慨吸收，开窗通风几乎没有效果，客人在这样的环境中能休息的好吗？卫生间做防水时，淋浴区必须刷到吊顶以上2公分，其余区域要刷到180公分高。我主张卫生间与卧室及小走廊相邻的两面外墙上再做一道防水，要知道，如果防水出了问题，客人住的就会感到不舒适，再次做防水，那可要花大钱费大事的呀！如果营业中的酒店没有做好防水，现在西安堵漏大王魏党平研发了一种快速堵漏法，可以在24小时之内完成堵漏，不影响酒店的正常营业。当然最好是在酒店建设期就彻底解决防水问题，长沙艺高智造公司研发的新型防水材料发泡陶瓷板，可以保证酒店卫生间终身不漏水。

5. 空调

空调俗称酒店的脸面，空调效果好坏直接决定了酒店的服务品种和档次，对于入住的客人来说尤为重要。本文不再讨论设备技术，主要剖析使用什么类型的空调让客人睡觉的体验感更好。

（1）分体机

这就是家中常用的壁挂机或立式空调，由于室内的是空调内机，室外的是空调外机，整个系统是分开的，因此叫分体机。许多小型酒店或者客源不太稳定的酒店投资人比较喜欢使用这种空调，因为初始投资也相对少些。但是，酒店要想让客人睡个好觉，千万不能使用分体空调。首先，分体机的空调外机就安装在房间外面的墙上，其发出的声音可直接传入房间，如果外窗隔音稍差，客人的体验感就会更差。其次，由于空调内机一般是挂在或立在窗旁，其风口不可避免地对着床的方向，无论吹出的风是冷还是暖，人睡在床上都会感到不舒适。第三，在类似广东、云南这样冬天比较暖和的省份使用分体机无可非议，但中国绝大部分省份到了冬季气温都比较低，常常在零度以下，那么，当分体机冷凝器温度低于零下6℃时就开始化霜，蒸发器表面温度高于6℃时才停止化霜，也就是说，到了寒冬季节，下半夜往往气温最低，却是客人最需要温暖的时候，偏偏室外机要停机化霜，气温越低，停机化霜越是频繁，所以，我极不赞成酒店使用分体机。

（2）风管机

风管机指的是所有的、一拖一分体式风冷送风式管道机，说白了，风管机也是分体机的一种，只不过一般家庭式分体空调是室内机装在室内靠窗之处，室外机安装在室外，中间用铜连接管连起来的空调。而风管机的室外机位置不变，室内机则用出风管道把空调的出风分别送到房间内的不同位置，比如酒店客房就可送到小走道上方普通风机盘管侧送风的位置，出来的风直接吹向外窗，弹回来的风正好来到房间中央，风力减弱形成柔柔的冷风或暖风，人就感到非常舒适。这种风口的位置和送风方式具备了中央空调的优势，如果在一些以制冷为主的地区，酒店使用这种风管机也是可以的。由于风管机的性质是分体空调，其噪音比较大，若在寒冬地区使用仍然需停机化霜，而且采暖和制冷功能不如中央空调更均衡，给人的舒适感不如中央空调。

（3）中央空调

多联机、风冷模块、螺杆机和离心机等都属于中央空调，因酒店规模、档次、地区的不同而做出适宜的选择。中央空调在客房内分别有一个送风口和一个回风口，气流循环更合理，室内温度更均匀，能够保持±1℃的恒温状况，人体感受自然更加舒适，尤其是水体系中央空调，吹出的风不干燥，舒适度更高。

我顾问过近200家酒店，发现酒店投资人和高管都存有一个偏见，总认为中央空调比分体空调的运行费用高，投资也大。先看运行费用，中央空调分为氟系统和水系统，由于变频技术的加入并日新月异地渐渐成熟，其能效比已超过了传统的分体式空调，一般家用分体空调的能效比是2.3—2.8，而中央空调则能达到3.0以上。当室内外温差较大时，刚开启变频空调时，会以较大功率高频运转，快速进行调节制冷，短时间耗电大，但持续运行长时间后，房间内进入恒温状态，变频中央空调将比分体空调省电。再说投资，中央空调的初始投资较之分体空调是要多些，但从长远看，分体空调在酒店的使用寿命一般为8年左右，而中央空调的使用寿命一般在15年左右，所以这个问题就不言自明了。

除了空调主机外，其末端设备风机盘管的质量对于人体舒适度也很重要，根据我多年的使用经验，珠海的格力和南京的天加生产的风机盘管，其噪音是最小的。当然，风机盘管的质量是很重要，而安装质量和后期的维保也同样重要。这里要强调的是，我们酒店人有一种误解，总认为格力空调做家用第一，大型空调主机还是欧美领先。其实，近些年来，格力集团投入大量资金研发生产螺杆机、离心机和磁悬浮空调，其质量领先欧美，节能降耗显著，价格优势明显，售后服务一流。那些中小型酒店，可以使用格力的风冷模块空调，既能制冷也能采暖，在零下15℃气温下都可以自动化霜无需停机。那些小型酒店，可以使用格力这样品牌的风管机或多联机，提升客人的舒适度。格力还针对秦岭以北处于严冬地区的酒店推出了零下30℃制热的空气源热泵机组，不仅有效解决了燃煤锅炉、电锅炉的污染高耗问题，而且让客人获得了更好的居住体验感。

6. 灯光

对于我们住宅来说这不是问题，但若仔细观察酒店的客房灯光，问题还很多很大，究其原因，是酒店人特别是酒店设计师故弄玄虚，硬是把简单的问题复杂化了。我长期住酒店，有时晚上清静下来，想要在房间里写点东西看点什么，但就是感到哪个地方的灯光都不合适。其实，酒店客房里灯的数量品种都远比家庭的多，诸如筒灯、壁灯、台灯、落地灯、射灯、夜灯、床靠背景灯带、电视机背景墙灯带、窗帘灯带、床箱灯带等，可是，光线不匀，忽明忽暗，投资不少，能耗也大，客人还感到不舒服。为了解决客人这个痛点，整个房间我只设计 6 个灯源：卧室风机盘管侧做二级吊顶，吊顶里暗藏一组 LED 槽灯，靠窗边的多功能方桌上方设一盏 5 瓦节能小吊灯，吧台上方和小走道上方各一盏 5 瓦节能筒灯，卫生间面盆上方、马桶上方各一盏 5 瓦节能筒灯。由于我设计的卫生间淋浴房靠卧室的那面是玻璃隔断，所以，淋浴房里不设防雾筒灯。房间主光源来自风机盘管下那组 LED 槽灯，光线不是直接照在人的身上，而是照向窗户的玻璃上，然后反射到卧室中间，光线柔和，适中均匀。卧室里其实有了这组槽灯亮度就足够了，那为什么要在窗边多功能方桌上方装上一盏小吊灯呢？是因为如果同房间的另一个人想关灯休息，那么就可以关掉槽灯，房间瞬时就会暗下来，另一位住客就可以打开这只 5 瓦吊灯看书上网写字，或者客人打牌想补充照度，也可以使用，所以，这盏灯是需要使用时才打开的。安徽君宇国际大酒店的客房灯光就是这样设计的，中外宾客一致称赞好评。

7. 开关

前面说了，绝大多数酒店客房里充斥着各种光源，那么随之而来就多了许多控制这些光源的开关。大凡住酒店的客人都有一种习惯，进了房间就噼里啪啦把所有灯都打开，能怪客人吗？客人一般是没有闲工夫和耐心去琢磨该开哪个灯该按哪个开关的，谁让你设计这么多灯这么多开关呢？我最怕住酒店的各种套房，因为套房的灯还要多、开关还要复杂，惜时如金的我是不愿把时间浪费在这个上面的。为了方便客人操作，开始时酒店设计了总控，一般位于床头，就寝时只要按一下总控开关，屋里的灯就全灭了，多方便呀。但酒店人发现，如果客人半夜起床，按了许多次开关都打不开灯，除非找到总控开关。为了解决冒出来的麻烦，客控系统中的弱电复位开关因此诞生，也就是我们口中常说的弱电控制强电，读者们对技术应该不感兴趣，我这样描述也许通俗易懂：使用这种弱电控制强电的开关后，睡觉前按下总控开关，所有灯熄灭；如果再想打开，手只要触碰到任何一个开关并摁下，灯顷刻间就打开了。理论上讲这是方便了客人，但现实情况是，我们的其他建筑如住宅、写字楼、商场等从不使用这种弱电控制强电的开关，而五星级酒店都很少有行李员陪送客人到房间并介绍房间设施设备使用知识，所以这样的设计反倒给客人带来了使用障碍，待客人住了一两天熟悉了这种操作，这位客人也该退房离店了。

我主持设计的酒店，其客房灯控开关面板总共只有 4 个，进门侧墙上设有两个开关面板，一个面板是控制卫生间马桶和面盆上方两只筒灯的两个按键，另一个面板其中一个按键是控制小走道上的节能筒灯，另一个按键是控制卧室靠风机盘管侧的那组 LED 槽灯，这两个按键是双联，都能开也能关这两个灯。床头设一个开关面板，上面有 3 个按键，一个控制廊灯，一个控制卧室的槽灯，这两个按键也是双联，与进门的那两个双联按键一样，都具有开关廊灯和 LED 槽灯的功能，而床头开关的另一个按键是单独控制窗边多功能方桌上方的小吊灯。最后一个开关面板设在吧台上方，单独控制。每个按键都用比较醒目易辨的中英文标明灯的位置，无需使用弱电控制强电，客人晚上休息时关灯很方便，半夜起来开灯的话，随便摸到两个中的任何一个按键就能打开。经过多年来许多酒店的实践证明，客人对这种开关方式普遍感到满意。

8. 床具

床具由三方面组成：床架、床垫和床靠。许多酒店不注重床架的制作，其实，床架的质量优劣，不仅关系到服务员是否方便操作、床垫的使用寿命，更重要的会影响到客人的睡眠质量。经验告诉我，不能把床

走出中国酒店建设和管理的误区

架简单地交给家具厂甚至装修单位制作，最好是在选择好品牌床垫厂家后，连同床架的制作一起交给床垫厂家，而且必须按照标准工艺完成，绝不能马马虎虎。为了保证客人睡觉时有很好的体验感，无论是选择席梦思还是乳胶垫，都必须选择省优甚至是国优品牌，只要资金未到捉襟见肘的地步，最好选择同类型工艺科学、用材上乘的床垫，比如使用独立袋装弹簧的床垫，弹簧之间彼此独立，单独受力，不影响旁边未受力弹簧，静音互不干扰，翻身不会影响到枕边人。优质席梦思床垫一般都会采用超软贴合海绵，在保证高密且支撑性强的同时依然拥有柔软舒适、舒缓回弹的特点，完美贴合人体曲线，真正做到"千躺不留缝、侧卧不压肩、俯卧不压胸"，帮助客人舒缓一天劳累，提高睡眠质量。当然，再好的席梦思床垫如果不加一层舒适垫，其体验感也是会大打折扣的。舒适垫的填充物有多种，有七孔棉、羽丝绒、羽绒等，酒店最好使用羽绒舒适垫，它会随着气温变化而收缩膨胀，可以吸收人体散发的热气，使身体没有潮湿闷热感，而且羽绒始终保持着高弹性，再配上外层的全棉防羽布布料，防止跑绒，对羽绒过敏的客人也可以放心使用。

投资人和设计师往往注重了床靠的美观性而忽视了舒适性，因为许多客人睡前的序曲是倚躺在床靠上看看电视，玩玩手机，看看书，那么这段时间的体验感会直接影响到入睡的质量。床靠不宜用纯木质材料，这种床靠生硬冰冷。床靠宜用透气性能好的布艺或真皮面料软包，特别是床靠的上沿不能包成直角，应成半弧状。床靠不宜垂直，最好由上而下使用优质海绵呈 15 度坡面，人的背部正好可以舒适地抵在床靠上。

床具是决定客人睡眠质量的核心产品，近年来酒店人虽然对此开始关注重视，但重视程度还远不够，在这方面多投入些精力和多花些资金会有意外回报的。

9. 布草

布草泛指酒店里一切跟"布"有关的东西，包括床上用品如被褥被套、棉胎被芯、床单床罩、枕套枕芯，以及毛巾类制品如面巾、方巾、浴巾、地巾、浴袍等。下面请看哪些布草与睡眠有关。

（1）床单被套枕套

一张舒适的床，能让住客在躺下的那一刻就感受到全身心的放松，而与客人直接接触的就是床上的棉织品。棉织品的柔软度关系到客人的体验感和舒适度，而柔软度的主要因素在于纺织的纱支数，支数越高纱线越细、均匀度越好；反之，支数越低纱线越粗。目前五星级酒店多半采用60×60、60×80或者80×80支纱的棉织品。我经营或顾问的酒店为什么生意都比较红火，因为床上用品用的高档，棉织品至少用60×80的，大多使用80×80的。

（2）被芯

不管什么档次的酒店，都应该使用羽绒被。羽绒被的被芯有白鹅绒、灰鹅绒、灰鸭绒、鹅鸭混合绒和粉碎绒等，其中质量最好的是鹅绒，它绒朵大、羽梗小、弹性足、保暖性强，具有更好的吸湿性、透汗性，而且蓬松度更高。鹅绒位于鹅腋下、肚皮下的部位，取其朵状型的绒毛，一般正品合格的含绒率在85%以上，如果达到90%的含绒量就很好了，而我经营顾问的酒店，都尽量使用含绒量93%左右的鹅绒。

（3）枕芯

枕芯的材料较之被芯来说要多得多，有化纤枕如太空棉、羽丝绒，有草本植物枕如荞麦枕、绿豆壳、稻糠皮、木棉、芦花，有添加了中草药如决明子的保健枕，有常见的乳胶枕、羽绒枕等。对于流动性强、以适应大众喜好为主的酒店来说，还是以选择乳胶枕和羽绒枕最保险。乳胶枕有许多优点，不失为酒店的佳选，但经过我多年跟踪研究发现，有部分客人不适应乳胶枕，如果酒店选用两种枕头，那么可以配上乳胶枕，若只配一种枕芯，我认为羽绒枕是唯一的选择。那么，选择什么样的羽绒枕芯呢？上面在说到被芯时已详细介绍了鸭绒和鹅绒这两种填充物，这里就不再赘述，一句话，为了给客人创造出惊喜的睡眠效果，我建议选择93%以上含绒量的鹅绒枕芯。

顺便提及的是，许多酒店为了控制成本，在布草方面舍不得花钱，其实这种想法和做法都是极其错误的，布草是一次性投入，是与客人的舒适度体验感有直接关系的，看起来是多投入了，但每天房间的溢价和增加的住客率早已收回了多投的费用。另外，如果酒店懂得采购诀窍，即使购买上等质量的布草，也只需要中等价格的钱，比如我在江苏淮安五莲针纺用品有限公司采购的布草，同样品质的要比其他一些纺织品公司报价的都低。

关于"睡个好觉"讲了九个方面，一家酒店如果做到了这些内容中的大部分，那么客人上床躺下便很快会酣然入梦。

二、洗个好澡

每当我说起这个话题时，酒店人就会用不屑一顾的神情异口同声地回答：客人连澡都洗不好，那我们还叫酒店吗？纵观世界上绝大多数酒店，真正能让客人洗个好澡的酒店少之又少，若不信，待我细细道来。

1. 一次性用品

酒店一次性用品与洗澡有关的主要有以下产品：拖鞋、牙具、淋浴帽、洗发液沐浴液护发素、丝瓜络浴擦或洗澡刷、梳子。

（1）拖鞋

一般来说，经济型至五星级酒店提供给客人的拖鞋价格在 1 元至 3.8 元之间，材质有几十种之多，不同的材质、不同的面料穿上后的感觉是不同的。拖鞋一般分为无纺丝拖鞋、格子布拖鞋和毛巾拖鞋，许多档次较低的酒店都是提供前两种一次性网布拖鞋，鞋面是用无纺布或纸做的，底是塑料底，中间有一层薄薄的海绵，这种拖鞋不防滑，是不能穿着进入卫生间洗澡的。而毛巾拖鞋具有很高的保温性，既有防水性、吸水性、伸缩性且不蓬乱，鞋底还制作了防滑槽，因而具有防滑性能，穿着进入卫生间就不担心滑倒了。我经营的酒店所购一次性棉拖的价格在每双 5 元左右。如今还有一些酒店不提供一次性拖鞋，而是可以重复使用的塑料拖鞋，虽然节约了成本，但也可能因为卫生问题会让多数客人降低对酒店的好感度，所以，即使因为环保要求不允许提供一次性拖鞋，我也不赞成酒店使用塑料拖鞋。

（2）牙刷

影响牙刷品质的主要因素是刷毛品质与磨毛率，如果刷毛品质不好或磨毛率不够，将会对口腔造成损伤，因此，酒店所用牙刷的质量标准绝对不能比日常家用的牙刷低。许多客人洗澡前都会清理一下口腔，我经营酒店时客人总会夸奖牙刷的质量，说刷起来很舒服，这是因为我采购的牙刷价格每支在1.5元左右，而一般酒店使用的牙刷每支在0.4元至0.7元之间。除了选用优质一次性牙刷外，我现在顾问的酒店都要求放上两把客人可以带走的免费电动牙刷，高频5档超声波智能电动，充电2小时续航60天，网上售价7.8元，批量每支4.8元，如果每个卫生间放上两支这种电动牙刷，是不是会给客人一种意外惊喜呢？

（3）淋浴帽

这是为了不淋湿头发或是使耳朵不易进水、用来包裹头发和耳朵的防水帽，其材质为PE（聚乙树脂）和EVA（乙烯—醋酸乙烯共聚物）。先说PE材质的淋浴帽，它的透水率很低，但透气性却很好，所以使用起来防水也不憋闷，而且抗腐蚀性强，耐磨性强，不会轻易磨损，也不易发霉。不过，PE淋浴帽的缺点很明显，第一是力学性能一般，拉伸使用后就会慢慢变形；第二是耐热性不高，如果浴室中温度偏高，就会加剧材料老化而破损。许多客人反映淋浴帽没用两次就坏了，就是使用的这种淋浴帽。再看EVA材质的淋浴帽，防水防潮性能好，无毒无污染，张力好，具备回弹性，所以长时间使用不易变形，隔热性也不错，无论冬夏都可以使用，相比之下，在回弹性、柔软性、光泽性、透气性等方面，EVA材质的淋浴帽比PE淋浴帽的性能更佳，为了让我们的宾客洗个好澡，EVA材质的淋浴帽是首选。

（4）洗发液沐浴露护发素

现在许多酒店仍然使用小瓶的洗发液沐浴露护发素，这也无可厚非，但必须使用品牌产品，质量千万不能低劣，最好不要用三合一的产品，而且小瓶上印制溶液名称的字要尽可能地大些，方便客人辨认，使用时要方便客人倒出来。为了环保的需要，也是为了客人使用的便捷，我主张采用挂墙固定的中瓶包装，根据房价的高低，可选用国产品牌如拉芳、海飞丝、霸王、飘柔这类洗浴用品，也可选用日本的Pola、意大利的AccaKappa、英国的欧舒丹或爱马仕，如果酒店提供给客人的洗浴用品档次越高，那么客人的洗浴体验感就越好，相比那些豪华装修复杂摆饰，客人更加注重这些用品的品牌和质量。

（5）丝瓜络浴擦或洗澡刷

客人要想洗个好澡，酒店仅仅提供品牌洗浴产品还不够，因为客人在使用沐浴露时，常常只能把挤出的液体用手掌接住，然后再零乱地涂抹在身体的各个部位，手掌可及之处尚好，诸如后背这样难以够着的地方就擦洗不到了。如果此时有一只丝瓜络浴擦，洗浴者将沐浴露挤倒在浴擦上，沐浴露的泡沫越擦越多，而且丝瓜络洗澡有止痒、防止毛孔堵塞、去除身体上油脂污垢等功效，价钱也不贵，基本在每只一元钱之内。不过，丝瓜络浴擦有个明显缺点，就是人体后背处很难擦洗干净。

近年来我顾问的酒店都把洗澡刷作为一次性用品的标配。人称"不求人后背刷子"的洗澡刷，是指有手柄、刷具的一种洗浴工具，使用简单方便，只要把沐浴露注入刷具上，直接手握洗澡刷的手柄对身体各个部位特别是背部肌肤进行刷洗，只要使用过的客人都会对洗澡刷赞赏有加，他们不仅会把洗过的洗澡刷带走，还会把这种奇妙的洗澡体验到处宣传。这种洗澡刷在大人给孩子洗澡时尤为方便，而老人用此洗澡刷不用再冒着跌倒的危险低头弯腰去擦洗下部的身体，可谓是老少皆宜。我常常推荐的日本无印良品的洗澡刷，如果酒店批量购买，售价在每只两元多钱。这种能够提供给客人极好体验感、花钱又不多的洗澡刷，请问有几家酒店想到过、使用过呢？

（6）梳子

洗澡后，洗浴者一般会用梳子将头发梳理整齐，那么，许多客人只要看到酒店提供的是塑料材质的梳子，一般就不愿意使用。我认为，随着人们生活水平的日益提高和环保标准越来越严格，所有酒店都不应提供塑料材质的梳子。用塑料梳子梳理头发时容易产生静电，使本身易干的头发更加干燥、易折断，同时，产生的静电还会刺激头部的皮肤，影响头皮及发根的健康。对于有头屑和沾染尘埃较多的头发，用塑料梳子会使发垢越贴越紧，带静电的头发还容易吸附空气中的尘埃，更不利于保持头发的洁净，破坏了洗澡的效果。酒店可以提供普通的桃木梳、牛角梳，网上的售价都在每把不到两元钱。不要小看这把梳子，客人从这个小件用品上就会感受到酒店的真诚大方和服务档次。

2. 淋浴间尺寸

从规范上讲，淋浴间 90cm 见方就满足标准了，因此，很多酒店的淋浴间面积是不大的。其实，生活中的许多标准规范是有问题的，因为理论往往脱离实际，比如淋浴间真的按照规范做成了 90cm×90cm，哪怕是 100cm×100cm，那么，客人在里面洗澡的体验感就不好，因为洗浴者进入淋浴间打开龙头时，流出的热水或冷水在没有达到人体合适的温度前，溅洒在人体上很不舒服，特别是有些酒店热水来得慢，或是采用双开龙头的，在这么一个难以躲避忽冷忽热水的溅打的狭小空间，客人是很狼狈的。设计师应把淋浴间规划成一个长方形空间，宽至少是 90cm，长至少是 1.5m，这样，客人在打开龙头调试水温的过程中有一个避让的空间。

3. 淋浴间的门和挡水石

为了保证淋浴间的温度和新鲜空气的流入，淋浴间一定要设玻璃门，门的上方必须留有 30cm 的空缺，玻璃门两侧用胶条密封以保温并阻止水向外泄。因为玻璃门立于挡水石的中部，为了防止水从玻璃门下溢出，在制作挡水石时，注意要在位于玻璃门下方的这段挡水石从中间往里侧倒角形成坡度，客人洗澡时溅洒的水就不会外漏到玻璃门外。这样设计的淋浴间，就不必配塑料拖鞋，客人在卫生间走动就不怕滑倒。

4. 淋浴间的上水和龙头

要想让客人洗个好澡，无论是热水还是冷水，首先其水量必须足够大。但是，一些酒店客房卫生间出水细小，究其原因，有的是水管直径不够，有的是酒店运营时间久了，水管内壁结垢，有的是楼顶的水箱放置高度不够造成顶层客房的水压不足。其次，淋浴出热水要快，如果在设计时多加一根回水管，再把热水管的保温做好，那么就可以做到 3 秒之内出热水，这样，客人洗澡的体验感就好。洗澡热水既不要烧的温度太高，也不能是温吞水，原则是，如果用的是混合龙头，那么向左开启 40 度左右出来的热水正好适合客人使用就是正确的水温。根据经验，用锅炉烧出来的生活热水品质最好，如果用的是太阳能或空气能，工程部操作人员必须密切跟踪观察，最好经常在房间试住洗澡，随着季节室外温度、酒店住客率等变化及时调整热水温度。花洒的高度也很重要，有些酒店的顶喷花洒过高，有些酒店的测喷花洒过低，都会影响客人洗澡的舒适感。淋浴间不能使用双开关水龙头，设计师和投资人往往都会认为，双开关龙头好看高档，其实，我们只要分别用混合龙头和双开关龙头试着洗几次澡，就会发现使用双开关龙头把水温调到合适的温度，要比混合龙头困难许多。

5. 淋浴间里的地漏

卫生间的地漏反味、排水不畅是一个老话题了，它作为排水系统的重要部件，一直不为大多数酒店人所重视，普遍认为地漏只要能够承接地面的排水就可以了，而对地漏本身的构造、性能缺乏专门的研究。试想，如果客人进入卫生间里洗澡，首先闻到一股臭味，或洗澡时下水不畅，那是什么样的体验？酒店之所以会出现地漏反味、排水不畅，是因为使用的是钟罩式地漏，它的缺点是，水封高度不够，只有 20—30cm，极易干涸，使排水管道内的气体反入室内；钟罩式地漏的扣碗由于管道系统内的正压引起上浮，使水封破坏；排水流量小，易出现排水不畅，自清能力差，易挂住头发、污泥，造成堵塞；结构不合理，保持水封能力差，易被排水管系统内形成的负压把水封抽吸破坏，因而酒店万万不能使用这种地漏。酒店淋浴间必须使用四防地漏：防反味，防反水，防病菌，防害虫。四防地漏的材质是面板由不锈钢或黄铜制成，主体由优质工程塑料制成，耐冲击，耐高温 80℃。这种地漏的原理是，不依靠"水封"密封，不借助弹簧、磁铁的外力，利用机械传动原理，完全利用水能重力来开闭装置。当水流入时，地漏底部的密封垫自动打开，直通排水，排水完毕后，密封垫自动闭合，形成完全密封，即使长期不用，地漏以下的有害气体、污水、病菌和害虫也无法上来。密封垫下部配有空心密封浮球，增加浮力，提高密封性。四防地漏的过滤面板孔径为 6mm 至 8mm，可阻挡大型杂质，排水通道为直通形，细水的杂质随水流直接冲入下水道中，不会淤积和堵塞。这种地漏清理方便，可做清扫口，因为它的密封芯与本体的连接为旋入式，服务员可随时取下清理杂物，也可将污水直接扫进地漏中，不会发生堵塞。

有些酒店使用钟罩式地漏，为了达到排水畅通，不至于让污水浸入脚部，设计师普遍采用在淋浴间地面上加盖一块 2cm 厚的石材，且在石材四周留水槽，有些酒店干脆设计成两个地漏，下水不畅的问题解决了，但其余问题依然存在。其实，只要用了一只四防地漏，整个淋浴间无需加做石材，地面只要朝着地漏方向稍作找坡，就可以彻底解决以上所说的难题。

三、吃个好早餐

酒店早餐的品质直接关系到客房的住客率和客人的回头率，经调查发现，装修是否豪华高档不一定会给客人留下什么印象，但一份精美可口的早餐常常让住客难以忘怀。少数酒店由于种种原因不向客人提供早餐，这种做法是不可取的，即便酒店找不到合适的地方做早餐，也要设法腾出一间屋子作餐厅，每天提供给客人几种标准套餐，这些套餐选择社会餐馆制作，按照与客人约定的早餐时间送到酒店，然后由前台通知客人在餐厅用早餐。有趣的是，有些酒店明明有早餐厅，具备给住客提供早餐的所有条件，但只是对会员免费，不是会员就没早餐吃，除非额外交费，而且收费还比较高。其实非会员住客付的房费常常比会员客人还要高，这种做法似乎有失公平合理，但行业内早已习以为常。我住过北京一家高星级酒店的双人间，到了第二天吃早餐时才被告知，我和同住的朋友只允许其中一人免费就餐，另一位必须付 98 元，我当时好奇地问前台，如果我和夫人同住一个大床房，是否房卡也只能刷一份免费早餐呢？答案是肯定的。大家知道在网上订房，许多都是不含早餐的，同住在一个屋檐下，享受的待遇竟然大相径庭，那些不是会员的客人早晨要空着肚子离店，或者付着不情愿的价格去就餐，他们对酒店会留下什么印象，下次是否还会再来，只有天知道！我经营管理的酒店，是把所有的客人当作自己的亲人对待的，所以，只要是来店客人，不管来自什么订房渠道，都会一视同仁地提供免费早餐，有时客人提出前来接送的朋友需要陪同就餐，酒店都不会让客人额外付费。

　　另外，在我们许多酒店人的心目中，早餐是免费赠送客人的，因而，早餐的种类和品质只要说得过去就可以了，客人应该不会挑剔。所以，客人常常会在吃早餐过程中遇着一些不顺心的事，影响了他们的心情，降低了他们对酒店的期望值。其实，早餐是含在房费里面的，客人已经付过了钱，我们酒店人应该像服务那些付钱点中晚餐的客人一样，理所应当尽心尽力把早餐这个过程服务到位。本来让客人吃个好早餐并不难，但纵观天下酒店，真正能够做到的又有几家呢？因为早餐对于酒店意义重要，下面我就尝试着展开这个话题。

　　1. 位置

　　早餐厅要尽可能地设立在所有住客方便到达的地方，比如筒子楼结构的酒店，常常会把早餐厅放在一楼，如果一楼面积不够，或是做了其他商业用途，也可将其设计在二楼，这些地方客人很容易找到，如果吃完早餐直接退房也方便，因为酒店总台惯常设在一楼。如果早餐厅设在二楼，最好能建一个旋转楼梯，特别是客房数较多、吃早餐时间经常比较集中的酒店，通常自客房下来的客人习惯乘坐电梯，但吃完早餐后需要外出或退房的部分客人，常常会选择从旋转楼梯下到一楼，这样就减轻了电梯的运输压力，也舒缓了客人等待电梯的焦躁。

　　酒店的餐厅放在顶层是不明智的，因此，早餐厅也同样不能设在顶层，这里不谈建筑规范、运作成本，就说就餐客人上下极不方便，特别是早餐高峰时期，客人经常会因为交通不畅而出言不逊。

　　由于电商的冲击，现在许多商场转包给了酒店投资人，这样的酒店面积每层都在 3000m^2 左右，设计师经常把早餐厅放在了这层楼的某一角，许多住客吃早餐要走上几百米，如果餐厅导向标识不清，客人就要寻找半天。所以，设计这样的早餐厅就要特别谨慎，选择位置要尽量考虑到该楼层多数客人的便捷；如果酒店有三层，那么，早餐厅最好设计在中间这层，不仅要尽可能靠近电梯，而且要考虑把邻近的消防疏散楼梯装修一番，方便客人步行上下到达早餐厅。

　　度假酒店往往是分散而建，有些客人住在主楼，与早餐厅同在一幢楼里，但有些客人分散到其他楼里或别墅里，而酒店很少能在每幢楼和每栋别墅里都设早餐厅，于是，这样的早餐厅只有设在酒店的主楼里，而且必须设在一楼。当然，最好在规划时把主楼放在楼群的中间。如果其余楼栋离开主楼不远，那么，最好用连廊把分开的楼栋与主楼连在一起，做好导向标识，这样就方便客人从别的楼栋进入主楼的早餐厅，不再担心冬天的雨雪和夏日的骄阳。如果楼栋分布很散，距离主楼较远，那么只能通过电瓶车努力及时运载客人，夏天尚好，冬天那些比较寒冷地区的度假酒店，电瓶车一定要用布帘严密遮挡。如果客人冻着了，甚至伤风感冒，那么，早餐再好也是白搭。

2. 面积

给客人提供一个舒适的吃早餐环境，也是衡量客人能否吃好早餐的重要因素，其中餐厅是否宽敞就显得特别重要。我发现，除了少数高星级酒店之外，绝大多数早餐厅的面积捉襟见肘，因而布菲台常常容量不够，客人取餐不畅；座位拥挤，邻座之间隐私性不够，而且进出座位不能自如；服务不易到位，服务员收取餐盘、添加饮料不便；少数客人带着行李就餐，可能要占他人座位空间。在设计早餐厅时，一定要给座位之间留有客人活动取餐以及服务员服务的空间，还要算准足够的餐位，保证住客在规定的早餐时段可以随时入座就餐。

其实，早餐厅的面积应该包含厨房，因为后厨的面积不合理，就会影响到客人的就餐质量。比如说，早餐厅明档厨房的位置和面积就直接关系到是否方便客人取餐，提供的品种是否丰富。如果后厨的面积不足，就会产生从食品卫生到出品质量和出品种类等一系列问题，起码厨师在面积不足的厨房工作的心情就不愉快，那么这种心情就会无形中传递到客人的早餐服务中。

3. 空调

由于多数酒店的早餐厅设在一楼，与大堂相连，而大堂举架较高，常常一、二层是共享空间，夏热冬冷，特别是冬天，热气相对冷气较轻，一楼产生的空调暖气跑到了二楼，在这种环境下就餐是很不舒适的。因此，早餐厅的举架高度根据餐位多少最好控制在 4m 左右，这样，采用普通的风机盘管侧送风形式就可以让餐厅达到比较满意的采暖和制冷效果。如果高于4m，大多数酒店传统做法是采用下送风和侧送风两种方式的结合，但实际运用发现空调效果并不好，特别是在寒冷的冬季。遇到这种情况，可采用球形喷口在侧面送风，这种风口的风量较大，高速气流经过阀体喷口对指定方向送风，气流喷射方向可在顶角35度的圆锥形空间内前后左右方便地调节，气体流量也可通过阀门开合程度来调节，我们看到的机场高铁站室内、体育场的空调出风口，由于举架特别高，就是用的这种球形风口。

早餐厅的空调出风千万不要采用下送风方式，如果就餐客人正好坐在出风口的下面，那么，无论吹出的风是热风还是冷风，都是一种痛苦的体验，客人还能吃好饭吗？所以我主张一定要使用侧送风形式，哪怕餐厅的举架再低，也不要使用下送风。总之，早餐厅的空调应该是温度适宜，客人感觉不到冷热风，还听不到空调的噪音。

4. 背景音乐

客人吃午晚餐往往是许多人聚在一起，推杯换盏，大声喧哗，可吃早餐经常是一个人独自用餐，早餐厅相对来说就比较安静。如果此时空中飘来一段音乐，最好是轻音乐，抒情，节奏舒缓，带有明显的地域文化特色，比如云南酒店的早餐厅可以播放葫芦丝名曲，内蒙酒店可播放《美丽的草原我的家》这类草原歌曲，西藏酒店可播放《天籁之音》这种原汁原味的藏语歌曲，来到苏州酒店可听到《太湖美》，进入新疆酒店可欣赏《新疆是个好地方》。客人一边用着丰富特色的早餐，一边享受着这些丝竹之音，仿佛置身于天上街市、人间仙境一般。

为了让早餐厅的背景音乐更加符合就餐客人的心理需求，建议要单独播放，不要按照惯常做法与酒店其他区域的背景音乐相连，这样还可以充分保证播放的音乐音量适中、音质清晰。许多酒店不重视早餐厅的背景音乐，要么播放的乐曲不适合就餐氛围，要么就干脆没有背景音乐，要么声音过大或过小，这都是不可取的。

5. 家具

有些酒店为了一厅多用，让早餐厅吃完了早餐还用作中晚餐宴会，干脆就采用大圆桌宴会椅，在这些酒店业主和高管的思想里，早餐是免费的，环境再不好客人也会来的，桌子是大是小是圆是方有什么关系呢？前面我就说过，吃早餐的客人经常是一个人或两三个人结伴而来，与他人不熟悉，不习惯和那么多陌生人同在一张大圆桌上吃饭，一句话，体验感不好。所以，早餐厅不可以使用大圆桌。早餐厅的餐桌应该是 75cm 高、1m 见方的方桌，这种方桌根据经营需要可以拼接，有些酒店把这种方桌设计成了 80cm×80cm 尺寸的桌面，实际运作时一张这样的方桌只能供两人就餐，如果换成 1m 见方的桌面，就可以坐 4 个人用餐。早餐厅的椅子一定要使用扶手椅，为便于移动，扶手椅不能笨重。考虑到客人会携带婴幼儿一起用餐，所以餐厅应备有婴儿椅。我经营管理的酒店，早餐厅还专门设有孩童就餐区，餐桌高 50cm，餐椅高 25cm，为方便家长照看孩子，还会在这一区域配上相应数量的供家长陪同用餐的正常高度的餐桌餐椅。为了让家长能吃个好早餐，我还经常在早餐厅就餐区的旁边设计一个迷你儿童乐园，孩子们吃饱喝足了可以在这个简易的游戏区玩上一把，就可以达到全家都能吃好早餐的目的。

6. 早餐的品种品质

这是客人能否吃好早餐的核心，首先说品种。为什么早餐厅的布菲台要设计得足够长呢？就是因为要根据客房数计算出早餐的人流量，尽可能提供丰富的早餐品种，以满足不同地区客人不同的口味。客人到达餐厅首先注意的就是早餐品种是不是丰富，如果一眼望去，布菲台上摆满了各种食品，客人就会产生一种愉悦心情。为了方便客人取餐，餐厅的布局要合理，要尽可能考虑客人取用流线的合理性，除了明档外，食品分类及摆放的顺序可为：色拉/冷菜区、中西热菜区、中点主食区、汤羹粥类区、面包西点区、饮品区、水果区等。布菲台上的每道菜式必须有醒目、规范、正确对应的中英文菜牌，所用的器皿设备要舒适好用，比如最好使用全翻盖可视液压铰布菲炉，可以电加热保温，开合方便，客人无需开盖就可识别其中食品，哪怕就是食品夹以及存放食品夹的餐盘，都要选择方便使用、看似精美的品牌产品。我经营管理过的酒店多半在 300 间房上下，提供给客人的早餐品种大约在 120 个。

再看早餐质量，品种多还要质量好才能让客人满意。首先食材要新鲜，许多酒店早餐用的食材都在冰箱里存放了很久，特别是蔬菜水果。另外，进货的原材料品质要好，达不到标准的就不能验收。如果食材新鲜，品质又好，那么厨师才有可能烹饪出可口的菜肴，至于出品的味口，就仰仗厨师的水平、钻研精神和责任心了。说到出品质量，这里就说说大多数客人都爱喝的粥，稀稠必须适中。这里要特别提及的是，天下酒店的早餐厅盛粥的碗都太小，经常客人要跑两趟甚至三趟添粥，而且盛多点就不方便端。我管理的酒店这种碗就比较大，可以提供大小两种尺寸盛粥的碗。比如豆浆咖啡，最好是现磨的。考虑到客人个性化的需求，豆浆牛奶一定不能放糖，可以把砂糖放在专门的糖缸里供客人自选。早餐的饮品、粥羹、热菜都要保证温度，客人取用的自助餐盘一定要加热，我们中餐说的色香味形，还要加上温度，早餐也要讲究这个温度。酒店现在多半接待的是中国人，所以为了降低成本，集中精力财力做好中式早餐，一般酒店可以不提供西式早餐。衡量早餐质量的好坏，就看客人喜不喜爱吃，我们要时时观察客人对早餐的反应，凡是端上来很快被客人取用完的就保留，那些取用不多甚至无人问津的就要认真研究找出原因，要么改进，要么取缔，要保证早餐看起来丰富，取起来方便，吃起来可口，设法让客人记住我们的特色早餐。

7. 早餐服务

许多人喜欢讲酒店管理，而我更喜爱讲酒店服务，因为管理有点盛气凌人，而服务便显得热情谦和。我认为，酒店领导无论是对客人还是对员工，都必须做好服务。同样，为了让客人吃好早餐，我们必须尽心尽力服务好就餐的客人，这里我挑选几个细节具体汇报。

（1）报房号吃早餐

现在仍有许多酒店实行客人凭早餐券进入早餐厅就餐，这不仅给管理工作带来许多不便，客人更感到麻烦。试想一下，如果客人到了餐厅门口，发现忘了带早餐券，或是早餐券找不着了，即使经过一番折腾，客人最终吃到了早餐，但一定会无形中增加些许不快。科技的进步让许多酒店用上了餐厅刷卡系统，于是，住店客人只需带上房卡，只要不超设定的免费就餐人数，就可以刷卡就餐。这里要注意的是，酒店前台必须给客房里的两位住客提供两张房卡，因为同一房间的客人不一定同时来餐厅就餐，但即使给客人每人一张房卡，还是会有客人忘带的情况，如果再遇上安装了刷卡系统的电梯，那么客人想回房间取房卡都成了难事。所以，我建议所有酒店能不能采取客人报房号就餐的方式，客人万一忘了房号，或者报错了房号，甚至有的不愿意报房号，都要热情地招呼客人进入餐厅用餐。我以往经营的酒店就是如此操作的，客人开心，员工省事，到了月底盘账，并没多出什么成本，何乐而不为呢？我现在顾问的项目，无论是城市酒店还是度假酒店，都建议客人无需报房号直接进餐厅用餐，这样还节省了人力成本。你算算，跑单的费用难道会比员工的工资还要多吗？现在已不像过去我们小时忍饥挨饿的年代，人们生活富足，有几个人会专门来酒店蹭饭呢？即便有，酒店欢迎还来不及呢。

（2）增设行李存放区

部分客人趁着吃早餐的时候就顺便带上行李，就餐完便直接去总台退房。但客人带着行李箱进入餐厅，只能把箱子放在座位旁，不仅占用了邻座餐位，整个餐厅还显得杂乱无章，影响其他客人或服务员的行动。我经营酒店的早餐厅专门在入口处设计一个行李存放处，上面可以安装一个监控，客人进入餐厅就可以放心地把行李箱放在行李存放处，轻装上阵舒舒服服地享用早餐。如果是熟客，或是住上两三天的客人，他们就会清楚这种操作方式，因为多数客人是上午退房，这样无形中就引导客人带着行李吃早餐退房，既方便了客人，也节约了酒店电梯的使用频率。

（3）提供外带服务

有些酒店不提供打包服务，即便提供，多半也是针对旅游团队或会议住客，主要是服务于那些赶飞机火车而无法在正常时间就餐的团体客人。我经营的酒店，只要客人需要，不管是团体客人还是零星散客，酒店都必须提供打包服务，每只饭盒用精致的打包袋装好。有的客人生病不能来餐厅用餐，酒店就会应客人要求提供免费的送餐服务，或是生病的房客有同住客人，要求打包带去房间，餐厅服务员就必须帮助打包。如果哪位客人睡了不想来餐厅用餐，服务员同样会乐意地满足客人要求，将早餐送至房间。一句话，只要是住店客人，酒店就要想方设法让他们吃好早餐，即便那些由于各种原因不能在早餐厅就餐的客人，起码也能吃到一份比较舒心的早餐。我还碰到过这样的客人，早餐吃完后，还想带走一杯咖啡去房间品尝，我便拿来一次性咖啡杯，为客人盛满咖啡。我们会尽量做到让客人高兴地进来，愉快地离开。

综上所述，"睡个好觉，洗个好澡，吃个好早餐"，看起来简单，实施起来并不容易，必须一个一个细节踏踏实实地用心去做。听说我在写这篇文章，有一些朋友对我说，上个好网也很重要呀，确实，酒店的网速快不快、能不能覆盖全酒店区域、需不需要密码，这都会关系到客人住店的体验感，但这是个比较简单易于办到的技术问题，所以本文就不再耗费读者们的时间了。另外，我在文章开头提到，古代驿站不仅要管好客官的吃住，还要把马喂好，所以，我也就仿效这种服务，不管客人是来住房，还是用餐、K歌、沐足等，都可以享受免费洗车。我发现，这种服务成为了酒店的卖点亮点，给酒店带来了很多客源，客人好评如潮。由此我又把这种服务进一步延伸，凡在酒店居住两天以上的客人，只要不换房间的棉织品，就可以免费洗一件衣服，酒店的成本没有增加，却给客人带来了实惠和惊喜。如果现代酒店的服务还不能与古代驿站相媲美，那我们酒店人还有什么颜面呢？

文章写到这里我突然发现，"睡个好觉，洗个好澡，吃个好早餐"，似乎与装修没有什么太大的关系，可现代酒店人在运作酒店时，无论是投资人还是设计师、管理者，都把装修档次看作是重中之重，他们都被视觉效果所绑架，因为设计师要满足他们的情怀，投资人要满足他们的面子，管理者则要满足他们的虚荣，结果是花了许多冤枉钱，走了许多冤枉路，但最终还满足不了客人的基本需求，这就是目前中国酒店的现状。所以，我殷切希望本文能帮助酒店人回归初心，迷途知返，让酒店渐渐回到繁花似锦的春天。

第十六章 走出中国民宿和度假酒店的误区

民宿： 利用当地闲置资源，民宿主人参与接待，为游客提供体验当地自然、文化与生产生活方式的小型住宿设施。

单幢建筑客房数量不超过 14 间（套）。

——摘自 2017. 10. 1. 国家旅游局颁布的《旅游民宿基本要求与评价》行业标准

文化主题旅游饭店： 以某一文化主题为中心思想，在设计、建造、经营管理与服务环节中能够提供独特消费体验的旅游饭店。

客房数应不少于 15 间（套）。

——摘自 2017. 10. 1. 国家旅游局颁布的《文化主题旅游饭店基本要求与评价》行业标准

因为我的作品《走出中国酒店建设和管理的误区》一书受到酒店行业的热捧，我提出的"酒店效益的 70% 来自设计"的观点得到各行各业的认同，所以，越来越多的酒店甚至是国外酒店请我把脉问诊，培训演讲，打造样板。我发现，中国的城市酒店由于盲目地互相模仿，产生了一大批畸形的存量酒店。据有关资料，全国 80% 以上的酒店处于亏损状态，而在建或计划建设这样的酒店正在诞生的路上。更令人吃惊的是，更多前来讨救的是那些投资民宿和度假酒店的业主。根据网上资料，中国超过 90% 的民宿和度假酒店亏损，许多民宿和度假酒店因为难以支撑日常营运费用而不得不选择关门歇业。许多读者恳切希望我再写一部《走出中国民宿和度假酒店的误区》作品，所以我躲进小楼，谢客九日，满腹要倾吐的话儿便自然地顺着笔尖朝着渴望的读者流淌而去。

民　宿

一、民宿的起源和在中国的发展

应该说，英国是民宿的发源地。早在公元 43 年，英国人就开始经营他们称之为 B&B（床与早餐）的民宿，为旅行的罗马帝国官兵提供价廉物美的住宿。20 世纪 30 年代，由于经济大萧条，多数英国家庭为生计所迫把自己多余的住房用于接待客人。二战之后，由于大批滞留在英国的外国官兵需要住宿，故而大大推动了民宿业的发展。这种住宿形式的概念后来被推广到法国、德国、日本等地，最后来到了中国。中国民宿实际上到现在只有 20 多年的历史，最初的形式就是老百姓腾出自己闲置多余的房间来接待旅游者。近些年来，随着政府的鼓励和政策上的支持，随着美丽乡村建设的快速发展，中国的民宿业一路高歌猛进。据网上数据，2014 年中国有 9 万家，2015 年有 12 万家，2016 年达到 18 万家，2017 年达到 27 万家，2018 年达到 35 万家，2019 年达 41 万家，2020 年后由于疫情影响增速减缓，但每年的数量都在增加，到 2022 年底，全国民宿已超 50 万家。这么大体量的民宿，如果把控经营得不当，那要牵动多少人的神经，关系到多少人的命运啊！

二、民宿的规模和本质回归

在文章开头，我摘录了国家旅游局颁布的民宿规模标准是单幢客房数量不超过 14 间（套），我认为这是为了和文化主题旅游饭店区分而划的界限，这样的划分应该说机械公式化了些，如果正好有幢建筑能够做 20 间客房，或者主人想把房间设计得小些而正好超出了 14 间房怎么办呢，是不是其住宿性质陡然间就变化成了文化主题旅游饭店了呢？但是从这一标准的另一面来看，说明民宿的规模不宜大也不可能大，因为在这个行业标准的开头对民宿是这样定义的：利用当地闲置资源。既然是闲置资源，就回归到了民宿的初心和本质，不是人为地去再造，只是在闲置房屋基础上做改造。比如，整个用作民宿的房屋应该是老屋，其结构和外形都不宜改动，可以把外貌做些修缮；为了形成规模和轰动效应，最好由政府出资将整个村落或景区的房子外貌按原先固有的风格做统一装饰，而民宿主人着力翻新院落和屋内的装修及设施设备。可目前我们的民宿由于准入门槛低，外来投资者日盛，如果说他们租赁老百姓的闲置房屋来做民宿还是情有可原的话，那么，许多投资人专门另建房屋作民宿，这就背离了民宿的本质，不能顺其自然，这就为后来的经营难以为继埋下了伏笔。

三、民宿的管理和房间设计

国家旅游局颁布的民宿标准中有这样的定义：民宿主人参与接待。就是说，民宿主人多数应为房屋的拥有者，而且又是服务者，通俗地讲，老百姓用自己闲置的房屋接待外来观光度假的游客，自己亲自为客人烧饭做菜，打扫房间，看家守舍，惬意悠闲，没有房租和人员工资的压力，有了客人就忙乎，没有客人就休闲；忙的时候赚钱补贴，闲的辰光享受生活，这样做民宿轻松开心。而外来纯粹的投资者无论是租赁式经营还是自建民宿，都不太可能亲自参与接待服务，因为不像当地居民有一家人或亲戚可以帮忙，外来投资人必须聘用当地居民或外地人来服务管理，这又背离了民宿的初心，外来人员的工资及各项福利费用，仅靠这几间客房的收入，您能负担得起吗?

再说房间设计。房间是民宿的主要服务产品，投资的科学与否直接关系到民宿的成败。民宿其实是不需要酒店室内设计师操刀的，民宿就是当地居民的家，那些砖墙瓦顶都很有味道，但由于是接待游客，设施设备要好，房间内要营造出强烈的舒适度和体验感。比如，WiFi 要畅通无阻，空调效果要好，上下水要畅，热水出水要快，房间要隔音隔光，床具和布草要舒适，一次性用品必须选用品牌且质地好的产品，卫生间要洁净无异味，卫浴设施要使用品牌产品等。总之，不要刻意把房间设计成视觉上的民宿，而着重在客人体验到的设施设备和生活用品的质量方面下功夫。

四、民宿的灵魂是民俗

国家旅游局颁布的民宿标准中定义民宿是"为游客提供体验当地自然、文化与生产生活方式的小型住宿设施"。中国最初的一批民宿投资人并不是为了赚钱而做民宿的，他们有的是为了保护村落的风貌、记住乡愁，有的是想躲开城市的喧闹和水泥森林，寻找一片恬静自然以放飞心情，而他们的初衷恰恰与游客产生了心里共鸣，于是生意兴隆，接着吸引了大批梦想赚钱的外来投资者，民宿的味道渐渐淡化走样，投资者更加注重的是民宿的符号和外表，而很少有人关注游客更需要的骨子里的东西——民俗，民宿的文化就是民俗，这就是为什么民宿发展到今天越来越混乱跑调、效益越来越滑坡的原因所在。

谈到文化，许多人就会将其上升到看不见摸不着的高度，其实，民宿文化就是民俗，就是民情风俗。游客之所以选择民宿，就是为了体验当地的民情风俗，这也是民宿存在的理由。游客来到民宿，不是简单地居住，而是要与主人攀谈交流，了解村落的历史、主人的生活。游客希望能够欣赏到或玩主人儿时的游戏，比如滚铁环、抽陀螺、挤油渣、过山羊、踢毽子、跳格子，跳绳跳牛皮筋、斗鸡子、贴洋画等。主人可以让他们体验农活，比如养鸡、喂猪、放羊放牛、种菜等。主人可以和游客交流如何做当地农家菜，学做豆腐豆皮等农副产品。村委会要打造一些民俗项目，比如扬场、耕地、车水、钓鱼、划船，比如定时定期地演社戏、办画展、手工艺活儿表演。甚至还可以把田地租给部分离家不是很远的游客，让他们成为忠实的回头客，游客赏玩到了田园风光，锻炼了身体，还可以带回城里买不到的环保果蔬。还有一些民宿自然形成在城市旅游景点，由于有了先天的历史自然环境和后来政府对文化的着意打造，景区的民俗氛围就比较浓厚，这样的民宿哪怕是租赁经营，其前景也非常看好。

总之，民宿要有基础环境支撑，这种环境无论是自然天成还是人工塑造。民宿运作要采取低成本接地气的方式，因陋就简，因地制宜。民宿硬件的重点在于房间舒适度的投入，房间的设施设备和生活用品要尽量脱离现有民宿的档次，要让游客产生流连忘返的家的感觉。民宿的软件是注重民俗文化的建设，用特色个性把乡情传递给每一位来客。现在虽然国家旅游局出台了民宿的行业标准，但我更希望各级政府特别是文化旅游部门，能够组织民宿投资者培训学习，指导他们正确地运作民宿项目，再不能像过去那样简单盲目地模仿，让民宿得以真正健康地发展。

度假酒店

一、文化主题旅游饭店定义的困惑

《文化主题旅游饭店基本要求与评价》行业标准是这样定义文化主题旅游饭店的："以某一文化主题为中心思想，在设计、建造、经营管理与服务环节中能够提供独特消费体验的旅游饭店。"我的理解是，这里所说的文化主题旅游饭店就是我们平时习惯讲的度假酒店，或者是除开已经挂了星级牌子的度假酒店。接下来，容我列举金鼎级的几项具体标准：

"建筑外观应具有特色，内外装修符合文化主题要求，格调高雅。"

"应有文化主题展示或有文化主题体验博物馆、陈列室、展示区等场所。"

"店内艺术品、灯饰、绿色植物盛器等应符合文化主题风格，装饰感强。"

"客房区域装修应依据文化主题，风格鲜明，感受舒适。"

标准还有很多，我赶紧打住，总之，要在设计、装修、软装配置以及服务等整个过程中贯穿文化主题。但是，如何在这个过程中将文化主题体现在每个细节中，制定人没有给出答案或具体性的指导意见，我估计他们难以给出。酒店的设计、装修理应贯穿文化，而文化的体现更在于酒店的经营管理。我们过去评定的星级饭店都要求嵌入文化元素，越是有文化的酒店，越典雅高贵，其生命力就越久。但我要说的是，旅游饭店千万不能把文化做成主题，饭店的主题是要回归居住吃饭的本质。制定者的初衷应该是想避免度假酒店的同质化，让游客没有审美疲劳，更有利于宣传旅游景点、酒店招徕生意。但是，建筑和室内设计师就会把这样定义的酒店设计出一幅幅美轮美奂的效果图，投资人看了喜上眉梢，政府领导满意通过，但管理者不好经营，消费者不愿掏钱，等酒店投资人明白过来已为时晚矣！近几年来，我顾问了不少这样的度假酒店，设计师按照上述的行业标准去设计度假酒店，几乎无一例外的，投资人都觉得好看，像是那么一回事，但等我给他们算完账，少则一年亏几百万，多则一年亏几千万；按照他们的话说，我把他们从悬崖边拉了回来。但一些已经投入营运的度假酒店，由于设计规划的错误，由于投资不合理，我也回天无术，只能眼睁睁地看着这些酒店病入膏肓。所以，我更愿意称这些酒店为度假酒店，而不是文化主题旅游饭店。

二、文化主题旅游饭店等级评定的困惑

按照《文化主题旅游饭店基本要求与评价》行业标准，"文化主题旅游饭店分为金鼎级和银鼎级两个等级。金鼎级为高等级，银鼎级为普通等级。等级越高表示接待设施与服务品质越高。"那么，国家质检总局和国标管委会联合颁发的《旅游饭店星级的划分与评定》所制定的1星级至5星级的评定等级，又怎么来和金鼎银鼎明确各自评定酒店等级的范围呢？我所了解的是，更多的度假酒店宁愿评星，也不愿争鼎，因为毕竟星级评定工作开展了三十多年，星级的桂冠已深入人心，虽然要求评星的酒店呈大幅度下降趋势。已经挂有星级牌子的酒店可不可以申请金鼎或银鼎，换句话说，就是一家酒店能不能同时戴两顶桂冠呢？

三、文化主题旅游饭店规模的困惑

《文化主题旅游饭店基本要求与评价》行业标准明确规定，其"客房数应不少于15间（套）"，这就让我立即联想起了星级评定规定的申请三、四、五星级饭店的房间数分别是30、40、50间（套）。根据星级评定要求，三、四、五星级饭店规定最低得分线分别是220分、320

第十六章 走出中国民宿和度假酒店的误区

分、420 分，这些分数主要是依靠服务项目打出来的。大家知道，大部分酒店的主要收入和利润来自客房，而配套的服务项目多半是不赚钱甚至是亏本的，所以，为什么三星级以上的酒店多半亏损，与星评的这个要求有关；房间数越少的星级酒店，就越是容易亏损。星级评定不管南北区域和消费水平等差异，用一个标准去套所有的酒店，而且这个标准又有着天生的缺陷，难怪中国的酒店多半亏损呢，难怪现在中国的酒店业主多半不愿评星了呢！话说正题，客房数量不少于 15 间（套）的文化主题酒店，如果被评上了金鼎级，那么这家酒店多半会亏损，请读者们看看我前面列出的那其中金鼎级酒店的几条硬件要求就一目了然了。

经过这些年来对度假酒店的顾问和研究后，我得出一个基本数据：按照金鼎级的标准，度假酒店要想不亏本，客房数至少是 150 间；如果是银鼎级，客房数至少是 80 间，而且即便是如此数量的客房，其装修装饰也不能突出文化主题，必须把钱花在客人的舒适度和体验感上，否则还是照样亏损。

四、度假酒店不宜建在山顶或山腰

为什么我们到山顶买一瓶矿泉水要比在山下贵许多呢？因为商家的运输成本高了许多。同理，如果到山顶或山腰建造酒店，首先是三通一平和建筑成本高，设施设备和装修材料的运输费用高，工人交通和生活费用高，其整个建设费用往往是山下酒店的两三倍。到了酒店筹备和营运阶段，一样存在高昂的物资运输费用，服务人员的工资福利待遇比城市酒店好许多也难招到人。而酒店的房价能比山下的酒店高出两三倍吗？我们的投资人和设计师往往认为山上的风景好，客人一定喜欢住在山上，而且房价一定能卖上去，但是我调查后却发现，有许多客人是愿意住在山上，但是要他们多花钱特别是多花许多钱的时候，游客基本会选择放弃。

我去四川都江堰一个度假酒店项目顾问，董事长把我带到半山腰一幢幢别墅跟前，几乎是一把鼻涕一把眼泪地诉说他悲惨的投资遭遇：原以为能够让酒店开业的资金，但还没等到酒店装修钱就用完了，而且还欠了一屁股的债。湖南张家界市中心有一座山，一家央企在风光旖旎的山顶上建了一个疗养院，由于经营不善而转卖给了一位浙江朋友，这位朋友请浙江著名的管理公司策划设计了一个美若仙境的度假酒店，动工之前他托朋友找到我，请我帮他测算一下。因为酒店在山上，虽然可以做 300 间左右的客房，但旅游大巴上不了山，旅游团队就无法上去，仅靠散客酒店就会始终处于饥饿状态，因为张家界的酒店主要靠旅行团支撑。我经过测算得出一个数据，如果按照浙江管理公司的设计规划，这家度假酒店一年至少亏损 1200 万（含建设成本 10 年摊销），吓得这位老板至今仍把项目荒在山上没敢启动。

五、度假酒店不宜建在景区里

度假酒店如果为了保证不亏本，就必须具备一定的客房体量，而具一定规模的酒店建在景区里往往受到建筑高度的限制，常常只能分散而建，这就给建设和经营管理带来困难，从而容易导致亏损。其次，随着国家越来越重视生态环境，对酒店污水排放管理越来越严格，大量游客在景区居住势必会给环保工作带来麻烦。另外，建在景区里的具备一定规模的酒店，尽管在审批时会注意到层高和外形与景区和谐的因素，但总会或多或少地破坏景观。

江西新余仙女湖是国家 4A 景区，我应邀顾问景区里一家温泉度假酒店，50 平方公里的湖面，岛屿星罗棋布，湖水清澈见底，酒店就坐落在湖边，但当地政府为了保护环境，不允许酒店临湖的建筑做餐饮，因此，投资人感到手足无措。我的一位长沙朋友在当地梅溪湖拿了一块地，打算建一个度假酒店，我给他做了个测算，酒店盈亏点的客房数在 160 间左右，但当地政府规划审批建筑只能建三层，坐落于山脚的酒店建筑从远处看必须若隐若现地掩映在背后山上的树林中。为了通过规划审批，一方面要压缩房间数，另一方面要把本来规划的一幢楼分解成三幢。这样调整后我又做了个测算，结果酒店很难盈利，所以，投资人放弃了建酒店的念头。

六、度假酒店不宜分散而建

度假酒店不是民宿。由于度假酒店都具有一定的体量，投资人和设计师特别是政府有关部门领导，多半偏爱把度假酒店规划设计成民宿风格：一幢幢房屋错落有致，外形不是古色古香，就是呈村落民居式样。这样的度假酒店从一开始就走上了亏本的道路。度假酒店应集中而建，建筑外形应中规中矩，应以筒子楼形式为主，将酒店的各个功能尽量融合布置在一幢楼里，把配套的服务项目置于裙楼或建筑的底部几层，而把客房设计在建筑的上部。这样，建筑成本低，机电好设计，装修投入少，而且便于经营管理，客人使用起来方便舒适，会议组织者或旅行社导游就才会非常乐意安排住这样的酒店。

东莞的一家上市公司邀我顾问其开发的度假酒店，现场有上千亩土地，主要打造乡村旅游项目，其中规划了一个度假酒店。再看建筑设计院设计的效果图，俨然一幅乡村水墨画：两三层高的房屋有二十几座，房屋间偶有长廊相连，自然环抱成一个大型院落，院落中是沟沟水水，阡陌道路辅以精致小桥。我给出以下建议：第一，在平地上刻意建造一幅画样的村庄，土建成本高。第二，到处是水渠小桥，安全隐患大。第三，旅客要游山玩水，体验农家生活，出了酒店全部可以满足。第四，建筑如此分散而建，是否每幢楼要安装电梯？空调是采用中央空调还是分体空调？是集中供热水还是独立自供？弱电各个系统如何设计？第五，接待大堂放在哪幢屋子，客人如何拖着行李进入客房？早餐厅放在哪幢房子，冬天夏天刮风下雨客人如何去餐厅就餐？第六，服务人员如何上下搬运物品清扫房间？不等我往下再讲，董事会全体成员就否定了原先的设计方案。

洛阳政府所属的城建总公司计划投资一个度假酒店，国内外许多著名的文旅集团和酒店管理公司的专家都出谋献策，但政府领导都没听懂，因为按照专家们的意见，他们左掐右算酒店都会亏损，于是找到了我。建筑设计院综合了所有专家们的意见所出的设计效果图是这样的：中间是一幢2层的建筑，一层为接待大堂、茶吧，二层为健身房。左边是一幢3层的建筑，一层为西餐厅、中餐零点，二层为餐饮包房和宴会厅。

三层是多功能厅。右边一幢也是三层，设计了各式客房 120 间。这样的分散布局很不合理，和东莞酒店项目一样，投资大，管理成本高，不好经营，客人舒适度差，所以就像在东莞度假酒店项目那样，我给予了重新设计：将酒店集中而建，设计成一个筒子楼的中规中矩的火柴盒状的建筑，设裙楼三层，将大堂、西餐厅、亲子游戏区域设在一层，二层为外包洗浴足浴健身，三层为餐饮包房多功能厅，四层以上是 260 间的各式客房。

七、度假酒店应轻主题重体验

如果说我国的城市酒店是因为重装修轻体验导致投资过大而引发大面积亏损的话，那么，度假酒店则因为普遍重主题轻体验而导致畸形投资而引发更大面积的亏损。在多数政府主管部门领导、投资人和设计师眼里，度假酒店首先是好看，其次是要有主题、特色、个性、风格，于是就应运而生了一批批山水画一般的作品。其实，酒店的属性不是用来供人欣赏参观的，是供游客居住的，如果要玩山乐水，尽可以从所在的景区中得到满足，度假酒店从外形到内装再花钱花心思打扮，也不能和自然美景相媲美，这叫吃力不讨好！我稍加研究便发现，凡是比较漂亮的度假酒店多数是不赚钱或亏本的，因为漂亮是靠钱修饰出来的，而对于投资大、回报期长的酒店业来说，如果投资不合理，有时生意再好，酒店想要维持生计怕也困难。这里，我举两个例子。

其一：济南有位著名的室内设计师应邀在高仿版迪士尼乐园里投资一家度假酒店，他计划把它设计成迪士尼主题酒店。平时他给别人设计酒店从未在意过设计的作品要投资多少，但到了自己投资酒店时，他就变得十分谨慎。他辗转找到我，请我帮他测算，帮他设计。其实，酒店不是不能搞，只是一般酒店不能搞什么主题。试想一下，在迪士尼乐园里疯狂了一天的游客来到酒店还想看到这些东西吗？是想看酒店具有迪士尼主题的外形，还是希望在大堂、餐厅、过道和客房里继续看到迪士尼的元素呢？游客会因为这些迪士尼元素而快乐地买单吗？我经过多年的跟踪调查，游客们才不会为这些主题掏钱呢，而相反，投资人会因为这些特色创意砸进许多冤枉并且可能永远收不回来的资金。这位设计师一再感谢我把他从噩梦中唤醒。

其二：我去千岛湖顾问浙江上市公司投资的一个度假酒店，发现设计师为了主题把整个建筑设计成了异形，每间房大小不一，建筑主体只能采用钢结构，设计费和建筑造价都高，装修难度大，而且由于每间房大小不一，今后接团队和会议，酒店方该如何排房？导游和会议主办方该如何分房呢？

设计度假酒店，外形要中规中矩，内在的重点在功能布局。机电设备要选用品牌产品，装修材料要环保实用，客人使用的设备和物品要质量上乘方便舒适，让游客睡好觉、吃好饭是度假酒店追求的目标。

八、度假酒店投资人做好淡季心理准备了吗

度假酒店投资人往往只看到节假日期间特别是国庆长假景点爆棚、酒店价格猛涨的好光景，在投资前很少有人去想度假酒店淡季的难过日子。天晴要想到天阴，酒店讲的是平均房价和平均住客率，投资人要的不仅是毛利，还应该计算净利，计算多少年回本。我打过交道的各类投资人很少在投资前认真做投资回报测算的，即使做了测算，也是理论脱离实际，算的盈利但结果往往都是亏本。度假酒店的最大特点是淡旺季明显，有些景区酒店还存在部分季节歇业的尴尬状况，在这样的地方建酒店更要慎之又慎，就更有必要反复认真地计算投资回报的真实数据。

举例来说明这个问题。大家都知道阿拉善英雄会吧，每年 10 月 1 日开始到 10 月 7 日结束，在内蒙古自治区阿拉善左旗以传统热门赛事 T3 系列赛为核心，还设有各种赛事，举办沙漠音乐节等活动，2018 年仅国庆节当天入园车辆近 4 万车次，游客超 10 万人，但整个园区包括提供给游客住的蒙古包、房车和帐篷房，核算下来都是亏损的，公司投资人邀我前去寻找解决的良方。我踩在一望无际的沙漠上，向陪同考察的朋友们讲述了湖南张家界景区酒店的故事。

就在十年前，张家界酒店的基本面貌是每家酒店规模较小，硬件设施和服务水准都比较差，因而很难吸引欧美和高端游客来张家界观光，极大影响了酒店住客率和整体效益，同时也影响了景区收入。另外，为

了安全起见，每年 10 月 15 日至来年的 4 月 15 日的半年时间，整个景区基本处于半封山状态，张家界主力客源韩国游客的包机在此期间停飞。我管理的酒店是长沙市接待韩团人数最多、韩国游客认可度最高的酒店，所以我也着急，就和有关专家一起给张家界市有关领导出谋划策。这就有了后来许多国际国内品牌酒店的引入，有了张家界市包括机场在内的一系列工程的改造升级，更重要的是，经过安全措施的加强和冬季雾淞卖点的宣传，张家界没有了半年的淡季，冬季的生意有时还超过了夏季，整个景区也欣欣向荣起来。试想，如果一家酒店只有半年的营业时间，酒店能够赚钱吗？如果一个旅行社的导游、司机主要靠半年的收入养家糊口，导游、司机宰客的现象能那么快地止住吗？

我想起了来的路上穿过的贺兰山，想起了岳飞的《满江红》："驾长车，踏破贺兰山缺。"我动情地对陪同人员说，这里是我见过最洁净、最柔软、最震撼的沙漠，这里的历史可以讲出许许多多令人向往的故事，除了已举行了 13 届的阿拉善英雄会外，我们一定要在保留这些蒙古包、房车和帐篷屋的基础上，建造数家有规模、舒适度高的酒店，无论是有钱的飙车族还是前来旅游观光的客人，总不能让他们住在这些不能洗澡、只能在露天洗漱、在公厕解决问题的特色屋吧。待这样的酒店诞生后，我们就会发现，前来参加英雄会的玩车族一定会延长在这里的逗留时间，旅行社就会看上这块具有独特风光、悠久历史的旅游胜地，因为这里离银川机场只有一个多小时的车程，距市区直线距离仅50 公里。如果政府和投资人在目前赛事基础上再打造一些沙漠项目，定期举办腾格里沙漠音乐会、改装车巡游和汽车赛事等，让阿拉善成为旅游目的地，不仅不能有封闭景区的时段，还要力争不能有明显的淡旺季，那么，阿拉善的景区和酒店才能健康地活下来。

写到这里，不知怎么我脑海里浮现出杜甫的诗句："安得广厦千万间，大庇天下寒士俱欢颜。"纵观我们的民宿和度假酒店，看似发展势头很猛，其实内藏许多误区，今天我抛砖引玉，意在请大家少走弯路，理性科学地运作民宿和度假酒店，让投资者敢于投资，管理者便于经营，消费者乐于买单。

第十七章　单体酒店往何处去

最近一些年来，我顾问了全国各地一百多家酒店，有的是连锁酒店，更多的则是单体酒店；有的是经营中的酒店，更多的则是筹建中的酒店。我发现它们都有一个共同点，就是日子都不太好过，而且有趣的是，许多单体酒店的业主向往加盟，认为加盟一个连锁酒店后自己可以做甩手掌柜，人轻松了效益还不愁；可许多连锁酒店的业主告诉我，自从加盟后，没过过一天安稳日子，不但没有了业主的感觉，而且和以前没有加盟相比，钱也没有多赚。此时让我想起了《围城》里那段著名的话："围在城里的人想逃出来，城外的人想冲进去，对婚姻也罢，职业也罢，人生的愿望大都如此。"我是这么理解钱钟书先生这段话的，不管是想从城里逃出来的，还是从城外冲进去的，都活得不够自在，穷则思变嘛，但生活幸福的人是不想折腾的。一些单体酒店想去加盟，是因为他们的运作方式有问题，导致效益不好，于是就想换个活法，自然便想到了加盟。可他们哪里知道，加盟酒店的业主往往是表面风光，有些看起来生意还不错，但也是苦不堪言啊。那么，单体酒店的出路在哪里呢？

一、单体酒店需要加盟连锁酒店吗

我经常接到单体酒店业主提的这个问题，我发现他们被这个问题纠缠不清且自拔不能！一直以来我们都会听到一种说法，就是欧美发达国家的酒店连锁化率比国内高出许多，因此，我们中国酒店以后会更趋连锁化。首先分析一下，宣传这种观点的基本是那些国际或国内连锁酒店集团，他们投入了大量资金和人力，开足了宣传机器，掌握了话语权。

连锁酒店集团虽然在争夺酒店加盟市场方面就像群狮捕猎羔羊一样互不相让，是竞争对手，但在宣传诱导单体酒店业主加盟方面，他们的利益一致，所以又是同一战壕里的战友。反观单体酒店，他们好像一盘散沙，从来没有想过要搞个什么单体酒店联盟，认真研究单体酒店的未来，宣传一下单体酒店的优势。宣传阵地你不去占领，自然就被别人占领，所以，酒店业就只出现一种声音：中国酒店的趋势就是连锁化。可是，宣传导向和实际结果常常是不一致的。我说过，中国酒店业犯的最大错误就是盲目模仿，发达国家酒店连锁化的程度比我们高许多，是因为他们在酒店运作时注意到了投入与产出的合理比例，考虑到了酒店的未来能否持续发展，所以我们会惊讶地发现，同样是欧美国际品牌的酒店，在国内硬件是那么的高档豪华，怎么到了欧美反而像个三星级酒店。从另一方面讲，所谓国际品牌酒店集团掌握了我们崇洋媚外的心理，便欺负我们中国酒店业主善良无知，用中国人的血汗钱在替他们打造酒店品牌，掠夺中国财富，难道他们不知道这种不合理的投入会给中国酒店带来万劫不复的灾难吗？虎狼捕食时从不会怜悯猎物。我们再来看欧美发达国家的连锁酒店，他们中有许多连锁酒店的日子也是不好过的，甚至还不如一些单体酒店，所以直至现在，连锁酒店的数量远不及单体酒店。我们还有个错误的概念是，连锁酒店好像就是品牌酒店的代名词，一家酒店经营成功了，就开始复制推广，就渐渐地做成了一个连锁酒店，但这不是连锁品牌酒店，只有经过时间的考验，证明其中大多数酒店也能像原始店那样成功，这才能称作品牌酒店，否则只能称为连锁酒店。近几年来我在给各种酒店提供顾问服务的实践中不断总结研究，惊奇地发现加盟国外连锁酒店公司的酒店大部分是不赚钱甚至是亏损的，而国内的连锁酒店呢，其原始店大多经营得很好，确实可以称得上品牌酒店，但是他们输出管理的酒店包括高星级酒店、精品酒店，大多数管理不错，却经营不善，即赚钱的少，亏本的多。那么原因何在呢？连锁酒店的原始店往往是自己投资，在规划设计时小心翼翼，能够结合当地的实际条件进行科学设计和合理投入，因地制宜，量身打造，这样的酒店就容易做好。可是一旦让这样成功的酒店上升为一种固定模式，而且基本不做改变地对外输出，不顾地区经济水平和人口规模的不同，不管酒店投资大小和消费对象的差异，不比较地理位置和建筑结构的优劣，用一种一成不变的模式去设计管理其他酒店，这样的酒店发展模式能不出问题吗？许多管理公司朋友告诉我，他们管理的酒店多数是赚钱的，并且许多项目都拿到了利润管理费。是的，因为世界上的酒店管理公司替别人管理酒店，酒店只要有收入，管理公司就要收取营业管理费和其他合同中约定的各种费用，只要有毛利而不是净利，就要提取利润管理费。现在管理公司管理的酒店有几家是有净利的呢？一年下来，酒店投资人等来的往往是许多负利润，令人哭笑不得的是，投资人一边要额外筹钱去还银行利息，管理公司还理直气壮地收取奖励管理费。我认为，管理公司如果能给业主挣出净利来，提取的奖励管理费哪怕高些也无可厚非，否则换位思考，如果你是酒店业主，你花了许多钱建成了酒店，但年年都要你额外拿钱来维持酒店经营或还贷，而管理公司还要拿走奖励管理费，你觉得公平合理吗？所以，无论是国际还是国内的品牌酒店，要想对外输出，就要形成一个真正能适合所输出地区酒店的操作公式，根据不同的酒店在公式不变的情况下进行修正调整，起码做到大部分的酒店用了这种公式后能够产生净利，至少可以依靠自己活下去，这样的连锁酒店才有资格称为品牌连锁酒店，我们的单体酒店才能加盟。可是迄今为止，我还没有发现一家能够保证加盟方有净利的品牌连锁酒店，这样说来，广大的单体酒店业主还有必要加盟连锁酒店吗？

二、经营中的单体酒店怎么提升效益

当下酒店业主和经营者多半比较浮躁，如果遇到经济不景气或疫情更是不知所措，常常病急乱投医。许多酒店人常常要我给他们一套如何快速赢利的营销方法，都想走捷径。比如一些五星级酒店想做外卖，我就直截了当地回答他们不能做，因为做了反而会亏损，还不如不做。有的人不信，但没过多久就放弃了，因为外卖的财务数据印证了我的说法。每逢端午中秋，许多酒店都会使出吃奶的劲，动员酒店所有员工售卖高价粽子和月饼，不但员工怨声载道，就连许多客人在那个时段也不愿去这些酒店消费，真是得不偿失。更多的酒店则是搞降价促销，以为降价就能引来更多的流量，特别是他们说，别的酒店都在降价，如果我不降价就更没生意。其实，优秀的产品是不用降价的，而质量不佳的产品即使降价也不一定受人欢迎，何况降价容易，再想升上来可就难了。几十年前我们去宾馆吃饭住宿是多么地享受，因为那时家里的条件太差，饭只能吃饱肚子，没有空调，不能洗澡，而现在的生活水平越来越高，居住的条件多半超过了酒店，如果酒店的硬件和服务还停留在原先的标准上，那么去酒店消费就变成了受罪，酒店还会有生意吗？现在更多的消费者注重的是卫生舒适，而不是价格，价格低体验感不好的酒店永远讨不了客人的喜欢。于是，一些正在营业中的酒店业主和经营者把生意不好怪在了酒店装修上，认为酒店营业了四、五年，装修过时了，或者地毯脏了墙纸起翘了家具旧了，就想做部分翻新，殊不知这种做法是不可取的，我所见过的装修改良的酒店，没有一个成功的，不改便罢，改了更加难看，因为没有改的部分就会显得更加不协调。我经常会对业主说，酒店没到彻底改造的时候，可以小修小补稍作整理，但要把钱重点花在对客人有直接体验的地方，要在设法满足客人的真正需求上做文章。具体来说，客人走进大堂，冬天要感到温暖，夏天要感到清凉。住店客人能否免交押金，退房时免查房，退房时间可否延至下午 6 点。Wifi 必须覆盖酒店各个区域，无需密码，且信号强。早餐品种要丰富，可吃性比较强，时间能否延长到上午 11 点。夏天的客房不能有蚊子，房间里不能放蚊香器。房间的遮光隔音要好，否则天一亮客人常常就会被窗外的晨曦或喧闹的车流弄醒。席梦思床垫上面一定要加舒适垫。枕头一定不要用腈纶棉枕，最好用含绒量高的鹅绒枕或是乳胶枕。布草最好采用 60×80、至少用 60×60 的面料。咖啡不必提供，茶叶一定不是袋泡茶，应提供品牌茶叶，且必须罐装。提供 6 瓶免费矿泉水，还可以免费追加。一次性用品要注重质量，一定要提供棉拖，不能提供重复使用的塑料拖鞋，棉拖的价格视房价可定在 3 元至 5 元之间。牙刷视房价可定在 1 元至 1.5 元之间，低劣的牙刷不如不提供；牙膏要用中管的，梳子要用木质的。洗手的小皂改成洗手液，当然最好能增加一瓶洗衣液。沐浴液洗发水应该为品牌瓶装，切忌提供劣质散灌的小瓶沐浴液洗发水。总之，如果客人愿意带走这些一次性用品，就说明客人喜欢上了酒店，酒店的经营就成功了一半。酒店赚钱不易，酒店硬件没到全面改造期，就不要考虑在装修改良上花钱，而是花些小钱提升上述用品档次，增加服务特色，提高客人的舒适度体验感，相信一段时间后，酒店的生意就会渐渐好起来。

三、改造的单体酒店应该如何操作

有些单体酒店本来维护保养不够，加之运行了十来年，客观上需要全面改造。由于要全部停业，所以改造工作要准备充分，高效完成，准备工作越充分，中间停业的时间就越短，就可以把停业的损失降到最低。除非业主资金捉襟见肘，否则，最好是一次性全部改造到位，以全新面貌展现在新老顾客面前，既省钱又省事，经营起来就轻松。改造酒店最重要的任务是选准选好室内设计公司，不是看设计公司设计过多大多豪华的酒店，而要考察设计过的酒店效益如何，其主创人员懂不懂酒店的经营管理，对设计出来的酒店投入多少、产出多少、多少年回本能不能提供一份清晰的测算数据。业主应该规划好功能布局，不赚钱的经营项目一律舍弃，自己不擅长的服务项目一律外包。业主不要当追星族，因为星级的分数是靠配套的服务项目获取的，大凡经营过酒店、参与过星评工作的酒店人都清楚，那些配套的服务项目多半是在亏损经营。大堂一般都位于商业价值较高的一层，设计时要尽可能缩小非盈利面积，把传统的耗钱耗能的大堂转变为可以自己经营赚钱或对外包租的商业空间。为了保证大堂的空调效果和没有蚊虫，必须使用旋转门，最好使用两翼旋转门，切忌使用感应门或平开门。大堂地面一定要使用大理石，但墙面可以采用价廉物美的冰火板或木塑板。客房走廊不要使用带地胶垫的地毯，可以使用块毯，价格便宜，容易维护，又方便客人拉行李或员工推工作车。客房卧室里取消办公桌椅，将原先窗边的茶几抬高到写字桌高度，满足喝茶、吃饭、打牌、看书、写字的功能。不必设地柜或电视机条柜，大衣柜不必大，不需设门。席梦思床垫 25cm 高就可以，但上面要加舒适垫。卫生间不设浴缸，一定要用台下盆，不能设计台上盆。一定要在 3 秒内出热水，所以设计时要多加一根回水管，既节约了水，又提高了客人的舒适度。马桶要用漩涡喷射虹吸式，为了客人的卫生健康，最好使用把手式半智能马桶，方便客人使用，不要用全智能马桶。一般酒店不宜配备浴缸。卫生间和卧室间的隔墙最好采用中间设有百叶帘的双层透明玻璃，这样的设计可以节省能源，扩大卧室和卫生间的空间感。最好不要使用电动窗帘，不要使用感应温控或语音温控。不宜使用客控系统。取消冰箱和小酒吧，对客实行免查房免收押金，在每个楼层的电梯厅放置常温和冷藏的自助售货机。可以取消客房里的保险箱，客人有需求可存放在总台专门设置的保险柜里。总之，改造的每项资金要花在刀刃上，要花在提升客人的体验感和舒适度上。

四、新建的单体酒店应该如何操作

如果说老酒店的改造只能就汤下面的话，那么，新建的酒店就可以恣意发挥，在每个细节上尽可能做到完美，建成与时俱进、性价比高的酒店。新建酒店的设计尤为重要，传统的做法是，业主首先找规划院或建筑院做总规图和施工图，待室内设计院和经营管理者后期介入时，已经留下了诸多遗憾和硬伤，重复施工重复报建浪费了多少时间和金钱，孕育了多少先天不足的酒店痴呆儿！正确的程序是，业主应该同时聘请建筑院和室内设计院以及真正懂得建设管理酒店的专家，一起进行规划、建筑和室内设计，在建筑设计前就确定好酒店的功能布局，一次报建完成，省去以后敲砸更改的麻烦，可以大大节约资金和时间。另外很重要的一点就是建筑外形，为了讨好政府领导和业主，设计师一般都会设计成漂亮的异形，比如我近些年来顾问的酒店，其中外形就有帆船状、碗状、裤衩状等等，度假酒店设计成水墨画般分散的村落或民宿，这些建筑一开始就把投资人拖进了永远亏本的坑里。酒店建筑的承重柱一定要设计成方形，切忌采用圆形柱子。酒店的外形一定要中规中矩，主楼客房的外窗一定是点式窗，切忌使用玻璃幕；外窗切忌使用推拉窗，一定要使用平开窗。外墙可以使用价廉物美的真石漆，而不要使用价格昂贵的铝板、氟碳漆或干挂花岗岩。为了达到保温隔音的效果，两头的山墙一定要加厚处理或作保温处理，客房间的隔墙一定要采用20cm厚的加气砖。客房卫生间隔墙可以采用发泡陶瓷板，这是一种绝对防水的砌体，解决酒店终生不漏水的难题。厨房、卫生间需提前做好降板处理，海鲜池、新风机组冷却塔需提前做好荷载设计。所有客梯不宜使用楼层限制卡，这只会增加投资且给客人带来麻烦，影响电梯运行的效率，如果每层楼面积较大或是会议旅游度假酒店，要用承载人数较多的比如1350kg的电梯。消防梯和客梯不能设计在一起，消防梯尽可能邻近工作间，方便服务人员操作。主楼的面积每层最好在1500m²，若少于1500m²，越少其公摊面积就越大。高层酒店最好要设计布草通道，可以减轻员工电梯的压力，节约服务员的工作时间。客房层设计时一定注意尽量采用自然排烟，不宜使用机械排烟。客房楼层建筑高度五星级3.4米，四星级3.2米，三星级和经济型3米，层高太高，建设成本高，浪费能源，空调效果来得慢。大凡做酒店的建筑，雨棚要尽可能大些。酒店外墙最好不要做亮化，可以在楼顶做一圈如梦如幻的照明，这样外墙防水不会遭到破坏，日后维保就很方便。酒店前场地面最好用透水沥青铺设，设计时少做绿化和水池，重点考虑如何方便客人进出、方便客人停车。总之，我们要在与客人有直接体验的方面做加法，与客人没有直接体验的地方做减法。

五、单体酒店应如何把控造价

单体酒店要想运作成功，必须做到前期投入合理，这样就为后期的经营管理和回收投资打下了坚实的基础。土建成本容易计算也可控，不管是南北方还是高低层，一般价格在1500元/m²至2500元/m²之间，虽然价格与付款方式有密切关系，但也不会相差很大，只要牢牢记住建筑不要设计成异形、不要把外墙做成玻璃幕，造价就不会高到哪里去。根据我近些年南北运作酒店的经验，除去上述土建成本外，单体酒店的造价平摊到每个房间应该在8万元至10万元之间，这是交钥匙工程的价格，其中包含水、强弱电、消防、空调、电梯，包含装修及筹备费用，计算投资的主要区域为客房、大堂、一个会议室、一个早餐厅及厨房、后勤区和这些区域的楼道、楼梯间以及核心筒的所有面积。请对一家室内设计公司真是太重要了，它直接关系到酒店的造价和命运。室内设计公司除了会画效果图、施工图外，最好配有建筑专业设计师，配有懂得酒店机电设备和施工的工程师，因为室内设计的首要任务是给酒店做功能布局，这就牵涉到建筑规范和设备施工。室内设计师要给出水、强弱电、消防及空调的点位，机电设计师全依赖于室内设计师的点位施工图。如果选择的机电施工队伍具有多家酒店的施工经验，那么他们完全可以凭借室内设计的施工图，轻松画出机电施工图，由于这些单位承接了施工业务，这笔设计费可以或减或免。优秀的室内设计公司还可以帮助做建筑规划，设计酒店后勤区域、雨棚、亮化、庭院、店招及酒店VI 等，业主可省去一大笔设计费，而且各专业的设计配合的还好，矛盾就少，甲方省力，建设速度还快，当然造价就低下来。室内设计师应该对造价负责，在设计的同时就应该向业主提供一份比较准确的造价预算，如果业主觉得不合理还可以及时在设计中进行调整。不过，单靠设计院控制造价还是不够的，有了设计院的预算，业主必须组织筹建人员对设计院提供的预算清单进行市场调研，一项一项地落实品牌数量价格，不能漏项，而且每一项都不能轻易地突破预算。业主方要厘清哪些是甲供材哪些是乙供材，哪些是甲指定价格品牌由乙方采购。土建工程可以包死，但酒店机电安装和装修工程千万不能采用包干的做法，我的经验是"清单报价，按实结算"八个字。宁愿设计上节省，也不要拖欠工程款，不要施工方垫资，不要轻易借钱做酒店。只要不缺资金，宁愿不留或少留尾款，也要把价格压到合理为止。机电工程相对来说基本可控，难以控制的往往是装修，工人技术不等，材料优劣难辨，更重要的是，如果包给了一家公司，就难以保证施工质量、施工进度以及人工材料价格，因为业主的工程款都是付给了签约的装修公司，而施工的木工、泥瓦工、水电工、油漆工等班组都是独立小老板，业主付的工程款往往被装修公司克扣，拿不到足额工资的工人怎么会尽心尽力地干活呢？最好的办法是业主方做包工头，采用企业扁平化的管理模式，分别与各个工种的小老板签约，直接指挥，直接付款，如果违反合同，可视情节随时更换队伍。换公司就要伤筋动骨，换班组无伤大雅，既保证了工程质量工程进度，还节省了造价。请大家尝试一下这些方法，不比你们加盟连锁酒店要节省许多资金吗？

六、单体酒店如何做好宣传销售

许多单体酒店之所以向往加盟连锁酒店，就是因为连锁酒店开动了宣传机器，大肆宣扬他们的优势：有品牌，有标准，有团队，有多少万的会员渠道。对于单体酒店业主来说，最吸引他们的是如此众多的会员，用一句时髦的话说，这是流量啊。过去国外酒店管理公司进入中国市场时，我们就被这种熟悉的声音反复洗脑：他们有品牌，有强大的全球会员系统。后来我搜集了一些数据，发现一二线城市的国外管理公司管理的酒店，其会员消费的比例只约占酒店住客率的3%，三四线城市会员消费的比例就更少。让我们再看现在连锁酒店的会员流量，就算他们的宣传数据是真实的，但这其中有多少会员会到你酒店来消费呢？因为会员是通过连锁酒店中央预订系统订的房，所以酒店还必须按照合同付佣金。如果我们开业时就甩掉这顶所谓的品牌帽子，没有这套会员系统支撑，看看我们怎么活下去，怎么活得更好。首先，开业促销。我做开业的酒店是这样操作的，为了迅速打开市场，传播酒店知名度，经常是开业首月定价100元，第二个月是200元，第三个月就是300元，第四个月执行协议价，把利益真正让给那些实实在在前来消费捧场的客人。因为酒店产品好，性价比高，客人只要住了一次，就会来第二次，而且越住就越想再住，一般情况下，当月就满房，当月就持平或略有盈利。长沙一位朋友开了一家土菜馆，因为地点较偏，于是问我打开市场的秘诀，我就告诉他，首先把菜做好，在开业的前10天搞促销活动，第一天1折，第二天2折，以此类推，到第十天恢复原价。开业当天里里外外全是顾客，一条臭鳜鱼定价78元，但顾客只要付7.8元，湖南人又喜吃夜宵，所以餐馆几乎是24小时连轴转，直至今天，这家餐馆生意一直很好。我经常说，做酒店要大气大方大度包容，有了这 8 个字，销售还会做不好，还要依靠别人给牌子赏流量？其次，重视签约协议单位。中国人十分热情好客、很讲究礼尚往来，酒店的很多客人都不是自己掏钱居住，都是当地企事业单位接待的，这方面的客源稳定而且有品质，所以我从来都很重视协议单位的开发。筹建酒店时我就早早聘请销售人员进来，而且比正常编制多请几位，主要任务就是与单位签消费协议。现在通信手段已很发达，只要有了单位名称，坐在办公室就可以把合同传给对方，请对方网上签好盖章返回，节省了双方的时间精力。开业前后，我一般都会赠送 20 万元左右的消费券，请协议单位的有关领导来酒店体验客房及早餐，只要产品好，这些单位会很快安排客人居住，请记住，除了充值的客户外，协议单位的价格应该是最优惠的，一定比 OTA 平台上的价格低。我们不仅要签约 5km、50km 区域内的企事业单位，还要不放过 300km 范围内的企事业单位。第三，用好OTA 平台。在酒店开业初期，利用 OTA 平台宣传销售，让全国各地的消费者迅速认知酒店，是很有必要的，但随着时间的推移，酒店要设法用低于 OTA 平台的价格把客人转变成酒店自己的会员，要不断降低OTA 客人的占比。酒店不能依赖 OTA，不能把酒店销售的重点放在OTA 上，一家酒店 OTA 的客人占比越高，那么酒店的平均房价就会越低。OTA 平台是把双刃剑，客人的好评和差评都会展示在平台上，而客人在选择酒店时往往更喜欢搜索那些差评。最近一些年的实践证明，如果酒店产品过得硬，不管上不上 OTA，生意一样好；如果酒店产品平平，在 OTA 平台上花再多的心思，生意也好不到哪里去。这里需要重点强调的是，现在 OTA 平台上的宣传基本侧重于视觉，喜欢用专业的摄影把酒店的外在拍成美轮美奂的图片放到网上，想方设法成为网红酒店，自然酒店就会在装修上加大投入。而我则是把与客人体验感有直接关系的东西通过文字和图片在网上表达，比如客人会在网上看到，这家酒店的退房时间是下午 6 点，早餐有 128 个品种，早餐时间是 7 点到11 点，房间提供免费怡宝和农夫山泉各 3 瓶，晚间赠送果盘，茶叶是当地名牌，提供免费电动牙刷和洗澡刷，枕芯被芯全是含绒量90%的鹅绒等。一句话，酒店在 OTA 平台上要尽力展示的是体验感而不是视觉方面的内容，图文并茂，这样的宣传才更能打动消费者。

七、单体酒店是酒店发展的方向

我住过国内外的许多连锁酒店，其舒适度体验感多半差强人意，客人需要的应该就是睡个好觉，洗个好澡，吃个好早餐，但我发现，世界上这样的酒店少之又少。而纵观单体酒店，总体质量参差不齐，但平均来讲不抵连锁酒店，这就给了所谓品牌酒店集团大肆宣传"中国酒店的趋势就是连锁化"的口实。连锁酒店自身的模式就有问题，发展的动力是做无本买卖，以各种方式让别人投资的酒店加盟。其实，单体酒店只要把握好合理投入这个关键，其前景一定好过连锁酒店。具体来说，首先，单体酒店可以量体裁衣。高档西装不是简单地买个品牌，而是要根据个人的体形量身定做。优秀的酒店应该提供个性化产品，从酒店设计到经营管理都应该百花齐放，缤纷多姿，不能长得一个模样，否则会给客人带来审美疲劳。单体酒店就可以依据自己所在地域、建筑结构、体量规模、客源对象、消费水平、资金实力等，进行酒店定位、建筑外观、功能布局、装修风格、经营管理等设计，可以灵活变通、统筹兼顾三个目标：投资人能够赚钱、经营者方便管理、消费者乐意买单。其次，单体酒店可以把更多的利让给客人。暂且不谈高星级酒店一间房的投资，就说目前精品酒店，其一间房的投资约为 13 万元至 18 万元之间，房价和硬软件的档次大概在三星半。如果按照我的运作模式，一间房的投资在 8 万元至 10 万元之间，房价定在三星半，但体验感相当于五星级。由于单体酒店省去了许多不必要的开支，加上运作时投入巧妙恰当，就可以在后续与客人有直接体验的方面加大投入，这方面甚至要超过五星级酒店。要让客人感到酒店性价比高，自己得到了真正的实惠。我们平时说如何做好服务，做好销售，其实让利于客人是最好的服务，是最有冲击力的销售。如果单体酒店把本来花在加盟上的费用、花在 OTA 平台上的佣金，全部转花在客人身上，还会缺什么会员、缺什么流量吗？第三，产品好是王道。当今时代不能靠投机取巧和哗众取宠，产品实力和人品格局才是企业发展永不枯竭的源泉。自己创品牌可以，而靠贴牌过日子不可取；自己引流可以，而指望别人赏流量行不远。过去商品流通交易方式单一，现在购物很少人去商场，订购火车票飞机票网上就搞定，这是因为互联网的神奇，它省去了中间很多环节，快捷方便价廉，市场陡然间变得丰富多彩、广阔无边，产品和我们的距离突然间拉近了。互联网的发展飞速地改变着世界，也改变着我们，之前我们使用互联网检索信息，这时的互联网连接的是"人与信息"，可以广义地称之为"人与物"，随着QQ、微信等通信手段的兴起，互联网连接的是"人与人"，而下一个互联网的发展方向则是连接"物与物"的物联网。互联网只是一种虚拟的交流，而物联网实现的是实物之间的交流。简单讲，物品虽然不会打字不会说话，但可以通过射频识别、红外传感器、全球定位系统、激光扫描仪等信息传感设备，来实现信息的收集和传递。比如，冰箱给你发来两条信息："牛奶不够了，我已经查询了各大商城和附近超市，建议从某某超市订购打折促销的纯牛奶"，"最近发现你的各项饮食指标不平衡，所摄取的维生素C偏低，建议购买半斤芹菜"。比如床发来信息："最近一周睡眠质量图表如下"。同样，酒店物联网系统会自动发布所整理的酒店客房住宿信息，首先筛选推荐住房率高的物联网酒店，并且能通过定位为客人推荐最佳的酒店选择，因而基于互联网运行的传统的OTA将会逐渐退出历史舞台。到那时，物联网推荐的主要是那些舒适度体验感好、富有个性特色且价格实惠的酒店，而品牌和连锁酒店的经营模式和会员系统就会被淘汰，单体酒店则更能顺应科技发展和客人需求的潮流，所以我坚信，中国乃至世界酒店的发展趋势是单体酒店。

单体酒店往哪儿去，我讲了七个方面，由于我的观点与时下宣传的主流声音不同，所以我在每个方面阐述时没有分段，采用一气呵成的写作手法，希望读者看时不要断断续续，以免管中窥豹，断章取义。初涉酒店的也许会看个热闹，但有过投资经历吃过苦头的看了一定会动真情的。

第十八章　中国酒店管理如何走出国门

随着中国经济几十年来的高速发展，星级酒店的供给量也随着旅行消费市场的需求扩大而快速增长，国际知名酒店管理集团看好这片沃土而纷纷抢滩进入，在带来先进管理经验和服务理念的同时，也引发了国内酒店市场的激烈竞争，在酒店业繁荣的背后，本土酒店管理集团愈显疲弱，缺乏市场竞争力。因此，中国的酒店业只能是引进来，走出去似乎难于上青天。可转而一想，"中国制造"遍及世界各个角落，中国的卫星卖到了欧洲，中国已能在太空建立工作站，甚至有许多预言家预言，21世纪是中国的天下，中国酒店管理定能走出国门。但令人尴尬的是，至今中国的酒店还不能向国外输出管理，其中的原因何在，作为中国酒店人的我们又该如何解决这个难题呢？笔者经多年思考研究，发现如下：

一、过语言关

有许多权威人士说，中国的历史文化渊源深久，中国的文学巨匠如群星璀璨，为什么迄今为止仅仅一人获诺贝尔文学奖呢，主要原因是语言障碍，这话不无道理。由于方块汉字为外国人所难学，而中国的文学著作又很少被译介到国外，这就埋没了许多中国的文学大师和皇皇巨著。再看IT行业，大家都知道，中国是世界上生产IT硬件的大国，但IT行业软件的服务主要由印度人操控。笔者早年学习并从事语言研究，知印度人在英语的发音和语法运用方面远不及中国人，但是否与印度曾为英国殖民地有关，印度人听说英语的能力较强，起码普及程度高于中国人，且较之中国人来说，国外用户更能接受印度人说的英语，在这里，语言帮了印度人很大的忙。那么，中国的酒店管理要想走出国门，我们的管理团队必须具备起码能熟练运用英语或被管理酒店国母语的能力。试想一下，如果我们的管理者去接管一个外国酒店，语言不通，仅靠翻译才能生活和工作，这样的管理结果和管理生命是难以想象的。随着中国高等教育的渐渐普及，随着旅游饭店从业人员的知识水平的不断提高，打造一批能熟练运用一门外语的酒店管理人才已非难事，大学可增设专门培养外派酒店管理人才的学科，也可吸收现有酒店卓有成就管理人才进行语言专训。

兴许会有人问，欧美知名酒店管理集团纷纷进驻我国酒店市场，语言并没有成为它们来中国发展的障碍呀。其实道理很简单，因为我们的管理经验不足、服务理念落后，我们需要学习和借鉴，被迫接受和引进外来的管理，因而我们要适应别人的语言，而不是要求外来者去学会我们的语言，况且汉字确实要比英语这样的外语难学得多。

二、培养造就酒店设计大师

笔者在长期从事建设和管理酒店的实践中深刻体会到，酒店诞生前即孕育酒店的过程是多么重要啊，而前期建设的重中之重是酒店的设计，大凡那些效益很好而又成为品牌的优质酒店，都缘于幸运地遇上了一批优秀的设计人员；设计不成功的酒店，哪怕建设资金投入得再多，哪怕聘请的管理团队再有能耐，酒店要想获得良好收益怕是很难。纵观中国的高星级特别是五星级酒店，多半是欧美设计师做的概念或方案设计，中国的设计师只能打打下手、做些吃力不赚钱的深化设计工作。一些由国内设计院操刀的大酒店，多半缺乏新意，到处可见模仿的痕迹，究其原因，无论是专业设计公司，还是各装饰公司的设计院，其设计人员都未经过酒店设计专业的培训，根本不懂酒店的使用和管理，甚至有些设计人员连高端酒店都未曾住过，让他们来设计酒店不是勉为其难吗？欧美知名酒店管理集团在进入我国酒店市场时，首先带来的是它们对自己品牌的设计标准，这种设计包括地址的选择、外形的要求、建筑的参数标准、机电系统和设备的要求、装饰风格和材料的要求等等。这

第十八章 中国酒店管理如何走出国门

些酒店管理集团因为担心影响其品牌效应和管理结果，往往坚持使用知名的国外设计公司，常常会推荐与其合作过或自己熟知的设计大师。中国的酒店管理要想走出国门，就必须有自己成功的品牌酒店，而这些成功的品牌酒店若都是外国设计师所为，没有中国自己的管理者和设计师共同塑造的成功样板酒店，那么谁会轻易地把自己心爱的酒店托付给你呢？更不要说那些设计一般、管理平平的国内酒店管理集团，哪怕它们规模再大、资金多强，外国的酒店业主也不会随便地"以身相许"的。

我们之所以没有酒店设计大师，是因为国内的高等学府没有酒店设计专业，要想改变欧美设计师垄断中国高端酒店设计市场的局面，笔者认为当务之急是在高等院校开设酒店设计专业课，不但要请进来，让世界上一些酒店设计大师来引介先进的设计理念和方法，而且要走出去，让学生们设法拓宽自己的知识视野。另外，一方面要聘请有经验的酒店投资人、工程学者和管理专家来授课，另一方面，无论是在校学生还是已经工作的设计师，都必须给其机会去酒店一段时间体验考察，感悟酒店设计的灵魂和内涵。如果我们拥有一批酒店建筑和室内设计大师，将民族特色的建筑艺术和历史文化融入酒店设计之中，先于酒店管理在国外酒店市场站住脚，那么，离中国酒店管理走出国门的日子就不远了。

三、培养造就酒店经营管理的高端人才

中国酒店管理要想走出国门，就必须将管理水平提高到能与欧美知名品牌的酒店管理集团相媲美的程度，而这个先决条件就是要造就一批高素质的职业经理人队伍，从中诞生酒店战略人才和经营管理大师，而目前中国酒店经理人的总体水平令人担忧，不要说对外输出管理，大多数经理人连自己的酒店都还管不好。因此，如何为中国酒店职业经理人搭建发展平台，如何构建科学的职业经理人的人才机制，是我国酒店能否健康发展急需解决的问题。我认为主要从以下两方面来寻找良方。

一方面，将国有酒店的所有权和经营权明确剥离。中国绝大多数高星级酒店，一部分由拥有酒店所有权的业主聘请外国酒店集团管理，其中有私营企业投资者，更多的是国有控股的酒店，由于外国人牢牢地控

制了酒店经营和管理的要害岗位，要想在这些酒店培育出中国的高端酒店人才，其概率太低；另一部分是国有控股或私企投资的酒店业主聘请国内品牌的酒店集团或职业经理人进行管理，从表面上看酒店的所有权和经营权分离了，但现实是业主常常是处处干预，这类酒店的管理形式多半是命运多舛，中途夭折，要想在这种酒店里打造酒店战略人才和经营管理人才也很难；还有一部分高星级酒店，它们是国有控股酒店，隶属国有资产委员会管理，其经营者也是所有者的代表，这样的酒店就存在着先天的不足：行政任命代替了人才竞争机制，汇报、讨论和决定的行政管理代替了科学的企业管理流程，企业品牌代替了产品品牌，多种经营代替了专业化经营。由于国有资产委托管理的人才选拔方法扼杀了许多有酒店战略和经营管理的潜质人才，要想在这种管理落后、品牌缺失、业态不合理以及人才战略缺失的酒店或酒店集团中培养出能去国外酒店经风雨见世面的复合型人才，可谓天方夜谭。中国的酒店集团中绝大多数为国有企业，目前寄予厚望走出国门去管理国外酒店的就是这些国有酒店集团，笔者殷切希望这些国有控股的酒店或酒店集团，能够真正将所有权和经营权分割开来，这样才能产生孕育出真正酒店人才的土壤，才能向国外输出酒店管理迈出重要的一步。

另一方面，职业经理人要努力锻造自己的素质。要想提高自己的经营管理水平，要想提高员工的素质，自己首先必须具备酒店高级人才必需的优秀素质。职业经理人必须对酒店忠诚热爱，作风正派，具有强烈的主人翁精神，真正做到视店为家。必须礼貌谦虚，风度翩翩，给客人一种春风拂面，给员工一种修养很深的绅士形象。必须具有丰富的学识和专业能力，用触类旁通的思维方式来解读酒店发展战略，制定科学的管理政策和程序，因地域国界时空的不同而调整服务理念和意识。必须具有刻苦勤奋的工作精神，以苦为乐，任劳任怨，真正做到以店为家。必须具备大度的性格，包容他人的缺点，谈吐幽默，气度不凡，从内底透射出迷人的魅力。必须擅长与形形色色的人物打交道，得到绝大多数人接纳、认可、赞美和支持。必须具备良好的身体素质，给业主、客人和员工一种可依靠的安全感。职业经理人要具备上述素质，必须经时间的考验，经验的积累，必须与各种业主过招，在各个地区各种档次的酒店摔打，最终必会修成正果，将自己锻造成一个酒店高端人才，领军国内酒店管理集团，然后自然地率领本土管理团队走向世界。

四、打造真正的中国酒店品牌

国外酒店投资人聘请那些品牌酒店管理集团来管理他们的酒店，国外消费者选择他们喜欢或认可的品牌酒店居住下榻。因此，中国的酒店管理要想真正走出国门，必须创造出能与国际接轨、能为国外投资人和消费者喜欢或认可的酒店品牌，这是一条必经之路，也是本章必须重点论及的话题。

1. 酒店规模与品牌

世界上所有品牌酒店集团都以其所管理的酒店数量或客房数量的多少来排定座次，于是中国就有了"20家最具规模的饭店管理公司"或"30家最具规模的饭店管理公司"的评选。历年来评选的结果表明，绝大多数被评入的酒店管理公司为国有或国有控股企业，而许多业内人士认为，集团规模越大，名气就越大，时间一久就自然形成了自己的品牌。由于中国实行的是社会主义市场经济，与世界其他各国酒店发展的模式完全不同，中国酒店集团的形成和发展是以国有资本为依托的，其中有许多是所有权和经营权二者合一的酒店，许多规模和档次完全不同的酒店被强行糅合在了一起，还有许多酒店混杂着"特许经营""顾问咨询""承包管理""带资管理"等不同形式的管理方式，这样的模式是完全违背酒店集团化特别是酒店品牌化运作规律的。世界上成功的品牌酒店管理集团，都必须在成功经营一家旗舰店的基础上，用同样的模式去复制相同档次、相同类别、相同管理水平的其他酒店，这样凝聚而成的酒店规模才能形成自己独特的品牌。

2. 酒店称谓与品牌

长期以来，许多中国酒店人认为，不管是什么规模和档次的酒店，不管是用什么管理形式管理的酒店，不管是所有权和经营权是否分开的酒店，只要是自己管理的酒店，将标识和称谓统一起来，就算有了自己的品牌，就可以用这样的品牌扩张更多的成员酒店了。其实，品牌不仅仅是一种称谓。它首先必须准确定位。世界上成功的品牌酒店集团会用不同的品牌称谓去管理不同类型和不同档次的酒店，比如在1500多家假日酒店的品牌中，"皇冠酒店"和"皇冠度假酒店"为旅客提供豪华舒适的服务和设施；"假日快捷酒店"不设餐厅、酒吧及大型会议设施，但提供假日标准的舒适和价值；"庭院假日酒店"在提供假日标准的同时更体现当地的特色和风情；"假日精选酒店"专为喜爱传统的价值及环境的商务客人而设计；"假日套房酒店"专门为长久居住的旅客和寻求宽敞的工作及休闲空间的客人而准备。而我国绝大多数酒店管理集团会用同样的品牌称谓去管理不同类型和不同档次的酒店，这不仅会造成集团内部管理者对品牌的迷失，也给消费者带来迷惑和误导，这也是为什么国外消费者重品牌轻星级，而国内消费者重星级轻品牌的原因所在。其次是统一品牌标准，就是针对酒店市场细分的那部分客人，做出的极具特色化和个性化的服务标准，不同的品牌就会有不同的标准，虽然不同的品牌可能会有相同的服务理念。可是，中国多数酒店管理集团把东拼西凑的政策和程序当作自己的管理模式，甚至当作自己的品牌标准，真是幼稚至极。再次是品牌执行，就是有了品牌标准，必须保证各个品牌的成员酒店有力地执行这些标准。欧美成功的品牌酒店集团都会在新开张的成员酒店中，派入在其他地区成功运作过类似品牌酒店的高管人员，他们训练有素，熟知品牌标准，且具有极强的实施标准的能力。而中国多数酒店管理集团在输出管理时，用统一的管理程序去管理咨询不同类型和不同档次的酒店，甚至有许多管理者桌上放着集团的管理程序，执行的又是自己随意作出的各项规定和制度，集团的管理程序不知不觉中已经流失，更不要说什么执行品牌标准了。

3. 酒店星级与品牌

在中国酒店业内人士或消费者中存在一个误区，品牌酒店就是那些豪华的高星级酒店，规模越大、装修越奢侈、价格越高的酒店，其品牌影响力就越大。所以，衡量一个酒店管理集团的实力，不仅看其管理的酒店数量和房间数量，还要看其管理的酒店四星级特别是五星级酒店所占的比例。其实酒店的星级与品牌是无关的，因为品牌反映的是品质，许多高星级酒店照样亏本，无论是硬件还是软件都得不到客人的认可；而一些没有星级或低星级的酒店，因为硬件维保到位，服务管理十分注重细节，酒店生意兴隆，客人流连忘返，这样的酒店就可能成为品牌酒店。因此，酒店品牌不一定非高星级酒店所有，各种类型、各种档次、各种规模的酒店都可以创立自己的品牌，而且品牌的影响力因其酒店的品质不同而存在明显的差异，有的在国际范围内得到公认的品牌就是国际品牌，有的在国内得到认可的品牌是国内品牌，有的在某个地区得到认可的就属区域品牌。笔者在研究一些国际品牌酒店集团中发现，大凡品牌酒店其收益都是可观的，起码是不会亏本的。试想一下，如果品牌酒店集团所管的大部分酒店都是不赚钱的，那么，还会有那么多业主傻乎乎地请其管理酒店吗？这样的酒店集团相信早就被淘汰了。再看中国的酒店业，80%以上的星级酒店都处于亏损或微利的状态，20%盈利较多的酒店还多半是国际品牌酒店集团管理，如果这种局面不能迅速扭转，我们的星级评定活动搞得再轰轰烈烈，我们的高星级酒店数量再多、硬件再奢华，恐怕国外那些酒店业主也不会找我们去管理。说穿了，我国的星级标准是官方制定的行业规范，而品牌标准是市场经济下自然形成的商业标准；星级标准是由政府有关部门组织实施，而品牌标准则由酒店管理集团根据具体的市场细分来确定。因此，中国酒店要想走出国门，就必须跳出现在重星级轻品牌的思路，由行政管理走向市场竞争，只有在竞争中经受住暴风骤雨的洗礼，才能创造出真正的民族品牌。

4. 酒店决策与品牌

独木不成林，酒店品牌的诞生需要有一个载体，这就是酒店管理公司或集团，专业的酒店管理公司或集团都至少具有一个以上的品牌。中国星级饭店里有近一半是国有酒店，中国酒店管理公司或集团大多为国有或国有控股，且拥有着绝大多数国有酒店品牌，论企业实力也非它们莫属。因此，中国酒店管理走出国门，按理应该主要依赖于这些国有酒店品牌，但现有国有品牌酒店的决策方式存在着巨大的缺陷。由于酒店所有权和经营权的二者合一，由于政府对企业的监管不到位，酒店的诸多决策往往不是依据科学和市场规律，而是长官意志代替一切，谁的官大谁就掌握着决策的大权，董事长真的是什么事都"懂"了，指鹿为马也没人敢吭声反对。比如说在建设酒店过程中，各级领导都喜欢看效果图，他们看不懂施工图，但个个都是效果图审定专家，他们会对建筑的外形、色彩、用材做出指示，也会对装修设计效果图中的家具、灯具、装修风格等指画一番。其实，这些酒店业主更应该请来建筑、室内设计等设计师，请来投资专家、管理专家、市场策划师等专业人员，根据市场客源细分来给酒店定位，确定酒店规模，商讨功能布局，核算投资总额，计算预期回报，预测市场风险，选择建筑外形，合理配置机电设备，将酒店装饰得既省钱又有特色，也让客人感到舒适有档次。长官意志下决策的酒店很容易造成失误，决策失误的酒店即使是能人经营也会亏本，亏本的酒店永远也不会成为品牌酒店。

五、酒店文化的沉淀和积累

酒店业是劳动力密集型和情感密集型产业，酒店的产品其生产和销售是同步的，所以生产酒店产品的"人"是最重要的。酒店要想实现产品利润，必须通过质量来保证，而质量又必须通过各项程序制度标准来实现，但程序制度标准又是通过人来执行完成的。因为人是情感型动物，有极其复杂的思想，所以酒店仅靠制定一系列完整科学的程序标准往往是不够的，解决这个问题的良方就是完善酒店文化。酒店文化是酒店在实现自己目标的过程中形成和建立起来的，是酒店全体人员共同认可和遵守的价值观念、道德标准、酒店哲学、行为规范、经营理念、管理模式、程序制度等的总和，是酒店在发展过程中的文化沉淀和积累。酒店通过积极创造先进的酒店文化，使员工形成先进的行为习惯和思维习惯，反过来更好地在酒店的服务中体现出来。因此，酒店文化有其独特性，一个酒店文化很难被另一个酒店复制，起码不可能在短期内复制。

酒店领导人的模范行为是塑造酒店文化的有效手段，领导者做事的风格、思维方式、个人爱好等极具个性化的行为，都会影响和左右着酒店的具体工作，形成酒店的特有风格和价值观，而这种风格和价值观只有为多数员工能接受，能潜移默化地运用在日常的服务工作中，这种文化才会推动酒店的健康发展。这里，酒店领导人的文化修养和个人综合素质是决定创建酒店文化的重要因素。

由于中国酒店领导人多数缺乏较高的文化修养和综合素质，酒店业普遍存在着酒店文化匮乏的现象。首先，许多酒店不懂酒店文化，或对酒店文化认识不足，把酒店文化的创建当作是一种纯粹的口号，或偶尔装点门面的简单宣传。其次，由于自己不知道如何创建酒店文化，就盲目模仿国外或国内一些品牌酒店的设计风格和经营服务理念，同质产品是最不富竞争力的，所以中国人设计和管理的酒店到处可见模仿的痕迹。另外，中国酒店普遍存在着一种弊病，就是不大重视对员工的培训，不大关注员工的成长，不大考虑员工的尊严。国外酒店，特别是欧美发达国家的一些品牌酒店管理集团，经过几十年甚至上百年的酒店文化的沉淀积累，创立了为自己民族甚至是为世界绝大多数人共同认可的价值观和服务经营理念。中国酒店管理若是想走出国门，就必须在创立为自己酒店全体员工认同的酒店文化的同时，考虑到中外酒店管理中的文化差异，还要创立为其他民族容易接受的价值观和服务经营理念。这样，我们的对外输出管理才能站稳脚跟。

要创建中西结合的酒店文化，具体来说，第一，要改变中国人一直比较模糊的人本善良还是邪恶的概念，认同西方人普遍具有的人本善良的观点，在酒店架构上将缺乏人情味的金字塔式组织改为更人性化的扁平机构。第二，改变酒店的经营管理思路，中国酒店更注重节支，外国酒店则注重增收；中国酒店更重视市场挖潜，外国酒店更重视市场开拓。第三，改变管理决策方式，中国酒店的各项决策往往是长官意志、领导权威，不大注重采用科学和民主的形式；而外国酒店采用的是开放式管理，充分地尊重员工的观点，一项决策往往是集体智慧的结晶。第四，中国酒店崇尚的是传统文化，因而保守、模仿的管理风格在酒店领导人的思想中比较顽固；而外国酒店崇尚冒险创新，不怕风险，不惧暂时的失败，其员工更喜爱反传统、敢冒险、喜创新的酒店领导风格。第五，中国酒店管理人治多于法治，虽然我们的酒店业有明确的规章制度，也有细致入微的管理程序，但是真正到了运作过程之中，领导人或管理者的灵活变通就占据了上风；而国外酒店就会严格按照所制定的政策和程序来做事，若违规操作就会按章处罚，管理是"法治代替人治"。知晓了中西酒店文化的差异，我们就可对症下药，制定出适应被管理国的酒店文化，这样，我们的对外输出管理才能成为现实。

六、熟悉国外的法律法规和经济环境

中国的酒店管理走出国门至少有两种方式，一种是纯粹的输出酒店品牌和管理技术，还有一种是并购国外酒店加管理输出，我想，后者方式可能更容易捷足先登。若是用并购的方式去管理国外的酒店，那么酒店集团的决策人就要首先调研国外投资的经济环境，如房地产政策、税收政策、物流配送，还要了解国外的劳工制度、工会力量、治安风险、保险制度，所以，有时仅仅拥有品牌和实力还不能在国外的酒店管理中施展自己，弄不好会搞得自己头破血流。这里举一例以警醒我们的酒店决策人，2005年上海汽车收购了韩国双龙，取得了绝对的控股权，派去了一些董事和经理参与管理和经营。2009年7月22日，双龙汽车1700多个工人罢工77天，打出"加工资、加福利、不许裁人"的口号，工人与警察发生流血冲突，共23名警察、60多名工人受伤。后来韩国政府亲自出面做工作，苦口婆心劝告双龙工会停止罢工，但是罢工潮越闹越凶，周围的汽车公司和其他工厂的工人都加入声援，他们就是要闹出惊天动地的效果，其真正目的是要造出声势表示对李明博政府的不满，因为李明博之前是现代汽车的老板，以强硬手腕对待工会著称，他们要报复李明博，就必须制造轰动的流血事件，制造政府偏袒外国资本家的印象，从而让公众觉得需要左派进入国会来制约右派政府，这样工会的代表就可顺利进入国会。这就是国外典型的工会组织，和我们国家的工会截然不同，工会和政治的关系错综复杂，我们投资的企业碰到这种事情会手足无措，而国外工会组织会经常乐此不疲地组织这种声势浩大、给外资企业带来严重伤害的罢工。当然，笔者殷切地希望政府加速完善境外投资立法，保护和支持境外投资，用法律的武器为中国酒店走出国门保驾护航。

七、中国酒店品牌对外输出的思考和展望

媒体上可以陆续看到国内酒店品牌向海外拓展业务的消息，真的令人兴奋，因为这至少说明中国的酒店业在不断壮大，离输出管理就只有一步之遥了。请看，君澜酒店集团收购澳大利亚珀斯水边套房酒店，开元旅业集团收购德国法兰克福的一家商务酒店，绿地集团在德国法兰克福开设铂骊高端商务酒店，华天集团在巴黎管理中国城酒店，万达集团在伦敦投资建设五星级酒店，等等。但同时可以看出，中国的酒店走出国门都是在花重金购买，与国外酒店品牌以"空手套白狼"的方式走进中国恰恰相反，我们应该清醒地认识到，我们的酒店管理还没有真正走出国门。我们的豪华酒店起步较晚，其管理模式还是舶来品，想在短时间内创立自己的品牌模式很难。由于近些年来能源、房租以及人员工资的大幅上涨，本来看好的经济型酒店也是江河日下，越来越不景气，更不能把这种酒店模式拿到国外去了。要想输出，酒店就必须有自己的品牌，而品牌酒店又必须是效益好的酒店，而合理的投入是效益好的关键所在。所以，依笔者之见，我们的酒店要设法在设计、建设、筹备和经营管理这个系统工程中，认真抓住每个环节和细节，把本来人们想象中投入很大的酒店控制好，尽可能地做到用三星级的投资，创造出五星级酒店的舒适度，收费标准略低于四星级酒店。这样的酒店消费者青睐，投资人有回报，管理者方便打理，这样的酒店容易出品牌，那么，对外输出才变得现实。从目前中国酒店的情况来看，最符合或最接近这样的酒店当属经济型升级版的酒店，如桔子水晶、锦江都城、亚朵、全季等，桔子水晶更接近我所定义的酒店，这些酒店需要做一些设计上的调整，一定要保证在有限的服务项目里，真正提供给客人五星级酒店的感受。

从中国第一家酒店集团诞生的 1985 年起，到今天已有几十年的历

史，但至今仍没有一家酒店集团真正走出国门输出管理。而我为什么说诸如上述的酒店有望走出国门呢？

首先，中国的经济型升级版酒店创出了自己的品牌。本章前面提及，酒店的品牌不同于称谓，经济型升级版酒店重点放在了品牌的经营，而不是单纯的同一称谓。无论是桔子水晶、锦江都城，还是全季、亚朵等品牌的中国经济型升级版酒店，开始设计和建设了一个母本酒店，然后在较短的时间内实现批量的复制，其复制的成员酒店在外形、体量、色彩、档次等方面基本相同，且执行着完全相同的适于自己操作的服务和管理标准，客人只要进入这样的酒店，他们就会非常清楚其价格、服务等内容，这样渐渐形成了自己的品牌。

其次，中国经济型升级版酒店都不参与饭店星级评定。这和国外品牌酒店集团有着共同的特点，因为品牌是市场化产物，酒店属于产品范畴，只有进入市场竞争的产品才富生命力，才能与国际接轨；而星级评定是文旅部门和行业协会所为，是行政命令下的产物，在改革开放初期的一段时间内，我国酒店由招待所模式向现代化酒店管理模式转型期，星级评定发挥了巨大的作用。但进入21世纪后，星级评定已愈显其束缚酒店发展的弱点，根据原国家旅游局历年对中国星级酒店行业的统计数据来看，只有五星级酒店盈利较多，四星级以下的酒店不是亏本就是只有微利，其中三星级酒店亏损最为严重。而反观经济型升级版酒店，入住率高，收益好，呈一片繁荣景象，所以，经济型升级版酒店甩开星级评定就自然在情理之中。

再次，中国经济型升级版酒店便于复制。经济型升级版酒店在成功地开发了第一家母本酒店后，就在此基础上一家家地复制，从而在产品设计、运营模式、价格体系、服务标准、经营理念等方面保持一致性，而且在发展中不断地优化，保持着发展后劲。由于这种复制是带着目的和方向的，所以，这就给复制提供了便利和可能。经济型升级版酒店由于规模较小，投资不大，可以用租赁、也可用全资购买或品牌加盟的形式复制酒店，这就为酒店品牌的迅速成长创造了条件。再看中高档酒店品牌，输出管理的方式多数是采用委托管理，别人建成一个什么样的酒店事先也不会与你商量，许多酒店集团为了盲目扩大规模，哪还管所管的酒店是否与自己的酒店般配，加之中高档酒店租赁经营风险大，全资购买一般酒店集团实力不够，这就为中高档酒店的复制和迅速发展带来了巨大的障碍。

最后，中国经济型升级版酒店具有先进的管理体制。成功的经济型升级版酒店品牌集团实行的都是股份制，成立规范的董事会，集团运作按照现代企业制度进行经营和管理，虽然一些主要创办人没有酒店管理经验，有的甚至是纯粹的门外汉，但他们在先进的管理体制的推动下，会用人、敢用人，充分地发挥能人的才干和智慧。而国内的中高档酒店集团，多数为国有或国有控股，其掌门人基本为经营管理界的知名人士，但是，所有权和经营权的二者合一、管理体制的落后，导致了决策的官僚和操作环节的缓慢，加之不敢用能人，限制了酒店集团的发展，其中一些依附于这种酒店集团的经济型酒店，不是在慢慢萎缩，就是将酒店转卖给其他品牌经济型酒店集团。由此看出，管理体制的先进是经济型升级版酒店得以迅速成长的重要因素。

欧美发达国家对发展中国家的经济侵略是全方位的，它们从输出产品到输出资本，到输出品牌，剥削的方式越来越隐蔽巧妙，赚取的利润越来越令世人吃惊，可以说，这种虚拟化的品牌剥削残酷到了令人不可想象的地步。而我们中国人引以自豪的是"中国制造"走向了世界，殊不知，这种"中国制造"是用我们生态环境的破坏和劳动者的血汗换来的，什么时候一项项带有民族品牌的"中国创造"才能纷纷登上世界经济舞台呢？作为一个已从事酒店经营管理四十多年的酒店人，我是多么盼望大家团结起来，总结以往成功的经验，反思我们的种种不足，不吝借鉴别人的长处，让中国酒店的民族品牌早日走向世界。

责任编辑：韦玉莲

图书在版编目（CIP）数据

走出中国酒店建设和管理的误区/陈新著．—北京：人民出版社，2017.12

ISBN 978-7-01-018690-0

Ⅰ.①走…　Ⅱ.①陈…　Ⅲ①饭店—建筑设计　②饭店—商业企业管理

　Ⅳ.①TU247.4②F719.2

中国版本图书馆 CIP 数据核字（2017）第 310990 号

走出中国酒店建设和管理的误区

ZOUCHU ZHONGGUO JIUDIAN JIANSHE HE GUANLI DE WUQU

陈　新　著

人民出版社 出版发行

（100706　北京市东城区隆福寺街 99 号）

北京中科印刷有限公司印刷　新华书店经销

2017 年 12 月第 1 版　2024 年 6 月北京第 7 次印刷

开本：710 毫米×1000 毫米 1/16　印张：28.25

字数：410 千字

ISBN 978-7-01-018690-0　定价：100.00 元

邮购地址 100706　北京市东城区隆福寺街 99 号

人民东方图书销售中心　电话（010）65250042　65289539